建筑意匠与历史中国书系

建筑哲理、意匠与文化

吴庆洲　著

中国建筑工业出版社

图书在版编目（CIP）数据

建筑哲理、意匠与文化/吴庆洲著.—北京：中国建筑工业出版社，2005
（建筑意匠与历史中国书系）
ISBN 978-7-112-07294-1

Ⅰ. 建… Ⅱ. 吴… Ⅲ. 建筑学-哲学理论-研究 Ⅳ. TU-021

中国版本图书馆 CIP 数据核字（2005）第 025041 号

本书从城市规划、建筑和园林设计，建筑的装饰艺术和文化融合等多个方面探讨建筑的哲理、意匠及其文化内涵。可供建筑学、城市规划学、环境艺术研究者和设计人员参考。

责任编辑：易 娜 李 东 王莉惠
责任设计：刘向阳
责任校对：孙 爽 赵明霞

建筑意匠与历史中国书系
建筑哲理、意匠与文化
吴庆洲 著

*

中国建筑工业出版社 出版、发行（北京西郊百万庄）
新华书店经销
北京富生印刷厂印刷

*

开本：787×1092 毫米 1/16 印张：30¼ 字数：418 千字
2005 年 6 月第一版 2017 年 4 月第三次印刷
定价：**62.00 元**
ISBN 978-7-112-07294-1
（13248）

版权所有 翻印必究
如有印装质量问题，可寄本社退换
（邮政编码 100037）
本社网址：http://www.cabp.com.cn
网上书店：http://www.china-building.com.cn

自序

中国建筑如何才能走向世界

使中国建筑走向世界，这是中国建筑界的志士仁人所共同关心的事情。但是，要达到这个目标并非易事，老一辈的建筑学家梁思成、刘敦桢等师长就已为此毕生奋斗，到如今建筑界仍在为此而努力，算起来已有半个多世纪了。那么，现在，中国建筑走向世界了吗？答案是"还没有"，倒是世界建筑在源源不断地走向中国。

1. 中国建筑创作的现状

中国建筑创作的现状如何？只要到全国各大中小城市走一走，看一看，就会有个大概的了解，会慨叹"现状堪忧"。建筑创作上的问题可以归纳为如下几点：（1）存在严重的形式主义倾向，出现夸富嫌贫、崇洋媚外、相互攀比、追求豪华等不良风气。❶（2）特色危机的出现：一些城市的特色在消失，地域特征在弱化，西方建筑的盲目效仿造成建筑风格的千篇一律。❷（3）忽视生态、无视环境的建筑造成美学上的灾难和市民心灵上的阴影。吴良镛先生几年前浏览重庆后感叹说："重庆原来是两江交汇美丽的山城，而今超尺度的高楼林立，杂乱无章，令人窒息，很多原来颇有特色的地段——山景、江景、场所感，而今不见了。"❸ 这就是无视环境的规划和设计造成的美学上的灾难。至于忽视生态的例子也极多，广州就是典型的例子，1987年以来征占绿地达29万 m^2，至1995年人均绿地降至$4.69m^2$，城中充斥着令人压抑的摩天大楼，而缺乏绿地、花坛和市民可以自由活动的公共场所，加上交通的拥挤，环境的污染，昔日美丽的花城羊城，前些年给人的印象是不甚愉快的。近年来广州开始重视生态环境和绿化，通过"小变"、"中变"和"大变"，面貌有较大改

---

❶ 杨永生. 现状与出路——记建筑论坛第三次研讨会的对话. 华中建筑, 1998 (1): 13~18.
❷ 同上.
❸ 吴良镛. 乡土建筑的现代化. 现代建筑的地区化——在中国新建筑的探索道路上. 华中建筑, 1998 (1): 1~4.

变，并获得国际"花园城市"的称号。（4）创作心态浮躁，缺乏精品意识。虽然，近年来的建筑创作中，仍有一些优秀作品，但为数不多，属凤毛麟角，多数作品平庸无特色。（5）对西方物质文明的崇拜和向往产生"欧陆风"，遍及全国各地，等等。

美国哈佛大学建筑学院院长彼得·罗教授于1998年访问我校，与我们交谈时，说起广州的现代建筑缺少中国特色，问我们为何不研究自己的传统文化，用到现代建筑之中？外国同行这一问题问得好，这既是对中国建筑界的批评，也向我们说明了：缺乏中国特色的现代建筑，是不可能得到各国同行的承认的，因而也是不可能走向世界的。

2. 一个外国同行对建筑创作的看法

出生在阿根廷的西萨·佩里是当今世界最著名的建筑师之一。他在一篇自序中表明了他对建筑艺术、建筑师的职责、创作态度和理想的看法，很值得我们深思和借鉴。下面是引用他的原话：

"我认为建筑在所有的艺术中是最丰富、最持久的一种艺术。这些品质来源于每项工程的场地、营造技术、特定功能以及未来合用者的目标等方面所形成的牢固根基。"

"一个建筑师的作品是靠先天的才能、个人的价值体系或意识形态以及提供给个人的机会而形成的。"

"我认为建筑师们应该把自己更多地看作是园丁，……园丁的角色就是了解每棵树的潜质并将它健康地培育成长。同样，建筑师的角色就是了解每个建筑问题并将引导其设计走向一座美观和健康的大厦，并巧妙地与其特定的环境相适应。"

"我热衷于设计象征性的、文化的和非常实用的建筑，也爱设计结构非常小和非常大的、那些有慷慨预算的以及那些资金最少的建筑。"

"对一位建筑师来说，也许最令人满意的事情是在每一项新的工程中发现一个丰富多彩的新世界：其自身的文化、需要、人民和气候。……建筑的实践提供了不断的创新。作为一种艺术，建筑蕴含着青春的活力。"❶

---

❶ 西萨·佩里. 为世界建筑导报作序. 世界建筑导报, 1998（西萨·佩里专刊）：4。

从西萨·佩里的自序中，可以了解他对建筑的看法，了解建筑师的角色、职责，了解他对职业的热爱，对建筑创新的追求，了解他对环境的重视，对人民的感情，对文化和象征性的向往。无疑，他是一位文化和艺术素养很高，有着理想和追求的建筑艺术家，又是脚踏实地的建筑设计师，他的建筑作品受到世界上普遍的赞誉并不使人感到意外。

3. 建筑创作需要建筑科学理论的指导

前述中国建筑创作中形形色色的问题原因很多，但最重要的原因之一，是建筑创作缺乏科学理论的指导。

钱学森先生一直十分关注城市规划、城市建筑等问题，早年钱学森先生提出现代科学技术体系构想，包括马克思主义哲学、十架桥梁和十大科学技术部门：自然科学、社会科学、系统科学、数学科学、思维科学、人体科学、行为科学、军事科学、地理科学、文艺理论。不久前，他建议把建筑科学归入现代科学技术体系中，作为第11大科学技术部门。

他认为，建筑科学应以马克思主义哲学为指导，通过建筑哲学作为桥梁，把马克思主义哲学与建筑科学连接在一起；建筑科学又分为基础科学、技术科学、工程技术三个层次。

建筑哲学主要内容涉及：建筑科学的理论与工程实践如何创造出具有中国特色的和现代气息的新城市和新建筑。

建筑科学的基础科学——建筑学，涉及建筑与人、建筑与社会、建筑与科技手段、建筑与自然环境、建筑与文物古迹、建筑与历史文化等有关内容，是以建筑为核心，吸纳广泛科学领域的综合性理论。

建筑科学的技术科学，大致包括现在的建筑学、城市学等等所论及的诸多内容，是如何把建筑学的一般理论运用于工程实践的学说。❶

建筑科学"是一门融合科学与艺术的大部门"，"建筑是科学的艺术，也是艺术的科学"。❷ 但目前建筑科学的理论仍不够完备和成熟，仍不能圆满地回答"如何创造出具有中国特色的和

---

❶ 钱学敏. 对钱学森提出"建筑科学"的一些思考. 华中建筑，1998 (1)：21~22。
❷ 同上。

现代气息的新城市和新建筑"这一问题。为了解决这一问题，必须加强建筑哲学的研究，同时也必须对基础科学的建筑学进一步深入研究，以进一步弄清传统建筑文化中的精华和仍有生命力的部分，为创造具有中国文化特色的城市和建筑提供素材。在建筑创作中，如何合理地处理这些素材，也大有学问，值得深入探讨。

此外，城市和建筑必须有现代气息，有时代特色，因此，加强研究现代建筑的技术科学和工程科学也势在必行。

4. 传统建筑文化有哪些精华可供借鉴

要有中国特色，就必须借鉴传统，因而就必须研究传统。那么，传统建筑文化中，有哪些精华可供我们借鉴呢？下面谈谈我个人的看法。

（1）传统的建筑哲理值得借鉴

中国古代哲学以天地人为一个宇宙大系统，追求天地人三材合一和宇宙万物的和谐合一，并以此为最高理想，用以指导城市规划和建筑设计。中国古代城市规划中的象天法地意匠[1]和阴阳五行学说的运用[2]，使中国古代城市独具特色。

（2）象征主义也是中国传统建筑文化的重要特色

象征主义是中华传统文化的重要特点和标志。传统建筑文化中用象征主义表达五大观念系统：追求与宇宙和谐合一的哲学观念系统；向往神仙胜境、佛国世界的思想观念系统；宣扬儒家文化的礼制思想；生殖崇拜和生命崇拜观念；祈福纳吉的思想观念。[3]

（3）民居建筑中有许多地方特色可供借鉴

各地民居均具有各自的地方文化特色，笔者为客家人，对客家民居作过详细、系统的研究，确有许多精华值得借鉴。[4]

（4）传统建筑的装饰艺术，有丰富的文化内涵，可供现代建筑借鉴和采用。

笔者近年对传统建筑的装饰艺术作了较系统的研究，我国传

---

[1] 吴庆洲. 象天法地意匠与中国古都规划. 华中建筑，1996（2）：31~40。
[2] 吴庆洲. 中国古代哲学与古城规划. 建筑学报，1995（8）：45~47。
[3] 吴庆洲. 中国民居建筑艺术的象征主义. 华中建筑，1994（4）：6~8。
[4] 吴庆洲. 客家民居意象研究. 建筑学报，1998（4）：57~58。

统建筑装饰题材之多样，文化内涵之丰富，历史之久远，特色之明显，在世界建筑中独树一帜❶，可供创造具有中国特色的现代建筑借鉴和采用。

（5）传统的园林艺术具有永恒的生命力，与建筑艺术的融合，将放出异彩。

这方面成功的例子不少，白天鹅宾馆就是代表，其中庭的"故乡水"，具有传统园林艺术特色，受到中外人士的赞赏，为建筑增色添彩。

5. 重视可持续发展，提高现代建筑的科学技术水平

可持续发展是在1980年由自然保护国际联盟首次提出的，1987年联合国环境与发展委员会在《我们共同的未来》报告中进一步阐述了这一观点："既满足当代人的需要，又不对后代人满足其需要的能力构成危害。"

可持续发展的内容包括以下三点：（1）可持续发展把发展作为头等重要的内容。可持续发展的最终目标和根本目的是使地球上的所有人类长期、健康地生存和发展下去。（2）特别强调发展与资源及环境的关系，认为发展与资源及环境之间存在着相互联系、相互制约的密不可分的关系，并构成一个有机的整体。（3）人与人之间的关系，即发展的社会责任，应是在财富分配与接近社会资源的机会方面公平合理。❷

为了实现可持续发展，国际上正提倡绿色建筑。美国建筑师学会（AIA）和国际建筑师协会1993年4月在芝加哥的一次关于可持续发展的设计会议上提出了建筑环境问题。美国的建筑运动此后即随保护生态环境的绿色潮流而诞生。美国副总统A·戈尔在"全球环境计划"一节中对"建筑技术"作了专题讲座，内容包括：改进设计，降低能耗；从能源消耗角度设计新建筑所产生的后果是惊人的；提高围护结构的保温性能；安装防雪窗；安装被动式太阳能技术用于降低取暖费用；种植树木遮掩建筑物来降低空调需求；半地下建筑提高墙壁的保温性能；门窗的设计与自然光的利用，四季的采光通风；墙壁厚度及建筑物自身系统设计

---

❶ 吴庆洲. 中国古建筑脊饰的文化渊源初探. 华中建筑, 1997（2~4）连载.
❷ 蔡道馨. 可持续发展建筑设计初探. 南方建筑, 1998（1）: 35~36.

组合与节能的关系；一个新型灯泡在寿命期内可节省一吨煤炭；加强包括建筑业在内的产业效率标准建设，等等。❶

对照戈尔的"建筑技术"的专题报告，我们眼下到处可见的耗能又污染光环境的玻璃幕墙建筑也应该慎用或煞车了，遍地开花的影响生态和环境的高层建筑也应加强规划控制了。

近年，智能建筑也正在世界各地兴起。1984年，世界上第一座被称为智能建筑的大厦始建于美国。所谓智能，即给有厚重肌骨的传统建筑加上"聪明"的头脑和"灵敏"的神经系统。其智能体现在三个方面：（1）建筑能"知道"建筑内外所发生的一切；（2）建筑能以确定有效的方式，为用户提供方便、安全、舒适和富有创造力的环境；（3）建筑能迅速"响应"用户的各种要求，即所谓的"三个A"：办公自动化（OA）、通信自动化（CA）、建筑自动化（BA）。

智能建筑也必须面向可持续发展，创造高适用技术，如利用浅层地下空间热惰性的自然空调；选择性辐射材料的制冷技术；利用常温相变材料的潜热调节室温；太阳能在采光、日照、采暖、发电等方面的综合利用；风能的利用，如何变风害为风利；生态、仿生技术的应用等等。❷

6. 加强执业建筑师的继续教育和在校学生的建筑教育

由于建筑科学的发展，职业建筑师原先的知识正迅速老化，什么是建筑哲学，建筑学和建筑科学技术近年有什么新进展，什么是可持续发展，什么是生态城市、绿色建筑、智能建筑，什么是建筑文化、地方特色，如果不继续学习，接受新知识，就不可能创造出具有中国特色的现代建筑。因此，加强职业建筑师的继续教育势在必行，否则，中国建筑走向世界只是一句空话。

搞好在校学生的建筑教育，首先得让老师有较高的建筑科学理论水平和文化素质，然后才有可能培养出高水平的学生，为21世纪中国建筑走向世界培养后继力量。除了科学技术及文化知识、专业水平外，东南大学建筑系仲德崑教授认为："最重要的是培养学生具有建筑师的社会责任感。"笔者深有同感。

---

❶ 黄绳. 面向可持续发展的绿色建筑. 建筑学报, 1998 (9)：17~18.
❷ 马剑. 智商评估，促进智能建筑的可持续发展. 建筑学报, 1998 (1)：20~21.

7. 介绍世界建筑，学习各国经验和有益适用的理论

近年，中国建筑学会和各建筑杂志、报刊在介绍世界优秀建筑、著名建筑师以及有关经验、理论上作了许多工作。"他山之石，可以攻玉"，外国同行的好的经验可以帮助我们，开拓我们的视野。如可持续发展的理论，国外在绿色建筑、生态城市、智能建筑等方面的探索，对我们都是很有参考价值的。国外成功的建筑师的真知灼见，对我们也极富启示意义，如前述西萨·佩里的看法即是一例，又如 C·柯里亚说："那些美妙而灵活多变的和多元的乡土语言已经存在。作为建筑师和城市规划师，我们要做的一切不过是调整我们的城市，使这种语言能够重新散发活力。"柯里亚的这段话，很值得我们创造地方建筑特色时参考借鉴。

8. 我们要进行的努力

中国建筑目前还存在许多问题，要走向世界，尚有许多工作要做：

首先，要加强建筑哲学和建筑科学理论的研究；同时，要研究传统建筑文化，借鉴传统，才能创造出中国特色，借鉴各地民居及乡土建筑，才能创造出地方特色；……面向可持续发展，提倡生态城市、绿色建筑、智能建筑也要与可持续发展合拍；要加强职业建筑师的继续教育和在校建筑系学生的教育；要介绍世界建筑，要学习各国经验和有益适用的理论，但对不顾国情，误用或乱用外国的理论则要进行坚决抵制。我相信，只要我们照此努力去做，中国的城市、建筑将出现新的面貌，中国特色、地方特色将在建筑的百花园中各呈风采，绿色建筑、智能建筑将体现我国高度发展的科学技术水平和可持续发展的总目标，这种具有中国特色的现代建筑将受到世界各国的承认和赞赏。

9. 研究中国建筑哲理、意匠与文化，创造具有中国特色的现代建筑、城市和园林

本书的宗旨，正是通过研究中国建筑的哲理、意匠与文化，为当代的建筑师、城市规划师和园林设计师提供思想和理论的武器，为创造具有中国特色的现代建筑、现代城市和现代园林出一份力。

21世纪是中国的世纪。随着中国以东方巨龙的雄姿逐渐超越各国，成为世界经济的强国，中华民族的优秀文化，也将出现伟大的复兴。具有中国特色的现代建筑，将自豪地耸立于世界现代建筑之林；具有中国特色的现代城市，将是世界上最美丽的城市；具有中国特色的现代园林，将受到中国和世界人民的共同赞赏。这一天必定会到来！

目 录

自序　中国建筑如何才能走向世界

第一篇　建筑园林篇 …………………………………………… 1
　一　建筑文化的承传、融合与演变 ………………………… 1
　二　中国传统建筑艺术中的象征主义 ……………………… 10
　三　象天法地、法人、法自然——中国传统建筑意匠发微 … 17
　四　客家民居意象研究 ……………………………………… 28
　五　从客家民居胎土谈生殖崇拜文化 ……………………… 36
　六　太阳崇拜与中国古代建筑 ……………………………… 58
　七　中国景观集称文化 ……………………………………… 64

第二篇　宗教艺术篇 …………………………………………… 76
　一　中国传统建筑文化与儒释道"三教合一"思想 ………… 76
　二　曼荼罗与佛教建筑 ……………………………………… 95
　三　佛塔的源流及中国塔刹形制研究 ……………………… 114
　四　藏传佛教建筑与文化 …………………………………… 151
　五　中国最大的哥特式石构教堂——石室 ………………… 197

第三篇　装饰艺术篇 …………………………………………… 208
　一　中国古建筑脊饰的文化渊源 …………………………… 208
　二　龙文化与中国传统建筑 ………………………………… 249
　三　春秋至六朝麒麟的演变研究 …………………………… 283
　四　西江建筑艺术之宫——龙母祖庙 ……………………… 292
　五　广州近代的骑楼纵横谈——敞廊式商业建筑的
　　　产生、发展、演变及其对建筑创作的启示 ……………… 332

第四篇　城市规划篇 …………………………………………… 343
　一　中国古代哲学与古城规划 ………………………………… 343
　二　中国古都象天法地的规划思想研究 ……………………… 356
　三　中国古代的城市水系 ……………………………………… 379
　四　斗城与水城——古温州城选址规划探微 ………………… 402
　五　仿生象物——传统中国营造意匠探微 …………………… 412
　六　城市和建筑的防灾文化 …………………………………… 439

建筑哲理、意匠与文化

第一篇　建筑园林篇

一　建筑文化的承传、融合与演变

在世界性的文化热中，中国建筑学界的专家、学者怀着高度的社会责任心和历史使命感，举起了建筑文化研究的旗帜。自1989年11月在湖南长沙召开了第一次"建筑与文化"学术讨论会以后，1992年8月和1994年7月又分别在河南三门峡市和福建泉州市召开了第二次和第三次"建筑与文化"学术研讨会。第四次、五次、六次和七次全国"建筑与文化"学术研讨会分别在长沙、昆明、成都和庐山召开。"十五"国家重点出版工程《中国建筑文化研究文库》32本著作正陆续问世。建筑文化的研究正在中国学术界引起更广泛的重视，并取得丰硕的成果。本节拟对建筑文化的承传、融合与演变作一探讨。

（一）文化的四种现象

任继愈先生指出，有四种文化现象值得引起注意，即：

第一，文化的继承与积累现象；

第二，文化衰减与增益现象；

第三，文化的势差现象；

第四，文化的融汇现象。[1]

作为子文化的建筑文化，她与母文化同构对应，与母文化之间表现为适应性和相似性。因此，文化的这四种现象，也同样存在于建筑文化中。

---

[1] 任继愈. 中国哲学的过去与未来. 新华文摘，1993（10）：20~22。

（二）建筑文化的三个层面

美国的"人类学之父"泰勒（1832—1917年）在《原始文化》一书中，把文化定义为"是一个复杂的总体，包括知识、信仰、艺术、道德、法律、风俗，以及人类在社会里所获得的一切能力与习惯。"

文化是人为了满足自己的欲望和需要而创造出来的：针对自然界，创造了物质文化；针对社会，创造了制度文化；针对人自身，创造了精神文化。物质文化，制度文化和精神文化为构成文化大系统的三大子系统。

物质文化子系统包括：人们为满足生存和发展需要而改造自然的能力，即生产力；人们运用生产力改造自然，进行创造发明的物质生产过程；人们物质生产活动的具体产物。

制度文化子系统包括：人们在物质生产过程中所形成的相互关系，即生产关系；建立在生产关系之上的各种社会制度和组织形式；建立在生产关系之上的人们的社会关系以及种种行为规范和准则。

精神文化子系统包括：人们的各种文化设施和文化活动，如教育、科学、哲学、历史、语言、文字、医疗、卫生、体育和文学、艺术等；人们在一定社会条件下满足生活的方式，如劳动生活方式、消费生活方式、闲暇生活方式和家族生活方式等；人们的价值观念、思维方式和心理状态等。❶

文化的三个子系统组成了文化的三个层面。表层是物质文化，为技术系统；中层是制度文化（或称社群文化），为社会学系统；深层是精神文化，为意识形态系统。❷

作为与文化母体同构对应的建筑文化，也是由以上三个层面构成。建筑作为人们营造活动的物质产品，作为物质文化的特征是显而易见的。建筑的营构中注入了制度文化的内涵。以住宅为例，帝王之居为宫室，官僚贵族之居为府邸，百姓之居为民居。中国传统建筑的营造必须符合"礼"制，建筑所用材等、开间、着色、装饰都有严格的等级制度。因此，制度文化构成了建筑文

---

❶ 胡世庆、张品兴. 中国文化史. 中国广播电视出版社，1991。
❷ 李炳海. 部族文化与先秦文学. 高等教育出版社，1995。

化的中间层面。建筑文化中包含了精神文化,精神文化建构了建筑文化的深层层面。建筑体现了一定的哲学思想,而哲学是文化之精华部分。中国古代的哲学主张天、地、人三材合一,《老子》提出"人法地,地法天,天法道,道法自然"的原则,这种哲理也是指导建筑营构的最高准则。所以,中国传统建筑以"象天法地法人法自然"为意象,❶ 以象征主义表达五大观念系统❷。中国传统建筑如此,外国建筑也不例外。下以古埃及建筑为例。

与中国古代"天圆地方"之说不同,古埃及人认为,地是一个长方形平面,天则是由四根大柱子支撑着的矩形平面,古埃及的神殿正体现了这一种宇宙模式,其平面布局呈矩形,铺地象征地平面,大殿四角立有圆柱支撑代表天空的平顶。排列在神庙门前的方尖碑,起源于古埃及人对太阳神的崇拜。其形状为柱体,顶端呈金字塔的锥状,碑顶裹以金箔和铜箔,在太阳光下灿烂夺目,埃及建筑的柱头上装饰各种植物,其中最常见的纸草花和莲花分别是下埃及和上埃及的图腾,❸ 有图腾文化的内涵。

建筑文化之深层的精神文化,是建筑之灵魂。以往的研究中对表层的物质文化及中层的制度文化下力气较多,而对其深层的精神文化挖掘得不够。发掘建筑的深层文化内涵,可为建筑创作提供借鉴,具有重要的现实意义。

(三) 建筑文化的承传

文化好比一条长河,有源有流,有主流有支派,源远则流长。文化的继承和积累,与江河之源流同理,割断新旧文化之间的联系,新文化就会成为无源之水。文化的变革不同于政权的转移,它具有承传的特点。建筑文化也是这样。下面拟举例说明之。

印度佛教的塔,称为窣堵波,为梵文 stupa 的音译,巴利文称 Thupa,译为塔婆,原意均指坟冢。印度《梨俱吠陀》(约成书于公元前 1500 年)中,已有窣堵波的名称。对窣堵波的起源

---

❶ 吴庆洲. 象天法地、法人、法自然——中国传统建筑意匠发微. 华中建筑, 1993 (4): 71~75.
❷ 吴庆洲. 中国民居建筑艺术的象征主义. 华中建筑, 1994 (4): 6~8.
❸ [德] 汉尼希、朱威烈等著. 人类早期文明的"木乃伊"——古埃及文化求实. 浙江人民出版社, 1990.

有两种说法，一种认为它由印度史前时代巨石古墓式的葬丘或坟冢演化而来，❶另一种认为它是对中亚远古民族坟丘习俗的传承。❷在古印度吠陀时期（约公元前1500—前600年），诸王死后均建窣堵波以收藏舍利（即遗骨等物）。窣堵波崇拜作为文化现象一直继承下来，古婆罗门教和耆那教以及佛教都不例外。相传佛陀圆寂后，其佛舍利由八个国王分取，建八座窣堵波供奉。后来，阿育王又取出舍利，建造八万四千座窣堵波分别收藏。

印度现存桑契大窣堵波即为阿育王时所建（约建于公元前250年），并于公元前150年扩建成现状。它由台基、实心半球体、顶上正方形围栏和三层伞盖组成。而方形围栏和三层伞盖是佛教窣堵波特有之物。印度古代的达罗毗荼人盛行生殖崇拜。由于佛陀在菩提树下悟道，使这古老的传统有了新的内涵而得以承传。它产生的新的象征物是世界之树——佛塔的相轮。其他宗教虽建窣堵波，其顶却无相轮，相轮于是成为佛教窣堵波的独特符号。❸

四合院的建筑平面形式是中国建筑的最常见的平面形式之一。近年在陕西岐山县凤雏村发掘了一组西周早期建筑遗址，C^{14}测定年代为公元前1095±90年，即约距今3000年。❹这是一座两进四合院，是目前已发现的中国最早的四合院（图1-1-1）。建筑的下部有排水设施，一处在建筑的东南隅，为用陶管或河卵石砌成的排水管道。在住宅的"巽"位——东南角设排水出口，在3000年前的西周建筑中已有此做法，一直沿用到明清。四合院及其排水出口方位的3000年沿用，是建筑文化承传的又一例证。

明清紫禁城内的内金水河，从城之西北角（"乾"位）的玄武门之西的涵洞流入城内，沿城内西侧南流，曲折蜿蜒，流过武英殿、太和门前等处，从城之东南角（"巽"位）流出紫禁城。该河是城内最大的排水干渠，兼有供水、排洪、防火、园林绿化等多种功用（图1-1-2）。金水河之名，元已有之。北宋东京城入大内灌后苑池浦的河道也叫金水河。据考证，"帝王阙内置金

---

❶ 朱伯雄主编. 世界美术史. 山东美术出版社，1990。
❷ 常青. 西域文明与华夏建筑的变迁. 湖南教育出版社，1992。
❸ 吴庆洲. 中国佛塔塔刹形制研究. 古建园林技术（45）：21~28；（46）：13~17。
❹ 陕西周原考古队. 陕西岐山县凤雏村西周建筑基址发掘简报. 文物，1979（10）：27~37。

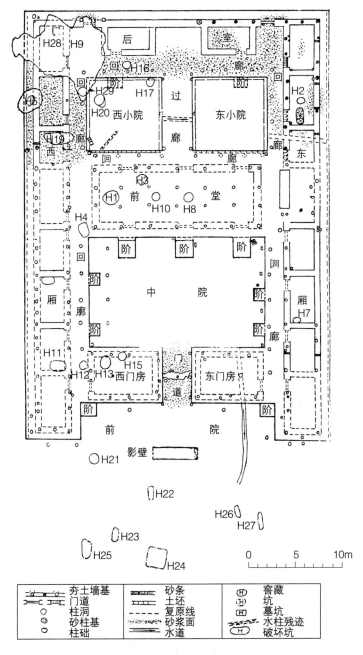

图 1-1-1 凤雏西周甲组建筑基址平面（自文物，1979，10:20）

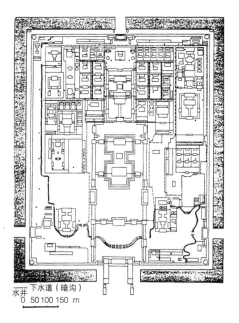

图1-1-2 紫禁城（故宫）排水干道图

水河，表天河银汉之义也，自周有之。"（《古今事物考》卷一）可知，金水河象征天上的银河，其名称和与中国古代象天法地的规划意象有关，积淀了丰厚的建筑文化内涵。

　　明北京宫城（即紫禁城）的营建是仿明南京宫城的模式的。明南京皇城，北倚钟山，气象雄伟，城址北部有个燕雀湖，宫城是填湖建造的。由于填湖造宫，宫殿地基下沉，出现南高北低的倾斜状。由于大地势是北高南低，湖被填，造成宫，但原来从东北方向来的水照旧向这里流。南京宫城（图1-1-3）的金水河是沿原来地势最低下的燕雀湖的西南边缘修挖的，是顺着水流趋势必然的、别无选择的排水路线。凤阳明中都的金水河是人工开挖的，完全按南京金水河的形状走向。❶ 明永乐营建北京宫城，又悉如旧制，以南京金水河为模式，挖了内金水河，把其排水干渠的重要内涵继承了下来。这种继承并非生搬硬套，"与自然地形自西北向东南下降约2m的坡度完全符合"。❷ 可见，建筑文化

---

❶ 王剑英. 明中都；中华书局，1992。
❷ 侯仁之. 紫禁城在规划设计上的继承与发展. 故宫博物院编. 禁城营缮纪. 紫禁城出版社，1992。

的承传的部分往往是其合理的精华部分，而不合理的、无生命力的糟粕，则可能在历史发展的长河中被淘汰。

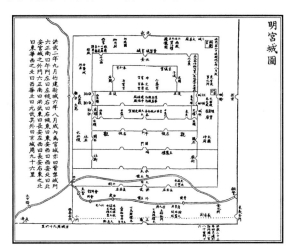

图1-1-3　明南京宫城图（自杨新华、卢海鸣主编．南京明清建筑：18）

（四）建筑文化的融合与演变

任继愈先生指出："文化不是死的东西，它有生命，有活力，具有开放性和包容性，不同文化相接触，很快就会发生融汇现象。处在表层的生活文化（如衣食器用等），很容易被吸收，处在深层的观念文化（如哲学体系、价值观、思维方式等），不是一眼就能看透的，要有深厚的文化根基和较高的文化素养才有可能发生交融。……这是一种高层次的融合，这种融合只有在双方都有深厚文化基础的伟大民族间才有可能发生。❶

古代中印文化的融合正是这种高层次融合的范例。

佛教在传入中国之前，已经历了一系列文化融合与演变的过程。

释迦牟尼创立的原始佛教基本上是无神论，其教义本质上是实践性的，认为宇宙的盛衰、人的生死都出于变化无常的自然规律，其教义的核心内容是讲现实世界的苦难和解决苦难的方法。佛陀圆寂后百年，佛教分裂为上座部和大众部，又再分为诸多部

---

❶ 任继愈．中国哲学的过去与未来．新华文摘，1993（10）：20～22。

派，部派佛教又衍化出大乘佛教，大乘佛教吸收了婆罗门教的宇宙论，而佛教建筑的窣堵波则成为这种宇宙论的物化形式，被赋予种种象征意义。

大窣堵波的覆钵"安达"梵文原义为卵，象征印度神话中孕育宇宙的金卵。方形围栏和伞盖源于印度先民的生殖崇拜文化，乃自古代圣树崇拜及围绕圣树的围栏衍化而来。伞柱象征宇宙之轴，三层伞盖代表诸天或佛、法、僧三宝。伞正下方通常埋藏舍利，舍利隐喻变现万法的种子。四座塔门标志着宇宙的四个方位。朝拜者从东门入，按顺时针方向，沿着右绕甬道，绕塔巡行礼拜，与太阳运行的轨道一致，与宇宙的律动和谐，从而求得从尘世中超升灵境。❶

桑契大窣堵波四门的雕刻萃集印度早期佛教艺术的精华。其题材主要是本生经和佛传故事。雕刻中只用菩提树、法轮、台座、伞盖、足迹等象征符号来暗示佛陀的存在，因原始佛教不主张偶像崇拜，因此雕刻中禁忌出现佛陀的本人形象。

约在公元前1世纪的贵霜王朝时期，印度文化和希腊文化这两种异质文化联姻，诞生了东西方文化混血的犍陀罗艺术。在希腊文化艺术的影响之下，佛教艺术产生变革，导致了佛像的创造，偶像崇拜的盛行。犍陀罗窣堵波也产生变革，原窣堵波外面的围栏和塔门被舍弃，覆钵下的台基增高，覆钵本身缩小并增高，伞顶增高变大，相轮由三层增至七层乃至十三层。

佛教建筑艺术随佛教而入传中国。传入中国的佛教，因入传的时间、途径、地区和民族文化、社会历史背景的不同，形成汉地佛教、藏传佛教和云南地区的上座部佛教三大系，各系佛塔形制也各不相同。

汉地佛塔可以分为如下五类：

1. 亭式塔。为中国的亭式建筑上方冠以微型窣堵波的产物，但也存在无塔刹的例子。

2. 楼阁式塔。为中国式的楼阁顶上安置窣堵波缩型的产物。

3. 密檐式塔。这类塔的第一层特别高，以上各层骤然变低

---

❶ 朱伯雄主编．世界美术史．山东美术出版社，1990。

矮，各层檐紧密相连。其原型除佛教窣堵波外，还可能受到印度教楞伽塔形状的影响。

4. 金刚宝座塔。在高台基中央建一大塔，四隅各建一小塔，这种塔为金刚宝座塔。它是曼荼罗的一种形式，是一种佛国世界图式。其中央的塔象征宇宙的中心须弥山，四隅的小塔象征须弥山的四小峰。或认为五塔象征五方佛。

5. 窣堵波式塔。喇嘛塔属此类。多宝塔也是其中一类。

藏传佛教，俗称喇嘛教，其佛塔为喇嘛塔，特别是基座升高，窣堵波之半球体拉长成瓶状，上为塔脖子、十三天、塔刹。其中，塔脖子上的十三天是其最重要的特色。这种样式早在尼泊尔等地已出现，我国目前所知最早的喇嘛塔为桂林木龙洞古塔，建于唐代，其余多为元以后所建。

云南地区的南传上座部佛教约在7世纪中叶由缅甸传入，其佛塔又另具特色。它由塔基、塔座、塔身和塔刹四部分组成，平面有方形、六角、八角、圆形和折角亚字形等多种形状，塔身有覆钟式、叠置式两类。塔刹由莲座、相轮、刹杆、华盖、宝瓶、风铎等组成。❶

由于中印文化的融合，中印建筑文化的交融，印度佛教建筑的窣堵波与中国原有建筑的碰撞、融合，产生了千姿百态的中国式佛塔，从而大大丰富了中国建筑文化的内涵。

文化的融合，会推动文化的发展，产生所谓"激活"的效应。春秋战国，是中原文化大融合之际，达到先秦时期我国第一个文化高峰，那么，自魏晋至隋唐，则是亚洲文化的一个大融合，中国文化与印度文化产生了第一次碰撞、融合。由此造就了我国古代文化的又一个高峰，在历史上又一次出现"激活的效应"。❷

而多姿多彩的中国佛塔，则是中印文化交融产生的奇葩。其结果即建筑文化的发展和演变。

中印建筑文化的融合产生了中国的佛塔。但演变并未中止。自唐代起，儒、道、释三教的文化在斗争中逐渐出现合流的局

---

❶ 郭湖生主编、杨昌鸣著. 东方建筑研究（下）. 天津大学出版社，1992.
❷ 谭元亨. 中国文化史观. 广东高等教育出版社，1994.

面,中国的佛塔也出现大致同步的演变。其表现有两个方面,一是作为印度窣堵波原型的符号的塔刹,逐渐演变而脱离了原型,甚至简化为道教崇拜的法器葫芦❶,这是佛塔世俗化的表征;二是自宋代起,直至明清,全国各地城市村镇中兴建了成千上万座风水塔,或称文风塔,它们是三教合流的产物。这些风水塔各具姿态,点缀着中华大好河山。

(五) 小结

本节探讨了建筑文化的承传、融合与演变问题。目前我们正面临中西方建筑文化碰撞和交融的大好时机,如何继承中华建筑文化的优秀传统,吸收西方建筑文化的合理要素,创造出能自立于世界建筑之林的具有中国特色的现代建筑,这是历史赋予我们中国当代建筑师的重任。

二 中国传统建筑艺术中的象征主义

(一) 象征主义与中国传统建筑文化

象征主义是中国传统文化的重要特色之一,也是中国传统建筑文化的重要特色之一。这与中华民族的特殊思维方式有关,而象征主义就是这种特殊思维方式的重要特点和标志。象征的思维方式和表达方式表现于中华民族的语言、风俗、宗教信仰、文学与艺术等各个方面,建筑艺术上也是如此。中国的传统建筑,从立意构思到平面规划、建筑造型、装饰装修,处处都闪耀着象征主义的神奇的光彩,洋溢着象征主义的浓郁的情趣,从帝都宫苑,到寺观庙宇,乃至遍布神州大地的村落民居,概莫能外。本节则拟对中国传统建筑艺术的象征主义作一探讨。

(二) 中国传统建筑象征表达的五大观念系统

中国传统建筑中用于象征表达的题材成千上万,按其思想观念可以分为如下五大系统:追求与宇宙和谐合一的哲学观念系

---

❶ 吴庆洲. 中国佛塔塔刹形制研究. 古建园林技术 (45): 21~27; (46): 13~17。

统；向往神仙胜境、佛国世界的宗教观念系统；宣扬儒家文化的礼制观念系统；希冀子孙繁衍生息的生殖观念系统；祈求幸福、平安、吉利的生存观念系统。下面拟逐一进行论述。

1. 追求与宇宙和谐合一的象征表达

中国古代哲学追求天、地、人宇宙大系统的协调合一。老子提出与宇宙万物和谐合一的原则："人法地，地法天，天法道，道法自然。"周易也提出象天法地的方法论。在这一方面的象征表达方式有：

（1）天圆地方的宇宙图式

皇家建筑的天坛、地坛和历代的明堂采用天圆地方的宇宙图式，在建筑的象、数、理诸方面都有着丰富的象征意义。

下以天坛为例说明之。天坛位于北京城的东南部，是明、清两朝帝王祭天、祈谷的圣地。它由圜丘、祈年殿、斋宫以及牺牲所和神乐署四组建筑组成，其中圜丘和祈年殿是全部建筑的主体。

天坛内外坛墙的北部呈半圆形，南为方形，象征"天圆地方"，其地形北高南低，表示天高地低。祈年殿为三重檐圆攒尖顶，上覆蓝色琉璃瓦，高九丈九尺（古营造尺），用"天数"（又称阳数，九为极阳数），象征天圆且蓝。殿内四根龙井柱，象征春夏秋冬四季；中层十二根朱红柱象征一年十二个月；外层十二根檐柱象征一天的十二个时辰；中层金柱和外层檐柱相加为二十四根，象征一年中的二十四个节气；三层大柱合计二十八根，象征周天二十八星宿，再加顶端的八根童柱，共三十六根，象征三十六天罡；宝顶下的雷公柱则象征皇帝的"一统天下"。祈年殿又名祈谷坛，是明清两代皇帝祈祷皇天上帝保佑五谷丰登之地，位于内围墙南北轴线的北部。轴线南部为圜丘。

圜丘坛俗称祭天坛，是一座通高5m，由汉白玉石雕栏围绕的三层石造圆台。其周围有里圆外方两重壝墙，象征"天圆地方"。圜丘的每一层四面各有台阶九级。三层栏杆从上至下分别雕饰龙、凤、云等图案。上层、中层和下层分别有栏杆72、108、180根，三层石板数也均为九的倍数，用以象征天帝居于九重天。

明堂的象征意义可参看王世仁先生的《明堂美学观》。❶ 本书不再赘述。

位于闽、粤、桂、台等地的客家民居，也有许多采用了天圆地方、阴阳合德的象征式构图。圆楼、方楼、八卦堡、府第式、围龙式都是如此。以府第式为例，前面半圆的池塘象征阴，后面半圆的胎土或者围龙屋代表阳，两个半圆合为一圆代表天，两个半圆之间的方形象征地，其构图表达了天圆地方、阴阳合德的意匠。❷

（2）在建筑中采用宇宙符号或图形

东汉马融《周易正义》云："太极生两仪，两仪生日月，日月生四时，四时生五行，五行生十二月，十二月生二十四气"。太极乃派生宇宙万物之本源，太极、两仪（天地或阴阳）、日月、四时、五行、十二月、二十四气均为象征宇宙之符号。汉长安城宫殿采用青龙、白虎、玄武、朱雀"四象"的瓦当即为采用宇宙符号的例子。太极图、八卦图作为民居的装饰均为常见。日神、月神代表日月，象征阴阳，也常在民居中可以见到。广州陈家祠门前的一对抱鼓石的基座上就分别雕刻了日神和月神。粤东民居的山墙为五行式山墙，墙头有金、木、水、火、土五种形式，❸不仅含有深刻的象征意义，也使山墙的艺术形式显得多姿多彩（图1-2-1）。在关于阴宅的风水术中，则有"空石长者五星捉脉正变图"，把地形分为金、木、水、火、土五种属性。❹

2. 向往神仙胜境、佛国世界的象征表达

在中国的传统建筑文化中，处处都体现了对美好事物和理想世界的追求、向往。神仙的逍遥不死和佛国的极乐永恒都使人们梦寐以求。园林中的"一水三山"是追求神仙胜境的象征表达，而金刚宝座塔——曼荼罗则象征着以须弥山为中心的九山八海式的佛国世界。❺

徽州棠樾保艾堂是徽州地区最大的一幢住宅，坐后街南，朝

---

❶ 王世仁. 理性与浪漫的交织. 中国建筑美学论文集：78~104. 中国建筑工业出版社，1987。
❷ 吴庆洲. 象天法地、法人、法自然——中国传统建筑意匠发微. 华中建筑，1993（4）：71~75。
❸ 陆元鼎、陆琦. 中国民居装饰装修艺术. 上海科学技术出版社，1992。
❹ 王青. 中国古代风水术. 北京师范大学出版社，1993。
❺ 王世仁. 佛国宇宙的空间模式. 古建园林技术，1992（1）：22~28。

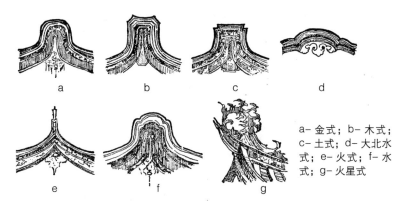

图1-2-1 墙头及垂带处理
（自陆元鼎、魏彦钧. 广东潮汕民居. 建筑师，13:156）

北，建成时有一百零八间房，三十六个天井，按八卦方位避凶就吉，组合而成。❶ 由建筑朝向、天井和房间数目等可知，它主崇拜北辰，三十六个天井象征道教神仙居住的三十六重天，一百零八间房象征道教所称北斗众星的三十六天罡星和七十二地煞星的合数。该宅的规划布局是宅主向往神仙境界的象征表达。民居中的许多装饰题材也与此有关。如徽州砖雕中有八仙过海、南山求寿、蟠桃宴会等题材，❷ 徽州木雕中有八仙、和合二仙、大闹天宫等题材❸。广州陈家祠门前的一对抱鼓石的基座上，除分别雕刻了日神、月神外，还雕刻了八仙像。广东许多祠堂的山墙两侧，分别树以日神、月神脊饰，广东德庆悦城龙母祖庙即为一例。

3. 宣扬儒家文化的礼制的象征表达

在中国传统建筑文化中，处处可以见到宣扬儒家礼制文化的象征表达。"礼"的精神就是秩序与和谐，其内核为宗法和等级制度。"礼"是一种伦理政治，提倡的是君惠臣忠、父慈子孝、兄友弟恭、夫义妇顺、朋友有信的社会秩序与人伦和谐。

传统建筑的开间、装饰、颜色等等都有严格的规定，要符合

---

❶ 棠樾. 东南大学出版社，1993。
❷ 汪立信、鲍树民. 徽州砖雕浅述，徽州砖雕艺术. 安徽美术出版社，1990。
❸ 徽州木雕艺术. 安徽美术出版社，1988。

礼制。例如，黄色为最尊贵的颜色，只有宫廷建筑才可用黄琉璃瓦；以龙凤为主要题材的和玺彩画，只能用于皇帝听政、祈天、祭祖及住所等专用建筑上。因此黄琉璃瓦与和玺彩画成为至尊至贵的皇家建筑的象征。

儒家的"礼"制文化由远古的生殖崇拜和自然崇拜发展而成。儒家主张忠君报国，修身、齐家、治国、平天下，其内核为祖宗崇拜和山川崇拜。因此，帝王建都，"左祖右社"，必建宗庙和社稷坛。而民居，则有各姓宗祠和社庙。

民居一般为三开间。棠樾村鲍象贤官至兵部左侍郎等职，其宅宣忠堂经皇帝特许，门屋为五开间，檐下悬"宣忠"匾，门前另置一对旗杆，宅内纵向五进，是村中等级最高的建筑。另外，村中建尚书坊、孝子坊和监察御史坊以旌表他和他的父亲、祖父三人。清代，村中又加建石坊，形成按忠、孝、节、义排列的七座牌坊群。

浙江东阳清代某官宦之宅务本堂大门前有两对旗杆❶，说明了宅主的身份和地位。在福建南靖县客家人聚居地，凡有功名的人，均在本家族祠堂前建石龙旗作为旌表。石龙旗是用条石凿成的长五六米的方或圆的石柱，柱尾渐收，上刻受旌表者的姓名、功绩和生平，并雕上龙、凤等吉祥物。❷

以上所述宅前旗杆以及祠堂、牌坊、石龙旗等都是儒家礼制文化的象征表达。一些少数民族未受到儒家礼制文化的约束，他们由原始的生殖崇拜、自然崇拜、图腾崇拜发展出维系他们秩序与和谐的象征表达物，例如，许多少数民族的村寨均有寨心，寨心通常在村寨中央。布朗族的寨心是一根大木桩，周围用石头砌成1m左右的高台，祭祀寨心神或社神。拉祜族则在村寨中央广场立神柱，共三柱，一雌、一雄、一为寨神。阿昌族在寨内立一根木柱或石柱，上顶一块木板或石板，板上供祭品，祭祀寨神"色曼"，并在寨背后山坡上以同样形式祭祀地方神"色猛"。❸ 侗族的鼓楼，则由原始的生殖崇拜、杉树图腾

---

❶ 中国建筑技术发展中心建筑历史研究所. 浙江民居. 中国建筑工业出版社，1984。
❷ 张宇生. 奇特的客家石龙旗. 南方建筑，1993（4）：63。
❸ 王翠兰、陈谋德. 云南民居续篇. 中国建筑工业出版社，1993。

崇拜的寨心柱，发展为独脚的罗汉楼，最后成为维系侗乡村寨的秩序与和谐的鼓楼。❶ 鼓楼、风雨桥是侗乡村寨的象征性建筑。

4. 希冀子孙繁衍生息的生殖观念的象征表达

生殖崇拜文化是我国传统文化中的重要内容。在远古的时候，鱼纹、蛙纹成为母系氏族社会女阴崇拜的象征，鸟纹、龙蛇等成为父系氏族社会男根崇拜的象征。后来，鸟、龙、蛇的男根生殖崇拜由氏族图腾崇拜所继承，成为氏族图腾崇拜文化的标志。东夷族以龙为图腾，西羌族以虎为图腾，夏族和越族以蛇为图腾，楚人和部分古越人以鸟为图腾。这些古华夏族群的图腾崇拜又演化为东方苍龙、西方白虎、北方玄武、南方朱雀（即凤凰）的四象，即天上的二十八宿。龙、凤是中国传统建筑装饰的重要题材，帝、后的象征以及宫廷建筑的重要标志之一，其渊源可上溯到人类原始时代的生殖崇拜文化❷。由此，可见中国传统建筑文化积淀之深厚，渊源之久远。

生殖崇拜文化对中国传统文化有着极为重要的影响。道家的思想源于远古的女阴生殖崇拜。《老子》云："玄牝之门，是谓天地根。"又云："牝常以静胜牡，以静为下。"儒家的哲学则源于男根生殖崇拜。孟子云："不孝有三，无后为大。"❸《易经》云："天行健，君子以自强不息。"这是儒家主张阳刚之美的真实写照，与道家主张阴柔之美形成强烈的对照。中国传统哲学的阴阳二元论和太极一元论，都源于生殖崇拜文化。❹"多子多福"是中华民族的传统观念。民居建筑中常有石榴、葫芦等图案装饰象征多子。徽州砖雕中有"五子登科"、"百子图"等有关题材。❺

5. 祈求幸福、平安、吉利的象征表达

祈求幸福、平安、吉祥、如意乃中华各民族的普遍理想和追求，是中国传统建筑文化的重要内容，在民居中有如下几种象征表达。

（1）平面图式符号的象征表达

---

❶ 杨昌鸣. 东南亚与中国西南少数民族建筑文化探析. 郭湖生主编. 东方建筑研究（下）. 天津大学出版社，1992.
❷ 吴庆洲. 中国古建筑脊饰的文化渊源. 建筑与文化论集. 湖北美术出版社，1993.
❸ 孟子·离娄.
❹ 赵国华. 生殖崇拜文化论. 社会科学出版社，1990.
❺ 汪立信、鲍树民. 徽州砖雕浅述. 徽州砖雕艺术. 安徽美术出版社，1990.

江西定南县下岭镇八乐排土围，建于晚清，平面方形，其内部甬道卍形，寓意吉祥。❶ 福建永定县下洋镇的富紫楼，平面为一富字，为了构成富字，在楼外后面特意建了一座单层杂物间。门边两副对联为："富家占大吉，紫气自东来"。"富贵花开十分锦秀，紫红春色大块文章"。❷ 广东佛山市三水区乐平镇大旗头村，为清代民居村落，该村是一个祠堂、家庙兼备，聚族而居的建筑群。其前为一池塘，塘基砌以石坎，突出部分状壶嘴。塘边有一文笔塔，塔顶高尖，状如巨笔。塔下有两块方石，大者高三尺许，形如砚，小者方块状如印，象征"文房四宝"，希望后代能读书做官。❸ 2003 年大旗头村被建设部评为国家十二个历史文化名村之一。

（2）装饰题材的象征表达

民居建筑的装饰涉此者甚多。以福、禄、寿三星象征福、禄、寿，或取谐音，以蝙蝠象征福，鹿象征禄，并以仙鹤、寿桃象征长寿，以石榴喻多子，以牡丹花象征富贵（图 1-2-2），以莲、鱼表示连年有余，在宝瓶上加如意头象征平安如意，等等。

图 1-2-2　广州番禺学宫大成门正脊上的牡丹花和石榴

（3）风水术的象征表达

以风水术避凶就吉，出现"斜门"，在民居中司空见惯。水口位于巽方，即村落东南方为吉。棠樾村在水口砌"七星墩"，上植大木以障风蓄水，以免"财水"外流。以太极八卦图、泰山

---

❶ 黄浩、邵永杰、李廷荣. 江西天井式民居. 江西省城乡建设环境保护厅、景德镇市城乡建设局，1990。
❷ 林嘉书、林浩. 客家土楼与客家文化. 博远出版有限公司，1992。
❸ 闻瑨. 三水乐平有条郑村. 佛山文博，1992（7）：28。

石敢当等避邪气，等等，均属此类。

(三) 小结

中国传统建筑艺术的象征主义是一个大题目，其内容丰富多彩，涉及面十分广泛。中国传统文化源远流长、博大精深。民居建筑艺术与宫廷建筑艺术是我国传统建筑艺术中的两个相辅相成、不可缺少的组成部分，宫廷建筑影响民间建筑，并从民间建筑中汲取丰富的营养，才使自己不至于僵化，才能保持其青春和生命力。传统建筑中的象征主义，也可以给现代建筑师以启示。向传统建筑艺术学习，汲取传统建筑文化的精华，应是当代中国建筑师的共同课题。

三 象天法地、法人、法自然——中国传统建筑意匠发微

对中国传统建筑的系统研究，肇自朱启钤先生创立的中国营造学社。梁思成、刘敦桢、龙庆忠、刘致平、陈从周等一批前辈学者做了大量的工作，为中国建筑史学的研究奠定了坚实的基础。近年随着国际文化热的出现，对中国传统建筑文化内涵的探讨和发掘工作正逐步展开。为了进一步弘扬中华优秀传统文化，本节拟对中国传统建筑的意匠作一探讨。

"意匠"一词，原指作文绘画时的精心构思。建筑之意匠，指的是指导建筑规划设计的哲理和原理、原则及其追求的艺术境界。

中国传统建筑的意匠，主要有如下几点：

(一) 象天法地，天人合一

中国古代的哲学以天、地、人构成一个宇宙大系统，主张天、地、人三才合一。《易·系辞下》对此作了精辟的阐述：

"易之为书也，广大悉备，有天道焉，有人道焉，有地道焉。兼三才而两之，故六者，非它也，三才之道也。"

《易经》广大完备，包罗万象，涵盖天道、地道和人道。卦

画也体现天、地、人三才为一体的系统思想,每卦以六画示之,上两爻为天,下两爻为地,中两爻为人,象征着人居于天地之间。

"是以立天之道曰阴与阳,立地之道曰柔与刚,立人之道曰仁与义。"(《易经·说卦》)

阴与阳的对立统一乃是宇宙之本原,刚柔、仁义为其派生和表现。天地人密切相关,互相感应。人的言行也能对天地产生影响。"言行,君子之所以动天地也,可不慎乎?"人乃至整个生物界都是天地相互作用的产物。"天地氤氲,万物化醇。男女构精,万物化生。"(《易·系辞下》)人在天地间并非消极被动的因素,可以效法天地,"仰则观象于天,俯则观法于地,观鸟兽之文与地之宜"(《易·系辞下》),圣人能通过观物取象以制器,"见乃谓之象,形乃谓之器"。"以制器者尚其象。"(《易·系辞上》)建筑作为一种"器",是一种形象的艺术,应遵循"象天法地"的准则。《老子》提出一条原则:"人法地,地法天,天法道,道法自然。"(《老子》第二十五章)只有遵循这一原则,天地人的宇宙大系统才能和谐合一。

象天法地的构思有如下三种。

1. 天圆地方的宇宙图式

在建筑设计中,可以见到许多采用了天圆地方的宇宙图式的例子,历代的明堂(图1-3-1)即为一例。

"明堂之制,周旋以水,水行左旋以象天。内有太室象紫宫,南出明堂象太微,西出总章象玉潢,北出玄堂象营室,东出青阳象天市。"❶

位于闽、粤、桂、台等地的客家民居,有许多也采用天圆地方、阴阳合德的象征式构图。❷

例如,福建诏安的在田楼(图1-3-2),在圆楼里面有一个方形祖堂,象征天圆地方。圆楼分为八大部分,每部分为八开间,象征八卦和六十四卦。在田楼在象、数、理三方面寓意楼为小宇宙。以八卦为宇宙模式来设计的例子还有永定的振成楼和漳浦的八卦堡等。

---

❶ 明堂阴阳录. 见;王世仁. 理性与浪漫的交织. 中国建筑美学论文集;78. 中国建筑工业出版社,1987.
❷ 吴庆洲. 和谐与崇生之美——客家民居意匠探微. 中国传统民居国际学术研究会论文,1993年8月.

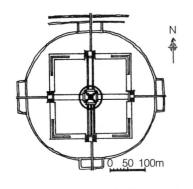

图1-3-1 汉长安明堂辟雍复原总平面图（摹自王世仁. 理性与浪漫的交织——中国建筑美学论文集. 明堂美学观插图）

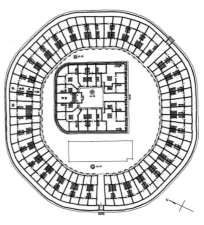

图1-3-2 在田楼底层平面图（黄汉民绘）

府第式和围龙式也是按宇宙图式设计的。半圆的池塘象征阴，半圆的胎土或围龙屋代表阳，两半圆合为一圆代表天，两个半圆之间的方形代表地，其构图表达了天圆地方，阴阳合德的意匠。

半月楼也有同样的寓意，也象征着天圆地方，阴阳合德。

2. 象天法地的规划构思

在中国古代的城市规划中，可以找到许多以象天法地的思想指导城市规划的例子。

在伍子胥建阖闾大城时，就用了象天法地之法："乃相土尝水，象天法地，筑大城，周回四十七里。陆门八，以象天之八风；水门八，以法地之八卦。"（《吴郡志》卷三城郭）

范蠡筑越城也用此法："蠡乃观天文，拟法象于紫宫，筑作小城，周千一百二十步，一圆三方，西北立龙飞翼之楼，以象天门。东南伏漏石窦，以象地户。陆门四达，以象八风。"（《吴越春秋》）

秦始皇建都咸阳，"为复道，自阿房渡渭，属之咸阳，以象天极阁道绝汉抵营室也。"（《史记·秦始皇本纪》）"筑咸阳宫，因北陵营殿，端门四达，以则紫宫，象帝居。渭水贯都，以象天汉；横桥南渡，以法牵牛。"（《三辅黄图》）

范蠡建宫城"拟法象于紫宫",表达了越王欲称霸诸侯的雄心。作为千古一帝,秦始皇营造自己的宫殿,象征天帝居住的紫微宫,表达了自己以"天子"的身份千秋万代统治人间的雄心和欲望。

明清北京城的宫城称为紫禁城,更加明确地表达了象征天帝所居紫宫的意愿。

隋唐长安城外郭平面呈东西长(9721m)、南北略短(8651.7m)的长方形,并非正方形。据中国古代"天圆地方"之说,地并非正方形。《淮南子》云:"天有九部八纪,地有九州八柱。九州之外有八埏,八埏之外有八纮,八纮之外有八极。八极之广,东西二亿三万三千里,南北广二亿三万一千里。夏禹所治海内地,东西两万八千里,南北两万六千里。"故其外郭城乃"法地"而成,是大地的缩影。其外部东西中门分别名为春明门和金光门,宫城北面为玄武门,皇城南门名朱雀门,按古代天象思想,正是东西南北四象的体现。❶ 隋唐长安城也体现了象天法地的规划构思。

除城市规划外,古典园林的意匠中亦有"象天"的例子。广州南汉宫苑中的药洲有九块奇石,称为"九曜石"。九曜即九执,指梵历中的九星,唐人习称为"九曜",即七曜(日、月、水、金、火、木、土)及罗睺和计都。❷ 这是天人合一的思想在园林中的体现。

3. 阴阳五行的规划设计思想

在中国的传统建筑文化中,处处渗透着阴阳学说和五行学说的思想。小至个体建筑,大至大建筑群、城市的规划设计,无不以阴阳五行思想为指导原则。如前述,客家民居的意匠中即体现了阴阳合德的构思。

明清紫禁城是以阴阳、五行思想进行规划设计的典范。

紫禁城分为前朝后寝,即外朝内廷。外朝为阳,用阳数,有五门、三朝;内廷为阴,用阴数,有两宫六寝。两宫为乾清宫和坤宁宫,分别为帝后所居,即名"乾清"、"坤宁"以配帝、后的

---

❶ 尚民杰. 隋唐长安城的设计思想与隋唐政治. 人文杂志, 1991 (1): 90~94.
❷ 新五代史·司天考.

性别身份。两宫之间为交泰殿，取义"天地交，泰。"（《易·泰》）交泰，指天地之气融合贯通，生育万物，物得大通，故曰泰。"乾清"、"坤宁"、"交泰"为天地交泰，阴阳和平之意。

紫禁城不仅以阴阳思想规划设计，而且按建筑的重要性和地位分为"阳中之阳"（太和殿）和"阴中之阳"（乾清宫）。

五行学说在紫禁城的规划设计中也得以充分的体现。东华门喻木，西华门喻金，午门喻火，玄武门喻水，三大殿喻中央土，三大殿的三层台阶为一巨大的"土"字，土字的方向面南，与天子面南而坐的方向一致。

（二）师法自然，向往神仙胜境

中国传统园林向往自然山水之美，以天人合一为其理想境界。"虽由人作，宛自天开"。中国传统园林受到老庄道家学说及神仙学说的深刻影响，更富于浪漫主义的色彩。庄子云："天地与我并生，而万物与我为一。"（《庄子·齐物论》）"夫形全精复，与天为一。天地者，万物之父母也，合则成体，散则成始。"（《庄子·达生》）"天地有大美而不言。"（《庄子·知北游》）庄子的思想中，充满了神奇、浪漫的色彩，也表达了"与天为一"的理想追求。

园林师法自然，向往神仙胜境的意匠表现在如下几点：

1. "一水三山"的神仙胜境模式

"一水三山"的模式源于战国。据载：

"威、宣、燕昭使人入海求蓬莱、方丈、瀛洲。此三神山者，其传在渤海中，去人不远……诸仙人及不死之药皆在焉。"（《史记·封禅书》）

秦始皇也曾派人去海上神山求不死之药。

到汉代，汉武帝在建章宫里，建造了太液池，池中有蓬莱、方丈、瀛洲三岛，以象征海上三仙山。从此，"一水三山"的模式就得以物化，在园林史上取得了艺术生命的延续性，丰富了园林可供审美品味的理想内涵。[1]

---

[1] 金学智. 中国园林美学：91~93. 江苏文艺出版社，1990。

"一水三山"的模式后来被历代皇家宫苑所沿用,并影响到宫苑以外的园林,如扬州曾有"小方壶园",苏州留园有"小蓬莱",杭州三潭印月景区有"小瀛洲"等。

2. 以神话为题材的建筑和雕塑园林小品

汉代上林苑建章宫中有"神明台高五十丈。"(《汉宫阙疏》)"《庙记》曰:神明台,武帝造,祭仙人处,上有承露盘,有铜仙人,舒掌捧铜盘玉杯,以承云表之露,以露和玉屑服之,以求仙道。"(《三辅黄图》)

西汉上林苑中还有飞廉观。"武帝元封二年作。'飞廉神禽,能致风气者'。'身似鹿,头如雀,有角而蛇尾,文如豹,武帝命以铜铸置观上,因以为名'。"(《三辅黄图》)

上林苑昆明池中,"刻石为鲸鱼,长三丈,每至雷雨,常鸣吼,鬣❶尾皆动。"(《三辅黄图》)

"《关辅古语》曰:'昆明池中有二石人,立牵牛、织女于池之东西,以象天河。'"(《三辅黄图》)

太液池之开凿与《庄子·逍遥游》中的神话直接相关:"北冥有鱼,其名为鲲。鲲之大,不知其几千里也,化而为鸟,其名为鹏。"这北海中的鲲,即鲸。太液池在建章宫北。"《关辅记》云:'建章宫北有池,以象北海,刻石为鲸鱼,长三丈。'《汉书》曰:'建章宫北大池,名曰太液池,中起三山,以象瀛洲、蓬莱、方丈,刻金石为鱼龙、奇禽、异兽之属。'"(《三辅黄图》)

3. 师法自然山水

广东粤中清代四大名园之一的梁园的群星草堂,原有奇石十二组。主人曾宦游四川,历长江三峡,见巫山十二峰之云雨奇观,于是以十二组奇石拟意巫山十二峰,立于堂前,这是园林师法自然山水一例。

(三)法人的构思

在中国古代文化中,极重视人的价值。"天地之性(生)人为贵"(《孝经》),认为天地之间的生物以人为最宝贵。"道大,

---

❶ 鬣(lie 音"猎"),指鱼龙之属颔旁的鬐。

天大，地大，人亦大。域中有四大，而人居其一焉。"（《老子》第二十五章）按照古代天地人同构的思想，天地是个大宇宙，人本身是一个小宇宙。"天地万物，一人之身也，此之谓大同。"（《吕氏春秋·有始》）人有血脉，地亦有之。"水者，地之血气，如筋脉之通流者也。"（《管子·水地》）正因为认为人是与宇宙万物同构的小宇宙，城市、建筑、园林规划设计中都有法人的例子。

1. 人体内景图式园林——颐和园

颐和园为乾隆十五年（1750年）乾隆为其母六十大寿而修建的一座园林。园林的布局和景点命名以"人体内景园"为本，智慧海暗示人脑，排云殿喻喉部，云锦殿、玉华殿喻两耳，宿云檐喻人的面部，知春亭隐喻心脏，龙王庙为人之肾，目的在游赏园林时达到"呼神存真，能使六腑安和，五脏生华，返老还童"的境界，从而延年益寿（图1-3-3，1-3-4，1-3-5）。❶

2. 城市之血脉——城市水系

中国古城多有一个由环城壕池和城内河渠组成的水系。它具有供水、交通运输、溉田灌圃和水产养殖、军事防御、排水排洪、调蓄洪水、防火、躲避风浪、造园绿化和水上娱乐、改善城市环境十大功用，被喻为城市的血脉。"邑之有沟渠，犹人之有脉络也，一缕不通，举身皆病。"❷ 以城市水系比拟人体血脉系统，在城市水系的规划、建设和管理上都有重要的意义。❸

3. 民居法人的设计构思

清代客家著名风水地理师林牧，对住宅平面处理和空间组织，提出了法人的设计思想，将住宅比拟人体，以人体的比例决定住宅的比例及平面关系。"正屋两傍，又要作辅弼护屋两直，一向左，一向右，如人两手相抱状以为护卫。……两边护屋要作两节，如人之手有上、下两节之意。……中厅为身，两房为臂，两廊为拱手，天井为口，看墙为交手。"❹（图1-3-6）

4. 斗栱对人体的模仿

---

❶ 王昀. 颐和园总体布局意义的诠释. 华中建筑, 1992 (4): 52～56, 20.
❷ 席益. 导渠记. 同治重修成都县志·卷十三, 艺文志.
❸ 吴庆洲. 中国古代的城市水系. 华中建筑, 1991 (2): 55～61.
❹ 何晓昕. 风水探源: 99～101. 东南大学出版社, 1990.

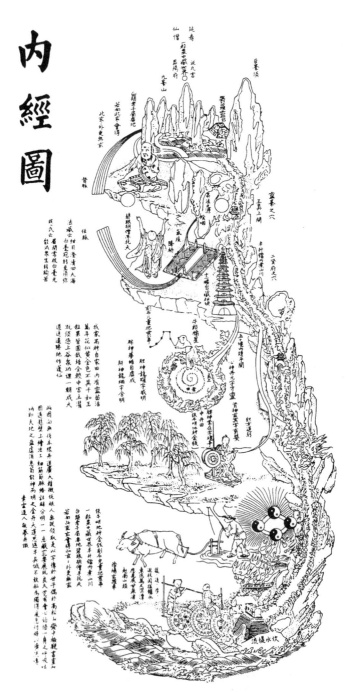

图1-3-3 人体经图（信使1986-3）

图1-3-4 内境左侧图
（摹自体壳歌）（自王昀.
颐和园总体布局意义的诠释.
论文插图）

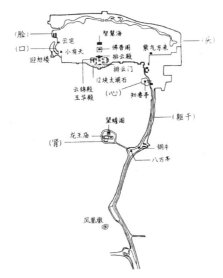

图1-3-5 颐和园平面图
（自王昀论文插图）

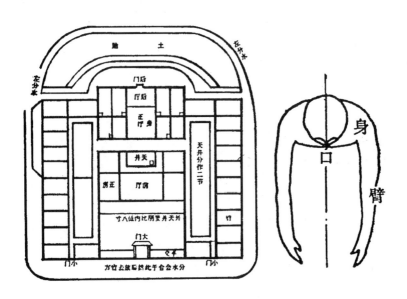

图1-3-6 风水、住宅、人体（何晓昕.风水探源：100）

距今六七千年前，中国木构已出现榫卯。最初的栌斗是作为柱子和其上枋木之间的过渡构件，用榫卯连接，其形如人之直立以头顶重物。栱出现后，最初是插于柱身上的插栱，与栌斗共承上面的枋木，其形象与直立之人以头手共同顶托重物无异。这种早期的斗栱可在后世的斗栱中看到其大致的雏形（图1-3-7）。后来，随着斗栱的发展，插栱演变为栌斗上的一斗二升、一斗三升的斗栱。原来仿人体的柱上的栌斗，由人的头的位置下降到人的胸的位置，原来的头的位置由一斗三升的中间的小斗所代替（后世称为"齐心斗"）（图1-3-8）。斗栱的这一演变极为重要，增加了一个柔性节点。众所周知，胸以下有腰，头、腰、手均可运动，其柔性可想而知。至此，斗栱对人体的模仿并未止步，十六国晚期和北朝的一些斗栱[1]形态各异，其中有两个如人叉开腿用头和手顶托重物者。为什么一人为两腿，另一人为三腿呢？远古先民以鸟象征男根，以三足鸟作为男性的象征，并进而演化出日即三足鸟，日中有三足鸟的神话。[2] 据此可知，两腿者为模仿女性，三腿者为模仿男性（图1-3-9）。

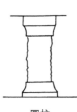
圆柱
山东安丘汉墓

双柱和插栱
河北望都汉明器

图1-3-7 汉代斗栱之一
（摹自刘敦桢主编.中国古代建筑史）

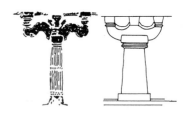

图1-3-8 汉代斗栱之二
（摹自刘敦桢主编.中国古代建筑史）

除了模仿人的体形和功能外，斗栱还模仿人体的骨骼结构和机能。潮州开元寺天王殿有层层相叠斗，明间金柱上竟达十二层，叠斗之高与其下柱高相近。[3] 这种叠斗与人体的脊柱骨的结

---

[1] 肖默.敦煌建筑研究；221.文物出版社，1989。
[2] 赵国华.生殖崇拜文化论：265~267.中国社会科学出版社，1990。
[3] 吴国智.开元寺天王殿建筑构造.古建园林技术（16~17）。

图1-3-9 敦煌石窟十六国晚期和北朝阙形龛上的斗栱
(摹自肖默. 敦煌建筑研究)

构十分相似,是模仿人体骨骼结构和机能的一种形式(图1-3-10)。东汉王延寿《鲁灵光殿赋》有:"层栌礓佹以岌峨,曲枅要绍而环句。"龙庆忠教授认为"层栌"正是天王殿这种铰打叠斗,这种叠斗汉已有之。潮州开元寺天王殿存此古制,而且在其他一些古建筑中也可见到类似做法。潮州历代多台风地震等自然灾害,这种仿生柔性结构对抗震是十分有利的。这种叠斗在福建泉州也可见到。

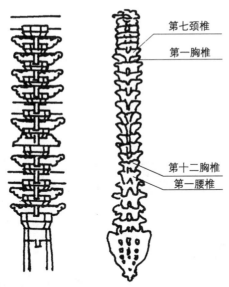

图1-3-10 铰打叠斗与人体脊柱比较
(自程建军. 中国古代建筑的仿生柔构技术. 华中建筑,1991,3)

斗栱发展到唐宋,在技术和制作上达到了顶峰,出现了各种铺作,遍布于木架的各个部位,使整座建筑物成为仿生的有机抗震建筑。地震时，处于梁柱节点位置的一朵朵铺作，通过用榫卯方式结合的构件间的相互摩擦产生阻力以消耗地震能量。由于木材具有一定的弹性，在外力消除后又恢复了原位，这就是有斗栱的古建筑能抗震的重要原因之一。

（四）小结

本节对中国传统建筑象天法地、法人、法自然方面的意匠作了初步探索，可以略窥中华传统建筑的文化内涵之丰富博大。事实上，儒家的伦理政治观念即"礼"对中国的传统建筑有着深刻的影响，《管子》的顺乎自然，因地制宜的求实的规划设计思想也与《周礼》相辅相成，指导着传统建筑和城市的规划设计，至于园林的意境，本节更是挂一漏万。限于篇幅，以上各点不在本节讨论之列。

四 客家民居意象研究

（一）前言

形式多样、内涵丰富的客家民居（图1-4-1），近年来已引起海内外研究者的普遍关注。作为客家籍建筑学者，我对客家民居的意象有着浓厚兴趣。本节拟对客家民居的意象作一番探讨。

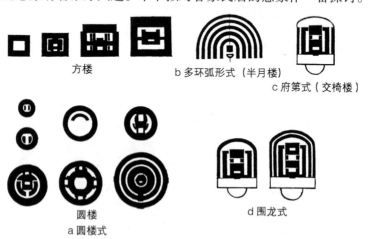

图1-4-1 客家民居平面的几种类型

（二）意象的涵义

意象乃美学用语，源自《周易》。《周易》的象数理论具有多方面的美学意义，包含意象说、观象制器等重要内容。

《周易》云：

"在天成象，在地成形，变化见矣。"（《系辞上》）

"成象之谓乾，效法之谓坤。"（《系辞上》）

"见乃谓之象，形乃谓之器。"（《系辞上》）

"天垂象，见吉凶，圣人象之。"（《系辞上》）

"八卦成列，象在其中矣。"（《系辞上》）

"是故《易》者，象也。象也者，像也。"（《系辞上》）

"象"，可以指卦象，或指天地万物的形象。

"是故夫象，圣人有以见天下之赜❶，而拟诸其形容，象其物宜，是故谓之象。"（《系辞上》）

"古者包牺氏之王天下也，仰则观象于天，俯则观法于地，观鸟兽之文与地之宜，近取诸身，远取诸物，于是始作八卦。"（《系辞下》）

《周易》认为卦象是圣人观察模拟天地万物以及人自身的形象而创造出来的。从现代的观点看，卦象是哲学性与艺术性的符号。

《周易》提出了"圣人立象以尽意"（《系辞上》）的观点。即以卦象表达"意"，也即以哲学与艺术性的符号表达各种思想观念。

建筑的意象，指的是指导建筑师规划设计的哲理及其所追求的艺术境界。

（三）观象制器，制器尚象的技术美学思想

中国哲学追求天人合一。《老子》提出"人法地，地法天，天法道，道法自然"的方法论，以达到与宇宙天地的和谐共处。《周易》则进一步提出了观象制器的技术美学思想。❷

《周易·系辞上》云："《易》有圣人之道四焉：以言者尚其

---

❶ 赜，ze. ，幽深玄妙。

❷ 刘纲纪. 周易美学：296~300. 湖南教育出版社，1992.

辞；以动者尚其变；以制器者尚其象；以卜筮者尚其占。"

"以制器者尚其象"，意为用《周易》的道理来制器物，崇尚其卦爻象征。

《周易·系辞下》列举了许多"观象制器"的例子，其中，宫室为一例。"形乃谓之器"（《周易·系辞上》）。建筑、城市均属"器"。周公作明堂，上圆以象天，下方以法地即为观象制器，制器尚象的例子，为后世的建筑、城市规划设计树立了榜样。

"法象莫大乎天地，变通莫大乎四时，悬象著明莫大乎日月，崇高莫大乎富贵。"（《周易·系辞上》）因此，天地（空间）、四时（时间）、日月（阴阳、光明）、富贵（崇高）乃建筑中所着重之象。

（四）客家民居的五类意象

客家民居要表达的"意"即思想观念可以分为如下五大系统：追求与宇宙和谐合一的哲学观念系统；向往神仙胜境、佛国世界的宗教观念系统；宣扬儒家文化的礼乐观念系统；希冀子孙繁衍生息的生殖观念系统；祈求幸福、平安、吉利的生存观念系统[1]。下面试分而述之。

1. 追求与宇宙和谐合一的意象

按照中国古代天人合一的观点，天地是一个大宇宙，人体是一个小宇宙。天人有着同构的关系。作为人居的建筑、村镇、城市，都应与天地同构，都是大、中、小不等的宇宙。因此，客家民居中，追求与宇宙和谐合一的意象有如下几种类型：

（1）与周围的自然环境和谐融合

客家居民多依风水学说选址建造，基址多依山傍水，负阴抱阳。其建筑材料多取自当地，以土、石为墙，木为构架，青瓦为盖，外形庄重、朴实，与绿水青山、自然环境有机地融为一体。其建筑前面往往有池塘，前低后高，排水便利。后面高，又植有风水林，果木繁茂，可挡冬天凛冽的寒风，又可蓄水护土。建筑内的生活污水排入池塘，池塘较大，有自然净化作用，并可养

---

[1] 吴庆洲. 中国民居建筑艺术的象征主义. 华中建筑, 1994 (4): 6~8.

鱼。池塘的水可作消防用水，又可灌溉塘边果木菜蔬。可以说，客家民居与赖特大师的"有机建筑"相符，而且是生态建筑，它本身就是一个小小的人工生态系统。客家民居这种生态模式乃中华先民长期追求与自然和谐共处的智慧的积淀和结晶。

（2）天圆地方的宇宙图式

府第式客家民居，前面半圆的池塘象征阴，后面半圆的胎土或围龙屋象征阳，两个半圆合为一圆代表天，两个半圆之间的方形象征地，这是天圆地方，阴阳合德的宇宙图式。

许多圆楼、方楼也有同样的宇宙意识。方楼象征地。圆楼，如福建诏安的在田楼，圆楼中有一方形祖堂，亦为天圆地方的宇宙图式。

（3）观象制器、制器尚象的杰作——八卦宇宙图式

八卦、六十四卦是以阴爻、阳爻建构的符号宇宙与世界图式。"八卦成列，象在其中矣。"（《周易·系辞下》）以卦象设计客家民居的例子有福建诏安的在田楼，永定的承启楼（图1-4-2，1-4-3，1-4-4），漳浦的八卦堡，永定西陂天后宫土楼塔，广东饶平的道韵楼（图1-4-5）等。

在田楼为高三层的圆楼，主楼分为八大部分，每部分又分为八开间，共六十四开间，象征八卦和六十四卦。承启楼是内外四环的圆楼，外环分为八大单元象征八卦。道韵楼全楼三进三环围，共同构成八卦的爻画，有防兵乱、防乡斗、防盗贼、防兽害、防干旱、防火灾、防寒暑、防地震的八防作用❶。它们都是《周易》观象制器的美学思想指导下的杰作。

（4）采用宇宙符号

除八卦外，中国传统的象征宇

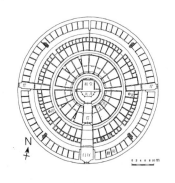

图1-4-2 永定县古竹乡承启楼底层复原平面图（黄汉民. 福建客家圆土楼的形式特色. 论文插图）

---

❶ 吴庆洲著. 中国军事建筑艺术. 湖北教育出版社，2005。

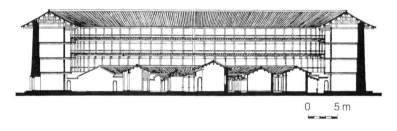

图1-4-3 承启楼剖面图(黄汉民论文插图)

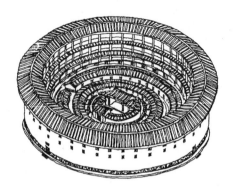

图1-4-4 承启楼鸟瞰图(黄汉民论文插图)

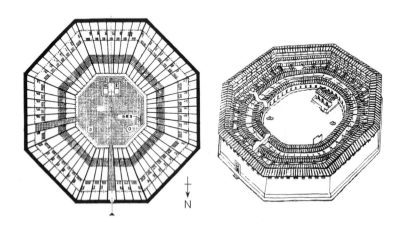

图1-4-5 道韵楼首层平面及鸟瞰图
(自戴志坚.福建客家土楼形态探索.论文插图)

宙的符号还有太极、日月、四时、五行等。客家民居以太极、八卦图为装饰者很普遍，粤东客家民居以金、木、水、火、土五行封火山墙为饰。祖堂后方、胎土下方砌有五块石头，分别代表五行，中央一块较大，象征土。凡此种种，均表达了宇宙意识。

2. 向往神仙胜境，佛国世界的意象

客家人受儒家学说影响较深，虽也普遍有佛教、道教、民间宗教的信仰，但对民居建筑并无明显的影响。

永定西陂后宫土楼塔形制特殊，它前为五凤楼的两堂两横平房，在后堂的位置上建天后宫七层土楼塔，总高四十多米，下半部为方形，上半部为八卦形❶。这是民居与宫庙结合的很独特的例子。宫塔位于祖堂，是地方神与祖先崇拜合而为一的结果。

梅州梅江区的联辉楼为依山建造的中西结合的民居，共有房间一百零八间，北边有一座高耸的钟楼（图1-4-6），笔者分析，或许与宅主崇拜道教有关：北边钟楼象征北辰，一百零八间房象征道教所称北斗众星的三十六天罡星和七十二地煞星的合数。确否待考。

图1-4-6　梅州梅江区联辉楼

3. 宣扬儒家文化的礼乐意象

礼乐文明源远流长，起源于原始宗教崇拜仪式和巫术歌舞。周公制礼作乐，礼是制度规范，乐是宫廷庙堂的礼仪乐舞，使周

---

❶ 林嘉书. 土楼与中国传统文化：69~72. 上海人民出版社，1995.

代礼乐文明更为昌盛。春秋礼崩乐溃，孔子创立儒家学派，"克己复礼"。荀子著《礼论》、《乐论》，使"礼乐"成为社会哲学概念。礼，代表规范、区分、界限、制约，作用于人的理性；乐，代表调谐、中和、认同、自由，对人发挥感情教化作用。

礼乐包含着父慈、子孝、兄良、弟悌、夫义、妇听、长惠、幼顺、君仁、臣忠的十大伦理规范，节制人性欲望，以维护社会秩序和人伦和谐。儒家主张忠君报国，"修身、齐家、治国、平天下。"

客家民居中的儒家礼乐意象有如下几方面：

（1）以祖堂为民居核心，突出祖先崇拜

崇拜祖先是客家的文化传统，以祖堂为核心，家庭成员居室围绕祖堂，体现了礼乐思想、伦理观念和社会秩序。

（2）宣扬科举功名，忠、孝、节、义

客家民居中以"大夫第"、"中翰第"、"世德堂"、"思孝堂"等为名，突出儒家思想，凡有功名之人，在其家族祠堂前建石龙旗作旌表。

客家民居的平面中，有以"国"字为模式的（图1-4-7），以"国"为家，正是儒家思想的写照。

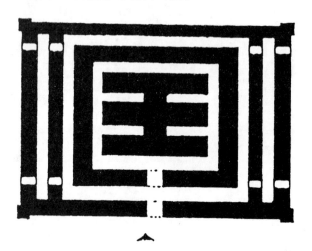

图1-4-7 江西全南县江东围（袁氏围）平面
（自黄浩. 江西围子述略. 论文插图）

永定下洋镇中川村的富紫楼，平面以"富"字为模式设计，楼后建一单层杂物间，作为"富"字头上的一点。这与《周易》所云："崇高莫大乎富贵"相合。

4. 生殖崇拜意象

生殖崇拜是中华民族自远古以来的传统，客家民居之生殖崇拜意象有如下三方面：

（1）以八卦为模式

文王后天八卦次序体现了男女媾精，万物化生的义理："乾坤合而生六子，三男皆阳也，三女皆阴也。"（《观物外篇》）其中震为长男，坎为中男，艮为少男，他们分别得到乾的下爻、中爻和上爻；巽为长女，离为中女，兑为少女，她们分别得到坤的下爻、中爻和上爻。所以八卦的"根喻"是"家庭"，是繁衍生殖。

（2）圆形土楼隐喻子宫

日本学者认为："客家圆形土楼是母性的，很像吞容一切的子宫。"言之有理，圆似太极，太极分阴阳，似子宫有生育功能，"生"为意象主题。

（3）胎土为风水穴位，为地母之子宫

客家民居的胎土，正是风水穴位，即大地母亲子宫所在，有"广生"的功能。

在民居环境意象上，以择吉避凶纳福为主旨，目的仍是崇生。其择地也就是找到并确定风水穴位——地母子宫之所在。

5. 祈福纳吉的意象

江西定南县下岭镇八乐排土围，平面方形，其内部通道呈现卍形，寓意吉祥。另外，民居的命名上也体现了祈求幸福、平安、吉利的思想。如"荣昌楼"、"顺裕楼"、"永庆楼"、"东兴楼"、"长源楼"、"大万世居"等。

客家人笃信风水，风水术中多有祈福、纳吉、避凶的手法。

（五）小结

客家民居的意象虽有多种，可以归纳为三点：天地人和谐之美，阳刚奋发之美，以及生命崇拜之美。天地人和谐之美是儒、道哲学的共同基础,阳刚奋发之美是儒家尚雄的阳刚哲学的特色,而生命崇拜之美则是道家守雌的阴柔哲学的特色。这三点正是客家传统文化精华之所在,也正是中华传统文化的精华所在。因此,客家民居的意象,在自然科学上、文化上、美学上均有着重要的研究价值,可供当代建筑师、规划师学习、参考和借鉴。

五 从客家民居胎土谈生殖崇拜文化

(一) 胎土源自生殖崇拜文化

客家民居的围龙屋和五凤楼中,均有一处称为胎土(或称化胎、花胎、花头)的所在(图1-5-1),其位置在中轴线上的祖堂之后,形如半月,高于祖堂地平。若其后无围龙屋,则呈土丘状;若后有围龙屋,则呈龟背状。据民国16年(1927年)《兴宁东门罗族族谱》云:化胎,即在"龙厅以下,祖堂之上,填其地为斜坡状,意谓地势至此,变化而有胎息。"❶ 在祖宗的神龛下方或祖公厅后面的花胎上,都安有龙神,让其与祖宗一样,享受长年香火。"胎土"乃客家民居的"龙脉"和风水要点。其文化渊源十分久远,乃源自古代先民的生殖崇拜文化。

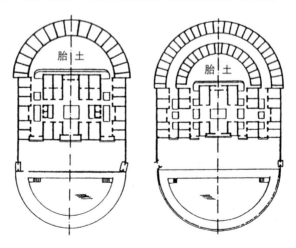

图1-5-1 围龙屋平面

---

❶ 罗香林. 客家源流考. 中国华侨出版公司,1989。

(二) 古代先民的生殖崇拜

先民的生殖崇拜是一种遍及世界的历史现象。直至现在，在世界各地乃至中国仍有生殖崇拜的遗风。

人类社会的生产分为两种。恩格斯指出："根据唯物主义观点，历史中的决定性因素，归根结底是直接生活的生产和再生产。但是，生产本身又有两种。一方面是生活资料即食物、衣服、住房以及为此所必需的工具的生产；另一方面是人类自身的生产，即种的繁衍。"❶

生殖崇拜是人类对自然界普遍的生殖力的崇拜，包括五谷的丰饶、六畜的兴旺以及人类自身种族的繁衍。农业民族希冀农作物丰产丰收，游牧民族期望牛羊成群，固然是生殖崇拜产生的原因，而生殖崇拜的深层内涵，则是对人口增殖的渴求。原始人类的艰苦的生活条件，使其人口增长缓慢，不仅影响了社会生产力的发展，也关系到人类社会能否延续下去，这是原始人类生殖崇拜的重要原因。❷

张晓凌先生指出：

> "性——生殖之所以成为文化现象，主要由以下三种因素所致：一、由生物机体而来的本能冲动。这是原始人类的自然行为，所以，不管在任何形式的符号中，都有性冲动意识的参与。达尔文、格罗塞等人甚至把许多象征符号都看作是性的展示，或者给异性有效印象的形式。二、在原始人类的生存意识中，壮大部族群体力量的基本方式是繁衍和生殖。由于这类行为对生存有着举足轻重的意义，所以很快就从自然的原始行为上升为社会性行为，社会价值化的繁衍和生殖就不仅是行为而同时也是观念，在这个基础上，产生生殖崇拜是最自然不过的事了。在可能的情况下，原始人总是利用一切机会来强化这类意识。三、原始人类在对自然的观察中，所获得最强烈的印象就是，自然界万物生生不息的繁衍

---

❶ 恩格斯. 家庭、私有制和国家的起源. 马克思恩格斯选集，第4卷：18，人民出版社，1972。
❷ 赵国华. 生殖崇拜文化论. 中国社会科学出版社，1990。

和自然创造力所带来魔法般的奇迹。对这种巨大繁衍现象下创造力的探究之心,使他们将自身的繁衍和生殖观念与对自然界的繁衍现象的感知联结了起来,从而导致对生命更替、生命形式演变的最初思索。这使生殖意义再次被抽象为更为纯粹的观念。而这类观念反过来有效地促进了原始人对性和生殖原始本能的理性认识。"❶

先民的生殖崇拜发生在史前社会之中,其内容常取神话的形式。而创世神话又以"造"与"生"为两个最为常见的基本母题。"造"的母题讲述某一至高的创世主神用其特有的超自然力量与智慧创造出世界万物,并规定其存在秩序,如西方之上帝。"生"的母题则将宇宙的由来描述为生物性的生育过程,生的方式有四种:

(1)双性生殖。由"世界父母"交合后生育出世界。

(2)单性生殖。由一个原始大母神独立地生育出世界、诸神和人类。

(3)阴阳合体生殖。如印度教三大神之一的湿婆(图1-5-2)。

(4)无性生殖。世界的由来过程被象征为宇宙卵的破裂和分化,或从卵中生出一对孪生子,由他们最后完成世界秩序的创造。❷

生殖崇拜常表现为对生殖器的崇拜或对生殖器象征物的崇拜。黑格尔指出:"印度人所描绘的最平凡的事情之一是生殖,正如希腊人把爱神奉作最古的神一样。生殖这种神圣的活动在许多描绘的形象里是很感性的,男女生殖器被看作最神圣的东西。"

图1-5-2 印度象岛石窟高浮雕湿婆半女像(王镛绘图)(赵国华. 生殖崇拜文化论:369)

---

❶ 张晓凌. 中国原始艺术精神:173. 重庆出版社,1992.
❷ 新大英百科全书,第5卷,创世神话与教义. 1973—1974年版. 转引自萧兵、叶舒宪. 老子的文化解读. 湖北人民出版社,1993.

"特别是在印度,这种崇拜是普遍的,它也影响到佛里基亚和叙利亚,表现为巨大的生殖女神的像,后来连希腊人也接受了这种概念。更具体地说,对自然界普遍的生殖力的看法是用雌雄生殖器的形状来表现和崇拜的。"❶

赵国华先生经深入研究后认为:"制作女阴和男根的模仿物,制作女阴和男根结合的象征物,选择某些动物和植物用以象征女阴和男根,运用多种文化手段描摹和表现男女交媾的情景,实行生殖崇拜,这不但是中国的,而且是世界范围内原始人类的一种共同的思维方式和普遍的祭祀礼仪。"❷

张晓凌先生认为:"蛇作为男性生殖器象征似乎为一个世界性的文化现象。澳洲土著居民在成年礼上,要用蛇在生殖器上比试,以作为能够生殖的象征。原始人释梦,往往把女性在梦中出现的蛇释为男性生殖器。蛇的象征功能肯定来源于它的特殊自然属性。蛇的繁衍力是原始人类在对自然观察中所获得的主要图景之一。它们无处不在的生存能力,超出人类繁衍力的繁衍行为和速度,甚至衍生出'龙生九子'这样的概念。另外,蛇对生命形式的交换能力也是人类所仰慕的。……把蛇作为生殖符号是再也恰当不过的了。"❸

以鸟、蛇象征男根,是遍于世界各地的现象。蜥蜴、龟也是男根的象征物。古印度人以鸟和蛇象征男根,象征男性,以鸟卵、蛇卵象征睾丸。古印度求子,要以鸟和蛇为祭品,并且将燃烧圣火的祭坛建造成俨如金翅鸟之形。由生殖崇拜发展出的对蛇和金翅鸟的崇拜,由原始的民间宗教信仰,下传婆罗门教和佛教的密教,又随佛教东传,影响中国的文化。

对精液的崇拜也是人类生殖崇拜的重要内容。印度古人特别崇拜雪山,认为雪山乃是由大神湿婆的白色的精液干燥后堆积而成。藏族的雪山崇拜,白石崇拜,以及"尚白"观念,如将血液也说成白颜色等,都与对精液的崇拜有关。

以鱼、蛙和贝壳象征女阴,是世界各地先民的普遍现象。以

---

❶ [德] 黑格尔. 美学. 朱光潜译. 第3卷,上册. 商务印书馆,1979。
❷ 赵国华. 生殖崇拜文化论. 中国社会科学出版社,1990。
❸ 张晓凌. 中国原始艺术精神:176. 重庆出版社,1992。

花卉植物为女阴象征，也广被世界。中国和印度古人均以葫芦象征子宫。古希腊以石榴，古罗马以山桃，古印度以莲花象征女阴。印度先民对圣树的生殖崇拜也是很强烈的。❶

（三）图腾崇拜源于先民的生殖崇拜

"图腾"一词为北美印第安方言 totem，现已成为学术界的通用术语。然而，在保留图腾文化的近现代各民族中，其涵义各不相同。有些民族把图腾看成是氏族的标志或象征；有些认为图腾是本氏族或本部落的血缘亲属；有些视图腾为自己的祖先或保护神；有些则把图腾看作是具有多种意义的有生物或无生物。这些观念称为图腾观念，它是图腾文化的根源。图腾文化乃是由图腾观念滋生的各种文化特质（元素）所构成的复合体。❷

虽然，图腾有多种含义，但主要的含义有两方面：对内，它是一个氏族选择的想象中的始祖；对外，它是一个氏族用以区分"我"与"非我"的标志。

图腾的产生有多种说法。其中之一，认为图腾的产生，源于原始人将生殖器象征物的神化，它是原始人类对生殖器强烈崇拜的表现和延伸。其发生的过程为：初民以生殖器象征物的生殖功能远胜人类且可促进人类繁衍为认识基础，遂将其视为优于人类生殖器的孕育人类的神物，奉其为氏族的始祖，亦即图腾。❸

这一说法验之于许多氏族的图腾，多相合。如彝族先民奉葫芦为图腾。又如龟、蛇、鸟、虎均为男根的象征，后来均成为我国远古氏族的图腾：北方夏民族以龟蛇为图腾，少昊族和部分越族以鸟为图腾，西羌族以虎为图腾，东夷太昊氏以龙为图腾，而龙是以蛇、蜥蜴、鳄鱼等为图腾的氏族的复合图腾。

（四）儒道哲学——性的宇宙观

中国古代先民的生殖崇拜与世界各地的生殖崇拜有共同之处，也有其特色。它由男女生殖器崇拜和男女交媾的生殖力崇

---

❶ 赵国华. 生殖崇拜文化论. 中国社会科学出版社，1990。
❷ 何星亮. 图腾文化与人类诸文化的起源. 中国文联出版公司，1991。
❸ 赵国华. 生殖崇拜文化论. 中国社会科学出版社，1990。

拜，发展出独具一格的生殖崇拜文化。

在先民的自然崇拜中，对太阳的崇拜是世界性的普遍现象。在各种周期运动的自然现象中，月亮和太阳的运动是最有代表性的。月亮夕出朝落、盈亏圆缺的月周期运行，太阳的朝出夕落的日周期运行和春夏秋冬四季的年周期运行是先民建立时间意识和空间意识的最重要的基型。两者之中，又以太阳更有代表性。对太阳的崇拜与图腾崇拜相结合，便出现三足乌（图1-5-3）。

叶舒宪先生指出，"太阳的光和热不仅是农作物生长的保证条件，太阳的规则运行本身亦为农夫们提供了最基本的行为模式（所谓'日出而作，日入而息'），提供了最基础的空间和时间观念，成为人类认识宇宙秩序，给自然万物编码分类的坐标符号。"❶

中国古代先民从男、女性别的显著差别中以及太阳强烈的光、影中产生了阴阳观念，以抽象符号——表示男根，——表示女阴，以阴阳观点观察世界，从而产生了八卦，其"根喻"是"家庭"，"乾坤两卦是父母的象征，其余六卦便是三子三女"。父母为一家之主，两性交感而生育，子孙孳生繁衍，内部和谐，均与"生殖"有关（图1-5-4）。

图1-5-3 汉画像石上的日中三足乌

图1-5-4 后天（文王）八卦图，乾—父，坤—母，"乾坤合而生六子，三男皆阳也，三女皆阴也。"震—长男，坎—中男，艮—少男，巽—长女，离—中女，兑—少女。

---

❶ 叶舒宪. 英雄与太阳——中国上古史诗的原型重构. 上海社会科学出版社，1991.

作为自然力崇拜之一的中国古代生殖崇拜，与天地崇拜，日月崇拜，山川崇拜相结合，形成了一套独特的宇宙观。

《易·系辞上》："一阴一阳之谓道。"

《老子》："道生一，一生二，二生三，三生万物。万物负阴而抱阳，冲气以为和。"

《易·说卦》："乾，天也，故称乎父。坤，地也，故称乎母。"

《易·系辞上》："乾道成男，坤道成女。"

《易·系辞上》："乾，阳物也；坤，阴物也。阴阳合德，而刚柔有体，以体天地之撰，以通神明之德。"

《易·系辞下》："天地氤氲，万物化醇；男女媾精，万物化生。"

《管子·内业篇》："凡人之生也，天出其精，地出其形，合此以为人。和乃生，不和不生。"由人类的生殖，推而广之，去认知天地、宇宙的生殖，即如《礼·中庸》所云："君子之道，造端于夫妇；及其至也，察乎天地。"这是《周易》和《老子》的宇宙观。

李约瑟先生明确指出："中国人的科学或原始科学思想，认为：宇宙内有两种基本原理或'力'，即阴与阳，此一阴阳的观念，乃是得自于人类本身性交经验上的正负投影。"❶

嵇文甫先生说："男女一小天地也，天地一大男女也。乾完全是表示男性，坤完全是表示女性。由他们的交媾禽辟，万物就化生出来。这明明是把两性关系移到宇宙上，成为一种性的宇宙观，对于性的崇拜也很像个样子了。"❷ 其见解是精辟的。"性的宇宙观"点出了《周易》和《老子》哲学思想的共同之处，即两者都有生殖崇拜文化的内涵。（图1-5-5）

然而，《周易》哲学洋溢着阳刚之美，主张"天行健，君子以自强不息。""知周乎万物，而道济天下。"（《易传》）《老子》则主张"知其雄，守其雌，为天下谿。""塞其兑，闭其门，终身不勤。""致虚静，守静笃。""无为而无不为。"其哲学观点散发

---

❶ [英]李约瑟. 中国科学思想史. 陈立夫主译. 江西人民出版社，1990。
❷ 嵇文甫文集，上册. 河南人民出版社，1985。

图1-5-5 作为"日月—阴阳"之神的伏羲、女娲

1. 山东嘉祥县武梁祠汉画像石上的伏羲、女娲,人首蛇身,呈交尾状,各执规矩,意为无规矩不成方圆,教人遵守法度。2. 四川重庆沙坪坝石棺画像。伏羲、女娲各执日、月,呈交尾状。3. 四川成都出土汉代画像,伏羲、女娲各执日、月。

着阴柔之美。

叶舒宪先生认为:"中国上古的原始道家思想,即老子和庄子所代表的宇宙观和人生观,可以说是一套冬季哲学或玄冥哲学,其价值取向主要在于虚、无、静,这同以实、有、动为价值取向的儒家重生哲学或春季哲学形成了鲜明的对照,二者互为补充,构成了中国思想史的主流。""两种不同价值取向的思想传统分别根植于神话宇宙观的不同时空基础,发源于不同季节的礼仪系统。仅以老庄的归真反本思想为例,我们可以在典型的冬季礼仪蜡祭活动中找到其直接源头。蜡祭的本义在于给自然生命的周期性结束送老送终,而在送老送终的背后则蕴含着辞旧迎新的意思,只是所强调的重点不是新生本身,而是新生命孕育的前提——回返生命的本源;不是阳刚之动,而是阴柔之静;不是发生之多,而是抱藏之一;不是萌发之出,而是孕育之伏;如此而已。"❶ 这一看法是很有见地的。

(五)泰山封禅的生殖文化内涵

中国历代帝王,统一天下,改制应天,必到泰山封禅。据《史记·封禅书》,管仲曰:"古者封泰山禅梁父者七十二家。"中国各地有不少名山,为什么历代天子偏要到泰山封禅呢?

什么是封禅呢?唐张守节《史记正义》云:"此泰山上筑土

---

❶ 叶舒宪. 中国神话哲学. 中国社会科学出版社,1992。

为坛以祭天，报天之功，故曰封。此泰山下小山上除地，报地之功，故曰禅。言禅者，神之也。"

为什么要封禅呢？东汉应劭《风俗通义》云："盖王者受命，易姓改制，应天下太平，功成封禅，以告平也。所以必于岱宗者，长万物之宗，阴阳交代，触石而出，肤寸而合，不崇朝而遍雨天下，惟泰山乎。"这段文字，《后汉书·祭祀志》刘昭注引《风俗通义》云："岱者，胎也。宗者，长也。万物之始，阴阳之交，云触石而出，肤寸而合，不崇朝而遍雨天下，惟泰山乎！故为五岳之长耳。"《周易·泰卦》："天地交而万物通也。""象曰：天地交，泰。"天公地母交媾，为泰。泰山又称岱宗，"岱者，胎也，宗者，长也。"故泰山之命名，实为天地交于此，成此胎，故其为万物之始，为五岳之长。天地交媾的过程是以兴云布雨为特征的，故世间亦以"云雨"隐喻房事。"不崇朝而遍雨天下"之"崇朝"，据毛传："崇，终也。从旦至食时为终朝"，即从天亮至早饭为终朝，言其时间短暂，而遍雨天下。

泰山封禅也包含了上古中华先民的太阳崇拜这一深层文化内涵。"所谓华族，就是崇拜太阳和光明的民族。"[1]《史记·封禅书》云，汉武帝："封泰山下东方，如郊祠太一之礼。"太一神即《楚辞·九歌》里的东皇太一，是楚人崇拜的太阳神。由于汉高祖刘邦为楚人，对楚文化情有独钟，楚人崇拜太阳神、尊凤尚赤的文化传统得以承传，太一被升格为最高的天神。据《汉书·郊祀志》："天神贵者太一，太一佐曰五帝。"《史记·天官书》："中宫，天极星；其一明者，太一常居也。"太一就是天帝、上帝。太阳神成为最高天神，上帝。

我国古代文化中心在北半球的黄河中游，天象以北极星为中，故将它命名为天枢、中宫、紫宫，为天帝太一所居。

事实上，早在汉武帝到泰山封禅之前数千年，山东一带的东夷族太昊氏就是盛行太阳崇拜的民族。泰山作为崇日之圣山有悠久的渊源。

《吕氏春秋·孟春》云："其帝太暤，其神句芒。"高诱注：

---

[1] 何新. 诸神的起源. 三联书店，1986。

"太皞，伏羲氏，以木德王天下之号，死，祀于东方，为木德之帝。"《枕中书》云："太昊氏为青帝，治岱宗山。"《帝王世纪》云："太昊帝包牺氏，……继天而王，首德于木，为百王先。帝出于震，未有所因，故位在东方。主春，象日之明，是称太昊。"太昊即大明，即太阳，太昊即为太阳神，日神。

正因为泰山是天地交合的岱宗，是崇日的圣山，作为天帝之子的天子统一了天下，成了人间的"小太阳"，要到这儿感谢皇天后土，以求天公地母保其稳坐江山，国泰民安。泰山因而被奉为六宗之一。《古尚书》云："六宗，天地神之尊者，谓天宗三，地宗三。天宗日月星辰，地宗岱山河海。"可见，天神以日神为尊，后来成为天帝太一；地神则以泰山神为尊。

汉武帝封泰山，"乃上石立之泰山巅。"（《后汉书·祭祀志》）刘昭注引《风俗通义》曰："石高二丈一尺，刻之曰：'事天以礼，立身以义，事父以孝，成民以仁。四海之内，莫不为郡县，四夷八蛮，咸来贡职。与天无极，人民蕃息，天禄永得。'"

在泰山巅立石以礼天，石应为男根的象征物，其高度为阳数（二丈一尺）。埃及的方尖碑也有同样的象征意义。黑格尔指出："这些石坊都是献给日神的，它们是用来接受太阳光而同时又代表太阳光的。"❶ 泰山巅石上所刻"与天无极，人民蕃息"的内容也透露出泰山封禅的生殖崇拜的文化信息。

汉武帝封泰山时，泰山东北的古明堂也是太阳崇拜的产物。明堂即为"太阳堂"，是天子，即人间小太阳施政教、行祭祀典礼的地方。因明堂问题十分复杂，拟专文论述，在此不赘。

当然，历代帝王祭祀泰山，也与司命神信仰有关。传说"泰山一曰天孙，言为天帝孙也，主召人魂魄。"（《博物志校证》卷一）秦皇汉武祭祀泰山也与求仙求长生有关。❷

（六）生殖崇拜文化的发展演变

在人类历史的长河中，生殖崇拜文化经历了横向和纵向的发展演变。

---

❶ [德] 黑格尔. 美学. 朱光潜译. 第3卷，上册. 商务印书馆，1979。
❷ 李炳海. 部族文化与先秦文学. 高等教育出版社，1995。

生殖崇拜是自然崇拜之一，它在横向与其他自然崇拜如天地崇拜、日月崇拜、山川崇拜相互交融、互渗，从而使人自身的生殖与自然界的生殖相互类比，产生天公地母观念，阴阳观念，从而产生"天人合一"的神话宇宙观。"风以及与风相联系的其他自然现象如雷、电、雨、云等都可以充当天父的阳性生殖力的象征物，或者作为这类生殖力的传播媒介、载体。"❶ 泰山"不崇朝而遍雨天下"，而为万物之始，岱（胎）之宗（长），正体现了天公地母之生殖力。

生殖崇拜是人类最古老的崇拜之一。由生殖崇拜文化发展而产生图腾崇拜文化，由图腾崇拜文化产生祖先崇拜文化。而生殖崇拜文化作为后起文化的深层结构，呈稳定的结构形式，时隐时现，具有恒久的生命力，成为中国传统文化的重要内蕴之一。

（七）生殖崇拜文化与礼乐和艺术

号称"礼乐之邦"的中国，礼乐乃文化秩序的象征。中国古代，则以生殖崇拜文化发展而成的天地人三才合一的宇宙观统览世间万事万物，包括礼乐。

《礼记·乐记》云："乐者，天地之和也。……地气上齐，天气下降，阴阳相摩，天地相荡，鼓之以雷霆，奋之以风雨，动之以四时，煖之以日月，而百化兴焉。如此，则乐者天地之和也。"又云："大乐与天地同和，大礼与天地同节。和故百物不失，节故祀天祭地。明则有礼乐，幽则有鬼神。……故圣人作乐以应天，制礼以配地。礼乐明配，天地宜矣。"

《吕氏春秋·大乐篇》云："音乐之所由来者远矣，生于度量，本于太一。太一出两仪，两仪出阴阳。阴阳变化，一上一下，合而成章。……凡乐，天地之和，阴阳之调也。"

事实上，礼乐均起源于史前社会的部落宗教仪式，礼是以人本身的一套程式化动作（或表演）为符号载体的，而乐是以有声符号——音乐和歌唱——来表达象征性内容的。❷ 礼乐所施用的

---

❶ 叶舒宪. 诗经的文化阐释：589. 湖北人民出版社，1994。
❷ 叶舒宪. 中国神话哲学. 中国社会科学出版社，1992。

原始宗教仪式均与各种崇拜（包括生殖崇拜）有关，后来，前者演变为舞蹈，后者则成为音乐。

舞蹈和音乐如此，雕塑、绘画也不例外（图1-5-6）。

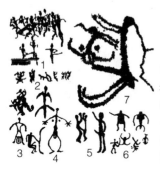

1. 新疆呼图壁县康家石门子（采自《昌吉岩画》）。2. 广西左江（采自《广西左江岩画》）。3. 内蒙古阴山（采自《阴山岩画》）。4. 内蒙古乌兰察布（采自《乌兰察布岩画》）。5. 新疆裕民县，米泉县。6. 沧源岩画。7. 澳大利亚岩画。

图1-5-6 生殖崇拜岩画（组合图）（摹自：老子的文化解读）

辽宁阜新县查海遗址发现一条长19.7m的龙形堆塑，年代在距今8000年之前。这是生殖崇拜文化和图腾崇拜文化的艺术珍品。遗址还出土了"龙纹陶片"以及在陶器上面饰"蟾蜍"（笔者注：女阴的象征物）、"蛇衔蛙"（笔者注：男女交媾之象征）题材的浮雕。[1] 至于辽宁喀左东山嘴新石器时代遗址的红山文化出土的生殖女神造像自不待言。

分布在欧洲、亚洲、非洲以及大洋洲150多个国家和地区的数以万计的岩画作品，上自旧石器时代晚期，下迄当代原始部落，跨越的时代达几万年之久，有许多是生殖巫术与生殖崇拜的产物。

可以说，人类的各种艺术往往与生殖崇拜文化相关，建筑艺术也不例外。

（八）生殖崇拜文化与外国建筑艺术

生殖崇拜文化对世界各地建筑艺术的影响是普遍而巨大的。由于篇幅所限，只能简述之。

1. 埃及金字塔——男性三角的神圣象征

---

[1] 中国文物报，1995—03—15（1）。

埃及的金字塔（图1-5-7），是古代世界七大奇迹之一。其高大、稳定、沉着、简洁的造型具有巨大的艺术震撼力，受到古今中外的建筑家、艺术家的赞赏。一般都认为，其艺术造型源自山岳崇拜。但其更原始、更深层的内涵则是男性生殖崇拜。"男性阴部还被表现为一种非常神圣的形式，金字塔形或正三角形（△），即'神圣的男性三角'。这种三角形是由男人的阴毛形状构成的，它同女人的阴毛有非常明显的区别。""埃及的金字塔是造物主塞提的巨大象征。这种象征，这种神圣的男性三角形，依据的是男子阴毛区的三角形状。"❶

图1-5-7　埃及阿布西尔金字塔群在公元前3600年的情景

2. 印度的林伽塔（图1-5-8）

印度古代盛行生殖崇拜，崇拜性能力和生育能力。印度教三大派的湿婆教就崇拜男性生殖器，主神湿婆象征男性生殖器；而性力派则崇拜女性生殖器，主神萨克蒂象征女性生殖器。印度教男女神结合象征生殖繁衍力，认为是创造和维护宇宙世界的能量所在。其情爱雕刻双神像，具有吉祥、祝福之意，出现在寺庙、塔的门、墙、柱等上。❷可见，生殖崇拜文化对印度教建筑的影响是巨大的。

黑格尔指出："在印度开始是非中空的生殖器形石坊，后来

---

❶ [美]O·A·魏勒. 性崇拜. 史频译. 中国文联出版公司，1988。
❷ 陆琼. 从牙雕双神像看印度古代情爱雕刻. 中国文物报，1995—07—02（4）。

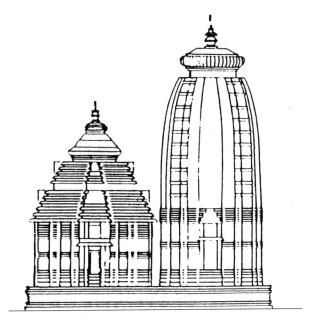

图1-5-8 印度奥里沙的湿婆庙和林伽塔

才分出外壳和核心,变成了塔。真正的印度塔必须与后来伊斯兰教徒和其他民族的仿制品区别开来,印度塔的构造并不是用房屋的形式,而是细而高,沿用石坊的基本形式的。"❶他的看法是合乎事实的。

3. 印度佛教的窣堵波与曼荼罗

印度现存桑契大窣堵波为阿育王时所建(约建于公元前250年),并于公元前150年扩建成现状。它由四部分,即台基,实心半球体,顶上正方形围栏以及正中的石竿和三层圆形伞状华盖组成。实心圆球体的覆钵"安达"梵文原义为卵,隐喻印度创世神话中孕育宇宙的金卵。方形围栏和伞顶乃从古代生殖崇拜——圣树崇拜而来,伞轴象征宇宙之轴,也是男根的象征。伞正下方通常埋藏舍利,舍利隐喻变现万法的种子——它由生殖崇拜中生命的种子演变而来。这一系列的象征和隐喻,都源自生殖崇拜文化。

---

❶ [德]黑格尔. 美学. 朱光潜译. 第3卷, 上册. 商务印书馆, 1979.

曼荼罗是梵文 Mandala 的音译，原义是球体，圆轮等，是佛教密宗按一定仪制建立的修法的坛场。笔者经研究认为，曼荼罗源于古印度的太阳崇拜文化及生殖崇拜文化，分别由婆罗门教、耆那教、印度教、佛教所继承。佛教建筑以曼荼罗为世界图式，以表达佛教的世界观和哲理，印度菩提迦耶的佛祖塔、印度尼西亚来婆罗浮屠、西藏桑鸢寺、承德普宁寺等都是例子。

4. 具有男根形状的墓碑、石柱、尖塔

除黑格尔在《美学》一书中说到的印度、埃及、叙利亚的男性生殖器形的石柱外，在非洲埃塞俄比亚南部有高大的石阴茎，西非有史前男根形巨石，东非有阴茎形墓碑。埃塞俄比亚南部有许多刻作阴茎状的独石碑，高十至十二英尺，有时候上面刻有线条和符号。在索马里沿海巴纠尼群岛以及大陆上向南远达坦噶尼喀的巴加木约都发现过阴茎形墓碑。这一带海岸的北部地区一些清真寺的尖塔也同样显然具有阴茎形状。❶

5. 生殖崇拜的符号及其在建筑中的表达

前面已述，正三角形△为男性生殖器的表征。"若把该形象翻转过来，底边朝上的话，恰当地代表着遮蔽着人类女性性器官的阴毛造形。"❷ 因此，倒三角形▽为女性生殖器的符号表达。"充满活力的体态优美的妇女的这些特点产生了女性的自然力的象征——圆圈（乳房）和'神圣的女性三角形'。"（图 1－5－9）❸

象征男根的正三角形△，"有时与象征女阴的倒三角形'▽'组合在一起，形成六角纹'✡'，用以象征男根与女阴的交媾，象征男女的结合，这种六角形纹'✡'，后来演变成一种表示吉祥的符号，在南亚和西亚流行，以色列国旗上的图案也正是它。"❹

除正三角形△外，男根还用十字形纹和三叉戟纹来象征。日本幸德秋水在《基督何许人也》一书中说："十字形早就在古代诸民族中作为神圣而永生的标志而被使用。赛拉卑斯神殿用过

---

❶ 古老非洲的新发现. 屠佶译. 三联书店，1973。
❷ [英] 沙·罗科. 性神话学. 伦敦，1898. 转引自萧兵、叶舒宪. 老子的文化解读. 湖北人民出版社，1993。
❸ [美] O·A·魏勒. 性崇拜. 史频译. 中国文联出版公司，1988。
❹ 赵国华. 生殖崇拜文化论. 中国社会科学出版社，1990。

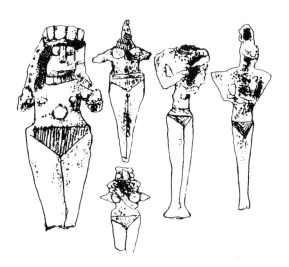

（采自日文版《世界美术全集》1958年版第11册）

这里只展示其具有▽形符号者。可以证明▽主要表现女性三角区。

图1-5-9　母神们（自日文版世界美术全集，1958，11）

它，伊西丝、奥西里斯及其他神殿也发现过它，科尔斯巴德和尼姆罗德的雕刻也有它，印度的殿堂壁上也刻有它，普利顿人、高卢人、斯堪的纳维亚和赫尼西亚人，也广泛地使用它。……西班牙占领中美洲时，看到土人的神殿祭祀十字形。……中美洲人把十字称作'昌盛之树'……亚述人使用—形的十字，表示'天空之神'，亦表示日光。卡尔底亚、印度、希腊、波斯人也有和它同样的东西。……十字这个标记只不过是纯化了的男根。"❶

幸德秋水又说："两性兼有的神，有男女生殖器互相结合的记号。埃及诸神所有的'生命的记号'（Symbol of life），是十字和卵形的结合，即在十字形上面安上卵形，作♀的形状。在圆中画十字，也是意味着男女的结合。流传世界各地的Gammadion，即卍字形，巴德乌德认为只不过是女性的记号，但霍夫曼即认为是两性的结合。其他还有六芒星形，五芒星形，两个三角形的结合，三角和圆的结合，钥匙，安上半月形的棍棒等。"❷

---

❶ [日]幸德秋水. 基督何许人也. 马采译. 商务印书馆，1982.
❷ 同上.

"以圆形象征女阴，在印度古代演变成了充满神秘意味的坛场，称作'曼荼罗'（梵文 Mandala 一词的音译），其义为'圆圈'。"❶后来曼荼罗随佛教密教传入中国的西藏和内地。

如前述，埃及金字塔乃男性正三角形的神圣表达。

象征男根的希腊正十字形⑪是东正教教堂的平面模式，而拉丁十字"十"则是天主教堂的平面模式，当然，后者是纪念基督之受苦，也可以认为它是为了纪念基督之再生——复活。"亻"符号，即棍棒上安半月形，表示男女的结合，而现在清真寺的顶部都有这些饰物。

由上论述可见，生殖崇拜文化对世界三大宗教——佛教、基督教和伊斯兰教建筑均有不同程度的影响，对外国建筑艺术的影响是不可忽视的。

（九）生殖崇拜文化与中国传统建筑

生殖崇拜文化对中国传统建筑有着更深刻的影响。如前所述，中国的天、地、人三才合一的宇宙观实为"性宇宙观"，儒家和道家的哲学是"生殖哲学"，在其指导下的建筑艺术实践无疑会打上深深的生殖崇拜文化的烙印。

1. 坛庙建筑是实行生殖崇拜的场所

由于自然力（天、地、日、月）崇拜与两性生殖器官崇拜的重叠和结合，自然之阴阳（日月）与社会之阴阳（男女）的重叠与结合，使自然神都有了性别，天公地母交感而产生世间万物，祭天、祭地、祭祖的建筑都与生殖崇拜息息相关。

冯天瑜先生认为：

> "生殖崇拜始于母系氏族社会，其时的崇拜对象是女阴。中国最古老的祭祀场所称'社'，……'社'的初文为'土'，其甲骨文作⋂，有人释为'地乳之形'，显系女性生殖崇拜的产物。另外，土与地同义，地从'土'从'也'，《说文》解'也'字为'女阴也'。当

---

❶ 赵国华. 生殖崇拜文化论. 中国社会科学出版社，1990。

母系氏族社会进入父系氏族社会以后，随着父权的独尊，生殖崇拜的对象转为男根，祖先崇拜即由此确立。'祖'字在甲骨文作且，在金文作且，均为男根象形。殷人在祭祀时，往往裸体在高丘（京）向上帝祷告，有展示男根之意。另外，《尚书·洛诰》有'王入太室裸'之句，含义相同。《说文》解'大'为'象人形'，太字即在人的阴部指示生殖器，故太室为生殖器崇拜之室。王裸入太室，大约是通过展示男根，追念先祖，求得祖先神的保佑。"❶

太庙祭祀祖先。社稷坛祭祀地母神（社神）和谷神（稷），为求得丰收、丰产。天坛祭天帝，以求风调雨顺，国泰民安，人们繁息，五谷丰收。这些坛庙建筑，都是实行生殖崇拜的场所。在设计时，也得体现性宇宙观。比如，天坛的圜丘坛用以祭天，天为阳性，故用阳数设计。坛三层，每层四面各有台阶九级。栏杆的数目均为九的倍数，九为"极阳数"，以九的倍数象征皇天上帝住的九重天，等等。

2. 四象长期影响着城市和建筑的布局

龙、虎、龟蛇、凤等生殖崇拜的象征物为图腾崇拜文化所继承，形成东夷太昊族的龙图腾崇拜，西羌族的虎图腾崇拜，北方夏民族的龟蛇图腾崇拜以及少昊族和南蛮族的鸟图腾崇拜，从而产生青龙、白虎、玄武、朱雀这天上四象的观念。❷ 这些观念长期影响着中国的城市，村镇以及建筑的布局。❸ 风水观念的建筑选址也离不开四象。

3. 龙、凤等生殖崇拜象征物成为建筑重要装饰题材

远古之时，鱼纹、蛙纹为先民女阴崇拜的象征，而鸟纹、龙纹、蛇纹为男根的象征，经图腾崇拜文化的承传发展，后来龙、凤、鱼等成为我国传统建筑装饰的重要题材。

此外，象征女性生殖器的葫芦、石榴、莲、梅、竹、兰等也

---

❶ 冯天瑜. 中华元典精神: 230~231. 上海人民出版社, 1994。
❷ 陈久金. 华夏族群的图腾崇拜与四象观念的形成. 自然科学史研究, 1992, 11 (1): 9~21。
❸ 吴庆洲. 中国古代哲学与古城规划. 建筑学报, 1995 (8): 45~47。

成为传统建筑装饰的重要题材之一。而表达多子多福的葫芦、石榴、鸳鸯贵子、百子图等更为民间建筑所喜爱。

中华民族是龙的崇拜者,是龙的传人。太昊氏伏羲为中华民族先祖之一,以龙为图腾。"关于龙的远古图腾,其文化智慧的基点实际是崇拜人自身的生殖。""对祖宗的崇拜,不是崇拜祖宗的亡灵,而是崇拜其生殖力。"❶ 这一生殖崇拜文化的内涵已成为中国古代哲学的重要意蕴。《周易》乾坤的象、数、德其实均与生殖崇拜攸关。《周易》本文以乾卦为第一卦,它象征龙,故这第一卦又称龙卦。可见《周易》对龙这一男性祖宗的生殖力何等推重。❷

当然,龙也是帝王、天子的象征,民族、国家的象征,因此,龙纹往往用于帝王宫室中作为装饰,民间建筑中是不能乱用的。

4. 效法天地的"交泰殿"

明清紫禁城内廷中,皇帝住乾清宫,皇后住坤宁宫,以配帝、后的性别、身份。两宫之间为交泰殿,以帝后之交去感应天地,使天地之气融合贯通,生育万物,物得大通。其生殖崇拜文化的内涵是十分明了的。

5. 宋东京艮岳的生殖崇拜文化内涵

宋汴京的著名皇家园林艮岳之筑,亦与生殖崇拜文化有关。

据载,宋徽宗"又信道士勘舆之说,谓于东北隅增高有多男之祥,于政和七年在里城景龙门内,仿杭州凤凰山形势,建筑所谓万岁山,后来改称艮岳,因为东北之卦是'艮'。"❸

6. 壮族岩葬的生殖崇拜内涵

在壮族的人类起源神话中,壮族生育女神姆六甲在创造了天地万物及人类之后,以其生殖器作洞穴,让人类和动物进去躲避风雨。壮族有岩葬的习俗,即把死者的遗骨殓装在特制的小木棺里,安葬在高山绝壁的岩洞中。广西平果县和大新县的岩葬棺木的棺盖头部都是一个精刻的鸟头。把死者的遗体或遗骨送回洞

---

❶ 周予同. 孝与生殖器崇拜.
❷ 王振复. 周易的美学智慧:220~222. 湖南出版社,1991.
❸ 杨宽. 风水与南宋临安(杭州)的设计规划,附录,风水与艮岳. 高友谦主编. 建筑风水理论与务实资料续集,上卷:56. 建设部政策研究中心.

穴，相当于回归母体的子宫。棺盖的鸟头象征男性的生殖器。因此，岩葬象征着男女生殖器官的交合，使死者获得生命力而重生。❶

7. 体现生殖哲学的客家民居

客家民居有多种类型，在体现生殖崇拜文化或儒、道生殖哲学上各有千秋。

（1）以八卦为模式

福建诏安的在田楼，是一圆形土楼。它分为八大部分，每部分分为八开间，象征八卦和六十四卦。前面已述，八卦的"根喻"是家庭，由乾（父）、坤（母）和三男三女组成，以八卦为模式寓意人丁兴旺，天长地久。其方形祖堂居中，也是崇拜祖宗的表达。以八卦为模式设计的例子还有永定的承启楼和漳浦的八卦堡、广东饶平的道韵楼等。

（2）表达天圆地方、阴阳合德的意匠

府第式和围龙屋也是一种宇宙图式，前面半圆的池塘象征阴，后面半圆的胎土或围龙屋代表阳，两个半圆合为一圆代表天，两圆之间的方形代表地，其平面表达了天圆地方、阴阳合德的意匠。❷

（3）圆形土楼有子宫的意匠

《老子》云："知其雄，守其雌，为天下蹊。为天下蹊，常德不离，复归于婴儿。"

《老子》哲学有一个永恒回归的主题，回归到婴儿状态，回归到母体的子宫里。

日本学者提出，"客家圆形土楼是母性的，很像吞容一切的子宫。"❸ 这种看法是有道理的。土楼的圆形与太极的圆形相同，是仿太极化生图所致（图1-5-10）。这也是生殖崇拜文化的反映。

图1-5-10 古太极化生图

---

❶ 廖明君. 壮族生殖崇拜文化. 广西人民出版社，1994.
❷ 吴庆洲. 象天法地、法人、法自然——中国传统建筑意匠发微. 华中建筑，1993（4）：71~75.
❸ 林嘉书. 土楼与中国传统文化. 上海人民出版社，1995.

（4）胎土为龙脉所在，主人丁兴旺

围龙屋与五凤楼的胎土，为龙脉至此，地势变化，天地在此交感，孕育了胎息。为了让胎土透气，不宜用泥灰封死，而要用卵石铺砌。这胎土乃全宅神圣之地，乃神龙之所在，主宅中人丁兴旺。"民间认为，客家人是龙的传人，而主宰子孙兴衰祸福的，是祖宗和本屋的龙神，所以他们在祖宗的神龛下方或祖公厅后面的花胎上，都安有龙神，让其与祖宗一样享受长年香火。年深日久，遇到不顺吉的事多了，便认为龙势变了，就得安龙奉朝，请觋公作法以壮龙势。"❶

如前所述，对龙的崇拜实乃对男性祖宗生殖力的崇拜，其内涵是生殖崇拜。胎土呈土丘状或龟背状，象征大地母亲的子宫，具有生殖功能。其所在正是风水穴位所在。

《青囊海角经》描述风水穴位所在：

"万里之山，各起祖宗，而见父母，胎息孕育，然后成形。是以认形取穴，明其父之所生，母之所养。天门必开，山水其来。地户必闭，山水其回。天门，水来处也。地户，水去处也。……穴居其中，不居其旁。……突中有窟，高处低也。窟中有突，低处高也。状如仰掌……。"

唐代卜应天撰写、清代孟浩注解的《雪心赋正解》云：

"体赋于人者，有百骸九窍；形著于地，有万水千山。……胎息孕育，神变化之无穷；生旺休囚，机运行而不息……胎指穴言，如妇人之怀胎……；息，气也，子在胞中，呼吸之气从脐上通于母之鼻息，……故曰胎息。……孕者，气之聚，融结土肉之内，如妇人之怀孕也。育者，气之生动，分阴分阳，开口吐唇，如妇人之生产也。……夫山之结穴为胎，有脉气为息，气之藏聚为孕，气之生动为育，犹如妇人有胎、有息、能孕、能育。"❷

---

❶ 房学嘉. 客家源流探奥. 广东高等教育出版社，1994。
❷ 刘沛林. 风水——中国人的环境观：16~21. 上海三联书店，1995。

如上所述,风水穴位实为地母女阴之位,从风水图可以一目了然(图1-5-11)。《老子》云:"玄牝之门,是谓天地根。"风水穴位正是《老子》之"玄牝之门"。

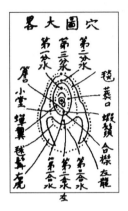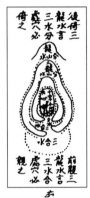

图1-5-11 风水穴形图(左-据孟浩,右-据缪希雍)
(自刘沛林. 风水——中国人的环境观:19)

必须指出,南方坟墓(即阴宅)形如圈椅,与客家府第式和围龙屋民居相类似,亦有类似胎土的突起,也有同样的生殖崇拜文化的内涵。

《老子》云:

"谷神不死,是谓玄牝。玄牝之门,是谓天地根。"这里的"谷"指山谷、洞穴,地母的子宫。❶

周予同先生认为,中国先民以山川、丘陵、溪谷等为生殖器在自然界物化形式,"他以人间的生殖方法来比拟宇宙的生殖,于是以天、太阳、山、丘陵为男性的性器官,以地、月亮、川、谷为女性的性器官,而加以崇拜,于是产生祭天地、祭日月、祭山川等等的形式。"❷

阴宅所在也是地母子宫之所在,人死后葬于此,利于灵魂投

---

❶ 萧兵、叶舒宪. 老子的文化解读:551~579. 湖北人民出版社,1993。
❷ 周予同. 经学史论著选集:86. 上海人民出版社,1983。

胎转生。故坟墓有突起如胎土者。子宫中有羊水孕育婴儿，故风水穴位不可无水，孕妇怕风，故须避风、藏风。郭璞云："经曰：气乘风则散，界水则止，古人聚之使不散，行之使有止，故谓之风水。风水之法，得水为上，藏风次之。"❶

由以上分析可以看出，中国传统的风水理论继承了生殖崇拜文化，与《老子》、《周易》哲学有一脉相承的关系。只有看到风水的生殖崇拜和生命崇拜的智慧之光，才是抓住了中国传统风水文化的要旨。

至此，客家民居的胎土的生殖崇拜文化内涵已较为明了。

（十）小结

生殖崇拜是先民世界性的现象。中国先民的生殖崇拜文化，与天地崇拜、日月崇拜、山川崇拜相结合，形成了天地人合一的《老子》哲学、《周易》哲学以及相应的宇宙观，成为中国传统文化的深层结构，渗透到中国传统文化的各个方面。中国传统风水之美学智慧在于它的崇生，即由生殖崇拜文化发展而产生的生命崇拜，这是中国传统风水文化的精华所在。择吉避凶、繁衍纳福乃风水之主旨。本节之目的，在于探讨生殖崇拜文化对建筑的影响，希冀用生殖崇拜文化的钥匙，解开传统建筑的一些奥秘，发掘其丰富的文化内涵，而对创造具有中国特色的现代建筑有所补益。

六　太阳崇拜与中国古代建筑

（一）中国远古的太阳崇拜

在古代，太阳崇拜是世界各地普遍存在的宗教信仰。中国远古的史前社会，也盛行太阳崇拜，且太阳神是最高的天神。

《诗经》、《书经》中常见昊天、皇天、昊天上帝、皇天上帝，其意均指光明的天神，即太阳神。我们中华民族为炎、黄的子孙，而"炎帝者，太阳也"（《白虎通·五行》），即炎帝为太阳

---

❶ 郭璞．葬经·内篇。

神。"黄者光也，厚也，中和之色，德施四季。"（《风俗通》引《尚书大传》）黄帝正是德施四季之光帝，即太阳神。

汉代郊祭之五帝，东方为春帝太昊，南方为夏帝炎帝，中央为季夏帝黄帝，西方为秋帝少昊，北方为冬帝颛顼。炎、黄二帝均为太阳神。昊字从天从日，均训日之光明，故太昊即大太阳神，少昊即小太阳神。颛顼号高阳，即高高在上的太阳，也是太阳神。故可知，五帝乃五方之太阳神。❶ 中华民族以炎、黄为祖，表明太阳崇拜与祖先崇拜的合一。

在远古的东夷族的太昊氏和少昊氏，都是崇拜太阳的民族。少昊氏以凤鸟和太阳为图腾。近年考古发现的大汶口陶器上的刻纹以及良渚文化出土的玉器阳鸟就是证据。

（二）良渚文化的寺墩古城

考古发掘的新成果为我们的研究提供了丰富的资料，江苏省武进县寺墩古城的发现有十分重大的意义。

"对寺墩遗址的新的认识，已基本确定其为面积约 90 万 m² 的良渚文化的古城古国。其布局以直径一百多米、高二十多米的人工堆筑的祭坛为中心，周围有一圈圆角方形的河道（内城河）环绕，内城河外围是一周人工堆筑的王室贵族墓地，墓地的外围是较低的平地（居住区），居住区的外围又有一周河道环绕。祭坛的正北部位现有一条河道连通内、外两周城河，正东部位经钻探也有一条河道连通内、外两周城河，正南部位的迹象表明也有同样的河道，根据这样的结构可以推断出，祭坛的正西部位同样有河道连通内、外两周城河。这四条河道，将墓地和居住区分成四部分。"（图1-6-1）

"将寺墩遗址的布局结构与玉

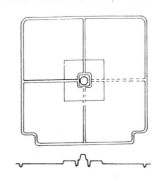

图1-6-1 寺墩遗址示意图
（车广锦. 玉琮与寺墩遗址. 中国文物报，1995，12，31：3）

---

❶ 杨希枚. 先秦文化史论集，中国古代太阳崇拜研究. 中国社会科学出版社，1995。

琮的制作一对照，便会发现两者极为相似。俯视玉琮，中间的圆孔便是寺墩祭坛的圆形，射部的横截面呈圆角方形，便是内城河，四角的折角形凸面便是四个墓地，玉琮四个面上的竖槽正是祭坛东、南、西、北四面连通内、外两周城河的河道。如果将玉琮上端射部固定不动，而将四面展开，恰如寺墩遗址的总平面图，玉琮下端的射部，则以外城河的东南部和西南部略微内收来表示。"（图1-6-2）

图1-6-2 寺墩遗址出土的玉琮

由上可知，寺墩古城的布局就是一个大琮。而且，浙江余杭县莫角山遗址（其西北角为著名的反山墓地）的总体布局，同样是玉琮的外形。❶

张光直先生认为："琮的方圆表示地和天，中间的穿孔表示天地之间的沟通。从孔中穿过的柱子就是天地柱。在许多琮上有动物图像，表示巫师通过天地柱在动物的协助下沟通天地。因此，可以说琮是中国古代宇宙观与通天行为的很好的象征物。"❷

张光直先生的见解是精辟的。玉琮是一个宇宙的象征物，而寺墩古城的布局体现了古人的宇宙观：在古城的中央是一方形的台地，方台的中心是圆台形的高坛，正十字形的道路在中心交叉，因而高坛乃大地之中心，象征着神话中的宇宙山昆仑山，昆仑的本义是圆。"海内昆仑之虚，在西北，帝之下都。……百神之所在。"（《山海经·海内西经》）由昆仑山可见到百神。昆仑山居世界之中央，是上帝之下都。因此，寺墩古城的构图布局，正象征了古人心目中的宇宙。

昆仑山象征着女性和母体，具有创生的能力。神话中，西王母掌握不死之药，它是女性生育能力的象征。昆仑既是日落之山，又是月落之山，太阳和月亮在耗尽一天的生命之后，都要去西方寻找生命之源。日、月不断地回到母体中，并从母体中再生

---

❶ 车广锦. 玉琮与寺墩遗址. 中国文物报，1995—12—31：3。
❷ 张光直. 考古学专题六讲. 文物出版社，1986。

出来，是太阳和月亮得以日复一日运行的始因。❶ 因此，墓地靠着昆仑山，象征灵魂回归母体得以再生。

中心十字相交㊉的符号是太阳神的象征，这在亚述、印度以及中国古代都是如此。中国古代的"甲"字，其基本形状作"十"，有时则外再加方框，即呈"田"状。丁山先生认为，"田"即是太阳神。❷ 如此说成立，则寺墩古城平面乃太阳宇宙王国之象征。证之于东汉、西汉的明堂图，除明堂外环以水，以及南边东、西两角为直角外，实大同而小异。明堂即太阳堂，叶舒宪先生已作了详细的阐释。❸ 因此，寺墩古城布局是太阳王国之象征，是太阳崇拜文化之载体。

良渚文化是古代东夷族的文化，少昊氏以凤鸟和太阳为图腾，正是这种文化的体现。商为东夷族之后裔，也以太阳和鸟为图腾。这种十字形的太阳符号，在商代大墓的平面中常可见到。

周承商制，周代的王城制度是与寺墩古城的太阳城平面一脉相承的。周代的王城制度虽是"旁三门"，但中心的两条中轴线相交形成的十字形仍是十分显著的（图1-6-3）。这种形制一直影响到明清紫禁城。其源实肇始于公元前2790年左右的良渚文化古城。

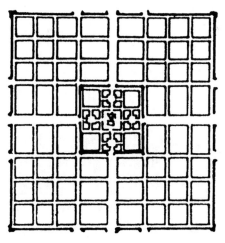

图1-6-3　考工记．王城图

---

❶ 吕薇．昆仑语义释源．马昌仪编．中国神话学文论选萃；498~508．中国广播电视出版社，1994。
❷ 芮传明、余太山．中西纹饰比较：104~110．上海古籍出版，1995。
❸ 叶舒宪．中国神话哲学．中国社会科学出版社，1992。

（三）太阳神与北辰、太极的合一

前面讲过，中国人古代崇拜的五帝是五方太阳神。随着秦统一中国，汉承秦制。《史记·天官书》中，以北极为尊："中宫天极星，其一明者，太一常居也。"中宫即紫宫，天极星即北极星。我国古代文化中心在北半球的黄河中游，天象以北极星为中，故名之中宫、紫宫、天枢，是天帝太一所居之地。《吕氏春秋·慎势》："古之王者，择天下之中而立国，择国之中而立宫，择宫之中而立庙。"这种择中思想，远在约4800年前的寺墩古城中已经出现。北极星居北中国上天之中，天帝之中宫非此莫属。孔子论德政可得民心，云："为政以德，譬如北辰，居其所而众星拱之。"（《论语·为政》）

太一原是楚人崇拜的东皇太一，为日神。汉高祖刘邦为楚人，统一天下后，东皇太一就由地方太阳神升格到最高天神的地位。《汉书·郊祀志》云："天神，贵者太一。太一佐曰五帝。古者天子以春秋祭太一东南郊。"这样，五方太阳神——五帝就成为太一的辅佐。太一居中宫北极星，所以太阳神太一又与北极神合一。

《周易》中，太极乃派生万物之本源，在哲学中至关重要。儒家因而把太极视为北辰。东汉马融《周易正义》云："易有太极，谓北辰也。太极生两仪，两仪生日月，日月生四时，四时生五行，五行生十二月，十二月生二十四气，北辰居位不动。"

因此，到汉代，楚人崇拜的太阳神居于天帝之位，受到神、人的共同膜拜，而且太一神又与北辰、太极合而为一，在主张天人合一的中国传统哲学中，占据了最为重要的地位。因此，可以说，在汉代以后，太阳神的崇拜已渗透到中国传统文化之中，成为中国传统思想的潜意识结构，即所谓民族集体无意识。许多人崇拜天帝，并不知天帝乃太阳神的化身。故《史记·天官书》云："南宫朱鸟、权、衡。衡，太微，三光之廷。"索隐："宋均曰：太微，天帝南宫也。"我们知道，三光指日、月、星，天帝乃太阳神，天帝南宫应为日神之廷。可见，在汉代，太阳神崇拜已转变为天帝崇拜，以天帝崇拜、北辰崇拜、太极崇拜的形式延续下来。这也就是汉儒不解"明堂"乃"太阳堂"的原因。

(四）历代帝都宫阙：一曲曲日神颂歌

历代帝王法地象天，规划建设帝都宫阙，先是将人间社会倒影天上，创造了以天帝太一为中心，以三垣、四象、二十八宿为主干的天上诸神体系和星宿世界，又以之为模本塑造国都和宫室。❶

越国都城由范蠡所筑，"拟法于紫宫"。

秦始皇"焉作信宫渭南，已更命信宫为极庙，象天极"。"筑咸阳宫，因北陵营殿，端门四达，以则紫宫，象帝居。"

汉长安城"北为北斗形"，呼为斗城。张衡《西京赋》曰："览秦制，跨周法，正紫微于未央。（注：辛氏《三秦记》曰：未央宫一名紫微宫。）"班固《西都赋》曰："其宫室也，体象天地，经纬阴阳，据坤灵之正位，仿太紫之圆方。（注：《七略》曰：明堂之制，内有太室，象紫微。南出明堂，象太微。）"（《历代宅京记》卷四）

东晋孝武宁康二年（374年）起太极殿。（《历代宅京记》卷十三）

北魏时，"魏明帝上法太极于洛阳南宫，起太极殿于汉崇德殿之故处"。（《历代宅京记》卷八）

南朝陈高祖"永定二年秋七月，起太极殿"。（《陈书·高祖本纪》)

唐代将隋"大兴宫"改名"太极宫"，有"宫城居北辰之位，众星模之"之意象。唐长安西内为太极宫，东内为大明宫，"大明"即太阳也。

唐高宗麟德二年（665年）建乾元殿，"乾元"即阳之精，太阳也。后武则天改为明堂，即太阳堂。

唐玄宗又称唐明皇，明皇即太阳神。

北宋宫城正殿也称为乾元殿，宋"皇佑初，始行明堂之礼"。

元宫城居太微垣之位。元大都正南门名丽正门，宫城正殿为大明殿，即太阳殿。

明清紫禁城居紫微垣之位。明代的明，即日月光明之意，"大明"即太阳。

---

❶ 吴庆洲. 象天法地意匠与中国古都规划. 华中建筑, 1996 (2): 31~40.

由上可知，历代帝都宫阙都居于正中之位，融太阳崇拜、祖先崇拜、天帝崇拜、太极崇拜、北辰崇拜为一体，无论布局、命名还是意象上，都是一曲曲太阳崇拜的颂歌。当然，其目的除颂扬天帝太阳神之外，也是颂扬天帝之子，人间的小太阳，即所谓"明皇"、"明君"。

（五）小结

太阳崇拜是世界性的文化现象，埃及的金字塔和方尖碑、印加的金字塔庙、英国史前的石环、印第安的羽蛇金字塔都是太阳崇拜文化的产物。中国的太阳崇拜与祖先崇拜、天帝崇拜、太极崇拜、北辰崇拜合为一体，渗透到中国传统文化的每一角落，成为民族的集体无意识，若隐若现，若暗若明，成为中国建筑文化的有机组成部分，闪射出灿烂的光辉。

七　中国景观集称文化

中国的风景名胜地，"八景"、"十景"等称谓屡见不鲜。燕京八景、西湖十景、避暑山庄七十二景等更是闻名遐迩，吸引着历代骚人墨客和市井百姓前来参观游览，一饱眼福。这种以数字称谓景观的表达方式，形成中国所特有的一种文化。

（一）集称文化和景观集称文化

中国人对数字有特殊的兴趣，作为中国传统文化之根的《周易》就是用数字表达其深奥的哲理："是故，易有太极，是生两仪，两仪生四象，四象生八卦。"（《易·系辞上》）"天一，地二；天三，地四；天五，地六；天七，地八；天九，地十"。（《易·系辞上》）"一阴一阳之谓道。"（《易·系辞上》）可见，用数字进行表达，在中国有着悠久的历史。天下第一泉、天下第一松、天下第一奇书、两宋、三国、三皇、东北三宝、四川、四大美人、文房四宝、五行、五岭、五湖、五帝、六朝、六出祁山、禅宗六祖、竹林七贤、扬州八怪、龙生九子、十常侍、十恶不赦、十二生肖、十三径、十三行、明十三陵、十八罗汉、龙门二十品、三十六计、六十四卦、七十二候、一百零八条好汉，等等。以上的称谓，都具有高度的概括力，通俗易懂。这种将一定时期、一定范围、一定条件之下类别相同或相似的人物、事件、风俗、物品等，用数字的集合称谓将其精确、通俗地表达出来，就形成一种集称文化。❶

用数字的集合称谓表述某时、某地、某一范围的景观，则形成景观集称文化。景观集称文化是集称文化的子文化，按其范围大小可分为自然山水景观集称文化、城市名胜景观集称文化、园林名胜景观集称文化和建筑名胜景观集称文化四个子系统。

（二）自然山水景观集称的先声——永州八记

景观集称文化源远流长，若以自然山水景观集称而论，则唐代柳宗元之"永州八记"，应为其滥觞。柳宗元（773—817年），为唐宋八大家之一，于唐贞元二十一年（805年）贬到湖南永州，写下了著名的"永州八记"，脍炙人口，广为传颂，为"八景"之先声。

（三）名噪一时的自然山水景观集称——潇湘八景

自然山水景观集称发端于唐代柳宗元之"永州八记"，至五代，后蜀之画家黄筌（？—965）有《潇湘八景》图传世（《图画见闻志》卷二）。潇湘八景应是历史上目前所知最早的自然山水景观集称之一。

景观集称之风盛于宋时。据《梦溪笔谈》："度支员外郎宋迪工画，尤善为平远山水，其得意者有平沙雁落、远浦帆归、山市晴岚、江天暮雪、洞庭秋月、潇湘夜雨、烟寺晚钟、渔村落照，谓之八景。好事者多传之。"❷

南宋《方舆胜览》引《湘山野录》，称宋迪所画为"潇湘八景"❸。宋迪的山水画妙绝一时，其潇湘八景影响深远，受到交口称赞："宋迪作八境绝妙，人谓之无声句"。即称其为无声之诗。于是，诗人们纷纷作有声画或诗歌以助兴，八景诗亦风靡诗坛。❹

---

❶ 李本达等主编．汉语集称文化通解大典；前言．南海出版公司，1992．
❷ 书画．梦溪笔谈·卷十七．
❸ 湖南路．宋本·方舆胜览·卷二十三．
❹ 陈高华编．宋辽金画家史料；324～329；733～734．文物出版社，1984．

画家则创作新的"潇湘八景图"。据《存复斋文集》"跋马远画潇湘八景":"潇湘八景图,始自宋文臣宋迪,南渡后诸名手更相仿佛。此卷乃宋淳熙间院工马远所作,观其笔意清旷,烟波浩渺,使人有怀楚之思。"❶ 正所谓一石激起千层浪,潇湘八景出现于五代,至宋时成为名噪一时的景观集称。

(四) 第一个城市名胜景观集称——虔州八境

赣州在北宋称为虔州,古为南康郡治。八境即八景。虔州太守孔宗翰作《南康八境图》,请苏轼为之题诗。八境为虔州的石楼、章贡台、白鹊楼、皂盖楼、马祖崖、孤塔、郁孤台、崆峒山等八处名胜。据苏轼"八境图后序",题八境图诗时"轼为胶西守",(苏轼于1071—1077年知密州),十七年后写后序,当时为绍圣元年(1094年)❷,可知八境图及诗为熙宁十年(1077年)所作。虔州八境为我国第一个城市名胜景观集称。

宋代广州已有羊城八景❸。其中一景为"光孝菩提",查光孝寺原名"报恩广孝禅寺",南宋绍兴二十一年(1151年)易广孝为光孝,沿用至今❹。羊城八景当出现在1151年之后。而燕京八景最早见于金《明昌遗事》一书❺,即出现于金明昌年间(1190—1196)。羊城八景和燕京八景是除虔州八境之外的我国最早的城市八景,其他城市的八景多出现在明代或清代。

(五) 第一个园林名胜景观集称——西湖十景

西湖十景出现在南宋。宋本《方舆胜览》云:"西湖,在州西,周回三十里,其涧出诸涧泉,山川秀发,四时画舫遨游,歌鼓之声不绝。好事者尝命十题,有曰:平湖秋月、苏堤春晓(图1-7-1)、断桥残雪、雷峰夕照、南屏晚钟、曲院风荷、花港观鱼、柳浪闻莺、三潭印月(图1-7-2)、双峰插云。"❻ 祝穆《方

---

❶ 陈高华编. 宋辽金画家史料: 324~329; 733~734. 文物出版社, 1984。
❷ 江西省赣州市地名志: 346, 1988。
❸ 羊城古钞, 卷首。
❹ 广州市文物志. 岭南美术出版社, 1990: 183。
❺ 赵肖华. 北海景物述议. 建筑历史与理论, 第二辑: 126. 江苏人民出版社, 1982。
❻ 浙西路. 临安府, 宋本. 方舆胜览, 卷一。

图1-7-1 苏堤春晓图(原载西湖志类钞)

图1-7-2 三潭印月图(原载正续绘图西湖楹联)

舆胜览》原本刻印于理宗嘉熙三年（1239年）[1]，在此前，西湖十景已形成。

（六）最早的建筑名胜景观集称——唐代的"相蓝十绝"

唐代长安大相国寺有十绝，是目前所知的最早的建筑名胜景观集称。"大相国寺碑，称寺有十绝。其一大殿内弥勒圣容，唐中宗朝僧惠云于安业寺铸成，光照天地为一绝。其二睿宗皇帝亲感梦，于延和元年七月二十七日，改故建国寺为大相国寺，睿宗御书牌额为一绝。其三匠人王温重装圣容，金粉肉色，并三门下善神一对为一绝。其四佛殿内有吴道子画文殊维摩像为一绝。其五供奉李秀刻佛殿障日九间为一绝。其六明皇天宝四载乙酉岁，令匠人边思顺修建排云宝阁为一绝。其七阁内西头有陈留郡长史乙速令孤为功德主时，令石抱玉画'护国除灾患变相'为一绝。其八西库有明皇先敕车道政往于阗国传北方毗沙门天王样来，至开元十三年封东岳时，令道政于此依样画天王像为一绝。其九门下瑰师画梵王帝释及束廊障日内画'《法华经》二十八品功德变相'为一绝。其十西库北壁有僧智俨画'三乘因果入道位次图'为一绝也。"（《图画见闻志》卷五，相蓝十绝）

（七）景观集称文化的发展

自唐"永州八记"和"相蓝十绝"面世，五代潇湘八景出现，北宋虔州八境问世，金有燕京八景，南宋有羊城八景、西湖十景。尔后，景观集称文化向全国各地发展。

自然山水景观集称有：雁荡风景三绝、萝峰四景、川中四绝、天台山六景、伊犁八景、关中八景、五台八景、台湾八景、镜泊八景、洞庭西山八景、洞庭东山八景、香山二十八景、关沟七十二景，等等。

城市名胜景观集称有：渝州六景、遵义八景、乌鲁木齐八景、巴里坤八景、乌什八景、洛阳八景、衡阳八景、桂林八景、潮州内外八景、沈阳八景、辽阳八景、临溟八景、昌图八景、大

---

[1] 谭其骧. 前言, 宋本方舆胜览. 上海古籍出版社, 1991: 12.

连四景、济南三胜、厦门八景、湖州内外八景、排岭八景、金陵四十八景（图1-7-3），等等。

园林名胜景观集称有：天心四景、钱塘八景、西湖十八景、圆明园四十景（图1-7-4，1-7-5，1-7-6））、避暑山庄七十二景，等等。

图1-7-3 宣统二年（1910年）版金陵四十八景图之二景图
（自杨新华、卢海鸣主编．南京明清建筑：886）

图1-7-4 御制圆明园四十景诗图之一,清乾隆十年
(自翁连溪编著. 清代宫廷版画:93)

图1-7-5 御制圆明园四十景诗图之二
(自翁连溪编著. 清代宫廷版画:94)

图 1-7-6　御制圆明园四十景诗图之三
（自翁连溪编著.清代宫廷版画：96）

建筑名胜景观集称有：灵光寺四绝、白马寺六景、神速陵八景、灵山寺八景、龙泉十六景，等等。

以上从横的方向可见，景观集称文化已遍及神州大地。

若从纵的方向考察，每一处的景观集称文化亦随着时代的前进而发展变化，至今仍有旺盛的生命力。就城市名胜景观集称文化而言，南京在明代从千百个景观中点出金陵八景、十景、十八景，到清代发展到四十景、四十八景。❶ 宋元明清时期，随着城市的变化发展，广州的羊城八景也随之变化发展。宋代的羊城八景为：扶胥浴日、石门返照、海山晓霁、珠江秋色、菊湖云影、蒲涧濂泉、光孝菩提、大通烟雨。元代因海山楼已毁，菊湖已淤，光孝寺受破坏，珠江景色受影响，故元代八景中取消了宋代的海山晓霁、菊湖云影、光孝菩提、珠江秋色四景，代之粤台秋色、白云远望、景泰僧归、灵洲鳌负四景。明代广州城市扩展，面目一新，八景取城内及近郊之景：粤秀松涛、穗石洞天、番山云气、药洲春晓、琪林苏井、珠江晴澜、象山樵歌、荔湾渔唱。清代八景取景范围大为扩展，有：粤秀连峰、琶洲砥柱、五仙霞洞、孤兀番山、镇海层楼、浮丘丹井、西樵云瀑、东海鱼珠。

❶ 杨之水等主编.南京：169.中国建筑工业出版社，1989。

建国以来，羊城变得更美，怀着对羊城的爱心，广州市民曾二次评选羊城八景。1962年评的八景为：红陵旭日、珠海丹心、白云松涛、双桥烟雨、鹅潭夜月、越秀晚眺、东湖春晓、萝岗香雪。1986年又评出新羊城八景：云山锦绣、珠水晴波、红陵旭日、黄花浩气、流花玉宇、越秀层楼、黄埔云樯、龙洞琪琳。这新的八景表达了羊城人民对先烈的怀念（红陵旭日、黄花浩气），又体现了改革开放以来的羊城新貌（云山锦绣、流花玉宇、黄埔云樯），具有时代感。

（八）景观集称文化的内涵

1. 传统美学内涵

以乾隆年间的燕京八景为例，试分析之。该八景为：琼岛春阴、居庸叠翠、太液秋风、西山晴雪、卢沟晓月、金台夕照、玉泉趵突、蓟门烟树。这八景有空间美，包括了燕京四境的美景；有时间美，包括了春、夏、秋、冬四季和朝、夕的景致；有自然美（晓月、夕照等），又有人工美（卢沟桥、金台等）；有色彩美、形态美、风韵美，等等。再以南宋西湖十景为例：苏堤春晓、平湖秋月、曲院荷风、断桥残雪、雷峰夕照、南屏晚钟、花港观鱼、柳浪闻莺、三潭印月、双峰插云。这十景的景目两两相对：苏堤春晓对平湖秋月，曲院荷风对断桥残雪，雷峰夕照对南屏晚钟，花港观鱼对柳浪闻莺，三潭印月对双峰插云，富于韵律感；还有空间美（八方美景）、时间美（春、夏、秋、冬四季和朝、夕景致）、自然美（秋月、残雪、荷风、夕照）等和人工美（苏堤、断桥等）、静态美（平湖、秋月）和动态美（荷风、观鱼）、声音美（晚钟、闻莺）、动物美（鱼、莺）和植物美（花、柳、荷）等等。

从以上分析可知，西湖十景比燕京八景有更丰富的美学内涵。除了画家和诗人的天赋之外，最重要的是杭州西湖景致的确迷人，如同西子，美貌无匹，这是杭州赢得"人间天堂"美誉的重要原因。

2. 传统哲学内涵

景观集称文化中有丰富的传统哲学内涵，景观中包含了阴阳、五行的思想。如燕京八景中，有阴（晓月、春阴）和阳（夕照、晴雪），有金（金台）、木（春阴、叠翠、烟树）、土（岛、山、台）、水（太液、玉泉）、火（烟）五行。南宋西湖十景中，也有阴（月、晚）和阳（晓、夕照），以及金（钟）、木（花、柳、荷）、土（堤、峰）、水（湖、港、潭）、火（照）五行。

3. 儒、道、释的理想境界

历代帝王中，有一些在景观集称文化史上占有重要的地位，下以乾隆皇帝题圆明园四十景，说明景观集称文化中的儒、道、释的理想境界内涵：正大光明、勤政亲贤、九洲清晏、镂月开云、天然图画、碧桐书院、慈云普护、上下天光、杏花春馆、坦坦荡荡、茹古涵今、长春仙馆、万方安和、武陵春色、山高水长、月地云居、鸿慈永佑、汇芳书院、日天琳宇、澹泊宁静、映水兰香、水木明瑟、濂溪乐处、多稼如云、鱼跃鸢飞、北远山村、西峰秀色、四宜书屋、方壶胜境、澡身浴德、平湖秋月、蓬岛瑶台、接秀山房、别有洞天、夹镜鸣琴、涵虚朗鉴、廓然大公、坐石临流、曲院荷风、洞天深处。其中，正大光明、勤政亲贤、坦坦荡荡、澡身浴德、廓然大公、九洲清晏、万方安和等景目，反映了儒家主张；方壶胜境、蓬岛瑶台、天然图画、别有洞天、洞天深处、长春仙馆等景目寄托了道家神仙思想；慈云普护、坐石临流、日天琳宇则有佛国意境❶，可谓融儒、道、释三家之理想于景目中。

4. 历史文化的积淀

景观集称文化中有丰厚的历史文化的积淀。以关中八景为例。关中八景为华岳仙掌、太白积雪、骊山晚照、雁塔晨钟、曲江流饮、草堂烟雾、灞柳风雪、咸阳古渡。其中六景与历史文化密切相关。（1）华岳仙掌，在华山朝阳峰的悬崖绝壁上，传说是河神巨灵劈山通河留下的手印，北魏郦道元《水经注·河水》有载。它是远古神话传说与景观集称文化融为一体的佳例。（2）雁塔晨钟，小雁塔建自唐代，唐进士及第者有雁塔题名的风俗，并为后世所仿。清康熙年间将一金代古钟移入寺内，古钟清音荡

---

❶ 张家骥. 中国造园史：167~174. 黑龙江人民出版社，1986.

漾，与名闻四方的小雁塔合为一景。(3) 曲江流饮，曲江池历史悠久，为汉武帝在秦"宜春苑"的故址上开凿而成。曲江流饮起自唐代，凡上巳（三月三）和中元（七月十五）两节日，自帝王将相至商贾庶民均到此游宴流饮。(4) 草堂烟雾，草堂寺位于西安西南约七十里的圭峰山下，建于后秦。印度高僧鸠摩罗什曾在此讲经、译经、校经，为中印文化交流史的名迹。唐代改名栖禅寺，盛极一时。秋冬古寺为轻烟淡雾所环绕，宛若仙境。(5) 咸阳古渡，位于西安西五十里的咸阳城下的渭河上。秦汉渭河上有桥。唐杜甫《兵车行》诗中的"咸阳桥"即此桥。明代架浮桥于此，渔歌夕照，景致迷人。(6) 灞柳风雪，灞桥位于西安城东灞河之上，河岸遍植柳树，春夏风吹飞絮，宛若雪花❶。灞桥汉代已有，送行至此折柳赠别，有"销魂桥"之称❷。

5. 水文化特色

山水和园林的名胜景观都离不开水，景观集称文化中，水文化据有重要的地位。以避暑山庄七十二景为例，具水文化特色的景目有：烟波致爽、芝径云堤、濠濮间想、曲水荷香、水芳岩秀、风泉清听、暖溜暄波、泉源石壁、青枫绿屿、金莲映日、远近泉声、云帆月舫、芳渚临流、云容水态、澄泉绕石、澄波叠翠、石矶观鱼、镜水云岑、双湖夹镜、长虹饮练、水流云在、如意湖、青雀舫、水心榭、采菱渡、观莲所、沧浪屿、濒香沜、澄观斋、千尺雪、玉琴轩、知鱼矶、涌翠岩，共33景以水为景观主题，或与水有关，约占72景之半。"山庄以山名，而趣实在水"。乾隆此言道出了避暑山庄园林艺术特点。❸ 潇湘八景有六景以水为主题，燕京八景有五景与水相关。西湖十景有七景以水为主题，或与水相关，有浓厚的水文化特色。宋代羊城八景仅"光孝菩提"一景与水无关，其余七景（扶胥浴日、石门返照、海山晓霁、珠江秋色、菊湖云影、蒲涧濂泉、大通烟雨）以海、江、湖、涧、泉、雨为景，表现了广州负山带海的水文化特色。

---

❶ 邵友程. 古城西安. 地质出版社，1983。
❷ 唐寰澄. 中国古代桥梁. 文物出版社，1987：33。
❸ 张羽新. 避暑山庄的园林用水. 古建园林技术（11）：49。

（九）小结

　　景观集称文化具有浓厚的中国传统文化特色，自唐代"永州八记"、"相蓝十绝"问世起，至今已历1200余年，发展遍及神州各地，至今仍有旺盛的生命力。1986年北京推出新十六景[1]以及广州于1962年和1986年两次评选新羊城八景就是明证。其丰富的美学、哲学、历史文化、水文化内涵以及命题构景的手法，对今日的园林景观及城市景观设计仍有重要的参考价值。

---

[1] 李本达等主编. 汉语集称文化通解大典：564~565. 南海出版公司，1992。

建筑哲理、意匠与文化

第二篇　宗教艺术篇

一　中国传统建筑文化与儒释道"三教合一"思想

（一）前言

"三教合一"是中国传统文化发展过程中的文化融合的现象。儒、道、释三教是中国传统文化的三大思想体系，经过长期的对立、斗争，宋、元以后出现了"三教合一"即三教合流的局面。中国传统建筑文化是中国传统文化母体的一个重要组成部分，她与母文化同构对应，子文化与母文化之间表现为适应性和相似性。本文拟探讨"三教合一"对中国传统建筑的影响以及中国传统建筑艺术如何体现了"三教合一"的意向。为此，有必要将儒、道、释三教的对立和融合的历史背景作一简述。

（二）宋代以前的三教鼎立与逐渐交融

儒、道、释三教在中国历史上经历了相互对立、斗争和逐渐相互融合的过程。

儒家学派的创始人为孔子（前551—前479年），主张"仁"。儒家以《诗》、《尚书》、《礼》、《乐》、《易》、《春秋》六经为经典。汉代的儒学经董仲舒的改造而发展，它以"三纲"、"五常"为主要内容，吸收当时社会上流行的燕齐方术及黄老刑名之学，构成了以阴阳五行为框架的汉代神学经学，末流发展为谶纬经学。阴阳五行为框架的汉代神学经学，适应汉代大一统的思想要求，用它来解释当时的社会现象、自然现象，论证大一统的政治统治秩序，起到了积极作用。❶ 因而儒学被汉武帝定为一尊，遍及全国，成为中国文化的主流。

道教渊源于中国古代巫术和秦汉时的神仙方术，并吸收老庄思想，基本信仰和教义是"道"，认为"道"是造化之根本，宇宙、阴阳、万物都由其化生。老庄不承认人格神，故非宗教。道教崇拜最高尊神"三清"（玉清元始天尊、上清灵宝天尊、太清道德天尊），并有一整套修炼方法（服饵、导引、胎息、内丹、外丹、符箓、房中、辟谷等）和宗教仪式（斋醮、祈祷、诵经、礼忏）。❷ 道教由张道陵于东汉顺帝汉安元年（142 年）创立，奉老子为教主。道教经典《太平经》表面上贬斥儒家，实际上宣扬了许多汉儒学说，如经世治国等等。为了争取生存，道教吸取了佛教经验，取得统治者支持，南北朝以后，成为官方宗教。为了对抗儒、释，道教吸收儒、释学说。南朝时，南天师道的首领陆修静（406—477 年）融汇道教各派经典学说，采纳吸取佛教学说。南朝陶弘景（456—536 年）继承老庄思想和葛洪的神仙方术，融合佛、儒观点，主张三教合流。在茅山道观中，建佛道二堂，隔日朝礼，佛道双修。唐代帝王以老子为宗祖，有"道先佛后"之倾向，使道教有较大发展。

佛教创始人为释迦牟尼（约前 565—前 486 年），为外来宗教，于东汉永和十年（公元 67 年）传入中国，其时，以儒学为核心构架的中国文化的基本格局已基本形成。佛教作为外来文化，与儒家思想有颇多抵触。佛教主张众生平等，儒家视为悖逆之论，其无君无父的观念受到儒家激烈的抨击。为了在中国立足，佛教开始吸收儒、道思想，开始了逐渐中国化的进程。东晋时，佛教领袖慧远的佛教伦理学说，从理论上沟通了和儒家政治伦理观念的关联。佛教会通儒家的孝论，宣扬戒、孝合一说，并直接编造孝经。隋唐时，《周易》，儒家性善论，老庄自然主义和神仙家的方术思想，佛教均有不同程度的吸收。佛教哲学与儒道等中国传统思想在对立、斗争中逐渐交融。

由上述可知，南北朝至唐代，儒、道、释分庭抗礼，三教鼎

---

❶ 任继愈. 中国哲学的过去与未来. 新华文摘, 1993（10）：20~22。
❷ 冯天瑜. 中华元典精神. 上海人民出版社, 1994。

立，在矛盾和斗争中逐渐交融。唐代虽有"昌黎谤佛"、"武宗灭佛"等事件的出现，但唐统治者对三教均加以利用，起到协调、缓冲的作用。中唐起渐渐产生三教合一的倾向。唐代诗人白居易《草堂记》云："堂中设木榻四，素屏二，漆琴一张，儒、道、佛书各三两卷。"可见当时时尚。

（三）宋元明清的"三教合一"局面

到了北宋，由于社会经济和自然科学的发展，更为了适应新王朝强化伦理纲常的需要，以儒家思想为一体，又消化、吸收了佛、道思想的思辨性的养料，建立了新儒学，即理学。理学的《太极图》和先天学都是来自道教的《先天图》，宋儒主静的修养方法也得力于道教以及对佛教禅定的改造。因此，儒学完成了准宗教化的过程，宋明理学标志着儒学已成为儒教，孔子被奉为教主。宗教由其本质部分和外壳部分组成。外壳部分是它的组织形式、信奉对象、诵读经典、宗教活动仪式；本质部分是它所信仰、追求的领域是人与神的关系或交涉。宋明理学是一种以理性主义为手段，把人引向信仰主义的学说，以忠孝为天性，只能恪守。这与佛教禅宗的情形极为相似；宋明理学提倡禁欲主义，以"征忿、窒欲"为人生修养基本内容，主张"舍生取义"、"杀身成仁"，这与其他宗教的禁欲主义在本质上没有两样；它信奉"天地君亲师"，以四书、五经、十三经为经典，以祭天、祭孔、祭祖为祭祀仪式，以孔庙为信徒定期聚会朝拜的场所。因此，它是以反宗教的面貌出现的中国民族形式的宗教。[1] 宋代，以苏轼、苏辙、黄庭坚等为首的蜀学学派，更是对释、道表示赞赏，公开打出"三教融合"的旗号。此外，陈抟的"三教鼎分说"、张商英的"三教合一说"、李纲的"儒佛融合说"、孝宗的"三教融合论"均广泛传播。[2]

宋代道教由于得到诸帝支持，处于极盛时期，并加强了对儒、佛的融合，特别是出现了把禅宗理论引入内丹修炼的金丹派道士。金、元之际，道教形成全真、正一两大道派。其中，全真

---

[1] 任继愈．具有中国民族形式的宗教——儒教．文史知识，1986（6）．
[2] 黎方银．大足宋代石窟中的儒释道"三教合一"造像．载大足石刻研究文集．重庆出版社，1993．

道是道教内丹派和佛教禅宗、儒家理学相结合的产物，其创立者王重阳有诗云："儒门释户道相通，三教从来一祖风。"(《重阳全真集》卷一)从而导出"红花白藕青荷叶，三教原来是一家"的通俗口号。

佛教虽在盛唐达到鼎盛，宋代已呈衰落之势，面临理学的威胁，不断遭到儒家学者的抨击，因而自觉地与儒、道调和，大力倡导"三教融合"，出现了智圆的"三教鼎分论"、契嵩的"三教并存说"、大慧宗杲的"三教同归说"等等。❶

宋代"三教合一"的局面已经形成，儒、道、释相互吸收对方的思想养料，建构各自的哲学思想体系，直至明清，从而形成宋元明清传统文化的重要建构和组成部分，而作为文化载体的传统建筑中便出现了种种三教合流或三教合一的景象。

（四）"三教合一"思想对传统建筑的影响

下面从建筑平面和布局、雕塑艺术、宗教建筑类型以及建筑装饰艺术四个方面论述"三教合一"的思想观念对中国传统建筑的影响。

1. 建筑平面和布局

（1）儒释道三教建筑平面布局的趋同

汉传佛教寺庙的布置可分为石窟寺和塔庙两种。石窟寺多仿印度石窟的制度开凿，而塔庙则开始中国化。印度塔庙之塔称为窣堵波"Stupa"，其外形：下为一半球体，上面正中置三层伞，象征佛教的三件宝——佛、法、僧。伞竖立在正方形的围栏内，起源于印度古代将一棵圣树置于围栏内的传统。宝伞的正下方，埋藏着盛有释迦牟尼骨灰（舍利宝）的圣物箱。塔四周有栏杆，有四道门，象征通向宇宙的四个角落。❷

中国的塔庙虽有塔，但形态已不同，是在中国式多层楼阁顶上加上象征窣堵波的塔刹而成，塔的四周有廊庑等围绕。许多贵族大臣施舍住宅为寺庙，这种住宅式寺庙多不建塔。到唐代，有许多寺院无塔，或建塔于寺前，或寺后，或寺侧，或另辟塔院。

---

❶ 黎方银. 大足宋代石窟中的儒释道"三教合一"造像. 载大足石刻研究文集. 重庆出版社，1993。
❷ 叶公贤、王迪民编著. 印度美术史. 云南人民出版社，1991。

佛教寺院一般为中轴对称的合院式布局，与印度传统大异，形成中国特色，与孔庙的中轴对称合院式布局趋同。

道教的发源地为四川大邑鹤鸣山。最早的道观形式为"静治"，"民家为靖（静），师家为治"。据道教《要修科仪戒律钞》记载，天师治的平面布局，主要建筑置于南北中轴线上，东西两侧为马道，从南往北依次为门室、崇玄台、崇虚堂、崇仙堂（图2-1-1）。南北朝以后兴建的道观，平面布局基本对称，又较为灵活，建筑繁芜（图2-1-2）。至宋元以后，引佛改道，道观建筑依照佛寺布局，逐渐形成定制❶（图2-1-3）。

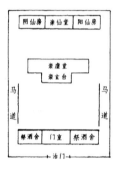

图2-1-1 治平面布局
（自西南寺庙文化）

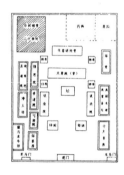

图2-1-2 早期道观平面布局
（自西南寺庙文化）

中国历史上，改观为寺，改寺为观，寺观改书院，书院改寺观，例子屡见不鲜，这也是儒、释、道三教建筑平面趋同的一个重要原因。

（2）三教建筑在平面布局上的合流共处

"三教合一"的思想观念，影响巨大，使中国传统建筑的平面布局上出现三教建筑合流共处的情形。

位于湖南省大庸市的普光寺，创

图2-1-3 道观平面布局
（自西南寺庙文化）

---

❶ 段玉明．西南寺庙文化．云南教育出版社，1992．

建于明永乐十一年（1413年）。其寺之左后部有高贞观，为道教建筑，较寺早建，但后为寺管。其左前部有文昌祠，为清末所建，祠左又有明代建的关帝庙。儒、释、道建筑集于一处，形成庞大的古建筑群（图2-1-4）。

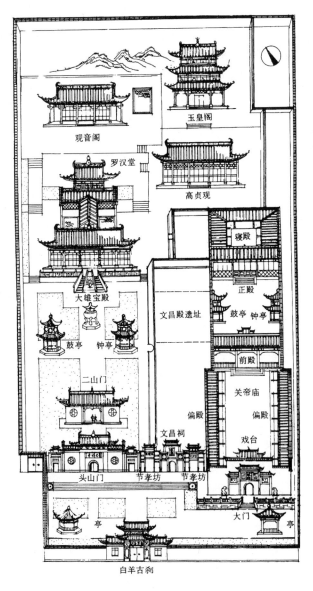

图2-1-4 普光寺·关帝庙总平面（自杨慎初主编．湖南传统建筑）

南岳大庙西有八寺，东有八观。湖南衡山南麓的南台寺、福严寺、昆明昙华寺，寺内均有关帝殿，集儒、佛于一体。

贵州镇远青龙洞明清古建筑群，有青龙洞、中元洞、紫阳洞、万寿宫、香炉崖、老大桥（祝圣桥）等多组建筑。其中，青龙洞以道教为主，中元洞以佛教为主，紫阳洞以儒教为主，儒、释、道三足鼎立，又相互渗透，颇有特色。❶

长沙的苏州会馆，"前进门楼戏台，方坪正栋，关圣殿左，文昌宫右，财神殿中，翠波阁后进中，大雄殿左，雷神殿右，杜康祠内有长生局。"而粤东会馆则"前门内建戏台，神坛各殿神位正栋，关圣殿左，灵官殿右，财神殿倒堂，韦驮佛后栋，六祖殿后门内，观音殿右侧。"（《善化县志》）❷ 会馆中儒、释、道殿宇杂处。

兰州明代创建的白衣寺，由两进院落组成。前院北为白衣菩萨殿，西为土地祠。后院中为多子塔，塔北为二层后殿，后殿上为观音阁，下为文昌宫；塔东为送子将军祠，送子、催生、子孙三慈母宫；塔西为旃檀神之祠，眼光、痘症、疮癣三慈母宫。寺中佛、道和地方神杂处。

甘肃永登城明正统建的海德寺，在中轴线上建有山门、金刚殿、南斗宫、北斗宫、土谷庙、山神庙、大佛殿，也是释道杂处。

甘肃陇西县清建祖师庙，现存北天师殿、丘祖殿、仙姑殿、北过庭、三官殿、枯云庵、观音楼、文殊殿、韦驮殿、普贤殿，道释共处。

甘肃庄浪县城南的紫荆古刹，宋元明清历代修建，形成以老君殿、十王殿、法王殿、财神殿、无量殿、文昌楼、五圣祠、药王庙、乐寿宫、显胜阁、大佛寺等组成的庞大建筑群。农历正月初九、三月三、四月八日为庙会，香客逾万。❸

云南通海城南的秀山，由山脚而上，依次为文庙、町王庙、三元宫、普光寺、玉皇阁、竺国寺、清凉台、广嗣灵祠、慈仁

---

❶ 吴正光．山地建筑博物馆青龙洞．中国文物报，1994—08—21（4）．
❷ 杨慎初主编．湖南传统建筑．湖南教育出版社，1993．
❸ 西北师范大学古籍整理研究所编．甘肃古迹名胜辞典．甘肃教育出版社，1992．

寺、涌金寺等寺庙，呈现了"三教合一"的特色。❶

2. 雕塑艺术

（1）一庙之中儒、释、道诸神杂处

一庙之中三教诸神杂处，例子极多。

湖南通道侗族自治县的白衣观，坐南朝北，为五层八角塔形楼阁，高18m。其底层供白衣观音和弥陀；二层供释迦、药师、阿弥陀三佛；三层供道教上清、太清、玉清坐像；四层供张天师，天花绘八卦图；五层绘哪吒闹海、女娲补天、唐僧取经等壁画。❷

成都金华寺重建于清乾隆五十九年（1794年），殿内供祀释迦牟尼、观音、牛王、马王、三圣、关帝、文昌、药王、川主等塑像，壁间绘有134幅画，内容有"二十四孝"、西游记、山石花鸟等。❸

云南白沙大宝积宫现存的五百多个佛像神像，就将禅宗、密宗及道教的各种神祇合为一家，集佛、道等教诸神于一堂。❹

（2）灯雕内容的"三教合流"

灯雕，是以纸糊绢裱及其他材料塑形的工艺美术，外面彩绘，其内燃灯，呈现龙、凤、莲花、神话人物等各种造型，在特定宗教仪典或节日里悬挂和漂放，寄寓各种宗教意念和祭祀祈愿。云南一些民族的灯节，灯雕造型多彩，内容常为"三教合流"，也揉合着一些巫教或本民族宗教的色彩。有的地方的元宵灯会，既与佛教燃灯礼佛的"神变"故事有关，又与道教祭祀"上元天宫"的仪典有关；中元漂河灯，既与佛教"目莲救母"的故事有关，又与道教祭祀"中元地宫"的仪典有关，还与民间祭祖悼亡的习俗有关。❺这些灯雕神、佛、仙、道并列，禽兽花木杂陈，装饰着街市和寺庙。

（3）造三教像

造三教像于一处，肇自唐，而盛于宋。

---

❶ 段玉明. 中国寺庙文化. 上海人民出版社，1994.
❷ 杨慎初主编. 湖南传统建筑. 湖南教育出版社，1993.
❸ 李文郁、张凤翔. 金华寺. 成都文物，1984（1）：35~36.
❹ 邓启耀. 宗教美术意匠. 云南人民出版社，1991.
❺ 同上.

成都市龙泉驿区山泉大佛岩，有北周闵帝元年（557年）所刻的《北周文王碑》云："军都县开国伯强独乐为文王建立佛道二尊像，树其碑。"❶ 刻于唐大历六年（771年）的《资州刺史叱干公三教道场文》碑，是三教像肇于唐的明证。❷ 据《混元圣纪》碑载，宋徽宗崇宁五年（1106年）十月五日下诏："……又准敕旧来僧居多设三教像为院额及堂殿名，且以释氏居中，老君居左，孔子居右，非所以称朝庭奉天神兴儒教之意，可迎老君及道教功德并归道观，迁宣圣赴随处学舍，以正名分，以别教像。"❸ 这说明宋代三教像并祀的造像较多。大足石刻、安岳县三仙洞摩崖造像等都是明证。嵩山少林寺也有金代刻的《三教圣像碑》（图2-1-5）。笔者在云南大理一座庙宇中也见过三教合一的造像（图2-1-6）。

图2-1-5 三教圣像碑（局部. 自苏思义等编. 少林寺石刻艺术选：28）

图2-1-6 云南大理一座庙宇中的三教合一像：中间为释迦佛祖，两边为孔夫子和老子

云南昭通地区威信县观斗山，明代建有许多庙宇，但数次被焚，民国复原了九座庙宇，其中一座为三教殿，后九殿又遭毁，现存孔子、老子、释迦牟尼、观音、关圣、王母、玉皇、八仙等造像63尊。❹

（4）造像艺术相互影响和借鉴

---

❶ 吴觉非. 略谈成都的石刻造像. 成都文物，1983（4）：16~19。
❷ 李胜. 唐三教道场文碑. 成都文物，1983（1）：59~60。
❸ 石衍丰. 道教造型中的莲台及其他. 四川文物，1984（2）：29~32。
❹ 云南省群众艺术馆主编. 云南民族民间艺术. 云南人民出版社，1994。

三教造像艺术相互影响和借鉴，表现在儒、道造像在艺术上借鉴佛教的雕刻艺术形式，佛教造像在内容上吸收儒道思想等方面。❶

昆明官渡六甲渔村兴国寺大殿（俗称高庙）内，满塑佛道神仙。大殿正中塑金装送子观音，左有真武大帝，右有文昌帝君。像后墙壁上悬塑仙山琼阁，遍布佛道神仙，总计138尊。寺始建于明代，这些彩塑多为清光绪间的作品。其各层次仙佛亲密相处，均衡和谐。正中壁顶，为三十三天之上的三清圣境，正中应是元始天尊的位置上坐着佛祖释迦牟尼，右为灵宝天尊，左为道德天尊（太上老君）。下有两尊护法，左为佛门韦陀，右为道教王灵官。左右山崖上，有骑青狮的文殊菩萨和骑白象的普贤菩萨，上方为骑青狮的文殊道人和骑白象的普贤道人。十八罗汉与八洞神仙悠游林下，四大天王同八大天君肃立云端。这是一组大型佛道大团圆彩塑❷，是"三教合一"思想指导下出现的雕塑艺术作品。

大足宝顶山大佛湾北崖刻着一幅长达十八米的大型浮雕"父母恩重经变"，是据《佛说父母恩重经》镌造的，这部经是唐人伪造的。经中多宣扬孝行。在该经变下面，刻了一幅不孝子地狱受罪图。在另一龛"雷音图"中，刻雷公、电母、风伯、雨师惩治忤逆不孝之徒。佛教众神中无雷神，中国古代神话中有雷神。因此，此"雷音图"离开了佛教的经典、教义，是为迎合儒家思想而作。❸ 四川安岳县玄妙观唐代道教石刻坐于"莲台"之中的很多，四川大邑鹤鸣山道教石刻唐刻第三号龛的天真像是穿道靴，立于莲台之上，这莲台，乃是受佛教经典和造像艺术影响而增饰的。❹

3. 宗教建筑类型

各教建筑类型相互影响、变异、融合。

(1)"三教合一"的产物——风水塔

上面已谈到，佛教传入中土，印度的窣堵波变成了中国的

---

❶ 黎方银. 大足宋代石窟中的儒释道"三教合一"造像. 载大足石刻研究文集. 重庆出版社，1993。
❷ 王海涛. 昆明文物古迹. 云南人民出版社，1989。
❸ 李正心. 大足石刻中的儒教造像及其产生根源. 载大足石刻研究文集. 重庆出版社，1993。
❹ 石衍丰. 道教造型中的莲台及其他. 四川文物，1984（2）：29~32。

塔，即在中国的亭阁、楼阁上加一个象征性的小窣堵波——塔刹，使之具有佛教建筑的象征意义。

在佛塔的影响下，本来不讲入灭埋葬的道教，也采用了建塔埋葬的形式。辽阳千山为道教名山，其中无量观内有清末建的道士墓塔，平面八角，十一层，不用佛塔之刹，装饰花纹用寿星、梅花鹿、孔雀、牡丹等。❶

宋代以至明清，全国各地建了成千上万座文风塔、文峰塔、风水塔、文笔塔，这些塔的出现，是与"三教合一"的思想影响密切相关的。

建于南宋的广安白塔，坐落在城南2km的渠江聋子滩上，倚江而立，雄伟壮观。其平面方形，为九级砖石混合结构的楼阁式塔。下五级为石构，上四级为砖构。石建各级镶嵌石刻佛像或供养菩萨像共八十八尊，塔第六级北面有"××舍利宝塔"六字。据《广安州志》："宋资政大学士安丙建此塔为镇水口。"所以它是一座风水塔。❷

邛崃兴贤塔（又称字库）是建成于清道光八年（1828年）的风水塔。建塔原因是前镇江塔拆毁后，文风不及前，故建塔"而培合郡之风水"。塔坐北向南，平面六角，三层，楼阁式。其各层额匾有"字库"、"仓颉殿"、"文昌宫"、"兴贤塔"、"观音阁"等，雕刻题材有"八仙"、"福、禄、寿"、"状元回府"等，充分体现了"三教合一"的思想。

风水塔中，有一些仍采用佛塔之刹，也有许多仅以金属葫芦为刹。邛崃兴贤塔的塔刹十分别致，复盆和相轮等为蛙、蝉精雕而作，并用一根铁棒从蛙、蝉肚内直穿连接，蝉须随风摆动，彩蝉口含宝珠直指苍穹。❸

在"三教合一"的思想影响下，佛教的塔刹则逐渐淡化了其宗教意义，尤其是砖石塔的塔刹，由唐代起，逐渐简化，失去了窣堵波的原型，变异为其他形式，甚至仅为一个葫芦或宝珠，失去了原先的宗教意义。❹"葫芦"为古代先民生殖崇拜的象征物，

---

❶ 张驭寰、罗哲文. 中国古塔精萃. 科学出版社，1988。
❷ 李明高. 广安白塔. 四川文物，1985（4）：53。
❸ 文乙. 邛崃兴贤塔. 成都文物，1984（1）：40~42。
❹ 吴庆洲. 中国佛塔塔刹形制研究. 古建园林技术（45）：21~28；（46）：13~17。

与"昆仑"有对音关系,"昆仑"即"混沌",亦即《老子》所云:"有物混成,先天地生"之"混成",是《老子》中"道"的原型意象之一的"朴"的一义。壶(葫芦)是"混沌"的意象,是"朴"(匏)的原型。昆仑(混沌)之山也曾被说成具有葫芦形,以包含天地元气,亦即所谓"混沌"。壶(葫芦)中包孕着宇宙万物,充盈着原气,蕴藏着生命,成为人们崇拜之物,是道家的法器,是道家崇拜的神圣之物。"袖里乾坤大,壶中日月长"是此观念的引申。❶ 佛塔之刹冠以道家的法器,正是释道合流的观念形态的物化。葫芦作为脊饰同样为儒家文庙所用,湖南岳阳文庙、浏阳文庙、零陵文庙、湘潭文庙、宁远文庙、澧县文庙、湘乡文庙、湘阴文庙以及全国各地众多文庙以及书院建筑均有以葫芦为脊饰之例,也是"三教合一"观念的体现。

明洪武二十二年(1389年)重建,清代重修的湖北钟祥文峰塔,塔身类似喇嘛塔的形式,上有高大奇特的塔刹,计有相轮二十一重,刹杆串以三层宝盖,上面还嵌了三个"元"字,上有宝珠、水烟等。❷ 其三个"元"字,道教指"天、地、水"或"日、月、星"为三元,儒教指乡试、会试、殿试第一名的解元、会元、状元为三元。整座塔的构思意匠,充分体现了"三教合一"的思想。

楚雄雁塔始建于明初,是密檐式方形七层砖塔,第二层以上每层各有一个佛龛,顶上塔刹为一铜亭阁,内有魁星点斗铜像,四角各有一铜铸金翅鸟,当地人称之为"文笔塔"。金翅鸟或称大鹏金翅鸟,为佛经中八部众之中的天龙八部之一。金翅鸟梵语称迦楼罗(Garuda),又译为妙翅鸟等。《观龙三昧经》云:"梵语加娄罗王,此云妙翅快得自在,日游四海,以龙为食。"古代,洱海、滇池一带多水患,人们以为是邪龙作恶所致,故以金翅鸟置塔顶以镇压恶龙。❸ 李元阳《云南通志·寺观志》云:"世传龙性敬塔而畏鹏,……故以此镇之。"故云南佛塔顶部四角置金翅鸟,为其地方特色。魁星即北斗之斗魁,斗魁之上六星名"文

---

❶ 萧兵、叶舒宪. 老子的文化解读. 湖北人民出版社,1993。
❷ 罗哲文. 中国古塔. 中国青年出版社,1985。
❸ 苏青. 云南的金翅鸟. 文物天地,1995(4):29~31。

昌"或"文曲",其神为道教神文昌帝君,主宰功名、禄位,故又受到儒者的崇拜。该塔也体现了"三教合一"的思想。

(2) 石窟寺

石窟寺源于印度佛教,传入中国,后来儒、道二教也凿石窟造像。

四川是道教的发源地,反映道教的石刻造像居全国首位。目前已发现的有安岳玄妙观、大足南山、石篆山、舒成岩;绵阳玉女泉、剑阁鹤鸣山、江油窦圌山、灌县青城山、丹棱龙鹄山等地。其他还有蒲江、夹江、乐山、宜宾、乐至、南充等均有小量的道教造像题刻,❶ 包括有部分道、释合一或"三教合一"的造像。

四川大足,有众多的唐宋明清石刻,内容丰富,佛、道、儒三教造像俱全,有单独造像者,有两合一者,有三合一者。人物造像6万躯以上,佛教题材占80%,道教题材占12%,三教合一题材约占5%,其余为儒家和历史人物造像。其中,创于南宋的妙高山2号"三教窟",中为释迦牟尼,右为文宣王,左为道君,为儒、释、道"三教合一"造像。❷

昆明龙门石窟凿于明清,其中,乾隆间道士吴来清由旧石室凿石穿云,立"普陀胜境"石牌坊,开慈云洞,正中用原岩雕成道教观音一尊,名送子娘娘,头戴束发金箍,身着道袍,两边金童合十,玉女捧钵。左壁浮雕青龙星君骑龙,右壁为白虎星君骑虎,并有道光题刻"蓬莱仙境"四个大字。道光间开辟龙门、达天阁,内有魁星、文昌、关圣等造像,神台后壁浮雕山水、八仙。整个石窟反映了"三教合一"的思想。

凿于明清的昆明西郊聚仙山西华洞石窟,洞内有一个高4m的佛台,上原有观音雕像一躯,已毁,其左侧立有吕洞宾石雕像,为释道合一的造像。❸

湖南大庸的清代石窟玉皇洞包括因果、土地、魁星、文昌、龙虎、孔圣、狮子、玉皇八洞,也反映了"三教合一"的思想。❹

---

❶ 王家祐、丁祖春. 四川道教摩崖石刻造像. 四川文物, 1986 (石刻研究专辑): 55~60。
❷ 王庆瑜. 中国大足石刻. 香港万里书店, 重庆出版社联合出版, 1992。
❸ 王海涛. 昆明文物古迹. 云南人民出版社, 1989。
❹ 杨慎初主编. 湖南传统建筑. 湖南教育出版社, 1993。

4. 建筑装饰艺术

建筑装饰艺术上，也从各方面反映了"三教合一"的思想。

（1）壁画

建筑壁画中的儒、释合流渊源更为久远。后梁明帝天保初年（562年），画家张僧繇在江陵天皇寺柏堂画卢舍那佛及仲尼十哲于壁上。明帝萧詧不解，问释门内如何画孔圣？回答说，以后天皇寺的存留全仗他们呢！后来北周武帝宇文邕灭佛时，因有孔子像，乃得保留。

山西稷山青龙寺和浑源永安寺的水陆画，集三教人物于一堂。水陆画源于佛教中水陆斋仪，即水陆道场。青龙寺腰殿水陆壁画，绘僧徒礼三界诸佛，普渡幽冥作水陆道场。上部三佛并坐，两旁为弥勒菩萨、地藏王菩萨，下画南斗六星君。西壁画五通仙人众、五方五帝神众、诸大罗叉将众、帝释圣众、诸大药叉众、元君圣母众、普天列曜星君、鬼子母众、十二元神众、婆罗门仙、三曹等众、四海龙王众、天女及护法善神等环立。南壁西侧墙上层画焰漫德伽明王、大笑明王、步掷明王；下层画诸大罗义女众、五方行雨龙王众、五瘟使者众、往古九流诸子众、往古孝子顺孙众、往古贤妇烈女众等等。南壁东侧墙上层画金刚心菩萨、众明王；下层画城隍伽蓝神众、往古为国亡躯将士众、往古后妃宫女众、往古弟子王孙众等等。北壁西侧墙上绘阴曹地府和当时社会中劳动人民形象。北壁东侧墙上绘诸罗汉、六道轮回、八寒地狱众、冥府六曹众等。东壁则有雷、电、风、雨大神众、真武帝君众、五岳帝君众等等。壁画乃明代刘士通父子绘，壁画内容揉合三教于一堂。"这种道教佛教杂揉的现象，和明朝其他地区的一些壁画，如河北获鹿毗卢寺壁画、山西左玉宝宁寺壁画是相同的。"❶ 青龙寺壁画中有一幅《释道儒诸神祗朝拜释迦图》，❷ 以佛祖为至尊，以统三教诸神。

山西浑源永安寺水陆画也绘诸佛天众、诸菩萨众、十八明王、诸弟子众、五方诸帝、太乙诸神、十二星辰、四宫天神、道门诸神、日月天子、王宫圣母、诸位星君、古代帝王、后妃、忠

---

❶ 王泽庆. 稷山青龙寺壁画初探. 文物, 1980 (5): 78~82.
❷ 梁济海. 开化寺的壁画艺术. 文物, 1981 (5): 92~96.

臣、良将、冠儒、孝子、贤妇、顺孙、九流等等，集儒、释、道于一堂。❶

云南丽江十多座庙宇的明清壁画，揉合了佛、道、巫、东巴等教的教义内容，融汇了汉、藏、白、纳西等民族的艺术风格。丽江白沙大宝积宫的 11 堵壁画中，显宗内容的有三大幅：孔雀明王法令、观音普门品经、如来说法；密宗题材的七幅，画有大黑天神、大宝法王、黄财神、绿度母、降魔祖师、金刚、亥母、百工之神等；以道教为主的有两幅，画天、地、水三官，文昌、真武、四天君、风雨雷电四神等。❷

（2）须弥座

须弥座原是佛座的形式，随佛教由印度传到中国。须弥即佛教的圣山"须弥山"（梵文 Sumeru，亦译"须弥楼"、"妙高"、"善积"等），原为印度神话中山名，相传山高八万四千由旬（一由旬约为四十里长），山顶上为帝释天，四面山腰为四大王天，周围有七香海、七金山、铁围山、咸海、四大部洲等。佛教以须弥山象征梵境佛国世界，为佛国圣山。以圣山为座，更显佛之崇高、伟大。一说"须弥"即"喜马拉雅"的古译音，即古印度人视之为神山圣地。须弥座本来仅用为佛座，后来，用作佛教建筑基座。由于三教合流，明清之后，凡高贵的建筑台基、神座，无论儒、道、释，均用须弥座。

（3）莲台

佛教视莲花为圣花，《华严经》讲莲花藏世界，净土宗亦称莲宗。佛经有"一切诸佛世界，悉见如来，坐莲华宝师之座。"因此，佛家有"莲华座"，简称"莲座"，并有莲经、莲台、莲像、莲龛、莲华衣、莲华服等称。莲花为佛教的象征。❸

如前所述，道教造像也用莲台为饰。

（4）脊饰

我国宋元明清的三教庙宇，凡等级较高的均用鸱吻或龙吻，岭南则多用鳌鱼饰，从脊饰上很难分出三教的差别。

---

❶ 柴泽俊编著. 山西琉璃. 文物出版社，1991.
❷ 云南省群众艺术馆主编. 云南民族民间艺术. 云南人民出版社，1994。
❸ 石衍丰. 道教造型中的莲台及其他. 四川文物，1984（2）：29～32。

（5）装饰题材的"三教合一"

装饰题材的"三教合一"表现在：一座建筑中三教的装饰题材混用、一教建筑用其他二教装饰题材等方面。

建于清末的广州陈家祠的装饰中，即有"二甲传胪"、"状元及第"、"功名富贵"、"岳阳楼记"、"宝鸭穿莲"等表现儒学思想的题材，又有"八仙"、"暗八仙"、"刘海戏金蟾"、"仙女下凡"等表现道教的题材，以及"伏狮罗汉"、"和合二仙（寒山、拾得二僧）"的表现佛教的题材。❶

始建于清康熙十五年（1676年）的亳州花戏楼，有"魁星点状元"、"文昌帝君"、"一品当朝"、"三顾茅庐"、"燕山教子"、"太师少师"、"龙吟国瑞"、"龙颜凤姿"等表现儒教思想的题材，又有"达摩渡江"、"卍"字图案、"狮子吼"、"白象"、"四大天王"、"文殊菩萨"等表现佛教的题材，以及"老君炼丹"、"八仙图"、"葛仙炼丹"、"李铁拐焚身"、"洞天福地"等表现道教的题材。❷

广州番禺学宫大成殿的脊饰和石栏板用暗八仙装饰，贵州安顺文庙大成殿的石栏板以及湖南浏阳文庙的石柱础也采用了暗八仙的图案。

四川梓潼七曲大庙祀文昌帝君。文昌帝君的"文昌"本星名，亦称"文曲星"。后为道教尊为主宰功名、禄位的神。旧时士人多崇祀之，以为可保功名。所以文昌帝君是儒、道合一的神仙，但其天尊阁的两厢房的脊饰正中，各有一座佛像，表现了"三教合一"的思想。

佛教建筑用儒道装饰题材的也不乏其例。如广州华林寺罗汉堂的一个藻井就用了八卦图案。嵩山少林寺的石刻题材中，有"官宦朝拜图"是表现儒家思想的，"钟馗抱琴托书图"和"骑鹿仙人游海图"则与道教有关。❸

山西太谷圆智寺千佛殿屋顶，正脊上立塑武士，海马、凤凰等，脊刹下部有一殿阁形龛，内塑老寿星坐像；正脊吞口两侧，

---

❶ 广东民间工艺馆. 陈氏书院. 文物出版社, 1993。
❷ 侯香亭. 亳州花戏楼雕刻彩绘图考. 阜阳文物考古文集. 阜阳地区文化局编印, 1989。
❸ 苏思义、杨晓捷、刘笠青编. 少林寺石刻艺术选. 文物出版社, 1985。

塑道教八仙神像，个个面形圆润，躯体健美，衣着适体，多数手持法宝，脚下云气缭绕，有飘飘欲飞之感。❶

四川江油窦圌山云岩寺法堂的窗花格眼，精工木雕八仙人物，佛寺中以道教神仙形象装饰，也颇有趣味。❷ 云南昆明金殿为道教殿宇，内为道教真武大帝与其侍从铜像，大殿门前的横匾上却又冠以"南无无量寿佛"的佛教尊号，令人莫名其妙（图2-1-7）。

昆明鸣凤山太和宫山门内金殿前，有一座四柱三楼的气魄雄伟的牌坊，上书"棂星门"三个金字（图2-1-8）。左、右两边各书"洞天"、"福地"二额。棂星门为学宫孔庙的外门，原名灵星门。灵星，即天田星。汉高祖命祭天先祀灵星，至宋仁宗天圣六年，筑郊台外垣，置灵星门，象天之体。后来又移用于孔庙，盖以尊天者尊圣。后人因汉祀灵星以祈谷，与孔庙无关，又见门形如窗棂，就改称为棂星门。由上可知，孔庙的外门进了道观，正是儒、道合流的结果。加上金殿门前横匾为"南天无量寿佛"，正体现了"三教合一"的盛行。

图2-1-7 昆明金殿内奉真武大帝，外书"南无无量寿佛"的横匾　　图2-1-8 昆明鸣凤山太和宫金殿前棂星门

二十四孝图本是儒教的内容，后来道观、佛寺也用为装饰题材。云南巍山县巍宝山长春洞大殿、丽江五凤楼和昆明高庙村兴国寺的格扇门上木雕彩绘二十四孝图是较有名的，此外，还有大批石刻廿四孝图，著名者有昆明金殿护栏石浮雕、威信观斗山石

---

❶ 柴泽俊编著. 山西琉璃. 文物出版社，1991。
❷ 白文明. 中国古建筑美术博览. 辽宁美术出版社，1991。

浮雕、建水文庙石浮雕等。❶

　　宁夏中卫高庙，始建于明，现存建筑重建于清咸丰以后，庙中供奉佛陀、菩萨、玉皇、圣母、文昌、关公，庙中一联云："儒释道之度我度人皆从这里"，道出了其"三教合一"的特色。❷

（五）碰撞、融合——世界性的文化现象

　　三教合流是中国文化史上的一种现象。任何文化都决不是一成不变的，它随着时代的前进而发展演化。任继愈先生提出有四种文化现象值得注意：（1）文化的继承与积累现象；（2）文化衰减与增益现象；（3）文化的势差现象；（4）文化的融汇现象。❸三教合流正是文化的融汇现象。任先生指出："文化不是死的东西，它有生命，有活力，具有开放性和包容性，不同文化相接触，很快就会发生融汇现象。处在表层的生活文化（如衣食器用等），很容易被吸收，处在深层的观念文化（如哲学体系、价值观、思维方式等），不是一眼就能看透的，要有浓厚的文化根基和较高的文化素养才有可能发生交融。"❹"三教合一"也是一个长达一千多年的对立、斗争而逐渐融合的过程。文化的碰撞、融合，是世界文化史上的普遍现象。文化融合前的文化碰撞，可能闪现出文化的生命的火花，而促进文化的繁荣。中国古代文化曾出现过两个高峰，都是文化碰撞、融合的结果。"春秋战国，是中原文化大融合之际，达到了先秦时期我国第一个文化高峰。那么，自魏晋至隋唐，则是亚洲文化的一次大融合，中国文化与印度文化产生了第一次碰撞、融合，由此造就了我国古代文化的又一个高峰，在历史上又一次出现了'激活'的效应。"❺

　　中国如此，亚洲如此，世界上的文化都不例外。冯天瑜先生指出："古希腊先哲的论著和希伯莱《圣经》共同构成西方文化的两大源头。如果说，希腊传统崇尚的是'逻各斯'，重智求真，

---

❶ 云南省群众艺术馆主编. 云南民族民间艺术. 云南人民出版社，1994。
❷ 白文明. 中国古建筑美术博览. 辽宁美术出版社，1991。
❸ 任继愈. 中国哲学的过去与未来. 新华文摘，1993（10）：20～22。
❹ 同上。
❺ 谭元亨. 中国文化史观：176. 广东高等教育出版社，1994。

追求理智和理性,那么,《圣经》传统崇尚信仰,强调人的不完善性和有限性,信仰方可获得救赎。这两种传统的抗争、融汇和互补,构成西方文化深邃而多姿的情状。"❶

(六) 如何看待建筑艺术中"三教合一"的作品

中国传统文化的主流为儒家文化,同时道家文化也对中国文化产生了重要而深远的影响。儒家思想也是不断发展的。经汉代董仲舒的改造,以适应当时大一统的社会政治需要,"汉儒"已不同于孔孟。到了宋代,儒学又经历了一次大变革、大改造。朱熹以毕生精力创造并完成儒教。儒教不等于汉儒,更不同于孔孟,但却有一脉相承,随时代前进而演化的关系。

道家也是如此,"汉代道家是经过黄老学派洗礼的道家,以黄老刑名为主,吸收齐地管仲学派,杂收阴阳、名、法、儒、墨之学,构建了新体系,虽也称为'道家',与先秦的老子、庄子不同道。经过华北黄巾起义及四川五斗米道的农民运动的改造,《道德经》五千字成为道教徒用来讽诵、消灾免罪的圣经,老子也成为半人半神的教主。"❷ 因此,"汉道"也不同于老庄。

两晋南北朝,是外来的佛教文化与中国传统的儒、道思想文化碰撞的时期,其碰撞闪现的火花,激活了中国文化,于是从唐代起,三教文化在斗争中逐渐融合,中国文化出现了空前繁荣的时期,它与盛唐社会政治经济的盛况是相一致的。

宋元明清,中国封建社会开始衰落。儒文化自儒学被改造为儒教后,"进一步稳定了封建社会秩序,'三纲'观念进一步深入人心。宋以后有弄权的奸臣,没有篡权的叛臣,有效地消灭影响中央集权的叛逆行为。"❸ 但儒教文化"存天理、灭人欲"的思想,也成为"以理杀人"的武器,促成文化的衰微,也加速了封建王朝的没落。禅宗使中国佛学发展到了顶峰,物极必反,走向了自我否定。道教虽宋元明仍得到官方支持,有所发展,但到清代逐渐衰落。"三教合一"是在这种社会背景下发生的文化现象,

---

❶ 冯天瑜. 中华元典精神. 上海人民出版社, 1994。
❷ 任继愈. 中国哲学的过去与未来. 新华文摘, 1993 (10): 20~22。
❸ 同上。

虽然也能闪现一些火花，使文化获得某些生机，艺术呈现某些新意，但也出现一些非驴非马、令人啼笑皆非、粗俗不堪的文化拼凑、艺术杂陈。因此，建筑艺术中的"三教合一"作品，应具体分析，不可一概而论。

二　曼荼罗与佛教建筑

（一）前言

曼荼罗（图2-2-1）是梵文 Mandala 的音译，原义是球体、圆轮等，是佛教密宗按一定仪制建立的修法的坛场。在方形或圆形的土坛上，安置诸佛、菩萨，加以供奉，"此坛中聚集诸佛、菩萨功德成一大法门，如毂、辋、辐具足而成圆满之车轮"。曼荼罗旧译为"坛"或"道场"，新译为"聚集"或"圆轮具足"。曼荼罗是密教对宇宙真理的表达，对密教的建筑艺术产生了巨大而深远的影响。本节拟探讨曼荼罗的起源、类别以及它与佛教建筑的关系，求索其文化之渊源。

图2-2-1　藏传佛教曼荼罗之一，大日曼荼罗

(二) 曼荼罗的文化渊源

曼荼罗，是梵文 Mandala 的译音，其词根 manda 的原义是"座位"、"场地"，其最初的意义指供奉神灵的祭坛。曼荼罗在密宗之前的文献和实践中完全成了祭坛（Sulva）的代名词。❶ 曼荼罗的文化渊源有以下几种说法：

1. 生殖崇拜渊源说

曼荼罗的生殖崇拜渊源说见于赵国华先生的《生殖崇拜文化论》。他认为：以圆形象征女阴，在印度古代演变成了充满神秘意味的坛场，称作"曼荼罗"。❷ 古代印度生殖崇拜盛行，自史前的岩画中已出现许多生殖崇拜的内容，旨在祈求动植物的繁殖和人类自身的繁衍。在公元前2500至前1500年的印度河文明时代，生殖崇拜继续发展，摩亨佐达罗出土的冻石雕刻《菩提树女神印章》，说明菩提树被作为生殖女神住处的圣树而被崇拜。

在古印度的吠陀文化或恒河文化（约公元前1500—前600年）时代，雅利安人入侵，征服了印度河流域的达罗毗荼人，以自然崇拜为中心的雅利安人的游牧文化，逐渐与以生殖崇拜为中心的达罗毗荼人的农耕文化交融。约公元前9世纪前后，雅利安人的吠陀教直接演变为婆罗门教（后世印度教的前身）。生殖崇拜文化与自然崇拜文化的相互影响和交融，使印度文化上升为追究宇宙起源和灵魂的生命崇拜，以广泛的宇宙意识和神秘的象征性为特征。达罗毗荼人的母神、公牛、兽主、圣树等生殖崇拜因素得以上升为宇宙意识并更神秘化。后世印度教三大神之一的湿婆，主宰生殖与毁灭，其源于吠陀神话的暴风之神鲁特罗与达罗毗荼人的生殖之神兽主的融合为一。❸ 生殖崇拜文化是人类文化中历史最久远的文化之一。在印度，生殖崇拜文化与宗教文化相结合，生殖器与性力被神化，成为神圣之物。印度教的湿婆派崇拜男性生殖器，主神湿婆象征男性生殖器。印度教的性力派则崇拜女性生殖器，主神萨克蒂象征女性生殖器。在印度教的神庙

---

❶ 吕建福. 中国密教史. 中国社会科学出版社，1995.
❷ 赵国华. 生殖崇拜文化论：345. 中国社会科学出版社，1990.
❸ 朱伯雄主编. 世界美术史，四：410~430. 山东美术出版社，1990.

中，在印度的村镇中，到处可以见到男根女阴的雕像，在印度的神庙雕刻中有许多男女交媾的形象，如果不了解印度文化中旺炽的生殖崇拜传统，就会感到十分诧异。

印度佛教中的大乘佛教吸收了许多印度教的因素，而8世纪以后受到印度教性力派影响而兴起的派别称为坦多罗佛教或密教。

密教与印度教一样，继承了生殖崇拜文化，认为性力是宇宙的根本原理，智慧和力量的集中体现，男女和合才能获得宗教的解脱和无上的福乐。在原始的古印度生殖崇拜中，女性被喻为田亩，男性生殖器被喻为锄头，精液被喻为种子。"法律将妇女看做是田地，将男子看做是种子；田地和种子结合而一切生物得以发生。"❶ 印度教性力派把"双身"（交合）看作是修行者的重要修行方法，密教也是如此。

由以上所述，可知印度生殖崇拜文化源远流长。曼荼罗的生殖崇拜渊源说值得重视。

2. 原人渊源说

原人（purusa），是印度哲学中的灵魂或自我。在吠陀经中，原人是一位大神。《梨俱吠陀》中有一首《原人歌》，说它有千头、千眼、千足，是"现在、过去，未来的一切"，"不朽的主宰"。从他的头上的双唇产生了婆罗门（祭司），双手产生了刹帝利（武士），髋骨产生了吠舍（农夫），双腿产生了首陀罗，从心中生出月亮，从眼睛里生出太阳，从气息中产生风，从肚脐上生成空气，他的头形成天，脚生成地。在这一创世神话中，宇宙是由原人身体的各部分创造出来的。

《吠陀经》中叙述了曼荼罗产生的神话：在远古，存在着一种叫以太之物，无形而充满天地，无处不在。天神们把它压到地上，脸朝下躺着。大神梵天坐在它上面的中央，众神环绕着大梵天。它被压在地上的图式称为"原人实体"，因大梵天居于中央，是一种有序的现象世界，称为"梵天实体曼陀罗"（Vastu-purushamandala）（图2-2-2）。

---

❶ 摩奴法典：214．［法］迭朗善译．马香雪转译．商务印书馆，1996。

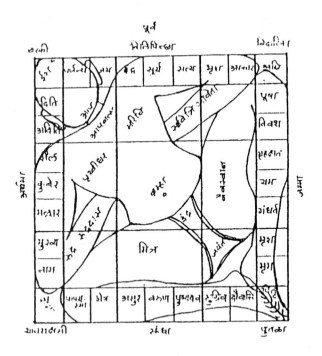

图 2-2-2 梵天实体曼荼罗（原人实体曼荼罗）

梵天实体曼荼罗有方、圆多种形式。圆者象征世俗的世界和时间的运动（图2-2-3），这或许与古印度人认为地球为圆形的观念有关。方者则象征神灵的世界，是固定的，不能运动的，因而是一种完美的绝对的形式。无论方圆，都由大梵天居中，众神按等级次序围绕梵天。❶

曼荼罗在密教之前已经出现，原为祭坛的代名词。曼荼罗起源的这一神话赋予其一种神圣性，表明了其象征神灵世界的宇宙意识。

3. 图腾崇拜渊源说

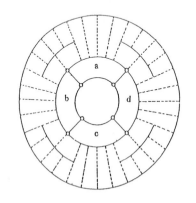

图 2-2-3 圆形梵天实体曼荼罗

---

❶ Prabhakar V. Begde. Ancient and Mediaeval Town-planning in India. Sargar Publications, New Delhi, 1978。

吕建福先生认为，曼荼罗可能起源于原始信仰中的图腾崇拜。《祭坛经》有云，举行阿耆尼火祭仪式用鹰的图形。隼形曼荼罗，当是鸟兽形象曼荼罗中常见的一种。圆形曼荼罗象征太阳，用以供祭日神；半圆者象征月亮，用以供奉月神。后来密教的火供法中，护摩坛的形状有圆、方、三角等，其中三角形可能表示火神的形象。曼荼罗在所在的印度宗教和民间信仰中都有，是泛印度的概念。❶

以上三种渊源说各有道理，也并非互不相容。笔者从神话学、考古学、宗教学、建筑学的多种角度考察，参照世界性的跨文化的同类或相似的材料，认为曼荼罗的主要文化源头为古印度的太阳崇拜文化和生殖崇拜文化，是这两种文化的交融，是古雅利安文化与古达罗毗荼文化的互渗与融合。

雅利安人原是游牧民族，以自然崇拜尤其是太阳崇拜为其文化特色，同时也崇拜月亮、天空、风暴、雷雨、水、火等自然力量化身的诸神。太阳神为地位最高的天神。婆罗门每天都执行日出、中午、日落三次宗教仪式，这一仪式影响了雅利安村镇，形成了一种特有的布局模式（图 2-2-4）：正方形的平面，正东西向和正南北向的两条主要街道相交于城市中心，形成正十字形；围绕村镇，有一圈小路。正十字街的四个出口，形成四个主要的门。村镇外面有一圈围墙。围绕村镇的一圈小路，是为进行太阳崇拜仪式而设，人们顺时针方向绕小路朝拜，这条路象征着太阳通过天空的道路，或者太阳运动的生（日出）死（日落）之轮。

雅利安村镇的四门中，东门奉献给梵天——由东升的太阳所代表的创世主；南

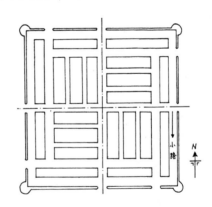

图 2-2-4 古印度雅利安村镇平面图

---

❶ 吕建福. 中国密教史. 中国社会科学出版社，1995。

门，象征中午的太阳，奉献给大神因陀罗；西门奉献给落日，或死亡之神阎摩（或称夜摩天）；北门奉献给战神 Senapati 或迦吉夜（Karttikeya）❶。后来，毗湿奴——利耶取代了因陀罗正午的地位，湿婆取代了阎摩在西门的地位，而毗湿奴——那拉雅那取代了北边战神的地位。❷

雅利安村镇中间为十字形主干道，十字形为世界性跨文化的太阳符号。图2-2-3所示的圆形梵天实体曼荼罗，形如车轮，中间为十字形。车轮形也是太阳符号。在印度的神话中，太阳神驾马车穿过天空，因而车轮成为太阳神的象征物，这在公元13世纪所建的科纳拉克太阳神庙的基石上的车轮为饰中，可以得到确证。❸希腊的太阳神阿波罗也是驾马车穿过天空的。中国古代的神话传说，日神是乘着六龙所驾龙车巡游天上的，羲和为御者。以刘向《九叹·远游》诗中有"维六龙于扶桑"之句。李白《蜀道难》诗中有"上有六龙回日之高标"之句。《易·乾》："大明终始，六位时成，时乘六龙以御天。"可见中国古代的太阳神（日神）是驾车巡天的，但不是驾马车，而是驾龙车。以上可知，车轮形为世界性跨文化的太阳符号。这一太阳符号由佛教所继承，成为佛教法轮的形象（图2-2-5）。

"原人"为婆罗门教和印度教创世神梵天的称号。大梵天是一位四面的创世神（图2-2-6），也即太阳神。《摩奴法典》和《梨俱吠陀》描绘梵天为发光的生命之源，时空的创造主。《罗摩衍那》云："四面大梵

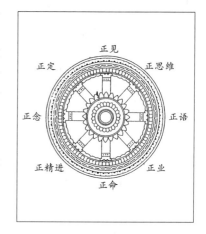

图2-2-5 用法轮解释"八正道"
（自世界宗教概览）

---

❶ 迦吉夜（梵文 Karttikeya），古印度神话中的战神，又称"室若建陀"（梵文 skanda）。据《摩诃婆罗多》和《罗摩衍那》所述，他是大神湿婆或楼陀罗之子。
❷ Prabhakar V. Begde. Ancient and Mediaeval Town-planning in india. Sargar Publications, New Delhi, 1978.
❸ 叶公贤、王迪民编著、印度美术史：178. 云南人民出版社，1991。

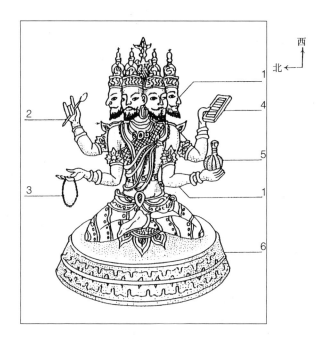

图 2-2-6 印度教之神：梵天及其特征

虽然不是源于最早的吠陀时期，但梵天是印度的创生之神，在公元前 1 世纪后期，与毗湿奴和湿婆组成"三相神"中，他的地位举足轻重。

今天，供奉他的庙宇仅有三座，但他的像也出现在供奉毗湿奴和湿婆的神殿中。

1) 四张脸朝着宇宙的四个方向　　2) 供勺
3) 念珠　　　　　　　　　　　　4) 四都吠舍（经文）
5) 盛满恒河水的宝瓶　　　　　　6) 莲花座（所有的神都站立或端坐在莲花座上）

天，……光辉太阳似。"《唱赞奥义书》云："太阳，大梵也。"❶点明了大梵天实为太阳神。

　　大乘佛教和南传佛教均有曼荼罗的形式，其构图均有十字太阳符号。公元六至七世纪，佛教的新教派——密教兴起，并逐渐成为印度佛教中的主流。密宗崇奉的最高本尊摩诃毗卢遮那（梵文 Mahavairocana），"摩诃"为"大"，"毗"为"遍"，"卢遮那"即光明朗照，意为"大光明"、"光明遍照"，意译为"大日

---

❶ 叶舒宪. 中国神话哲学：223. 中国社会科学出版社，1992.

如来",又称"遍照如来",即从如实之道而来的太阳神。密宗认为大日如来是理性和智慧的集中表现,是理智不二的法身佛。

密宗的曼荼罗有坛场与图画两种形式,均以十字太阳符号为特征,中心供奉大日如来,具有明显的太阳崇拜文化内涵(图2-2-7)。

曼荼罗中亦有深厚的生殖崇拜文化的内涵。印度古代的太阳崇拜与生殖崇拜相融合,太阳成为男性生殖力的象征物。

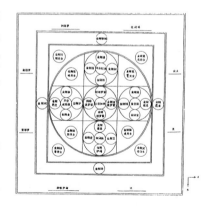

图2-2-7 《金刚顶分别圣位》说述金刚界大曼荼罗成身会示意图(罗昭. 略述法门寺塔地宫藏品的宗教内涵. 文物,1995,6)

"《梨俱吠陀》(X. 121.1)中,生主(Prajapati,意即造物主)被描绘为'金色的胎儿'(Hiranyagarbha),亦即'太阳的精子'。《婆罗门书》显然将精液(Semenvirile)认为是太阳神的显现。'当人类之父将彼作为精子射入子宫时,以彼为精子射入子宫的即是太阳,'因为'光便是生殖的力'。……《歌者奥义》(3.17.7)将'原初的种子'与光联系起来,后者是最高的光,即太阳。"❶

在梵天实体曼荼罗中,原人为吠陀神话中的创世之神,大梵天居于该曼荼罗中央的位置,即原人肚脐的部位。"印度教神庙的中央密室,往往就设于这一部位,这个密室,也往往被称作'子宫'。"❷ 我们知道,大梵天为太阳神,而太阳神居于"子宫"位置,正是太阳神与生殖之神合而为一的象征。

另外,原人创世神话,让人联想到远古以人献祭天神的情形,这种献祭目的包括祭祀各种自然神,以祈求人口蕃衍,五谷丰登,生殖崇拜是这种献祭的重要内容,而原人曼荼罗中的人体

---

❶ [美]米·埃利亚德. 神秘主义、巫术与文化风尚:131. 宋立道、鲁奇译. 光明日报出版社,1990. 转引自王贵祥博士学位论文:18。

❷ 王贵祥博士学位论文. 文化. 空间图式及东西方的建筑空间:18。

的分割，正是可能将这些躯体，奉献给处于该分格的神祇。如果这一推测成立，则最原始的曼荼罗就与生殖崇拜直接相关。

胎藏界和金刚界为密宗的一种法门。胎藏是含藏一切之意。另外，又有母胎摄持护育一身的精要之意。胎藏一方面譬喻莲华开敷（莲花胎藏），又譬喻世间的女体（胞体胎藏）。由《大日经》所作的胎藏界曼荼罗，又称为大悲胎藏生曼荼罗。很明显，该曼荼罗的胎藏之名以及莲华（古印度莲花为女阴的象征）之名都展示了其女性生殖崇拜的内涵。金刚界为大日如来的坚固无比的觉悟的智德，有如金刚石，能摧毁一切烦恼，发挥殊胜力量的场所。金刚界曼荼罗由《金刚顶经》而作，《金刚顶经》在实践中吸收了印度的性力崇拜和大乐思想，该曼荼罗明显地展示了男性生殖崇拜的内蕴。而法曼荼罗，即种子曼荼罗，"种子"是生殖崇拜用语，其内涵是显明的。

从以上论述可知，曼荼罗作为印度宗教中普遍存在的坛场或图式，其文化渊源为古雅利安人的太阳崇拜文化和古达罗毗荼人的生殖崇拜文化，这两种文化交融为一体，为印度教和佛教的密宗所继承。印度教、密教神祇众多，实与生殖崇拜文化相关。胎藏界曼荼罗共有诸佛菩萨461尊，而金刚界曼荼罗共有诸佛菩萨1461尊❶。神祇越造越多，神的家族越来越庞大，也与生殖繁衍观念息息相关。

（三）佛教曼荼罗的种类

从形式上来区分，曼荼罗可以分为大曼荼罗、三昧耶曼荼罗、法曼荼罗、羯磨曼荼罗四种。

大曼荼罗，也称绘画曼荼罗。用青、黄、赤、白、黑五种颜色绘出总集诸佛、菩萨形象之坛场的全景，五色分别代表地、水、火、风、空"五大"，以普遍的体系表示宇宙全体之相。

三昧耶曼荼罗，不直接描绘佛或菩萨的形象，而只描绘象征某佛或菩萨的器杖和印契的曼荼罗，是以特殊之相表示宇宙万物之相。

---

❶ 西上青曜著. 胎藏界曼荼罗图像宝典1: 27. 台北市唵阿吽出版社有限公司, 1998。

法曼荼罗，也称种子曼荼罗，无佛或菩萨的形象和法器，而以种子表示诸尊，即只写出代表诸尊的各自名称前的第一个梵文字母的曼荼罗。

羯磨曼荼罗，是以雕塑、铸造、建筑等立体造象来表示诸佛、菩萨的会集的曼荼罗。大曼荼罗、三昧耶曼荼罗和法曼荼罗均为造形为平面的曼荼罗，而羯磨曼荼罗为立体曼荼罗。

从内容上区分，可分为都会曼荼罗（如两部曼荼罗）、部会曼荼罗、别尊曼荼罗。都会曼荼罗如两部曼荼罗分别为代表宇宙的胎藏界曼荼罗和金刚界曼荼罗，前者的运动是从一到多，后者则是从多到一。部会曼荼罗，描绘部分诸尊，如佛部的佛顶曼荼罗，莲华部的十一面观音曼荼罗。别尊曼荼罗，以皆自大日如来无量差别智印中之一智而现，成为大日如来之眷属，各主一门之德，故又称一门曼荼罗。如弥陀曼荼罗（图2-2-8）。

图2-2-8 弥陀曼荼罗五轮九字图
（自丘陵．密室入门知识：图14）

（四）建筑中的曼荼罗宇宙图式

古印度的吠陀时代，人们就已用曼荼罗图式进行单体建筑，建筑群乃至村镇，城市的规划设计，并以此表达对宇宙的看法，使建筑、村镇、城市具有各种符号、图式和象征意义。

佛教继承了印度这一传统文化，建筑采用曼荼罗图式，以表达佛教的宇宙观和哲理。

目前存在较早的采用曼荼罗图式的佛教建筑应是印度菩提迦耶的佛祖塔，平面为十字对称，中央一座大塔，四隅四小塔，为金刚宝座塔形制。该塔相传建于公元前2世纪，公元14世纪重建。许多人都怀疑四隅四塔是后期加建的，因为印度密教形成于公元6～7世纪[1]。我国高昌古城（汉至唐、高昌回鹘国）和交河古城（十六国至唐）都有大型的塔林。交河古代的塔林在古城北部，占地900平方米，中央是一座大佛塔，四隅各有25个小塔，排列成5×5的方阵。而雅尔城和高昌古城的二个塔，布局基本上也是这样（图2-2-9、图2-2-10），塔群共有塔101座。由敦煌428窟壁画中已有金刚宝座塔图样，可知该窟为北周（公元557—581年）窟，我国在6世纪已有此形制。而北周的塔有木构，说明非印度原有结构，已逐渐中国化，相信已在中国传播了一定时间，则可推测此形制比印度密教形成的6～7世纪更早。

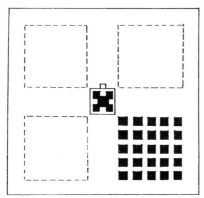
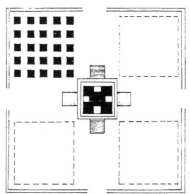

图2-2-9 雅尔城城北的塔群平面图（据【法】莫尼克·玛雅尔. 古代高昌王国物质文明史：图23. 中华书局，1995）

图2-2-10 高昌9号寺庙平面图（据古代高昌王国物质文明史：图24）

曼荼罗为古印度生殖崇拜文化与太阳崇拜文化交融的产物，婆罗门教、印度教均用此模式规划、设计城市、村镇、建筑群乃至单体建筑，其应用并不是从密教起始的。金刚宝座塔形制早于密教的产生是不足为怪的。下为建筑以曼荼罗为模式的例子。

1. 印度尼西亚婆罗浮屠（Borobudur）（图2-2-11）

约建于公元800年，为立体曼荼罗，共10层，下面六层呈亞字形，它与中国明堂的亞字形一样，是太阳崇拜的神圣符号，是

[1] 吕建福. 中国密教史。

十字形的一种变形的表达。其上是三层圆台和大圆塔。

该立体曼荼罗以象征手法表达佛国世界三界—欲界、色界、无色界。十层象征菩萨成佛前的十地。最下一层为欲界，浮雕内容为光怪陆离的尘世生活。以上五层为色界。回廊上1200多幅浮雕，是释迦牟尼的成佛以前的故事。三级圆形平台和大圆主塔代表无色界，而主塔表示佛，这里既无浮雕，

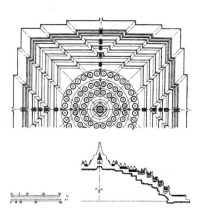

图2-2-11 印度尼西亚婆罗浮屠

也无装饰，为一片净土，肃穆庄严，是佛国世界之"四空天"。

2. 柬埔寨吴哥城巴云寺（Bayon temple, Angkor Thom）（图2-2-12）

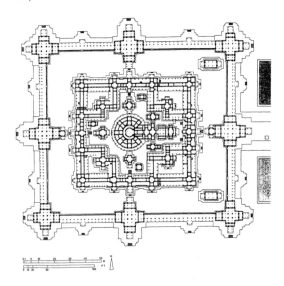

图2-2-12 吴哥城巴云寺平面

柬埔寨吴哥古迹是9世纪后期至15世纪初期高棉王国都城遗址。巴云寺为吴哥王城中央神庙，由国王苏利耶跋摩一世始建，

阁耶跋摩七世末年重建。巴云寺和吴哥古迹中的寺庙殿宇都采用曼荼罗图式，主要是中心采用一个主塔，四向各一塔的金刚宝座塔的形式。巴云寺不仅整个寺采用十字太阳符号构图，而且其中每一座塔也采用十字平面。除主塔外，巴云寺内还有 54 座塔，每塔四面均刻观音自在王头像，面含笑容。实际上，四面观音自在王是太阳神的形象。

据说，巴云寺中主塔内的 4m 大佛，为国王阁耶跋摩七世的形象，而周围十六座中型塔则象征当时高棉的十六个省。

3. 西藏桑耶寺（bsan-yas）（图 2-2-13）

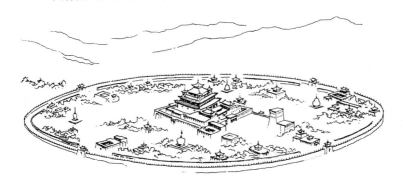

图 2-2-13　桑耶寺鸟瞰图（自文物，1995，10:14）

桑耶寺平面呈圆形，直径 336m。高大的外圈围墙，象征着世界外围的铁围山。中央乌策大殿，平面呈十字，象征世界中心的须弥山。其南、北二侧，建日、月二殿。大殿四角建白、青、绿、红四琉璃塔，象征四天王天。周围建十二座殿宇，象征四大部洲和八小部洲。

乌策大殿"依西藏之法建大殿底层，依支那之法建造中层，依印度之法建造顶层。"因此，乌策大殿三层，第一层按藏式作法石构，第二层以汉式作法砖构，第三层用木造仿印度式，要求一切工程合律藏，一切壁画合经藏，一切雕塑合密咒。其三层象征佛教三界诸天。❶

乌策大殿的各种形制均有宗教含意。《五部遗教》中《王者

---

❶ 陈喆．浅析密宗义理与喇嘛教建筑的象征意义．全国第三次建筑与文化学术会论文，1994，泉州．

遗教》云:"三种屋顶代表身、语、意三密;下殿有三门表示三解脱;上殿有四门表示四无量;中殿有一门表示精华独一;转廊有二门表示方便与智慧,有九门宝库表示九乘,有六架角梯表示六波罗密。"

桑耶寺为"吉祥大日如来护恶趣坛城。"❶

4. 承德普宁寺（图2-2-14）

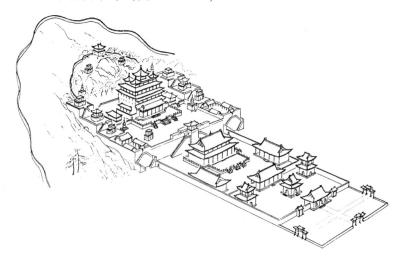

图2-2-14 承德普宁寺鸟瞰图（自文物，1995，10:14）

普宁寺平面布局，前面按伽蓝七堂制汉式布局，后面仿桑耶寺藏式布局。后部中央的大乘阁象征世界中央的须弥山，其上五顶的金刚宝座塔形制，象征金刚界五部五佛，须弥山五峰。其左右两侧建日殿、月殿，四周建四殿以象征四大部洲。北俱卢洲殿象征地，方形，质坚，起保护万物的作用。西牛贺洲殿象征水，圆形，质湿，起摄受万物的作用。南赡部洲殿形为三角（平面为梯形），象征火，质暖，起着促进万物成熟的作用。东胜神洲殿象征风，形如半月，质地为动，起长养万物的作用。在四大部洲之间，又有八座重层的白台代表八小部洲。

大乘阁四隅有四塔，代表佛的四智。后部分建筑周围的红色

---

❶ 应兆金. 西藏佛教建筑的发展及外来建筑文化的影响. 第二届中国建筑传统与理论学术会论文，1992，天津。

金刚墙代表铁围山。❶

此外，承德普乐寺也是一座方体曼荼罗。旭光阁中央是一个巨大的平面呈十字形的木制曼荼罗，由三十七块木头组成，表示佛教的"三十七道品"哲学理论，即"往诣须弥山顶入于金刚三摩地发生三十七智安立金刚界大曼荼罗。"❷

（五）西安法门寺地宫之唐密曼荼罗

1987年4月3日，封闭千年的法门寺唐塔地宫石门被打开，举世仅存的佛祖真身指骨舍利、唐王朝最后完成的大唐佛教密宗佛舍利供养曼荼罗世界及数千件唐朝皇室供佛绝代珍宝得以面世。1994年，我国社会科学界、佛学界，终于完成了对法门寺地宫唐密曼荼罗的全面破译："整个地宫在封闭时被布置为唐密曼荼罗，地宫总体为佛指舍利供养大曼荼罗，佛指舍利为三昧曼荼罗，供养佛指舍利的诸种法器、供养器及供养法为法曼荼罗，如法供养为羯磨曼荼罗。六大瑜伽、四曼不离、三密相应成就了法门寺地宫唐密曼荼罗。地宫一道五门四室，为增益护摩法之仪轨，香华灯涂，上供下施。地宫一道四室通彻全坛，体现金胎两界大日如来中道一实，四室四舍利表征四方四佛，建立两部曼荼罗。以后室供奉第一枚'影骨'的八重宝函表胎藏界本有平等—理界—前五大—色法—莲花—因—东曼荼罗，故錾刻胎藏界诸尊造像；以密龛供奉佛祖'灵骨'的五重宝函，表金刚界修生差别—智界—识大—心法—月轮—果—西曼荼罗，故錾刻金刚界根本成身会四十五尊造像。地宫的供养物，同样按密宗仪轨的法则布置。而供养于地宫中室的唐中宗李显皇帝为第二枚佛指舍利敬造的汉白玉'灵帐'后的捧真身菩萨，则是金胎合曼之合体，为中国唐密所特有的金胎合曼之造像。"❸

法门寺地宫唐密曼荼罗研究成果十分丰富，以下仅介绍其中之一的真身宝函曼荼罗。

法门寺地宫后室北壁地下的秘龛中出土一个外用织金锦包裹

---

❶ 陈喆. 浅析密宗义理与喇嘛教建筑的象征意义. 全国第三次建筑与文化学术会论文，1994，泉州.
❷ 尕藏加. 人类奥秘大开放——藏传佛教密宗. 中国社会科学出版社，1992.
❸ 吴立民、韩金科著. 法门寺地宫唐密曼荼罗之研究：21~22. 中国佛教文化出版有限公司，1998.

的盝顶铁函，铁函内依次套置鎏金四十五尊造像盝顶银闸、银包角檀香木函、嵌宝石水晶椁、壸门座玉棺，玉棺内供放佛指舍利之金骨，也就是释迦牟尼的真身，亦称灵骨。密教认为释迦牟尼佛就是金刚界的北方不空成就佛、胎藏界的北方天鼓雷音佛，佛指舍利安放在地宫后室北壁，是曼荼罗的正确方位。经研究，真身宝函的四十五尊造像为密教金刚界根本成身会的曼荼罗。（图2-2-15，图2-2-16）

图2-2-15 法门寺地宫四十五尊造像宝函金刚界成身会曼荼罗（文字图示）（自吴立民、韩金科著．法门寺地宫唐密曼荼罗之研究：141）

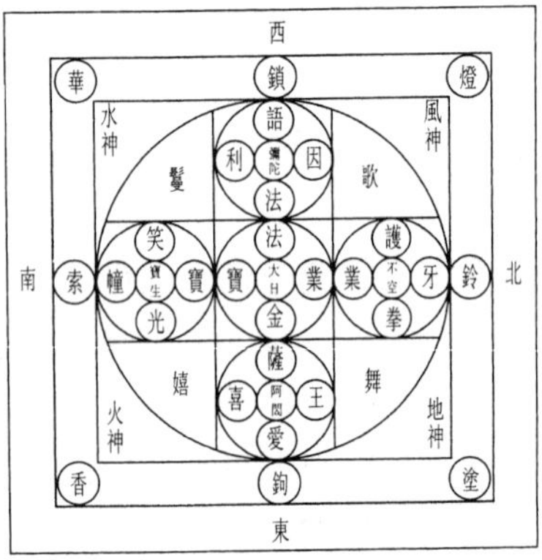

图2-2-16 金刚界成身会组织图（法门寺地宫唐密曼荼罗之研究：149）

　　金刚界曼荼罗由九个曼荼罗所组成（图2-2-17，2-2-18），故又称九会曼荼罗，金刚九会曼荼罗。九会之中，前七会为金刚界品，其中之前六会为大日如来之自性轮身；后二会（即第八会、第九会）为降三世品，皆为大日如来之教令轮身，总称金刚界曼荼罗。

　　金刚界曼荼罗的中央为成身会，如自大日如来垂跡为应化等诸身，以化济众生，则为从果向因之顺序。若依"从果向因"的下转门之意义，第一会即是成身会，又称羯磨会。为四种曼荼罗中之大曼荼罗。以五圆轮排列成十字。中央为大日如来，其周围为四波罗密菩萨；四方各有一月轮，内各置一佛，每佛各有四亲近菩萨，故共有五佛，二十菩萨；另有内外八供养菩萨，四摄菩

四印会	一印会	理趣会
供养会	成身会	降三世会
细微会	三昧耶会	降三世三昧耶会

图2-2-17 日本元禄本金刚界大曼荼罗文字图示

图2-2-18 金刚界曼荼罗（日本长谷寺所藏）（自松长有庆等著.曼荼罗的世界：88）

萨，密教护持之诸天及贤劫千佛等围绕，共有1061尊。图示佛果之实相，亦示行者依于五相三密之观行而成佛之相，故名成身会。此会为以下八会曼荼罗之总体，故亦名根本会。成身会共有37尊。❶

真身宝函之顶部由两部分组成：（1）中央方坛之金刚界成身会曼荼罗中央大日轮五尊（金刚大日如来、东方金刚波罗蜜菩萨、南方宝波罗蜜菩萨、西方法波罗蜜菩萨、北方羯磨波罗蜜菩萨）及四供养菩萨（金刚歌菩萨、金刚舞菩萨、金刚嬉菩萨、金刚鬘菩萨）四尊（图2-2-19）。（2）四斜边上之外四供养菩萨（四刚界曼荼罗外院四隅之金刚香、金刚华（花）、金刚灯、金刚涂四位菩萨），四摄菩萨（金刚钩、金刚索、金刚锁、金刚铃），四大神（地、水、火、风），四大明王（南边之降三世王、军荼得明王、北边的金刚夜叉明王、不动明王）。

真身宝函前侧面为唐密东方阿閦如来及四亲近曼荼罗，其为成身会曼荼罗五轮之东方阿閦佛及其四亲近眷属菩萨：金刚萨埵、金刚王菩萨、金刚爱菩萨及金刚喜菩萨等五尊组成（图2-2-20）。

---

❶ 吴立民、韩金科著.法门寺地宫唐密曼荼罗之研究：148~149。

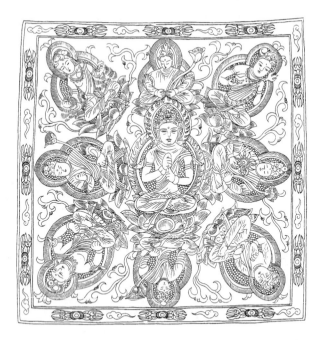

图2-2-19 宝函顶面唐曼方坛中台金刚界大日如来曼荼罗
（法门寺地宫唐密曼荼罗之研究：177）

图2-2-20 真身宝函前侧唐密东方阿閦如来方坛曼荼罗
（法门寺地宫唐密曼荼罗之研究：221）

真身宝函之右侧面为南方宝生如来及其四亲近曼荼罗，由金刚界根本成身会曼荼罗五解脱轮之南方宝生佛及四亲近眷属菩萨：金刚宝、金刚光、金刚幢、金刚笑四菩萨组成。真身宝函后侧面为唐密西方阿弥陀如来及四亲近曼荼罗，其由西方阿弥陀佛及四亲近眷属菩萨：金刚法、金刚利、金刚因及金刚密语四菩萨组成。

真身宝函左侧面为唐密北方不空成就如来及四亲近（金刚业、金刚护、金刚牙及金刚拳四菩萨）曼荼罗。❶

（六）荣格对曼荼罗的研究❷

20世纪著名的心理学家卡尔·荣格（1875—1961年）对藏密的曼荼罗进行了研究，认为曼荼罗神秘的圆环，是一个重要、意义深远的符号。它是最古老的象征之一。这种符号可以追溯到旧石器时代。在任何地方、任何世代都能发现它。这些符号围绕着中间的核心聚集在一起，其结构和设想既表现了外部的形象世界，也表现了内在的精神世界。对一个信徒而言，曼荼罗显示了那些在宇宙和信徒心灵中交互作用的力量。

荣格认为，西藏的曼荼罗不仅仅是美学作品，而且是一些具有明确意义的宗教性和哲学性的符号，具有由传统决定的精确含义。它经研究得出结论：曼荼罗是某种秩序的原型，是心理整合和完整性的原型。曼荼罗源于人类的集体无意识，对全人类来说是共同的。它们是统一的象征，在意识的更高层次调和对立面。同时，它们也是宇宙实在性的一种表现形式，经传送和联系后，产生深刻的影响，导引转化的经验。

从密宗的观念看，每个生命都包含着整个宇宙。个人与宇宙的心灵不能分离。心灵本身不受时空限制。现代物理学的发现揭示一种根本的世界观：宇宙是一个统一的整体，万事万物互相联系，互相渗透。

《入楞伽经》云："一切佛国，一切佛，皆在我生命中显现。"

荣格谈到："人心中的未知就象世界本身一样广泛，它是人

---

❶ 吴立民、韩金科著. 法门寺地宫唐密曼荼罗之研究：176~253.
❷ [美] 拉·莫阿长宁著. 荣格心理学与西藏佛教. 江亦丽、罗照辉译. 商务印书馆，1996.

天生固有的，不能由后天获得。从心理学上说，这个未知对应于集体无意识。"

荣格的研究揭示了曼荼罗与人类集体无意识的关系。

（七）小结

曼荼罗源于古印度之太阳崇拜文化及生殖崇拜文化，分别由婆罗门教、耆那教、佛教、印度教所继承，佛教各派均有曼荼罗崇拜，尤以密宗为甚。密宗以大日如来为本尊，以曼荼罗表达佛国世界，有着深厚久远的文化渊源。印度佛教文化与各国文化碰撞、交融，产生出各国佛教文化并孕育出一朵朵佛教建筑的奇花。

三　佛塔的源流及中国塔刹形制研究

佛教是世界三大宗教之一。佛塔是其最具有宗教色彩的建筑，随着佛教的传播而耸立于亚洲各地。佛教又分为各种流派，各派又赋予佛塔各种象征意义。塔顶的饰物——塔刹，则是最具有宗教色彩的象征符号，随着佛教的传播，由于流派的不同、国家的不同、民族的不同和地区的不同，佛塔的形式千差万别，塔刹的式样也异彩纷呈，形成千姿百态的建筑文化景观。本节拟对佛塔的起源、流派以及中国塔刹的形制演变进行研究探索。

（一）佛塔的起源

佛教的创始人是释迦牟尼（约前565—前486年），原名悉达多·乔达摩，尊称为释迦牟尼（释迦族圣人）和佛陀（觉悟者），佛教由此得名。他出生于喜马拉雅山麓迦毗罗卫国（现在尼泊尔）净饭王的宫廷。虽为太子，却厌倦宫廷生活。29岁离家出走，35岁在伽耶的一棵菩提树下经过49天沉思，悟道成佛。此后佛陀漫游于恒河流域诸国说法。80岁圆寂。相传其遗体火化后的遗骨等（即佛舍利）由八个国王分取，建八座窣堵波供养。❶阿育王统一印度后，以佛教为国教，并取出八座窣堵波的舍利敕

---

❶ ［英］查尔斯·埃利奥特印度教与佛教史纲（一）．李荣熙译．北京：商务印书馆，1982．

建8.4万座窣堵波分别收藏。窣堵波为梵文 stupa 的音译，巴利文称 Thupa，译为塔婆，原意均指坟冢。印度《梨俱吠陀》（约公元前1500年）中，已有窣堵波的名称。故史家认为窣堵波是从印度史前时代巨石古墓式的葬丘或坟冢演化而来。属于收藏圣者舍利（即遗骨等物）的纪念性建筑物。❶ 也有人认为窣堵波乃是对中亚远古民族坟丘习俗的传承。❷ 在古印度吠陀时期（约公元前1500～前600年），诸王死后均建窣堵波。古婆罗门教和耆那教也有窣堵波崇拜。可见窣堵波并非佛教专用的建筑形式。

印度的桑契大塔是早期佛教窣堵波的典型（图2-3-1），是北印度窣堵波形制的代表。

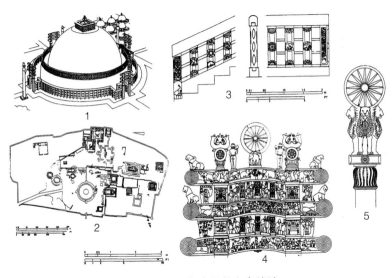

图 2-3-1　印度桑契大窣堵波

1. 大窣堵波；2. 寺庙总平面；3. 栏杆细部；4. 塔门（陀兰那）的雕刻；
5. 阿育王柱的上部

（资料来源：Henri Stierlin. Encyclopædia of World Architacture.
Macmillaa Press Lad., London）

阿育王（约公元前268—前232年在位）在现址上建造了一

---

❶ 朱伯雄主编. 世界美术史（四）. 济南：山东美术出版社，1990。
❷ James Fergassen. History of India Architecture. London. 1910: 65. 转引自：常青. 西域文明与华夏建筑的变迁. 长沙：湖南教育出版社，1992。

座直径8.3m，高7.6m的窣堵波。公元前2世纪中叶，巽伽王朝时扩建，在大塔覆钵的圭墩外面垒砌砖石，涂饰银白色与金黄灰泥，顶上增修了一个方形围栏和三层伞盖，底部构筑了砂石的台基、双重扶梯、右绕甬道和上下两道围栏，窣堵波高约16.5m，直径约36.6m，达到现在的规模。公元前1世纪晚期至公元1世纪初，又修建了南、北、东、西四座砂石的塔门（陀兰那）。

佛祖的教义本质上是实践性的，没有关于神或梵的一切教条，其核心内容是讲现实世界的苦难和解决苦难的方法。他相信业报和再生，认为从轮回再生中获得解脱乃是至高善境，称为圣果（阿罗汉果）或涅槃。原始佛教基本上是无神论，认为宇宙的盛衰、人的生死都出于变化无常的自然规律，佛陀本人也并不是神。佛陀圆寂后百年，佛教分裂为上座部和大众部，又再分为诸多部派。部派佛教又衍化出大乘佛教，大乘佛教吸收了婆罗门教的宇宙论。因此，桑契大窣堵波被解释为宇宙图式，被赋予种种象征意义。

大窣堵波的覆钵"安达"梵文原义为卵，暗指印度神话中孕育宇宙的金卵。方形围栏和伞盖乃从古代围栏和圣树衍化而来，伞柱象征宇宙之轴。三层伞盖代表诸天或佛、法、僧三宝。伞正下方通常埋藏舍利，舍利隐喻变现万法的种子。四座塔门标志着宇宙的四个方位。朝拜者从东门入、按顺时针方向沿着右绕甬道绕塔巡礼，与太阳运行的轨道一致，与宇宙的律动和谐，循此可从尘世超升灵境。❶

印度古代的达罗毗荼人从事农耕，盛行对母神、公牛、兽主、圣树等的生殖崇拜。大窣堵波上的方形围栏和三层伞盖，正是起源于古代将圣树置于围栏中的传统。

桑契大窣堵波四门的雕刻萃集了印度早期佛教艺术的精华，多出自毗底萨象牙雕刻匠师之手。其题材主要是本生经和佛传故事。因原始佛教不主张偶像崇拜，故雕刻中禁忌出现佛陀本人的形象，而只用菩提树、法轮、台座、伞盖、足迹等象征符号来暗示佛陀的存在。

---

❶ 朱伯雄主编．世界美术史（四）．济南：山东美术出版社，1990。

由上可知，窣堵波崇拜虽非自佛教始，也非佛教所专有，但佛教窣堵波出现了标新立异的象征物——覆钵上的方形围栏和伞，它起源于古代达罗毗荼人的圣树崇拜传统，由于佛陀在菩提树下悟道，使古老的传统有了新的内涵而得以承传。这新的象征物就是后世佛塔的相轮——世界之树。婆罗门教、耆那教虽建窣堵波，其上却无相轮，因此相轮成为标志佛教窣堵波的独特符号。

（二）佛塔的传播

佛塔的传播与佛教的传播相关，而佛教的传播则与孔雀王朝第三代皇帝阿育王相关。阿育王统一了全印度，立佛教为国教。他对以前暴力征战深表"忏悔"，认为精神的征服（即佛教的征服）才是真正的征服。他在全国颁布敕令和教谕，刻于摩崖和石柱上。为此他在印度各地敕建了30余根独石圆柱，即著名的阿育王柱（图2-3-1），柱重约50t，高达12.8m。相传佛陀初转法轮（初次说法）的圣地野鹿苑，树立了一根独石柱，现柱身已断，柱头保存完好，柱顶为背对背颈脊相连、面向四方的4只雄狮，前肢挺立在鼓状圆形顶板之上。顶板围以一圈浮雕饰带，上刻狮子、大象、瘤牛、马各一，分别以法轮隔开。顶板下为钟形倒垂莲花柱饰。该柱头有双重的象征意义。法轮是佛法或佛陀本人的象征，同时轮宝又是征服世界的"转轮圣王"的标志；狮、象、牛、马分别代表北、东、西、南四方，其中狮子比喻人中雄杰、精神之导师。石柱本身象征宇宙之轴（男根之抽象表现），法轮高踞于宇宙之巅。大雄狮向四方怒吼，隐喻佛陀的训诫有如雄狮唤醒世人，也显示了孔雀王远震四方的声威。4只动物代表宇宙四方，与4个法轮间隔交错，象征着法轮常转、佛法广布，传遍世界。❶

据《善见律毗婆沙》、《大史》、《岛史》等记载，阿育王继位的第十七年，在华氏城命目犍连子帝须召集主持佛教第三次集结，然后派遣传教师去四方传布佛教，把佛教传到古印度各地和

---

❶ 朱伯雄主编. 世界美术史（四）. 济南：山东美术出版社. 1990.

毗邻国家,其传教使者甚至远达叙利亚、埃及和希腊等地。正是由于阿育王皈依并倡导佛教,使佛教成为亚洲占统治地位的宗教,并成为世界主要宗教之一。

(三) 世界各地的佛塔

   1. 斯里兰卡的佛塔(图2-3-2)

1. 睹波罗摩塔,由提婆南毗耶·帝沙王(约前250—前210在位)建,相轮7层

2. 鲁凡韦利塞耶塔和石柱,建于公元前2世纪

3. 阿努拉达普拉的大佛塔

4. 米欣特莱佛塔(公元前1世纪),相轮11层,塔身拉长呈钟形

5. 阿巴牙哈吉林塔(公元前87年),塔刹已损,但残存部分尚有13层相轮

6. 波隆纳鲁沃的佛塔(公元12世纪),相轮多达25层

图2-3-2 斯里兰卡佛塔

斯里兰卡为亚洲南部印度洋上的岛国，旧名锡兰，古称僧伽罗（狮子国）。其佛教为南传上座部佛教之一，相传为公元前3世纪，由阿育王之子摩哂陀等所传入。

斯里兰卡的佛塔以窣堵波形式为主，但亦有其特点。其形制虽仿印度桑契等地窣堵波，但规模一般较大。最古的窣堵波为睹波罗摩塔（图2-3-2.1），现塔基直径近17m。鲁凡韦利塞耶大塔直径约达88m，高约91.5m。公元前1世纪修建的无畏山寺大塔高达100m以上（现高约75m）。公元3世纪建造的祇陀林寺大塔，塔基直径达112m，现存废墟高度仍达70m。另外，原窣堵波的围栏由装饰浮雕的成排石柱所取代。❶ 其窣堵波的形制出现了两种倾向：一是半球体有拉长成钟形的倾向（图2-3-2.4）；二是相轮数目增多，远多于13层，甚至达25层（图2-3-2.5，2-3-2.6）。但总的来说，斯里兰卡的佛塔仍保持了印度窣堵波佛塔的主要特征。

2. 泰国的佛塔（图2-3-3）

泰国古称暹罗。早在公元前，已有小乘佛教的传入。以后，婆罗门教和大乘佛教也传入并曾一度流行。13世纪中叶，泰族在素可泰建立了独立的部族国家，其王朝第四位君王黎汰王曾一度出家为僧，开创了泰国国王必须在一定时期内出家为僧的先例。1361年他迎请锡兰高僧，用上座部佛教统一了本国宗教。

泰国的佛塔有两种主要类型，即"帕·斋滴"（phra chedi）和"帕·邦"（phra prang）。其中，"帕"表示"崇高"的敬语，"斋滴"为暹罗字，原意为埋骨灰的坟，今意为神圣的纪念物或圣骨盒。斋滴有各种形态的塔刹（图2-3-3.5），但主要由4个部分组合而成：基座、钟形塔身、塔脖子和伞尖（塔刹）。

泰国的佛塔之斋滴由锡兰佛塔演化而得，其基座变成多层而高耸，塔身拉长成钟形，上面的方形围栏或方盒子也拉长甚至重叠成塔脖子，塔刹则更细长，高耸入云天。一圈圈的相轮有时以莲瓣圆环取而代之，塔刹的中部和顶部各有一颗宝珠，环绕塔尖有一串闪光的薄片。

---

❶ 朱伯雄主编. 世界美术史（四）. 济南：山东美术出版社. 1990。

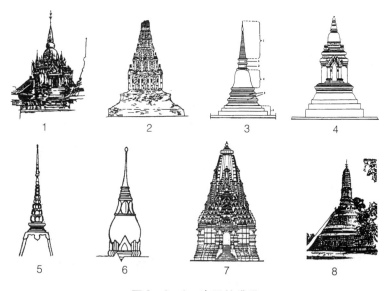

图 2-3-3 泰国的佛塔

1. 素可泰的室利佛逝风格的佛塔；2. 南奔 kukut 寺塔；3. 吉蔑风格的斋滴（1. 伞尖；2. 塔脖子；3. Harmika；4. 塔身；5. 线脚；6. 基座）；4. 素可泰时期的钟形塔；5. 斋滴的上部结构（塔刹）；6. 素可泰时期的莲苞塔刹；7. 印度西卡拉塔；8. 泰国 Phra-Pathom 塔 [自郭湖生主编、杨昌鸣著. 东方建筑研究（下）。天津大学出版社，1992]

另一种佛塔邦（图 2-3-3.8）源于印度教的西卡拉塔（图 2-3-3.7）。与斋滴的圆形平面不同，邦的平面为方形，基座很高，一般超过其总高的 1/3，上为轮廓柔美的椭圆形塔身。其上部逐渐向内收缩，形如玉米棒子，内为一个小祭殿，以陡梯通达，另外还辟有三个佛龛。最上部的刹尖由若干指向一端的尖刃所构成的尖头组成，形如三叉戟，曾为湿婆的象征符号。

3. 柬埔寨的佛塔（图 2-3-4）

柬埔寨在公元前后，即深受婆罗门教和佛教的影响。9 世纪后，已成为东南亚的佛教中心，印度教也并行不衰，9 世纪末创建、12 世纪完成的吴哥城以及以后建立的吴哥窟大伽蓝，即为两教混合在寺庙建筑上的反映。14 世纪中叶以后，泰国的上座部佛教传入柬埔寨，逐渐推行两派僧王制度，并定为国教。

柬埔寨的吴哥古迹为世界著名的宗教艺术瑰宝。其中，吴哥寺建于公元 12 世纪。其平面设计犹如大小四个"口"字相叠套，

图2-3-4 柬埔寨吴哥寺

1. 局部立面；2. 总平面；3. 鸟瞰图

（资料来源：ChristopherHill, FBA, Dlitt History and Culture 1. Mitchall Beazley Encyclopaedias Limited. 1977. London.）

形成里外三层。第一层台基东西长215m，南北宽180m。第二层台基长115m，宽100m。第三层台基为正方形，边长75m。中心大塔高出地面65m。中心正方形正中为大塔，四隅各一小塔，是为金刚宝座塔形制，象征世界的中心须弥山，有一主峰及四小峰。其外第二层台基四隅又各有一塔，代表佛的"四智"。整个构图象征着佛国的世界。

4. 缅甸的佛塔（图2-3-5.1、图2-3-9.2）

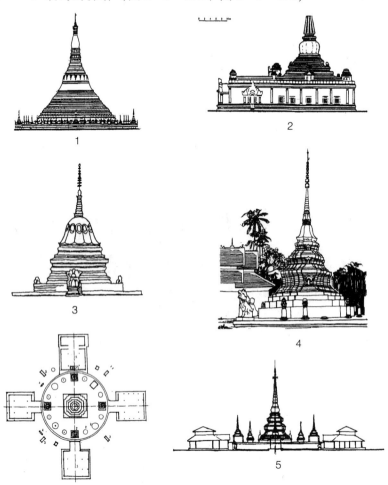

图2-3-5 缅甸和云南傣族的佛塔

1. 仰光大金塔；2. 缅甸 Pahtothamya 寺塔；3. 云南傣族覆钟式塔；4. 橄榄坝苏曼满塔——叠置式塔；5. 瑞丽姐勒大金塔平面、立面（1. 中心大塔；2. 小塔；3. 兽；4. 吊钟；5. 拜塔殿）[自郭湖生主编、杨昌鸣著. 东方建筑研究（下）. 天津大学出版社，1992；云南省设计院. 云南民居. 中国建筑工业出版社，1986]

早在公元前3世纪，阿育王就曾派须那和忧多罗两位长老到缅甸金地传教（《岛史》）。缅甸南部的直通，很早就流行来自锡兰的佛教，成为上座部系小乘佛教的中心地。6世纪后期，佛教密宗的阿阇利耶教传入缅甸的蒲甘地区。11世纪中叶，蒲甘王朝阿努陀罗王统一缅甸全境，立上座部佛教为国教，热衷于造寺造塔，被称为造寺王朝。

一般而言，缅甸的佛塔由四个部分组成：（1）平面为方形的砖石平台；（2）一个很高的底座，平面为多边形；（3）钟形塔身；（4）圆锥形塔尖，上冠以伞状塔刹。此外，有些塔的形式有所变化，如用在底部出现的半球形穹窿引导出钟形塔身，或有圆柱体取代多边形的底座等，以及圆锥形塔、球形塔以及鳞茎形塔等等。❶

缅甸最著名的是瑞光大金塔，即仰光大金塔（图2-3-9.2），始建于公元前。传说释迦牟尼成佛后，为报答缅甸人曾赠蜜糕为食而回赠了8根头发，因建窣堵波藏佛发。塔为砖塔，经两千多年的修缮、扩建，现主塔高112m，周围环绕64座小塔和4座中塔。塔顶金属宝伞重1250kg，上挂1065个金铃和420个银铃，风吹铃响，声闻四方。

5. 印度尼西亚的佛塔（图2-3-6）

印度尼西亚位于亚洲东南部，由13700个以上大小岛屿组成。公元前后，当地居民主要信仰婆罗门教。5世纪初，当地盛行婆罗门教，亦有少量的佛教。5世纪中叶至6世纪上半叶，已广信佛法，崇仰三宝。7世纪末，在苏门答腊地区建立了室利佛逝王国。8世纪前后，大乘佛教尤其是密教在室利佛逝盛行。8~9世纪，在中爪哇建立的夏莲特拉王朝诸王，信奉大乘佛教和印度教混合的密教，广建寺院，如婆罗浮屠等。15世纪伊斯兰教传入后，佛教等宗教逐渐衰落以至绝迹。

婆罗浮屠位于爪哇中部日惹西北约40km的一个山丘上，其梵文意为"山丘上的佛塔"。它是世界上最大的佛塔，是一个立体的曼荼罗。塔基边长112m，上有面积依次递减的5层方形台，上面又有依次递减的三层圆形台，直径分别为51、38、26m，顶部为一巨大的窣堵波，原高于地面42m，现高31.5m。方形台的

---

❶ 杨昌鸣. 东方建筑研究（下）. 郭湖生主编. 天津：天津大学出版社. 1992。

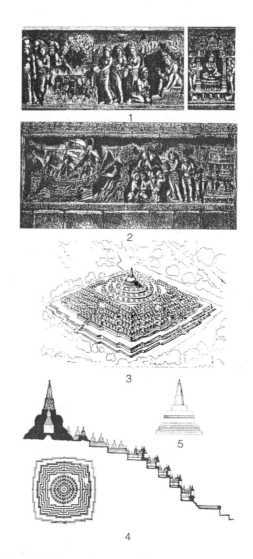

图2-3-6 印度尼西亚婆罗浮屠（Borobudur）（公元9世纪初）

1、2. 浮雕；3. 鸟瞰图；4. 平面和剖面；5. 中央主塔立面 ［资料来源：Harms worth History of the World. Carmelite House, London, 1907；同济大学、南京工学院合编. 外国建筑史图集（古代部分），1978］

各层回廊两壁上为连续的浮雕，共长3200m，画面2500幅。台基也有浮雕约160幅。环绕大窣堵波，圆形层下层有32座、中层有24座、上层有16座小窣堵波，共有72座。每座塔内置转轮法印佛坐像，据说这象征着胎藏界。❶ 整个建筑象征性地体现了大乘佛理，渐次升高的 10 层，象征菩萨成佛前的十地。塔底代表欲界，此界中人们摆脱不了各种欲望；5 层方台代表色界，此界中人们已摒弃各种欲望，但仍有名有形；三层圆台和大圆顶代表无色界，此中人不再有名有形，永脱尘世桎梏。

6. 云南傣族的佛塔（图 2-3-5.3、2-3-5.4、2-3-5.5，图 2-3-10.16、图 2-3-10.17）

南传上座部佛教约在 7 世纪中由缅甸传入我国云南傣族地区。最初未立塔寺，经典亦只口耳相传。约在 11 世纪前后，因战事波及，人员逃散。战事平息后，佛教由勐润（今泰国清边一带）经缅甸景栋传入西双版纳，是为傣族地区的润派佛教。此外，另有缅甸摆庄派佛教传入德宏州等地。明隆庆三年（1569 年），缅甸国王派僧团来传教，初在景洪地区兴建大批塔寺，不久传教至德宏、耿马、孟连等地，此后，上座部佛教即在这些地区的傣族中盛行。

傣族佛塔一般由塔基、塔座、塔身和塔刹四个部分组成。塔基为在夯土地面上用砖式铺砌的平台。塔座多为须弥座的形式，有的呈阶梯形。其四隅多有神蛇、瑞兽的雕塑或其他装饰物。其平面有方、六角、八角、圆、折角亚字形等多种开头。塔身有覆钟（图 2-3-5.3）和叠置式（图 2-3-5.4）两类。塔刹由莲座、相轮、刹杆、华盖、宝瓶、风铎等组成。❷

傣族佛塔不仅有单塔、双塔，而且有群塔。瑞丽姐勒大金塔即由一座主塔及 16 座小塔组成（图 2-3-5.5）。其平面为一曼荼罗——佛国的世界图式。中央主塔象征世界中心的须弥山，四座较大的小塔象征四大部洲，八座较小的小塔象征八小部洲，另外较小的小塔象征四天王天。圆形塔座象征世界的边缘。❸

7. 尼泊尔的佛塔（图 2-3-7.2）

佛祖诞生于尼泊尔，相传他在公元前 520 年左右，曾率弟子来此传法。公元前 265 年，阿育王曾来此朝拜，树立了"尼加里

---

❶ 朱伯雄主编. 世界美术史（四）. 济南：山东美术出版社，1990。
❷ 杨昌鸣. 东方建筑研究（下）. 郭湖生主编. 天津：天津大学出版社. 1992。
❸ 徐伯安. 我国南传佛教建筑. 华中建筑. 1993 (3): 22~27。

瓦"石柱，并在帕坦城修建了毕波罗瓦佛塔。以后，尼泊尔经历了佛教与印度教并行及混同时期。

尼泊尔的佛塔有两种，一种是窣堵波，另一种是直坡顶楼阁式塔。

尼泊尔萨拉多拉窣堵波是在桑契大窣堵波的原型上发展的一个新形式，其半球体之上出现了方形的塔脖子，应是由方形围栏演变而得。塔脖子上出现了13层方块体，层叠而上，它应是后世喇嘛塔十三天之滥觞。其上有宝盖及相轮等。

8. 藏传佛教及喇嘛塔（图2-3-7.6-12）

藏传佛教，俗称喇嘛教，8世纪出现在西藏，13世纪中开始流传于蒙古地区。"喇嘛"为藏语，义为无上，如汉语称僧为"上人"（或和尚）之意。

喇嘛教为佛教密宗的一派，密宗出现在公元2世纪。早在7世纪松赞干布时期的藏传佛教中，就传入了密部经典。汉地密宗始于4世纪初（东晋永嘉年间），正式建立于8世纪中（唐开元年间）。初祖为金刚智，南天竺人，于唐开元八年（720年）偕弟子不空来长安，传布密宗教义。不空传惠果，惠果传日僧空海。空海学成后东归日本，汉地遂失其传。因佛教在印度早已衰亡，故密宗只流行于西藏和日本，前者称为西密，后者称为东密。

747年，印度佛教密宗瑜珈派莲花生入藏，于天宝八年（749年）在拉萨东南建立第一所喇嘛庙萨木耶寺。以印僧山梯拖克细塔为法台，正式传教授秤，此为西藏喇嘛教的起始。西密在接受印度密宗教义的同时，又与西藏本土的民族信仰相结合，故掺杂有许多原始宗教崇拜习俗，成为不印不汉的神佛众多的特殊宗教。❶

喇嘛教所建的塔是从印度窣堵波发展变化而来，其特点是基座升高，半球体拉长成瓶状，上为塔脖子、十三天、塔刹（图2-3-9.3、5-7）。其塔脖子上的十三天是喇嘛塔所独有的，是喇嘛塔的重要特色。但这种样式早在尼泊尔等地已出现

---

❶ 朱伯雄主编. 世界美术史（八）. 济南：山东美术出版社. 1991。

（图2-3-7.2、4、5）。我国目前已知最早的喇嘛塔为桂林木龙洞石塔（图2-3-7.28，图2-3-11.14），塔身为瓶状，上有十二层相轮，加上伞盖，合"十三天"之数，上为葫芦刹。塔位于木龙洞外临江岩之上。宋人谭舜臣在临江岩的题名石刻中云："嘉祐癸卯……下临江岩，参唐佛塔"。加上塔身纹饰和塔座所用双莲瓣，皆唐代常用题材，可证其为唐塔无疑。❶

我国现有喇嘛塔，多为元、明、清所建，与木龙洞石塔有所不同。

9. 汉地佛教与佛塔（图2-3-8、2-3-10）

传入中国的佛教，因传的时间、途径、地区和民族文化、社会历史背景的不同，形成三大系，即前面已介绍过的云南地区的上座部佛教（巴利语系）、藏传佛教（藏语系），还有汉地佛教（汉语系）。传入中国汉族地区的佛教，经过长期的经典传译，讲习、融化，与中国传统文化相结合，从而形成具有民族特色的各种学派和宗派，并外传朝鲜、日本和越南。

佛教开始传入汉族地区，大约在公元前后，传播的路线是由印度经西域传入中国。

我国第一座佛寺——洛阳白马寺，建于"永平求法"回来后的第二年，即东汉永平十一年（公元68年）。据《魏书·释老志》记载："自洛中构白马寺，盛饰浮图，画迹甚妙，为四方式，凡宫塔制度，犹依天竺旧状而重构之。从一级至三、五、七、九，世人相承，谓之浮图。"从记载可知，其佛塔为四方式，与印度窣堵波显然不同。又据《三国志·吴志》刘繇传："（笮融）乃大起浮图祠……垂铜槃九重，下为重楼阁道，可容三千余人。"同一事，《后汉书·陶谦传》云："（笮融）大起浮屠寺，上累金盘，下为重楼。"由记载可知，我国早期的佛塔是在中国式的楼阁之上，冠以"金盘"，即有相轮的窣堵波缩型而成。

这种做法并非中国的创举。约在公元前1世纪，犍陀罗窣堵波多呈现一种很特殊的形制：方形或矩形基座，上有供奉佛像的盲券龛：覆钵缩小，基座与覆钵间以圆柱体相连接。佛龛说明偶

---

❶ 张益桂. 桂林文物. 南宁：广西人民出版社. 1980.

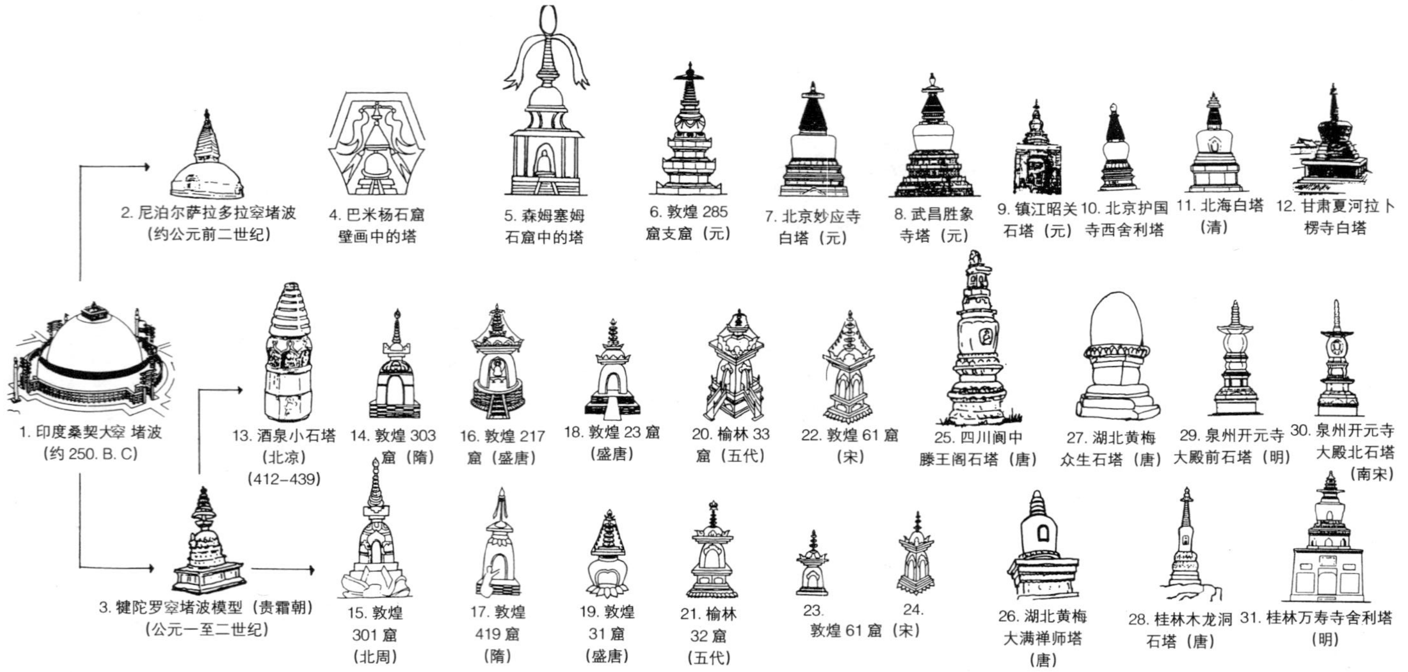

图 2-3-7 窣堵波式佛塔

(资料来源：萧默．敦煌建筑研究．文物出版社，1989；常青．西域文明与华夏建筑的变迁．湖南教育出版社，1992；方拥，杨昌鸣．闽南小型石构佛塔与经幢．古建园林技术，41:56)

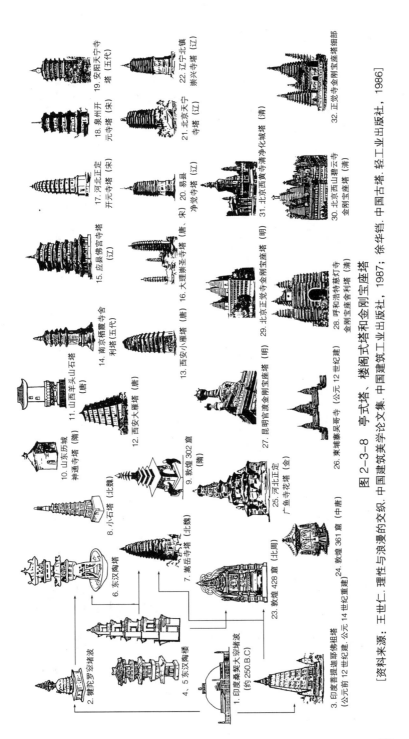

图2-3-8 亭式塔、楼阁式塔和金刚宝座塔

[资料来源：王世仁. 理性与浪漫的交织. 中国建筑美学论文集. 中国建筑工业出版社, 1987; 徐华铛. 中国古塔. 轻工业出版社, 1986]

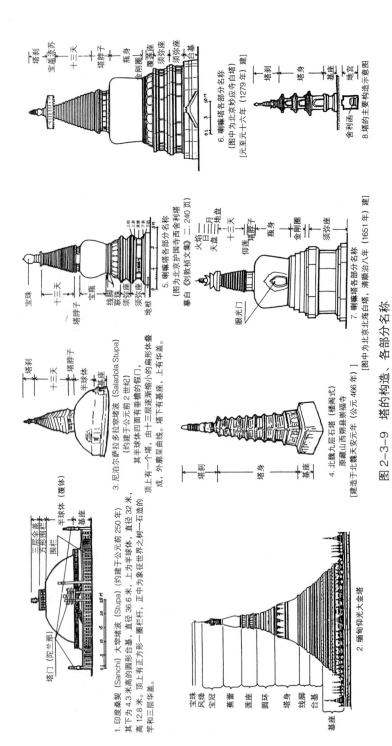

图 2-3-9 塔的构造、各部分名称

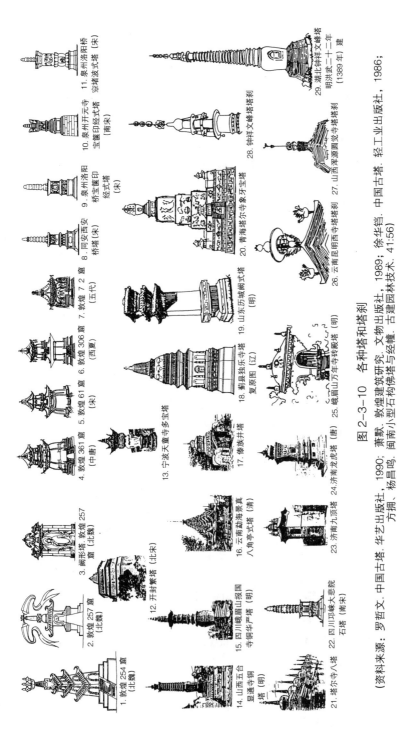

图 2-3-10 各种塔和塔刹

(资料来源:罗哲文.中国古塔.华艺出版社,1990;萧默.敦煌建筑研究.文物出版社,1989;徐华铛.中国古塔.轻工业出版社,1986;方拥、杨昌鸣.闽南小型石构佛塔与经幢.古建园林技术,41:56)

像崇拜的盛行；盲券则是波斯中亚拱券结构用于佛教建筑的例子（图2-3-7.4、5）❶。图2-3-7.5所示实际上是在一个亭式建筑上加置一个窣堵波缩型，是亭式佛塔的滥觞。后来，又出现在楼阁顶部置一窣堵波，即楼阁式塔。这种佛塔形式传到中土，当时我国东汉时楼阁式建筑已盛行，故依此办理是顺理成章的。事实上，东汉的明器中已见有相轮为一层的陶塔❷（图2-3-8.6）这种仅一层相轮的塔也见于敦煌壁画中（图2-3-14.8、10）。

佛教传入中土2000年来，汉族地区建了许许多多佛塔，按其形式，可以归为如下6类。

(1) 亭式塔（图2-3-8.10、11）。为中国的亭式建筑上方冠以微型窣堵波的产物，但也有无塔刹的例子（图2-3-8.11）。❸

(2) 楼阁式塔（图2-3-8.6、8、12、14、15、17-19）。为中国式的楼阁上置窣堵波缩型的产物。这类塔在我国为数最多。

(3) 密檐式塔（图2-3-8.7、9、13、16、20-22）。这类塔的第一层特别高，以上各层骤然变低矮，各层檐紧密相连。

(4) 金刚宝座塔（图2-3-8.23-32，图2-3-10.25）。在平地筑高台基，台上中央建一大塔，四隅各建一小塔，这种塔的形制为金刚宝座塔。这是佛教密宗曼荼罗的一种形式，其中央的塔象征世界的中心须弥山，四隅的小塔象征须弥山的四小峰。这是一种佛国世界图式。另外，五塔也象征五方佛。❹

(5) 窣堵波式塔（图2-3-7）。喇嘛塔也属此类。多宝塔也是其中一类（图2-3-7.29、30，图2-3-10.8、9、11、13）。

(6) 阿育王塔，亦称宝箧印经式塔（图2-3-10.10），为供奉佛舍利的专门形制。

(四) 我国早期的佛塔塔刹的形制

若以隋以前的佛塔算作我国早期的佛塔，则其塔刹也属早期塔刹的形式。隋以前的塔，现存实物不多，有北魏平城石塔（造

---

❶ 常青. 西域文明与华夏建筑的变迁. 长沙：湖南教育出版社. 1992.
❷ 同上.
❸ 张驭寰. 山西羊头山的魏、唐石塔. 文物. 1982 (3)：38~41.
❹ 王世仁. 佛国宇宙的空间模式. 古建园林技术. 1991 (1)：22~28.

于北魏天安元年，即公元 466 年）（图 2 - 3 - 9.4，图 2 - 3 - 11.1）、登封嵩岳寺塔（建于北魏正光元年，即公元 520 年）（图 2 - 3 - 8.7，图 2 - 3 - 11.3）、济南神通寺四门塔（建于隋大业七年，即 611 年）（图 2 - 3 - 8.10，图 2 - 3 - 11.4）。云冈二窟浮雕塔（北魏）（图 2 - 3 - 11.2）及敦煌 428 窟壁画中的金刚宝座塔（北周）（图 2 - 3 - 15），河南安阳道凭法师双石塔（北齐）（图 2 - 3 - 12.A），安阳宝山区塔形龛隋塔（图 2 - 3 - 12.B）也是早期塔的重要资料。敦煌 61 窟的《五台山图》虽为宋初所绘，但图中所表现的，却是唐会昌五年（845 年）以前五台山的状况。❶ 图中所绘佛塔（图 2 - 3 - 14），与现存唐塔相比，似更显古朴。梁思成先生所录敦煌壁画中的塔，亦与《五台山图》中的塔有类似之处（图 2 - 3 - 16）。河南安阳宝山灵泉寺塔形龛的唐塔（图 2 - 3 - 12C）建自初唐贞观至开元年间（627—741 年），是中唐以前的作品❷，风格虽趋于绚丽，塔刹仍比现存唐塔更接近其窣堵波原型。以上均可供研究早期塔刹形制时之参考。

总的来说，我国早期佛塔的刹，都较忠实于窣堵波的原型，一般都有基座、覆钵、相轮这三个由窣堵波原型演变而得的基本部分，另外也出现了一些中国佛塔塔刹特有的构件，如山花蕉叶（即受花）、仰月、火焰等等。下面试一一分析之。

1. 基座

由窣堵波原型的台基演变而得，多为须弥座形式。早期塔刹多有须弥座，平城石塔塔刹的须弥座位于佛龛之下（图 2 - 3 - 11.1），云冈二窟浮雕塔、嵩岳寺塔、济南四门塔的塔刹均有基座（图 2 - 3 - 11.2 - 4）。敦煌 428 窟所画的金刚宝座塔（图 2 - 3 - 15）塔刹无须弥座、河南安阳宝山灵泉寺塔林的北齐、隋、唐塔的塔刹（图 2 - 3 - 12）及《五台山图》、梁思成先生所录敦煌画中的佛塔（图 2 - 3 - 14、2 - 3 - 16）亦多无基座。

2. 山花蕉叶

不见于印度的窣堵波，应是中国塔刹特有之物，由中国屋盖

---

❶ 宿白. 敦煌莫高窟中的五台山图. 文物参考资料. 2 (5).
❷ 河南省古代建筑保护研究所. 河南安阳宝山灵泉寺塔林. 文物. 1992 (1): 13.

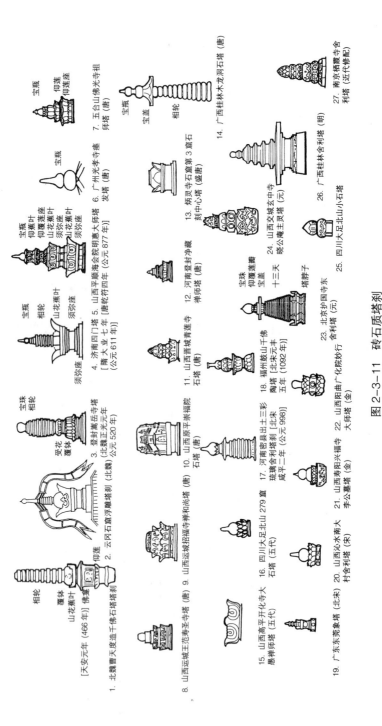

图 2-3-11 砖石质塔刹

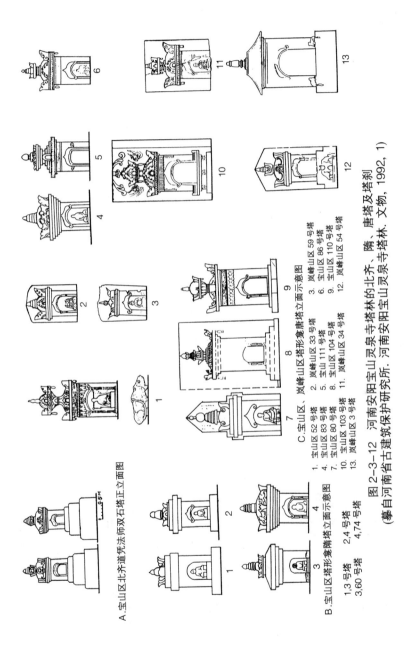

图 2-3-12 河南安阳宝山灵泉寺塔林的北齐、隋、唐塔及塔刹
(摹自河南省古建筑保护研究所. 河南安阳宝山灵泉寺塔林. 文物, 1992, 1)

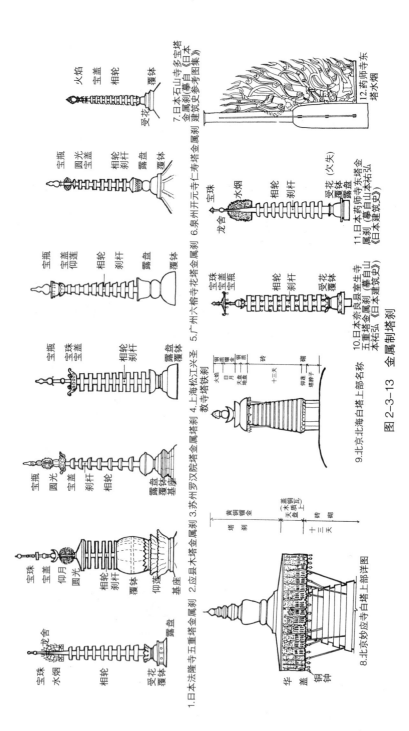

图 2-3-13 金属制塔刹

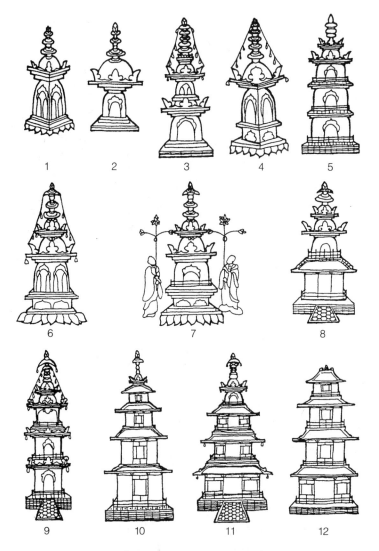

图 2-3-14 敦煌壁画五台山图中所绘的塔
【图中所绘为唐会昌五年（845年）前佛塔】
(摹自宿白. 敦煌莫高窟中的五台山图一文插图. 文物参考资料, 二卷五期)

脊饰演变而得。我国现存最早的塔为北魏平城石塔，其刹上置一佛龛，山花蕉叶即为其屋盖脊饰（图 2-3-11.1）。敦煌 428 窟所画的金刚宝座塔（图 2-3-15），每塔均有两层山花蕉叶，下一层山花蕉叶无疑即为塔之屋盖脊饰。主塔下一层山花蕉叶由花瓣状曲线及雉堞状线组合而成。对照东汉脊饰（图2-3-17.1、2），演变线索甚为明显，是由武梁祠石刻脊饰及哈佛大学所藏汉明器脊饰两种形式结合演变而得。主塔上一层山花蕉叶置于相轮之下，呈雉堞状，其余四塔则上下二重山花蕉叶均呈雉堞状，与平城石塔山花蕉叶形态相同，都应是从脊饰演变而得。

早期塔刹的山花蕉叶多为一层，或置于覆钵之下（图2-3-11.1、2、4），或置于相轮之下（图2-3-11.3）。然而，也有一些塔刹有二重山花蕉叶，如北周壁画中的金刚宝座塔（图2-3-15）、《五台山图》所画的"四王塔"（图2-3-14.3）敦煌117窟中的二层石塔（图2-3-16.2）、

图2-3-15 敦煌428窟所画的金刚宝座塔（北周）（摹自萧默．敦煌建筑画．美术史论，1983，2）

70窟中的四门式塔（图2-3-16.5）、河南安阳宝山区52号塔、86号塔、104号塔、110号塔、103号塔、岚峰山区34号塔（图2-3-12.C.1、6、8-12）均为例子。

3. 覆钵

即印度窣堵波原型中的半球体。我国早期塔刹中几乎都有覆钵，只是有的以莲瓣等加以装饰、美化（图2-3-11.3、图2-3-12、图2-3-15）而已。值得注意的是，《五台山图》中的塔刹有二层覆钵的做法（图2-3-14.6-9），河南安阳宝山灵泉寺唐塔中也有这样的例子（图2-3-12.C1、9-11）。

4. 相轮

由印度窣堵波的具有象征意义的宇宙之树——竿和圆形伞状华盖演变而得。

中国早期佛塔的塔刹几乎都有相轮。相轮的层数多为奇数。

1. 四层木塔　　2. 二层石塔　　3. 印度式塔
   (117窟)　　　(117窟)　　　(117窟)

4. 上木下石塔　5. 四门式石塔　6. 圆肚塔
   (117窟)　　　(70窟)　　　　(135窟)

图2-3-16　敦煌画中的几种佛塔
[摹自梁思成. 敦煌壁画中所见的中国建筑. 梁思成文集（一）：14]

早期塔刹的相轮有一层的（图2-3-14.8、10）、三层的（图2-3-14.1、2、5-7，图2-3-16.3）、五层的（图2-3-11.4，图2-3-14.3、9，图2-3-16.1、5）、七层的（图2-3-11.2、3，图2-3-15）、九层的（图2-3-11.1，图2-3-15）多种。据《洛阳伽蓝记》记载，建于北魏熙平二年（516年）的永宁寺塔"宝瓶下有承露金盘三十重，周匝皆垂金铎"，这里的"承露金盘"即相轮无疑。相轮为三十重，一是多得惊人，二是数目为偶数，颇疑记载有误。据范祥雍先生校注："三宝记、内典录、续僧传、释教录、北山录皆作'一十一重'。"❶ 若是11

---

❶ 范祥雍. 洛阳伽蓝记校注. 上海：上海古籍出版社. 1987。

重，则比较合乎实际，十一重相轮的塔刹也是罕见的。

5. 宝盖

见于尼泊尔萨拉多拉窣堵波（图2-3-9.3），非中国塔刹特有之物，我国的喇嘛塔多有宝盖（图2-3-9.5～7，图2-3-11.14、23）即源于此。敦煌画中的塔亦部分有宝盖（图2-3-14.9、11，图2-3-16.2、6），现存隋以前的塔刹均无宝盖（图2-3-11.1、3、4，图2-3-12A、B）。

6. 仰月

不见于印度窣堵波，见于北周窟所画金刚宝座塔（图2-3-15），应为我国塔刹特有之物。在北周窟所画的金刚宝座塔中，主塔有一层仰月，四隅小塔则各有二层。图2-3-15所见，彩带及铁锁练均系于仰月，颇疑仰月即由系彩带铁练的构件演变而得。

7. 宝瓶或宝珠

位于塔刹的最顶端，见于印度的窣堵波。我国早期塔的塔刹大多均有宝瓶或宝珠，惟平城石塔不见宝珠，不知现存塔刹有无残损，是否原状。《洛阳伽蓝记》中亦载永宁寺塔"刹上有金宝瓶，容二十五石"，可见刹顶用宝瓶或宝珠为早期塔刹的制度之一。

8. 火焰

置于刹顶，取代了宝瓶或宝珠的位置。见于敦煌壁画的佛塔塔刹（图2-3-15，图2-3-16.1、3、5、6）。

（五）唐以后砖石质塔刹形制的演变

佛教广为流传，佛塔的修建更加普遍，这就进一步加快了塔刹中国民族化的步伐。砖石质的塔刹由于便于加工和砌筑，不似金属塔刹那样工艺精巧、难以制作，故进一步脱离了印度窣堵波的原型，出现了多种多样的形式，呈现了百花齐放的局面。

若以现存其余唐塔而言，我国早期塔刹中的基座、覆钵、相轮这3个来自窣堵波原型的基本部分，在唐代砖石质塔刹中已部分甚至全部被抛弃。覆钵多已不存（图2-3-11.6、8、10、12、14），或虽略有其形，而遍饰莲瓣，故貌似神非（图2-3-11.5、9、11），仅少数塔刹真正设置了覆钵（图2-3-11.13）。现存唐塔砖石质塔刹几乎都无相轮。广西桂林木龙洞石塔瓶身上有相轮十二层,加宝盖当为十三层(宝盖与相轮同为一体的做法见图 2-3-14.6、7)可知其相轮和宝盖为喇嘛塔之十三天,其刹仅为一葫芦形宝瓶而已。唐建广州光孝寺六祖瘗发塔也是一个葫芦形宝瓶。这种宝瓶已完全没有佛教的涵义,既可以用于道教建筑,也可以在一般亭阁式建筑中作为宝顶。

因此,可以认为砖石质塔刹民族化的演变在唐代已大体上完成。唐以后的砖石质塔刹,虽仍有一些略存古意者(图 2-3-11.19、26),但大多已不复有窣堵波的形象了。

(六)金属制作的塔刹形制的演变(图2-3-13)

金属制作的塔刹,工艺过程比砖石质塔刹复杂,却可以做得极为精致、美观,且坚固、耐久,故多用于多层楼阁式塔顶和高大的喇嘛塔顶。楼阁式塔与喇嘛塔的金属塔刹各有特点,故拟分别论述。

1. 楼阁式塔的金属塔刹

楼阁式塔的金属塔刹,也是由印度窣堵波缩型演变而得。我国现存的楼阁式塔的金属刹,均为辽、宋以后之物,缺少唐和唐以前的实例。日本的楼阁式塔传自我国(经由朝鲜传入),现存金属刹年代有相当于我国隋、唐、宋代者,可作为研究形制演变的重要依据。

日本的法隆寺五重塔建于日本飞鸟时代(538—644 年),准确的建筑年代有两种说法:一说为推古 15 年(607 年)所建,一说现塔为天智 9 年(670 年)烧毁后重建之物。按第一种说法的年代相当于我国隋代(589—618 年),按第二种说法的年代则相当于我国的初唐。其塔刹保持了飞鸟时代的风格(图 2-3-13.1)。日本药师寺东塔建于公元 8 世纪初,保持了白凤时代(645-709 年)的建筑风格,其年代相当于我国的盛唐(图 2-3-13.11、12)。日本室生寺五重塔建于天长五年(828 年),相当于我国的晚唐(图 2-3-13.10)。日本石山寺多宝塔建于建久 4 年(1193 年)❶,相当于我国的南宋时期(图

---

❶ [日] 山本祐弘. 日本建筑史. (日) 彰国社刊. 昭和53年.

2-3-13.7）。

我国现存楼阁式塔金属塔刹中，有苏州罗汉院双塔，建于北宋太平兴国七年（982年），塔刹为铸铁所造（图2-3-13.3）；应县木塔，建于辽清宁二年（1056年）（图2-3-13.2）；泉州开元寺仁寿塔，建于南宋绍定元年至嘉熙元年（1228—1237年）（图2-3-13.6）；苏州报恩寺塔，建于南宋绍兴年间（1131—1162年）（图2-3-18.3）；广州六榕寺花塔，建于北宋绍圣四年（1097年），铜质塔刹则为元至正十八年（1358年）的遗物（图2-3-13.5）；杭州六和塔，建于南宋绍兴二十三年（1153年），其塔刹则为明代遗物（图2-3-18.4）；松江兴圣教寺塔，建于北宋熙宁、元祐年间（1068—1093年），现存塔刹为清乾隆三十五年（1770年）的遗物，铁质（图2-3-13.4）。

1. 武梁祠石刻脊饰

2. 哈佛大学藏汉明器

图2-3-17　几种塔刹

1. 银川承天寺塔　2. 银川海宝塔　3. 苏州报恩寺塔　4. 杭州六和塔

图2-3-18　汉代脊饰
（摹自鲍鼎、刘敦桢、梁思成．汉代的建筑式样与装饰插图）

从实例可知，楼阁式塔的金属刹从隋唐至辽、宋之初，均保持了我国早期塔刹的形制，实例中均有基座、覆钵及相轮这三个由窣堵波原型演变而得的基本部分。由南宋至元代，除不用须弥座外，尚保有覆钵和相轮。明代以后，一部分金属塔刹仍有覆钵、相轮，一部分则不用相轮，简单的则只用一个金属葫芦置于塔顶，这种塔刹自然失去佛塔塔刹的宗教涵义。

下面拟以塔刹各组成部分的演变分析之。

（1）基座

由隋唐至辽宋之初，塔刹的下部均有基座（图2-3-13.1、2、3、10、11）。日本塔刹称基座为露盘。

露盘本非佛教之物，我国西汉武帝曾作承露盘以承甘露，以为服食之可以益寿延年。据《汉书·郊祀志》："又作柏梁、铜柱、承露、仙人掌之属矣。"颜师古注引《三辅故事》："建章宫承露盘，高二十丈，大七围，以铜为之，上有仙人掌承露，和玉屑饮。"塔刹之露盘名称，或由此故事而得。

南宋以后的金属刹有许多已无基座。（图2-3-13.4-6）

（2）覆钵

历代金属刹多有覆钵。惟明代后部分金属刹以葫芦为刹，不用覆钵。

（3）受花

受花即砖石质刹上的山花蕉叶，隋唐的金属刹在相轮下置受花（图2-3-13.1、10、11）。辽应县木塔塔刹覆钵下的仰莲，也是受花，相当于砖石质刹覆钵下的山花蕉叶（图2-3-13.2）。我国宋以后的金属刹均无受花（图2-3-13.3-7）。

（4）露盘

中国现存金属刹中的露盘位于相轮之下，正好取代了受花的位置（图2-3-13.3-6），或许由于受花难以制作，又较易损坏，因而用圆盘取代之而得。确否待考。

（5）相轮

元以前的金属刹均有相轮，明清的部分金属刹也有相轮。相轮的数目一般为阳数，有五层（图2-3-13.2）、七层（图2-3-13.3、6，图2-3-18.3）、九层（图2-3-13.1、4、5、7、10、11）几种。相轮一般下边略大些，上边渐次略略收小些。也有上下大小完全相同的，如应县木塔和室生寺五重塔的相轮即上下同径（图2-3-13.2、10）。苏州报恩寺塔的相轮上下小、中间大，呈纺锤状（图2-3-18.3）。这种形式早在北魏嵩岳寺塔的相轮上已出现（图2-3-11.3）。日本室生寺五重塔及石山寺多宝塔上都挂有金铎（图2-3-13.7、10）。《洛阳伽蓝记》载永宁寺塔"承露金盘三十重，周匝皆垂金铎"。可知相轮下有金铎乃塔刹早期之制。

（6）水烟和圆光

水烟和圆光不见于印度窣堵波，为中国塔刹特有之物。据刘敦桢先生考证，水烟应是图案化之火焰，因厌胜之故，改为水烟❶。法隆寺五重塔和药师寺东塔的塔刹均有水烟（图2-3-13.1、11）。值得一提的是，药师寺东塔的水烟，由透雕的飞天乐伎组成，图案十分优美，被称为"凝固的音乐"，誉为"日本建筑艺术之花"（图2-3-13.12）。我国辽、宋塔刹上的圆光，无疑是由早期的水烟演变而得（图2-3-13.2、3、6）。元代以后，塔刹上多无圆光、水烟。

（7）仰月

仰月早期见于敦煌北周壁画中的金刚宝座塔（图2-3-15），现存楼阁式金属刹中仅见于应县木塔塔刹（图2-3-13.2）。

（8）宝盖

宝盖多置于塔刹上部、相轮和宝珠（宝瓶）之间。其作用多用于挂铁锁链以固定塔刹上部，使塔刹不致因狂风或地震而动摇坠落。一般有相轮的金属刹均有宝盖，惟最早的法隆寺五重塔和药师寺东塔却无，这与日本法隆寺五重塔和药师寺东塔都采用巨大的、贯通上下的中心柱，塔刹固定在中心柱上稳定性较好有关。

到后来塔的结构发生了变化，不再采用贯通上下的中心柱，如日本石山寺多宝塔的塔刹固定在刹柱上，稳定性不如固定在中心柱上，故用宝盖铁链加固（图2-3-13.7）。

（9）宝珠或宝瓶

宝珠或宝瓶多置于刹的最上端，惟室生寺五重塔宝瓶置于宝盖之下，甚为罕见（图2-3-13.10）。

（10）龙舍

相轮与最上端宝珠或宝瓶之间的圆球状物，日本谓之りゅう

---

❶ 刘敦桢. 覆艾克教授论六朝之塔. 刘敦桢文集（一）. 北京：中国建筑工业出版社. 1982。

しゃ，即龙舍（图2-3-13.1、11）。由登封嵩岳寺塔在塔刹内发现两座天宫，一座在宝珠中部，一座在相轮的中部❶，颇疑龙舍或为早期塔刹之天宫。日本古代建筑往往保留了中国古代建筑的更早期的制度，因此日本塔刹对研究我国塔刹早期形制很有参考价值。

（11）火焰

火焰置于塔刹最上端，取代宝珠或宝瓶的位置，见于石山寺多宝塔（图2-3-13.7）。

2. 喇嘛塔金属刹形制的演变

我国现存喇嘛塔用金属刹的实例中，最早的当属北京妙应寺白塔，是由尼泊尔匠师阿尼哥设计，于元至元十六年（1279年）建造的（图2-3-9.6），其塔刹为一黄铜镏金的小型窣堵波，由基座、瓶身、三层相轮、宝珠构成，仍存古意（图2-3-13.8）。1979年在这小型窣堵波内发现乾隆所赐僧冠僧服、经书和多种文物，这是塔刹内有天宫的又一例子。

明代所建西藏江孜班根曲得塔，是一座木构塔身的喇嘛塔，塔身以上为须弥座、十三天、宝盖（或称华盖），上以镏金小型窣堵波为刹，与妙应寺白塔的塔刹相似。

从明代起，喇嘛塔的金属塔刹的形制开始演变。明建的北京潭柘寺墓塔，在十三天之上冠以铜制宝盖及仰月宝珠，小型窣堵波由仰月宝珠所取代。

清顺治八年（1651年）所建的北海白塔，塔身之上为塔脖子、仰莲、十三天，再上为铜质宝盖（天盘、地盘），冠以铜质镏金的仰月、宝珠和火焰（俗称日月刹）（图2-3-13.9）。

清乾隆年间（1736—1795年）所建的扬州莲性寺白塔，塔刹则为十三天、宝盖之上的一个铜质葫芦形宝瓶而已。

清代大多数喇嘛塔的金属塔刹均与北海白塔相同或近似，如河北承德普陀宗乘庙过街塔、普宁寺大乘阁前台塔、甘肃夏河拉卜楞寺塔、青海西宁塔尔寺天文塔、过街塔、8座如意塔（图2-3-10.21），西藏拉萨哲蚌寺佛塔的金属塔刹均如此。

---

❶ 河南省古代建筑保护研究所. 登封嵩岳寺塔天宫清理简报. 文物，1992（1）：26~27.

北京清净化城金刚宝座塔（图2-3-8.31）的主塔为喇嘛塔，塔身以上为塔脖子、仰莲、十三天、宝盖，上置镏金莲花宝瓶，十三天两旁饰以镏金垂耳。垂耳饰多见于小型金属喇嘛塔，俗称汾阳笠或范阳笠形。[1] 清乾隆间所铸故宫金发塔的十三天两旁即有垂耳饰。

除金属喇嘛塔的塔刹上有垂耳（或称塔耳）之例外，石质喇嘛塔刹也有用垂耳的，如清康熙年间（1662—1722年）所建的呼和浩特席力图召塔即有双塔耳，山西五台山龙泉寺普济和尚塔建于清乾隆前后，全部以汉白玉雕砌而成，伞盖下相轮两侧施用两只塔耳。

由现存实物来看，喇嘛塔的金属刹由元代的一个小型窣堵波演变为清代的日月刹和铜葫芦刹，这就是其演变全过程。结合砖石质塔刹部分地演变为葫芦刹和楼阁式塔金属塔刹部分地演变为金属葫芦刹来看，其演变是有一定的规律可循的。在整个演变过程中，塔刹的窣堵波原型逐渐由具有中国特色的部分所取代，这就是塔刹逐渐中国化的过程。

（七）中国佛塔塔刹的民族特色及地方特色

在研究了塔刹逐渐中国化的过程后，有必要对塔刹的民族特色和地方特色给予注意。

1. 塔刹的民族特色

蒙古族、藏族多信奉藏传佛教（俗称喇嘛教），建的多为喇嘛塔，塔刹多为日月刹。有的带有双塔耳，具有鲜明的民族特色。同样为喇嘛塔，建于广西桂林的木龙洞石塔采用葫芦形宝瓶作塔刹，建于扬州的莲性寺白塔亦用铜质葫芦形宝瓶作塔刹，在汉族聚居之地，以汉族人熟悉的葫芦形宝瓶取代藏蒙民族所用的日月刹，这充分说明塔刹的演变过程不仅是一个中国化的过程，也是一个民族化的过程。

在云南西双版纳傣族聚居之地，其佛塔形式与其他地方不同，具有鲜明的民族特色，其塔刹也是如此。傣族佛塔的塔刹包

---

[1] 罗哲文. 中国古塔. 北京：中国青年出版社. 1985.

括莲座、相轮、刹杆、华盖、宝瓶以及风铎等几个组成部分。塔刹与塔身之间通常有一覆钟状体积作为过渡,莲座呈仰莲状,承托着一圆形锥状体,然后是由大到小多层相轮。相轮之上再置铜宝瓶,金属刹杆耸出于宝瓶之上,刹杆上有金属环片制成的华盖(又称宝伞),华盖顶端还有火焰宝珠或小塔之类的装饰。德宏地区的佛塔则常在刹尖加设风铎。❶

2. 塔刹的地方特色

除民族特色外,塔刹还有其地方特色。宁夏银川的承天寺塔和海宝塔的塔刹均无相轮、华盖等,分别以绿琉璃砖砌筑,一为锥形上立一宝瓶,一为桃形(图2-3-18.1、2)有伊斯兰教装饰风味。宁夏同心韦州古塔的塔刹形制仿海宝塔风格。这种风格形成宁夏塔刹的地方特色。

苏州报恩寺塔的相轮呈纺锤形(图2-3-18.3),此外,山东济南长清灵岩寺辟支塔、扬州文峰塔、上海龙华塔、嘉定法华塔、镇江金山寺慈寿塔、南京三藏塔、浙江盐官镇海塔、湖州飞英塔、福建仙游龙华寺双塔、安徽潜山县觉寂塔等塔刹相轮均呈纺锤形,这些塔分布在我国华东地区,可以认为,相轮呈纺锤形为我国华东地区塔刹的特色之一。

云南大理、昆明一带,密檐式塔或楼阁式塔的塔顶除塔刹外,塔顶四个转角各有铁鸟饰一只(图2-3-10.26)。昆明妙湛寺塔,建于南诏时代,明代重修,塔顶四角各立一铁鸟;建于南诏的昆明慧光寺塔(西寺塔),以及建于南诏,清光绪十三年(1887年)重建的昆明市常乐寺塔(东寺塔)、陆良千佛塔的塔顶也有同样的做法。大理千寻塔等原也有此塔饰。李元阳《云南通志·寺观志》称千寻塔:"错金为顶,顶有金鹏,世传龙性敬塔而畏鹏,大理旧为龙泽,故以此镇之。"由记载可知,云南塔顶的铁鸟原为金鹏,是为镇压妖龙而设。塔刹四周有金鹏无疑是昆明大理一带的地方特色。

(八)形制独特的塔和塔群

为了对佛塔有更全面的了解,有必要介绍一些形制独特的塔

---

❶ 杨昌鸣. 东方建筑研究(下). 郭湖生主编. 天津:天津大学出版社. 1992.

和塔群。

1. 卵形塔

湖北黄梅众生石塔（唐）、云南大姚白塔（唐）、宁波天童寺妙光石塔（南宋）、河南嵩山少林寺衍公长老塔（金）、铸公禅师塔（金）均以须弥座承托一卵形石或卵形砖砌体。此种塔乃从印度窣堵波演化而得，只是无相轮塔刹。此类塔又称为无缝塔，或称卵塔。[1] 印度婆罗门教等也有窣堵波崇拜，只是窣堵波上无相轮。佛教密宗吸收婆罗门教的教义，我国此类塔是否受到婆罗门教影响，待考。

2. 蓟县观音寺白塔（图2-3-10.18）[2]

该塔始建于辽，明、清均有修葺。其下部为密檐式，上部为喇嘛式，整个塔形制罕见。类似这种做法的另一例为北京房山云居寺北塔[3]。

3. 青铜峡黄河两岸108塔[4]

塔建在青铜峡黄河西岸的山坡上，按1、3.3、5.5、7、9、11、13、15、17、19的奇数排12行，最上一塔为大塔，余为小塔，皆为喇嘛式。为西夏作品，是按佛经要求而建，其涵义待考。

4. 济南九顶塔（图2-3-10.23）

该塔位于济南历城县灵鹫山之山腰，砖砌八角形，塔顶分建成九个密檐式塔，中间一塔较大。它应是佛国九山八海世界图式的象征表达。

5. 塔中有塔的湖州飞英塔[5]

湖州飞英塔，由内、外双塔组成。内石塔始建于唐中和四年（884年），重建于南宋绍兴二十四年（1154年）。外塔始建于北宋开宝年间（968—975年）。

6. 山西五台显通寺铜塔（图2-3-10.14）

在山西五台显通寺铜殿两旁，立有铜塔一对，为明万历所铸。其主体为一喇嘛塔，十三天做成十三层八角形楼阁，上又叠

---

[1] 孙宗文. 南方祥宗寺院建筑及其影响. 科技史文集. 建筑史专辑（4）90；上海：上海科学技术出版社. 1984。
[2] 天津市历史博物馆考古队. 蓟县文物保管所. 天津蓟县独乐寺塔. 考古学报. 1989（1）：83~119。
[3] 张驭寰. 罗哲文. 中国古塔精粹. 北京：科学出版社. 1988。
[4] 雷润泽等编著. 西夏佛塔：102~113. 文物出版社，1995。
[5] 罗哲文. 中国古塔. 北京：华艺出版社，1990。

加重檐亭子，最上以铜葫芦为刹。

7. 四川峨眉报国寺铜塔（图 2 - 3 - 10.15）

该塔建于一个石台基上，为一喇嘛塔，但其十三天做成楼阁式，伞盖置于中间。

8. 开封繁塔（图 2 - 3 - 10.12）

该塔位于开封市东南郊，六角三层，上又叠加一个七层小塔，可谓塔上有塔。因塔旁有殷氏七族之一的繁氏居住过，故称塔为繁塔。❶

9. 阙式塔（图 2 - 3 - 10.3、19）

以双阙、单阙的形式造塔，见于北魏敦煌壁画中❷和山东历城神通寺❸。

10. 青海塔尔寺象牙宝塔

在一个汉式塔上置一喇嘛塔，也是塔上有塔的例子。❹

11. 湖北钟祥文峰塔（图 2 - 3 - 10.28、29）

该塔位于湖北钟祥市城东。相传创建于唐广明元年（880年），明洪武二十二年（1389年）重建。该塔形似喇嘛塔，但一无塔脖子，上也不是十三天，而是二十一层相轮。其塔刹也十分奇特，刹杆串以三层宝盖，上面还嵌了三个"元"字，宝盖之上为一宝瓶，上串水烟饰。

12. 傣族井塔（图 2 - 3 - 10.17）

在傣族村寨中，都有大小不一、风格各异的井塔，洋溢着民族风情。

（九）形制独特的塔刹

我国的佛塔不仅塔的形制各异，有许多独特的形制，而且塔刹也各自有别，有许多形制独特的塔刹。

1. 特别高大的塔刹

苏州罗汉院双塔，塔刹为铁制，特别高大（图 2 - 3 - 13.3），

---

❶ 徐华珰. 中国古塔. 北京：轻工业出版社，1986。
❷ 萧默. 郭煌建筑研究. 北京：文物出版社，1989。
❸ 罗哲文. 中国古塔. 北京：文物出版社. 1983。
❹ 李志武. 刘励中. 塔尔寺. 北京：文物出版社. 1982。

约占全塔高的 1/4❶。它保存了汉晋南北朝以来的大型塔刹的古制。为安置巨刹，长大的刹柱从塔顶插至第六层，并以巨梁承托。

江苏常熟兴福寺方塔，铁制塔刹高大雄伟，约占全塔高度的 1/5。刹柱由塔顶穿八、九层至第七层。❷

福建泉州开元寺双塔（图2-3-8.18）的铁刹十分高大，其中，仁寿塔的铁刹约占全塔高的 1/4，故在塔顶的垂脊上系铁链八条拉护，以使之稳固。

2. 以金刚宝座塔作塔刹

早期的例子有印度菩提迦耶佛祖塔（图2-3-8.3），本身为金刚宝座塔，中间主塔之刹又为一金刚宝座塔。山西洪洞县广胜寺飞虹塔的塔刹亦是如此，主塔居中为主体，四小塔分立四隅，均为喇嘛塔形式。峨眉山万年寺无梁殿塔为另一例子（图2-3-10.25）。

3. 塔刹顶上有一风向标铁鸟（图2-3-10.27）

建于金正隆二年（1158年）的山西浑源圆觉寺塔，铁刹的顶端有一铁鸟，可以随风旋转，作为风向指示之用。

以金鸡朱雀作为脊饰，汉代已常见。广州怀圣寺光塔，宋代时，"绝顶有金鸡甚钜"（《桯史》）也是用作为风向标的。但光塔为伊斯兰教之塔。

4. 刻经的塔刹

湖北沙市万寿宝塔，建于明嘉靖三十一年（1552年），顶置铜铸鎏金塔刹，上刻《金刚经》全文，甚为罕见。

小结

本节探讨了佛塔的起源和传播，在传播的过程中，它的原型与各国、各地区、各民族的建筑文化相融合，从而出现了形式多样、风格有别的各国、各地区、各民族自身的佛塔。印度的佛教窣堵波是佛陀崇拜的产物，是纪念性建筑。原始佛教的教义虽基本上为无神论，但佛陀圆寂后，在印度这个多神的国度里，他本

---

❶ 罗哲文. 中国古塔. 北京：中国青年出版社. 1985。
❷ 张驭寰. 罗哲文. 中国古塔精粹. 北京：科学出版社. 1988。

人开始被神化，婆罗门教的思想开始渗入佛教，其宇宙论为佛教哲理打开了一个新的天地，古印度雅利安人的宇宙图式曼荼罗进入了佛教窣堵波的规划设计，使窣堵波具有了丰富的象征意义，使朝圣者受到佛教文化的薰陶、感染，置身于佛国世界之中，倍增对佛教和佛陀的崇敬。其中，柬埔寨吴哥古迹和印尼婆罗浮屠皆为宗教艺术瑰宝，与埃及金字塔，中国的长城同列为古代东方四大奇迹。

中国的佛塔是中印建筑文化交融的产物，是古代象征主义和符号学成功应用的佳例。

中国佛塔的塔刹最初就是一个小型的印度佛教窣堵波，它由基座、覆钵、相轮、宝珠（或宝瓶）构成。后来塔刹中逐渐加进了中国式的内容，如山花蕉叶（受花）、露盘、水烟或圆光、日、月等部分，形成了具有中国特色的佛塔塔刹。

砖石造的塔刹从唐代起逐渐脱离了窣堵波原型，金属制的塔刹则从明代出现了这种情况。塔刹逐渐演变的过程，也是塔刹逐渐中国化的过程，是其宗教涵义逐渐减弱而世俗化的过程。这与自唐代起，儒、道、释三教合一的趋势是大致同步的，宋代至明清大量兴建的风水塔即为三教合一的潮流的产物，前述钟祥文峰塔即为其中之一。其塔为佛塔形式，刹上有三个"元"字，道教指"天、地、水"或"日、月、星"为三元，儒家指乡试、会试、殿试第一名的解元、会元、状元为三元。该塔的构思，充分体现了三教合一的思想。

文化相互交融是世界性的现象，印度的佛教、婆罗门教如此，中国的儒、道、释以及伊斯兰教也如此，世界各国、各地区、各民族的文化也如此。文化既有源远流长的纵向的承传，又有不同文化的横向交融，从而开出色彩缤纷的文化奇花，结出甜美丰硕的文化之果。佛塔的产生、发展、演变就是明证。

四　藏传佛教建筑与文化

（一）寺塔多姿

藏传佛教，俗称喇嘛教，主要在中国藏族地区形成和发展，并主要传播于中国的藏、蒙古、土、裕固、纳西等族地区以及不丹、锡金、尼泊尔、蒙古人民共和国和原苏联的布里亚特等地。最近30年来，又在西方国家得到传播和发展。公元7世纪，佛教从中国汉地和印度传入西藏地区，经过长期的与当地宗教的会通、融合，11世纪后形成宁玛派、噶当派、萨迦派、噶举派等主要宗派。15世纪初，宗喀巴创立格鲁派（黄教），发展迅速，到17世纪成为藏族社会占据支配地位的教派。藏传佛教在教义上把显教、密教结合起来，提倡显、密兼学，显、密兼修，而密宗为最高修习阶段。

藏传佛教的建筑千姿百态，有的雄伟，如布达拉宫（图2-4-1，图2-4-2）；有的挺拔秀美，如塔尔寺时轮学院；有的绚丽辉煌，如呼和浩特席力图召大经堂；有的金碧耀眼，如承德外八庙之须弥福寿之庙妙高庄严殿（图2-4-3，2-4-4）。藏传佛教的佛塔也百花竞放，异彩纷呈。以金刚宝座塔而论，上面五塔各不相同。呼和浩特慈灯寺金刚宝座塔的五塔为汉族楼阁式塔（图2-4-5），而昆明官渡金刚塔的五塔均为喇嘛塔（图2-4-6），北京西黄寺清净化城塔的五塔，主塔为喇嘛塔，四塔则为汉式幢式塔（图2-4-7）。一般的喇嘛塔也式样繁多，如甘肃夏河拉卜楞寺的贡唐宝塔，高大宏伟，金碧辉煌（图2-4-8）；西藏江孜白居寺十万佛塔，即吉祥多门塔，有13层，108门，仅首层就有20间，塔中有寺，誉为西藏塔王；内蒙古呼和浩特席力图召的白塔，雕工精丽，有金属双塔耳，造型很美（图2-4-9）；青海西宁塔尔寺天文塔，十三法轮肥硕，二层基座上每面各有二小塔，十分奇特（图2-4-10）。以上不过略举数例，使我们对藏传佛教建筑的多姿多彩，伟丽卓绝，可以略窥一斑。

（二）佛塔溯源

藏传佛塔是信徒膜拜的对象，是佛国世界的神圣象征。它源自印度的窣堵波，因此，有必要对印度的窣堵波作一探讨。

窣堵波为梵文 stupa 的音译，巴利文称为 Thupa，译为塔婆，原意均指坟冢。印度《梨俱吠陀》（约公元前1500年）中，已有窣堵波的名称。在古印度吠陀时期（约公元前1500—前600年）

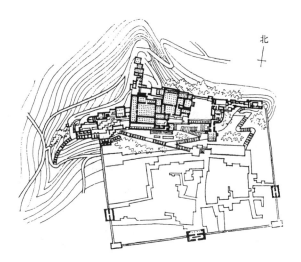

图2-4-1 拉萨布达拉宫平面图（自承德古建筑）

图2-4-2 拉萨布达拉宫全景（自承德古建筑）

图2-4-3 妙高庄严殿垂脊上的金龙

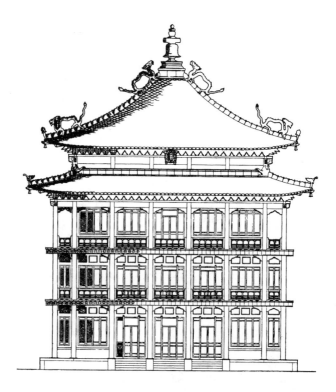

图2-4-4 妙高庄严殿正立面
(自天津大学建筑系、承德市文物局编著.承德古建筑:318)

图2-4-5 呼和浩特慈灯寺金刚宝座塔

图2-4-6 昆明官渡金刚宝座塔

图2-4-7 北京西黄寺清净化城塔

图2-4-8 甘肃夏河拉卜楞寺贡唐宝塔

图2-4-9 呼和浩特席力图召白塔　　图2-4-10 青海塔尔寺天文塔

诸王死后均建窣堵波。婆罗门教和耆那教也有窣堵波崇拜。桑契大塔由阿育王（约公元前268—前232年在位）在现址上建造，当时直径18.3m，高7.6m[①]。公元前2世纪中叶，大塔进一步扩

[①] 叶公贤、王迪民编著. 印度美术史. 云南人民出版社，1991。

建，顶上增修了一个方形围栏和三层伞盖，塔直径达 36.6m，高约 16.5m，形成现在的规模。公元前一世纪晚期至公元一世纪初，又修建了南、北、东、西四座砂石的塔门❶。

桑契大窣堵波是一种宇宙图式，有着深厚的文化内涵和多种象征意义。其半球体表示宇宙卵，或者是子宫。在印度的创世神话中，汪洋大海中的一粒种子形成金色的梵卵，从卵中诞生了大梵天。大梵天有四张脸，分别朝着东南西北四个方向。梵天用金卵的上半部创造了天空，下半部创造了大地，他不经意的脚蹬使大地下陷形成海洋。❷ 因此，半球体象征世界山。方形围栏和伞盖由印度古老的圣树崇拜衍化而来。伞盖象征世界之树——菩提树，佛陀在菩提树下悟道，菩提树也是佛陀的象征。菩提树是世界之树，也是世界之轴。三层伞盖代表佛教的佛、法、僧三件宝。佛舍利象征变现万法的种子。大窣堵波的四门通向宇宙的四方。信徒从东门进入围栏，按顺时针方向朝拜巡礼，与太阳运行的（东、南、西、北）一致，与宇宙的律动和谐。婆罗门教、耆那教虽建窣堵波，但半球体上无伞盖。佛教窣堵波继承生殖崇拜中的圣树崇拜传统，以轴和伞盖象征世界之树的菩提树，这即后世佛塔之相轮。有相轮成为佛教窣堵波的特征。了解了印度桑契大窣堵波的文化内涵和象征意义，对我们研究藏传佛教佛塔是很有帮助的。

（三）藏塔演变

藏传佛教寺庙中有众多的塔，塔也有各种形状。为了弄清藏塔发展，必须对其形制演变的历史进行一番考察。

我国现存藏式塔中，较早的为元代所建。其中有两座为尼泊尔匠师阿尼哥所建，一座为北京妙应寺白塔，俗称白塔寺白塔。该塔为阿尼哥受元世祖忽必烈之请，从尼泊尔带来 80 名工匠，按照尼泊尔佛塔形式建造。由至元八年（1271 年）动工，到至元十六年（1279 年）竣工，历时八年。白塔平面呈"亚"字形，由台基、须弥座、瓶身、塔脖子、十三法轮（相轮，或称十三

---

❶ 朱伯雄主编. 世界美术史. (4). 山东美术出版社, 1990.
❷ 廖诗忠等编著. 世界神话故事. 梵天的故事. 神州：海峡文艺出版社, 1998.

天）、宝盖、塔刹组成。其特点是：瓶身壮硕，比例较粗短，十三法轮由下而上，下大上小十分明显，呈尖锥形，立面呈三角形。十三天之上为宝盖和塔刹（图2-4-11）。宝盖为一个巨大的刻有花纹的圆形铜盘，直径9.7m，厚木作底，铜瓦作盖。整个华盖由四十块铜瓦组成，华盖四周悬挂着佛像、佛字和36副铜质透雕的华幔，每副华幔长2m，最下面悬挂着小风铃❶，状如流苏，亭亭如盖，风吹铃响，另有风韵。白塔总高51m。

山西五台山塔院寺舍利塔，即释迦牟尼文佛舍利宝塔，俗称大白塔（图2-4-12），为阿尼哥在中国的另一作品。该塔建于元大德五年（1301年）❷，外形与妙应寺白塔相似，平面呈"亚"字形，但瓶身比北京妙应寺白塔略瘦长，全塔总高56.4m。瓶身无塔门。据记载，唐朝以前这里有一座二层的八角塔，以后塔毁。元大德五年阿尼哥在此修藏式塔。一说明永乐五年（1407年）建大白塔，并将元代石塔藏在大白塔内❸。另一说认为，现塔即为阿尼哥所建，永乐、嘉靖、万历三朝只是重修，并非重建。❹笔者比较同意后一种说法。该塔须弥座为石建，塔身为砖砌。宝盖上盖铜板八块，并按乾、坎、艮、震、巽、离、坤、兑的八卦地位安置。塔刹为铜铸小型窣堵波。该塔的十三法轮下大上小的特点不如北京妙应寺白塔明显。

另一座元代藏式塔为山西代县圆果寺阿育王塔（图2-4-13），它重建于元至元十二年（1275年），其下为圆台基，上有二层须弥座，瓶身相对较小，十三天也较瘦长。其塔刹已非小型藏式塔，为清代地震毁后更换。❺

江苏镇江昭关石塔（图2-4-14）为一座藏式过街塔，又称为观音寺喇嘛塔、瓶塔。在镇江市云台山北麓的五十三坡上，北临长江。有"昭关"刻字，故而得名。塔建于台座上，高4.69m，全用青石雕刻而成。该塔有元代藏塔的特征：无塔门，瓶身壮硕，十三法轮下大上小明显，塔刹为一小型窣堵波。塔下

---

❶ 佟洵主编. 佛教与北京寺庙文化：235~237. 中央民族大学出版社，1997.
❷ 宿白著. 藏传佛教寺院考古：328. 文物出版社，1996.
❸ 罗哲文等著. 中国著名佛教寺庙：119. 中国城市出版社，1995.
❹ 同③：334.
❺ 柴泽俊古建筑论文集：236~238. 文物出版社，1999.

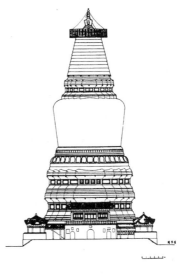

图 2-4-11 北京妙应寺白塔（元）　　图 2-4-12 五台山塔院寺大白塔（自柴泽俊古建筑文集：241）

图 2-4-13 山西代县圆果寺阿育王塔（自柴泽俊古建筑文集：237）　　图 2-4-14 镇江昭关石塔（元）

方东西两面横额上有刻字,有"万历十年壬午十月吉重修"字样,即明万历十年重修过。从形制上看应是元代藏式塔。

武昌胜象宝塔(图2-4-15)原在武汉市蛇山西端黄鹤楼前,因形状独特,被百姓称为"孔明灯"。1955年因建武汉长江大桥,迁建于蛇山上。该塔建于元至正三年(1343年),为大菩提塔形制,平面呈折角十字形,即"亚"字形。该塔塔身各段分别象征佛教"地、水、火、风、空"五轮,故称"五轮塔"。密教称地、水、火、风、空为五轮,世界由此五轮所成。塔身雕刻云神、水兽、莲瓣、金刚杵、梵文等装饰,十三法轮上刻仰莲承托石刻宝盖。塔刹为铁制瓶形小窣堵波。此塔内为中空。在迁建时,发现塔心内有一个雕刻精致的石幢,高1.03m,另有铜瓶一个,瓶底刻有"洪武二十七年岁在甲戌九月乙卯谨志"十六字❶,或此塔在1394年塔心室被打开,或进行过维修。从平面呈"亚"字形、瓶身肥硕、无塔门、十三轮下大上小呈明显的尖锥状、塔刹为小型窣堵波五点看,胜象宝塔应为元构无疑。

明代起,藏式塔出现了一些变化。西藏江孜白居寺十万佛塔建于明宣德二年(1427年)至明正统元年(1436年),塔高13层,42.5m。该塔的体形之巨大,被称为"西藏塔王"。该塔平面"亚"字形,瓶身比例粗短,瓶身开了四个塔门,十三相轮下大上小明显,天地盘上为小型窣堵波。主要的变化是开设了塔门。而作为"塔中有寺"的白居寺塔,塔中为佛殿,开门以通风、采光、通行,乃顺理成章之事。

西藏佛塔到13世纪前后,形成了量度制度,有关论著相继产生,其中以元代著名佛学家布顿、清代的桑杰嘉措量度最为著名。其量度规范、系统地论述了塔的各个部分的比例关系和艺术加工方法,成为塔的营建依据,是西藏佛塔的"营造法式"。

布顿大师(1290—1364年),全名布顿·仁前竹,居夏鲁寺,创立夏鲁派。1352年,著《大菩提塔样尺寸》(藏文),并建一砖砌大菩提塔,收藏印度、尼泊尔、汉地、西藏佛教文物。在他的书中,塔刹由月亮、日轮、尖端组成,即日月火焰(心)刹。布顿著

---

❶ 蓝蔚. 武昌黄鹤楼胜象宝塔的拆掘工作报导. 文物参考资料, 1955: 10.

书之时（1352年，元朝至正十二年），藏式塔之日月火焰刹已经出现，布顿大师才能总结经验，定出量度法式（图2-4-16）。

塔的量度除布顿大师著述外，桑杰嘉措也著有量度标准。桑杰嘉措（1653—1705年），拉萨人，出身大贵族仲麦巴家。清康熙十八年（1679年）起，揽西藏政务，成为达赖的代理人，主持藏政40余年。关于营造塔的法式，他有好几本专著，其中的《亚色》最完整。该书以布顿塔量度为依据，参照《时轮经》里的佛塔标准，提出修正方法，形成黄教派的量度标准（图2-4-17）。❶

塔尔寺阿迦·罗桑顿珠也著有《佛塔量度》（藏文）木刻板，藏在塔尔寺中（图2-4-18）。

由上可知，日月刹在西藏元代已出现，在汉族聚居之地，则出现较迟。北京北海白塔即为一例（图2-4-19，图2-4-20）。该塔建于清顺治八年（1651年），砖石结构，平面为十字折角形，即"亚"字形。塔高35.9m，不及妙应寺白塔（50.9m），因踞琼华岛之巅，处形胜之地，是北海最突出的建筑，成为北京城区中心的重要标志之一。北海白塔与元塔相比，变化有：瓶身比例变得略瘦高，出现塔门（眼光门），十三法轮下大上小较不明显，由一层宝盖变为二层（天、地盘），最重要的变化则是塔刹由小型窣堵波变为日月火焰（心）刹。

甘肃夏河拉卜楞寺大白塔（图2-4-21），建于清康熙四十八年（1709年），拉卜楞寺为黄教六大寺院之一，建塔之时，桑杰嘉措的《亚色》已问世多年，该书为黄教建塔之"营造法式"，故该塔已与后世之黄教佛塔大略相同。其瓶身比例更瘦高，十三法轮比例变得瘦长如剑，直指苍穹，上为日月心刹。其形象更接近于阿迦的佛塔量度标准。

在汉族聚居地区，藏式塔还出现一些特殊的变化，扬州莲性寺白塔（图2-4-22，图2-4-23）即为一例。该白塔是扬州绅商为奉迎乾隆皇帝南巡而建，五亭桥也是如此。《清代述异》记述了扬州盐商一夜造塔之事，有点神话色彩，但其中谈到该塔仿自北海白塔，却是可信的。细细看去，该塔与北海白塔又似又

---

❶ 西藏自治区建筑勘察设计院. 中国建筑技术研究院历史所著. 布达拉宫；第七章. 佛塔与灵塔. 中国建筑工业出版社，1999。

图 2-4-15 武昌胜象宝塔

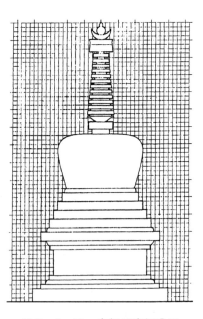

图 2-4-16 布顿量度标准图
（自布达拉宫）

图 2-4-17 桑杰嘉措量度标准图
（自布达拉宫）

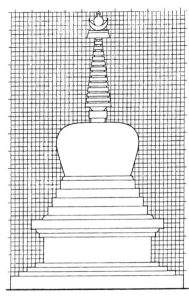

图 2-4-18 阿迦量度标准图
（自布达拉宫）

图2-4-19 北京北海白塔(清顺治八年,1651年建)

图2-4-20 北海白塔的十三天、天、地盘及塔刹

图2-4-21 拉卜楞寺大白塔

图2-4-22　扬州莲性寺白塔　　图2-4-23　扬州莲性寺白塔的塔刹为一铜葫芦

不似,均为喇嘛塔,外形相似。扬州白塔有着江南建筑的轻灵秀美,与北海白塔的雍容华贵之气质不同;最重要的不同之处,则是扬州莲性寺白塔的塔刹没用日月火焰(心)刹,而以一只巨大的铜质葫芦为刹,这是发人深思的。葫芦在古代中国一直是生殖崇拜的象征物。后来,道教以葫芦为法器,葫芦成为汉文化中的吉祥之物。扬州白塔这一取向,正符合了汉民族的审美心理和情趣,也说明了佛塔的世俗化和民族化是其演变的必然历程。

民国时也建了许多藏式塔,十三世达赖灵塔(图2-4-24)以其尊贵和装饰之华美而格外引人注目。该塔在布达拉宫内,于1933年十三世达赖圆寂后建造,采用菩提塔式,高12.88m,为布达拉宫内最大的金塔,塔面装饰华丽,镶嵌珠宝最多,被称为"世界同价"。其形式也是黄教塔的式样。

云南宁蒗县泸沽湖一带居住的摩梭人信奉藏传佛教,他们建有若干藏传佛教寺院,也建有若干藏式塔。在泸沽湖中一岛上,有一座白塔(图2-4-25,2-4-26),该塔为民国时建造,为永宁土知府总官之父的墓塔,1986年重修。该塔的上部很特别,法轮分为两段，下段十二法轮，上以一大圆盖为顶，再往上为一抬伞莲，莲上有七层法轮，上为日月刹，日月刹与七层法轮之间，无天地盘与伞盖，无火焰（心）。二层法轮共十九法轮，超出流行的十三法轮之数，颇为奇特。

关于藏式塔后来通用十三相轮，主要是受到尼泊尔佛塔形制的影响。据《西藏王统记》载，雅隆部落第二十七代藏王拉托托日时期，一部《邦贡恰加》和一座金塔从天而降，为西藏有佛塔之始。而《青史》记载，该经书和金塔为一位尼泊尔佛教大师带进西藏，此后，西藏才开始有塔。❶ 公元七世纪，吐蕃第三十二代藏王松赞干布先后与尼泊尔、唐朝联姻，迎娶了赤贞公主与文成公主，尼泊尔与汉地的佛教及建筑技术均影响了西藏。公元八世纪，赤松德赞时，佛教盛行，公元779年，桑耶寺建成。乌策大殿四隅，建有红、绿、白、黑四塔。直至1959年宿白先生等人赴藏调查时，四塔仍保留较为完整（图2-4-27，图2-4-28）。东南隅白塔塔基为方形，其上建扁平圆覆钵，相轮十七层，相轮顶立伞盖，上以宝瓶、宝珠为刹，实际上是以小型窣堵波为刹（图2-4-28的白塔的相轮数及日月心刹与实际不符）。而位于西南隅的红塔，八角形基座，上覆六层覆莲，上为圆形覆钵，塔刹与白塔相似（图2-4-28的红塔的相轮及塔刹与实际不符）。西北隅为黑塔，圆形基座二层，上为覆钟形钵体，相轮分两段，下段九轮，上段七轮，伞盖塔刹略与红塔同（图2-4-28的黑塔的相轮及塔刹与实际不符）。东北隅为绿塔，十字折角形基座三层，扁圆形覆钵，相轮分为三段，下段九轮，中段七轮，上段五轮，下为伞盖，以宝瓶、宝珠为刹。❷ 由四塔可知，当时相轮并无定数。

而尼泊尔流行十三层相轮的做法。尼泊尔加德满都建于公元6世纪的博达纳特大窣堵波（图2-4-29，2-4-30）以及建于公元前3世纪的斯瓦扬布纳特窣堵波（图2-4-31，2-4-32）就是有力的例征，它们分别以十三层逐渐缩小的扁方石块及十三

---

❶ 西藏自治区建筑勘察设计院．中国建筑技术研究院历史所著．布达拉宫：第七章．佛塔与灵塔．中国建筑工业出版社，1999．

❷ 宿白著．藏传佛教寺院考古：328．文物出版社，1996．

图2-4-24 十三世达赖灵塔立面纹饰（自西藏自治区建筑勘察设计院、中国建筑技术研究院历史所著．布达拉宫：287）

图2-4-25 云南宁蒗县泸沽湖岛上永宁土知府总官之父的墓塔

图2-4-26 永宁土知府总官之父的墓塔上部法轮分为两段

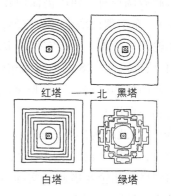

图2-4-27 桑耶寺四塔平面示意

1. 桑耶寺红塔（壁画）

2. 桑耶寺黑塔（壁画）

3. 桑耶寺白塔（壁画）

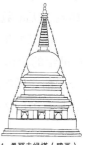

4. 桑耶寺绿塔（壁画）

图2-4-28 布达拉宫壁画中的桑耶寺四塔

图2-4-29 尼泊尔加德满都博达纳特大佛塔（Budhnath）

图2-4-30 尼泊尔博达纳特大佛塔的上部

图2-4-31 尼泊尔加德满都斯瓦扬布纳特大佛塔（swayambhunath）

图2-4-32 尼泊尔加德满都斯瓦扬布纳特大佛塔上部

层逐渐缩小的铜制圆盘作为相轮。这种尼泊尔的佛塔形制通过宗教传播和文化交流影响到西藏。阿尼哥第一次到中国，是跟随国师八思巴于元中统元年（1260年）到西藏的，在西藏他修建了黄金塔。❶ 又于元至元八年（1271年）修建了北京妙应寺白塔，元大德五年（1301年）修建了五台山大白塔，均以尼泊尔的十三相轮为制，相信他在西藏建的黄金塔也是如此。藏式塔以十三相轮为制，应是元代以后的事。布顿大师的《大菩提塔样尺寸》一书即以十三法轮为制，并规定了日月心刹的制度，改变了尼泊尔佛塔以小型窣堵波为刹的做法，使藏式塔具有了不同于尼泊尔佛塔的民族与地方特色。

云南宁蒗摩梭人的白塔相轮分为两段的做法，或许是保留了古老藏塔的制度，确否待考。

（四）藏塔释义

塔在藏文中称"甸"或"却甸"，"却"为供养之意，"甸"即依物。佛教中，依物一般分三种，代表佛的身、语、意，即身所依，语所依，意所依，身所依为佛像，语所依为佛经，意所依为佛塔。

佛教讲三身。《天台光明玄》曰："法报应化为三。三种法聚故名身。所谓理法聚名法身，智法聚名报身，功法聚名应身。"塔属法身。

藏传佛塔的各部位各有名称（图2-4-33），而各部位均有其象征意义。上面讲过，武昌胜象宝塔又称"五轮塔"。密教通称地、水、火、风、空之五大为五轮。此五大，法性之德具足圆满故云轮。世界为此五轮所成。《大日经疏》卷十四云："一切世界皆是五轮之所依持，世界成时，先从空中而起风，风上起火，火上起水，水上起地，即是曼荼罗安立次第。"这五轮分别以不同的几何形状和颜色加以象征表达：地大方形，为黄色；水大圆形，为白色；火大三角形，为赤色；风大半月形，为黑色；空大宝珠形，为青色。作为大日如来的三昧耶形的五轮塔，即象征地

---

❶ 佟洵主编. 佛教与北京寺庙文化；235~237. 中央民族大学出版社，1997.

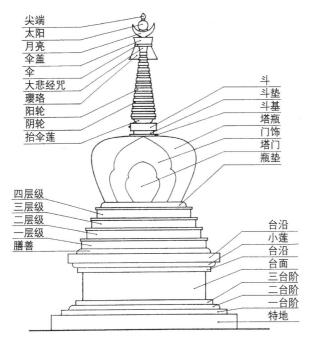

图 2-4-33 佛塔部位名称图

表达这五大。

佛教认为地、水、火、风是构成一切色法（相当物质现象）的四种基本元素，称之为四大，或称"四大种子"、"四大种"。藏式塔的方形基座，代表地；圆形的塔瓶，代表水；十三法轮的正立面是三角形，代表火；华盖部分（伞），代表风。日月和尖端，分别代表太阳、月亮和心。

藏塔的这些象征意义可以从年代上更早的尼泊尔佛塔上找到其渊源。沙拉多拉大窣堵波以及斯瓦扬布纳特窣堵波，其下面为一巨大的白色半球体，代表水；半球体上是方形镀金的部分，代表地；十三法轮或十三天，其正立面为三角形，代表火；上面的伞状物代表风；最顶上是一个小型镀金的窣堵波，象征"生命的精华"。整个窣堵波体现了佛教"四大和合"的思想。❶

在《时轮经》里，塔的四层级象征着四座坛城。《无秽顶发

---

❶ 新华社国际资料编辑部编. 世界名胜词典：1065, 1079. 新华出版社，1986.

经》说，塔的层级象征器世界，塔瓶象征情世界（器世界，指一切众生可居住之国土，对于众生，则云情世界）。《金刚续部经》则云：塔座象征欲界，层级象征色界，塔瓶象征无色界。[1]

塔又可以象征佛体（图2-4-34），斗象征脸部，斗垫为颈部，塔瓶为身体，四层级为金刚盘腿之形象，十三法轮为顶发。[2]

图2-3-34 佛塔与佛像比较图

（五）金刚宝座塔究奇

藏传佛教的建筑，往往采用曼荼罗来进行规划、布局和设计，使建筑成为佛国世界的图式，具有丰富多样的象征内涵，呈现出瑰丽多采的艺术形象。

藏传佛教在华夏大地上建了许多金刚宝座塔。金刚宝座塔为曼荼罗形式的佛国世界图式之一。其特点是五塔中心对称，以九宫间隔布局为基本形象。这种塔的形式来自菩提伽耶的佛祖塔，即在高台座上立五座塔，中间塔最为高大，象征大日如来，四周四座较小，东为阿閦佛，南为宝生佛，西为阿弥陀佛，北为不空成就佛。五塔也象征须弥山五峰。我国各地所建金刚宝座塔虽多，但形式多样，无一雷同。前面谈到的昆明官渡金刚塔（图2-4-35）上为五座藏式塔，北京西黄寺清净化城塔的主塔为藏式塔，四面为经幢式塔。内蒙古呼和浩特慈灯寺金刚宝座塔上面五塔为汉式楼阁式塔。始建于明成化二年（1466年），建成于明成化九年（1473年）的北京真觉寺金刚宝座塔（图2-4-36），五塔均为密檐式，中塔高8米，十三层，四塔均高7米，十一层。北京玉泉山妙高峰金刚宝座塔（图2-4-37）建于清代，主塔为喇嘛式，小塔为亭式塔上加十三天。

---

[1] 西藏自治区建筑勘察设计院．中国建筑技术研究院历史所著．布达拉宫：第七章．佛塔与灵塔．中国建筑工业出版社，1999．

[2] 同上．

湖北襄樊广德寺多宝佛塔，建于明弘治七年（1494年）到九年（1496年）之间，是一座金刚宝座塔（图2-4-38），主塔为藏式塔，四隅为六角亭式塔。

北京西山碧云寺金刚宝座塔的建筑更为奇特（图2-4-39，图2-4-40，图2-4-41，图2-4-42）。该塔建于清乾隆十三年（1748年），全部用汉白玉雕砌而成。塔总高34.7m。建于三重台之上，第三重为宝座。三重台共高16m、宝座上前方有两座小藏式塔，后半部立金刚五塔，为汉藏结合的密檐式塔，主塔高18.7m，十三层，四小塔十一层，塔刹均为小型藏式塔。宝座中央又立一台座，上立一大四小塔，为一小型金刚宝座塔。这样，宝座上共有12座塔。所有的塔的宝盖，均铸有八卦符号。建筑艺术上汉藏风格的交融，汉藏建筑文化的结合，使碧云寺金刚宝座塔达到艺术上的新高度。

金刚宝座塔并非藏传佛教所特有，它创自公元前3世纪。在佛陀悟道之地的印度菩提迦耶，建有一座高大的佛祖塔（图2-4-43）。玄奘（600—664年）《大唐西域记》记载："菩提树垣正中有金刚座。昔贤劫初成，与大地俱起据，三个大千世界中，下极金轮，❶ 上侵地际，金刚所成，周百余步，贤劫千佛坐之而入金刚定，故曰金刚座❷焉。"❸ 为了纪念佛祖，在此修建的有高大的金刚座的塔，叫金刚宝座塔，其特点，塔下有高大的金刚座，座四周有许多佛龛浮雕。金刚座上四隅各有一座小塔，中间一座主塔高大雄伟。宝塔塔身之上为塔刹，塔刹又是金刚宝座式：四隅为小塔，中为较大的。这种艺术构思，使人产生此塔有不断延长，直指苍穹，永无止境之感。

金刚宝座塔的形制很早就传入我国。上节所述敦煌第428窟壁画中北周金刚宝座塔（图2-3-15）即为一例。敦煌361窟中唐壁画中亦画有一个金刚宝塔（图2-3-8.24）。交河古城（十六国至唐）中也有金刚宝座塔遗址（图2-4-44）。金

---

❶ 金轮：古印度的宇宙观。它想象无穷大的世界的最底层叫做"风轮"，依止于虚空。风轮之上有"水轮"，其上又有由金刚形成的"金轮"，金轮之上有九山八海，是谓地轮。见《俱舍论》卷十一。
❷ 金刚定，亦作金刚三昧，谓坚实如金刚，一切无碍，通达一切诸法的三昧。由于佛八金刚定，故其处谓金刚座。
❸ 大唐西域记. 卷八，菩提树垣，金刚座.

代所建河北正定广惠寺华塔也属较早的例子之一（图2-4-45）。明清之后，随着藏传佛教的发展，金刚宝座塔也就越建越多。其中，年代较早的是山西五台圆照寺金刚宝座塔，均为藏式塔，建于明宣德九年（1434年）。其次是昆明官渡金刚宝座塔，建于明天顺二年（1458年）。北京大正觉寺金刚宝座塔，建成于明成化九年（1473年）。襄阳广德寺多宝佛塔建于明弘治七年（1494年）。甘肃张掖大佛寺金刚宝座塔（图2-4-46），俗称为"土塔"，原名弥陀千佛塔，该塔始建于西夏崇宗永安元年（1098年），历代均有修缮。其下部为高大的四方形台座，座四周有重檐回廊环绕，形制奇特。台座上为二层平面呈"亚"字形的须弥座，每层须弥座四隅均各建一座小藏式塔，上一层须弥座中央建主塔，亦为藏式塔。主塔高33.37m。1927年地震，五层以上相轮震毁。1986年修复。原塔刹为铜质，❶现为一葫芦形，颇疑原应为一小型窣堵波，确否待考。从形制看，此塔应为元代遗物，塔形与现存元代藏式塔相近。至迟不会晚于明代。

山西洪洞广胜上寺的飞虹塔塔刹为金刚宝座塔（图2-4-48），该塔始自明正德十年（1515年），成于嘉靖六年（1527年）。

四川峨眉山万年寺砖殿，以殿身为金刚座，殿顶建五塔（图2-3-10.25），这是一个创新的做法。该殿建于明万历二十九年（1601年）。自此之后，以殿身为金刚座的金刚宝座塔便开始营建。

北京雍和宫法轮殿，是庙中最大的殿堂之一，上立五座铜镏金藏式塔（图2-4-49），为金刚宝座塔形制，宝塔伞盖上悬挂铜风铎。五塔金碧辉煌，引人注目。该殿建于乾隆九年（1744年）。

北京西山碧云寺罗汉堂，建于清乾隆十二年（1748年），亦建殿顶金刚宝座塔（图2-4-50）。同样的做法也见于北京戒台寺殿顶金刚宝座塔。

---

❶ 西北师范大学古籍整理研究所编．甘肃古迹名胜辞典：286，甘肃教育出版社，1992．

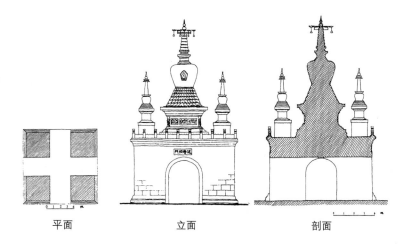

平面　　　立面　　　剖面

图2-4-35　云南昆明官渡金刚宝座塔
（明）（自潘谷西主编．中国古代建筑史．元明卷）

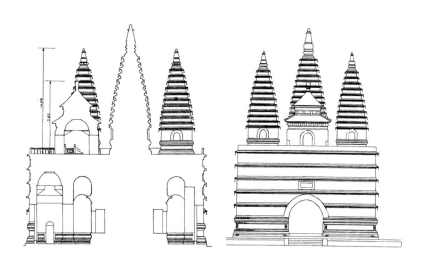

图2-4-36　北京大正觉寺金刚宝座塔立面．剖面图
（明）（自张驭寰．中国塔）

图2-4-37 北京玉泉山妙高峰金刚宝座塔基座平面、塔平面、立面图（清）（自张驭寰.中国塔）

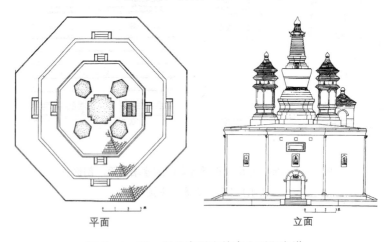

平面　　　　　立面

图2-4-38 湖北襄樊广德寺金刚宝座塔
（自潘谷西主编.中国古代建筑史，四：349）

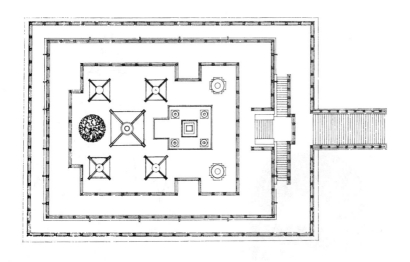

图2-4-39 北京碧云寺金刚宝座塔平面图
(自孙雅乐、郝慎钧著.碧云寺建筑艺术)

图2-4-40 北京碧云寺金刚宝座塔正立面图(自孙雅乐、郝慎钧著.碧云寺建筑艺术)

图2-4-41 碧云寺塔的主塔,有十三层密檐

图 2-4-42 碧云寺金刚宝座塔上 12 座塔的宝盖均铸有八卦符号

图 2-4-43 印度菩提迦耶（Budh-Gaya）佛祖塔（公元前 2 世纪造，14 世纪重建）

图 2-4-44 交河古城（十六国至唐）的金刚宝座塔

图 2-4-45 正定广惠寺华塔正立面图（刘清波等．正定广惠寺华塔维修实录．论文插图）

图 2-4-46　甘肃张掖大佛寺金刚宝座塔（俗称"土塔"）

图 2-4-47　甘肃张掖大佛寺金刚宝座塔

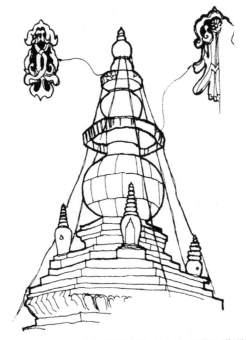

图 2-4-48　山西洪洞广胜上寺飞虹塔之塔刹
（自张驭寰．中国塔：107）

图2-4-49　北京雍和宫法轮殿殿顶五塔为金刚宝座塔形制

图2-4-50　北京碧云寺罗汉堂殿顶金刚宝座塔

（六）曼荼罗世界探秘

1. 西藏桑耶寺

在藏传佛教寺院中，西藏的桑耶寺建成于公元779年，是最古老的寺院之一。它是按佛国世界的图式建造的（图2-4-51）。

桑耶寺平面圆形，直径336m。高大的外圈围墙，象征着世界外围的铁围山。中央乌策大殿，平面呈十字，象征世界中心的须弥山。其南、北两侧，建日、月二殿。四角建白、青、绿、红四琉璃塔，象征四天王天。周围建十二座殿宇，象征四大部洲和八小部洲。

乌策大殿"依西藏之法建大殿底层，依支那之法建造中层，依印度之法建造顶层。"因此，乌策大殿三层，第一层按藏式做法石构，第二层以汉式做法砖构，第三层用木造仿印度式（图2-4-52），要求一切工程合律藏，一切壁画合经藏，一切雕塑合密咒。其三层象征佛教三界诸天。❶

乌策大殿的各种形制均有宗教含意。《五部遗教》中《王者遗教》云："三种屋顶代表身、语、意三密；下殿有三门表示三解脱；上殿有四门表示四无量；中殿有一门表示精华独一；转廊有二门表示方便与智慧，有九间宝库表示九乘，有六架角梯表示六波罗密。"

桑耶寺为"吉祥大日如来护恶趣坛城。"❷

2. 承德普宁寺

承德外八庙之一的普宁寺也是按佛国世界图式建造的（图2-4-53，2-4-54）。

普宁寺平面布局，前面按伽蓝七堂制汉式布局，后面仿桑耶寺藏式布局，后部中央的大乘阁象征宇宙中央的须弥山，其上五顶为金刚宝座塔形制，象征金刚界五部五佛，须弥山五峰。其左右两侧建日殿、月殿，四周建四殿以象征四大部洲。北俱卢洲殿象征地，方形，质坚，起保护万物的作用。西牛贺洲殿象征水，圆形，质湿，起摄受万物的作用。南赡部洲殿形为三角（平面为梯形），象征火，质暖，起着促进万物成熟的作用。东胜神洲殿象征风，形如半月，质地为动，起长养万物的作用。在四大部洲之间，又有八座重层白台代表八小部洲。大乘阁四隅有四塔，代表佛的四智。后部分建筑周围的红色金刚墙代表铁围山。❸

3. 承德普乐寺

---

❶ 陈喆. 浅析密宗义理与喇嘛教建筑的象征意义. 全国第三次建筑与文化学术会议论文，1994，泉州.
❷ 应兆金. 西藏佛教建筑的发及外来建筑文化的影响. 第二届中国建筑传统与理论学术会议论文，1992，天津.
❸ 陈喆. 浅析密宗义理与喇嘛教建筑的象征意义. 全国第三次建筑与文化学术会议论文，1994，泉州.

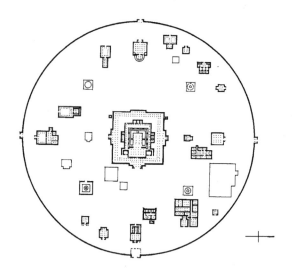

图 2-4-51 桑耶寺总平面（自布达拉宫）

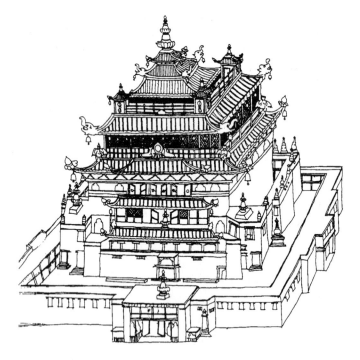

图 2-4-52 桑耶寺乌策大殿（壁画）（自布达拉宫）

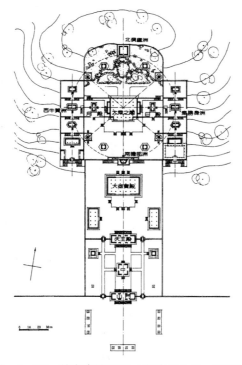

图 2-4-53 普宁寺平面图（自清华大学. 颐和园）

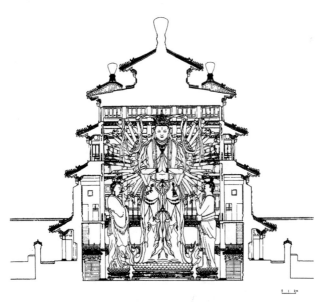

图 2-4-54 大乘阁剖面（自天津大学建筑系. 承德古建筑：259）

普乐寺建于乾隆三十一年（1766年）。乾隆根据章嘉国师提供的宗教意图，在溥仁寺和安远庙之间修建了普乐寺（图2-2-55，2-4-56，2-4-57）。因主殿旭光阁外型为重檐圆攒尖顶亭，故俗称"圆亭子"。该庙前半部为承袭汉式伽蓝七堂布局，后半部融入藏式风格，建立阇城。

阇城立面分三层，底层是金刚墙，条石砌筑，高3.36m，长75m见方，中设对称蹬道，20级，四面设门，四门殿由裙房相连，计84间，形成方阵封闭。裙房正中是44.4m边长，高7.2m的石砌方台，为阇城的第二层，四面正中辟拱门，台上沿砌雉堞。拱门与门殿之间有甬道相通。台顶四周环布琉璃藏式塔八座，形状略同，色彩不一。四角台座为八角形，塔身白色。其他

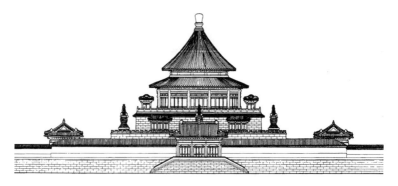

图2-4-55 阇城、旭光阁正立面（自承德古建筑：281）

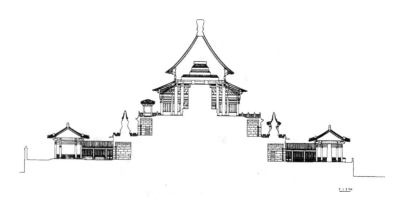

图2-4-56 阇城、旭光阁剖面（自承德古建筑：281）

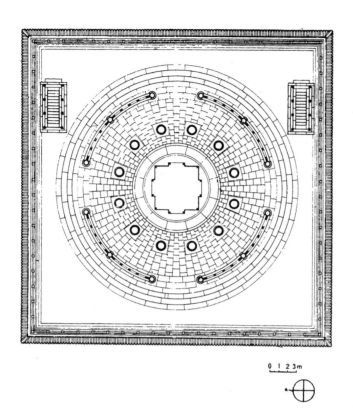

图 2-4-57 阁城、旭光阁平面（自承德古建筑：283）

台座为正方形，正西紫色，正东黑色，正南黄色，正北蓝色。这八塔有何宗教内涵，尚难确定。一说八塔为功德塔，如塔尔寺如来八塔然。❶ 确否待考。

  阁城正中是旭光阁，平面为圆形，直径21m，高24m，重檐黄琉璃瓦攒尖顶。阁内正中置圆形须弥座，上置大曼荼罗。该曼荼罗由37块木料组合而成，象征三十七道品，指获得菩提智慧的三十七种实践修行法，即四念处、四正勤、四神足、五根、五力、七觉支、八正道。曼陀罗上供双身立姿欢喜佛铜像，呈男女拥抱交媾状。男像为上乐王佛，是大日如来的法身像，三面十二臂，正面直对磬锤峰，代表智慧。女像明妃（即佛母罗浪杂娃）

---

❶ 陈宝森编著. 承德避暑山庄外八庙：257. 中国建筑工业出版社，1995。

一面双臂,对永祐寺舍利塔,代表禅定。

阁城的各门殿供奉着密宗佛、金刚像30多尊,东殿南为密集金刚,三头六臂拥佛母;北为顶髻白伞盖金刚,三头六臂。山门居中者为大威德怖畏金刚,牛头三面变体,三十四臂,拥佛母;居北者为牛头域主金刚;居南者为大黑天金刚。北殿居中者为文殊化身大威德怖畏金刚,牛头赤身,九头三十四臂十六足,拥明妃,有"降伏恶魔之威,护善安良之法",是藏传佛教格鲁派的护法神。❶

乾隆皇帝修建普乐寺,是以"先天下之忧而忧,后天下之乐而乐"这一意匠为出发点的。据《普乐寺碑记》:"咨之章嘉国师云,大藏所载,有上乐王佛,乃持轮王化身,居常东向,洪济群品必若外辟重闉,疏三涂,中翼广殿,后规阁城,叠磴悬折,而上置龛,正与峰对者,则人天咸遂皈依"。今普乐寺阁城的规制,上乐王佛正对磬锤峰等,均与章嘉国师所云相同。

4. 颐和园须弥灵境

须弥灵境是颐和园后山中部的一组建筑群,是与承德普宁寺大约同时兴起的同一类型的汉、藏混合式佛寺(图2-4-58,2-4-59)。建筑群坐南朝北,全长约200m。北半部为"汉式"部分,按"七堂伽蓝"规制,但因地形限制而省去山门、钟鼓楼和天王殿,仅有正殿和东、西配殿。南半部的"藏式"部分以西藏桑耶寺为蓝本,其香岩宗印之阁相当于桑耶寺的乌策大殿,象征世界的中心须弥山。殿上有五顶,象征须弥山五峰,或象征大日如来等五佛。阁与四角分立的藏式塔又象征佛之五智:阁本身为"法界体性智",西北角上的白色塔为"大圆镜智",东北角上的是黑色塔为"平等性智",西南角上的绿色塔为"妙观察智",东南角上的红色塔为"成所作智"。其风格上,汉藏结合,香岩宗印之阁以汉式为主,仅东、西山墙上以藏式肓窗稍加点缀。四大部洲殿及日光、月光殿的下部平台为藏式,上部小殿为汉式。而八小部洲殿及四角塔均藏式。❷ 这是用建筑群表达的又一佛国世界图式。

---

❶ 陈宝森编著. 承德避暑山庄外八庙:258~259。
❷ 清华大学建筑系编者. 颐和园. 台北建筑师公会出版社出版。

除以上所述，在布达拉宫红宫第八层的东南角，有立体坛城殿，殿中间有七世达赖建造的立体曼荼罗（图2-2-60），东为德却坛城，中为桑旺堆巴坛城，西为吉杰坛城。在红宫第七层东侧的时轮佛殿内，有铜质时轮坛城一座，（图2-4-61），是时轮经的形象表现。

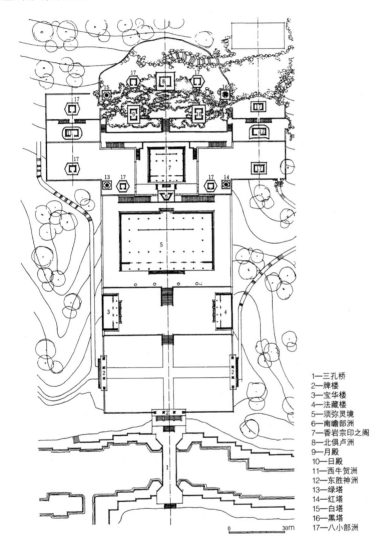

1—三孔桥
2—牌楼
3—宝华楼
4—法藏楼
5—须弥灵境
6—南瞻部洲
7—香岩宗印之阁
8—北俱卢洲
9—月殿
10—日殿
11—西牛贺洲
12—东胜神洲
13—绿塔
14—红塔
15—白塔
16—黑塔
17—八小部洲

图2-4-58 颐和园须弥灵境建筑群复原总平面（自清华大学．颐和园）

第二篇 宗教艺术篇

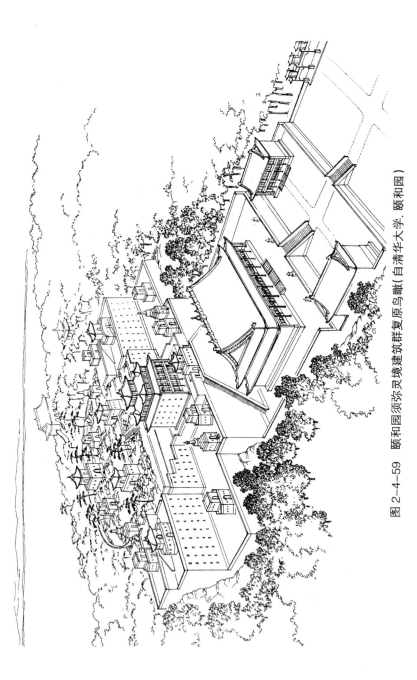

图 2-4-59 颐和园须弥灵境建筑群复原鸟瞰(自清华大学．颐和园)

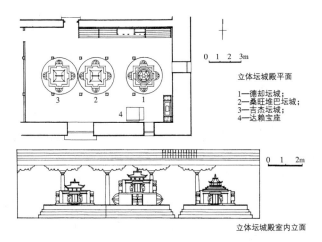

图2-4-60 布达拉宫立体坛城殿（自布达拉宫：265）

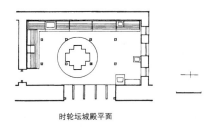

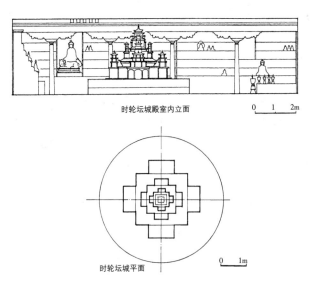

图2-4-61 布达拉宫时轮坛城殿（自布达拉宫：262）

这些佛国世界图式，向人们展示着一幅幅神秘而浪漫的极乐图景。

（七）白居寺拜塔

白居寺塔建于明朝宣德二年（1427年）至明正统元年（1436年）。白居寺在西藏江孜县江孜镇西北宗山脚下，东南北三面环山，西面临水。白居寺是一座塔寺结合的典型的藏传佛教寺院建筑，寺中藏塔，塔中有寺，寺塔天成，相得益彰。

白居寺塔为吉祥多门塔，其首层建筑直径为62m，塔高13层42.5m。全塔开门108间。白居寺塔是按照佛教哲理和世界图式建造的。塔东面建有通往各层直至塔尖的门殿和石阶，称为入大解脱城门。全塔绘塑诸佛菩萨画像近三万余身，有"见闻解脱十万佛塔"之誉。

吉祥多门塔的塔瓶座象征摧破不信、懒惰、忘性、懈怠、和愚疾等随烦恼的信、勤、念、定、慧五力。圆形的白色塔瓶及飞檐，象征择、法、精进、喜、轻安、舍、定、念的七觉支。

塔瓶以上是横斗、十三法轮和宝幢。据《江孜法王传》，横斗由三层莲花座、两重檐墙、飞檐组成。内开四门，外开回廊，分别象征三十七菩提道中的正见、正思维、正勤、正命、正定、正业、正语、正念的八正道。十三法轮由底部和顶部组成。底部外圆内方，象征如来十力（佛所持有的十种智慧力）三念处（佛在三种情况下，都能安任于正念正智中）。塔幢也由上下两部分组成。底部状如大悲经咒的二十八瓣莲花，塔顶为宝盖塔刹，分别象征大悲心和四无量（四无量即慈、悲、喜、舍四种广大的利他心愿）（图2-4-62，图2-4-63，图2-4-64，图2-4-65）。

其横斗四面各有一双巨眼，双眼下有一红色问号形符号，是什么含义呢？

一般解释认为："其四面，绘着四双巨眼，称慧眼，象征佛陀目视四方，警示世人。慧眼下为红色问号形的符号，代表佛祖至圣至尊。"❶

---

❶ 新华社国际资料编辑部编．世界名胜词典：1079．新华出版社，1986．

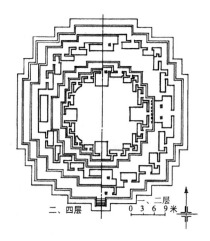

图2-4-62 江孜白居寺菩提塔平面

图2-4-63 江孜白居寺菩提塔剖面

图2-4-64 西藏江孜白居寺菩提塔（吉祥多门塔，又因全塔绘塑诸佛菩萨三万余身，故称十万佛塔。有西藏塔王美誉。）

图2-4-65 白居寺塔的斗部的四双巨眼和塔刹

这解释无疑是正确的。进一步探究其文化内涵，则与太阳崇拜文化有关。一般而言，太阳神常常被表现为一头四面，如印度的大梵天、吴哥窟的四面观音像，均如此。尼泊尔的博达纳特大塔、斯瓦扬布纳特塔的横斗上均有四双慧眼，无疑，白居寺塔的这种形式，象征四面佛，也即大日如来。让我们看看这四双慧眼的含义：

"能看到一切的神眼，用来比喻太阳：那是世界之眼，指火神阿耆尼的眼，也指佛陀的眼。世界之眼也是圆穹顶上的门，即太阳门，拥抱宇宙的神圣目光，也是通向宇宙出口的必经之路。"❶

（八）别具风采的脊饰艺术

藏传佛教建筑的脊饰艺术别具风采。具体说来有以下特色：

1. 重要殿宇屋顶常用金顶和鎏金物件为饰，金碧辉煌

比如布达拉宫就有若干金顶殿宇。另外，拉萨大昭寺就有歇山式鎏金殿顶五座（图2-4-66），松赞干布殿、释迦牟尼殿等都是金项。大昭寺康松司轮（威镇三界阁）是二层楼阁，屋顶鎏金，脊饰也全是鎏金铜制，有宝瓶、命命鸟、飞龙等（图2-4-67）。承德须弥福寿之庙的妙高庄严殿，为重檐攒尖金顶，八条金龙在垂脊上飞腾，十分壮观（图2-4-68，图2-4-69）。藏传佛教建筑的主要殿宇顶上，常用鎏金饰物，使建筑更添异彩。

2. 脊饰常用法轮卧鹿、大鹏金翅鸟、摩羯、龙以及伞盖、吉祥结、双鱼、莲花、幢、海螺、法轮、宝瓶等吉祥八宝图案。这些图案，象征"日、月、星辰围绕须弥山转动一样"，光辉灿烂。❷

法轮卧鹿是常用的脊饰之一（图2-4-70）。它象征着佛教昌盛，法轮常转。

金幢也是常用的脊饰。（图2-4-71）它又名胜幢，有各种形式。原为古代战争时用物，战胜后，抬着它回来，作为胜利的象征。它也称为经幢，里面满用经书缠裹，外包以鎏金铜皮。它象征佛胜外道而取得胜利。

在脊饰中，常可以看到人面鸟身的灵禽（图2-4-72），或

---

❶ [法] 让·谢瓦利埃、阿兰·海尔布兰特合编. 世界文化象征辞典；眼. 湖南文艺出版社，1992.
❷ 西藏自治区建筑勘察设计院、中国建筑技术研究院历史所著. 布达拉宫：第十章，建筑艺术处理. 中国建筑工业出版社，1999.

称为命命鸟,或称为嫔伽。她应是大鹏金翅鸟的化身。迦楼罗(金翅鸟)为天龙八部之一,在佛祖头顶,守卫着佛祖,是佛教的护法神。

在以龙为脊饰的建筑中,龙的形象最生动威猛的要数承德须弥福寿之庙妙高庄严殿的龙饰,龙形飞腾,疾奔护珠,神态生动,令人叫绝。

3. 以小型窣堵波为脊饰。

4. 摩羯鱼来自印度的神话,随佛教以及其他文化交流途径传入中土。在藏传佛教中,它与中国的龙相结合,产生长鼻子的龙式摩羯鱼(图2-4-73)。

以上几种做法都是藏传佛教建筑所特有的。

图2-4-66　拉萨大昭寺威镇三界阁

图2-4-67　拉萨大昭寺威镇
三界阁脊饰

图2-4-68　承德须弥福寿之庙
妙高庄严殿

图2-4-69 承德须弥福寿之庙妙高庄严殿金顶

图2-4-70 内蒙古呼和浩特席力图召大经堂

图2-4-71 拉萨大昭寺屋顶上的镏金法幢

图2-4-72 拉萨大昭寺释迦牟尼殿下檐博脊上的迦楼罗（金翅鸟）

图2-4-73 承德普乐寺天王殿正脊摩羯鱼吻

(九) 多姿多彩的雕塑艺术

藏传佛教建筑的雕塑艺术是多姿多彩的。以砖石雕刻艺术而论，北京碧云寺金刚宝座塔、北京大真觉寺金刚宝座塔、北京西黄寺清净化城塔、呼和浩特慈灯寺金刚宝座塔、席力图召双耳塔的石雕艺术都很精湛。

呼和浩特慈灯寺金刚宝座塔的砖石雕刻艺术十分精湛。下座须弥座的束腰上砖雕有狮、象、法轮、金翅鸟和金刚杵等图案。金刚座南面正中开一券门，门两旁石刻四大天王像（图2-4-74，图2-4-75），神态生动，表现出无畏无敌的气概。

北京西黄寺清净化城塔以白石雕砌而成，主塔须弥座是八角形，八角各雕一个托塔力士，束腰雕刻佛教故事，神态生动（图2-4-76）。

图2-4-74 呼和浩特慈灯寺金刚宝座塔塔门两侧雕刻天王像

图2-4-75 呼和浩特慈灯寺金刚宝座塔塔门两侧雕刻天王像

图2-4-76 北京西黄寺清净化城塔基座雕刻，上下刻宝相花，中为山水人物、佛教故事，转角刻力士

北京雍和宫大殿前立着一尊须弥山天宫城郭铸品，引人注目（图2-4-77）。须弥山原是印度教神话中的圣山，佛教亦用之。相传山高八万四千由旬，山顶上为帝释天，四面山腰为四天王，周围有七香海、七金山，七金山外有铁围山所围绕的咸海，咸海四面有四大部洲。该须弥山由青铜铸造，形象地表达了佛教对世界的看法。

甘肃夏河拉卜楞寺贡唐宝塔塔瓶上有八大菩萨鎏金立像（图2-4-78），菩萨面带笑容，神态生动自然。

以菩萨佛塑像而论，藏传佛教也别具一格。不但塑像形象十分生动、独特、富有个性，而且有许多象征意义。例如内蒙古土默特右旗美岱召八角庙殿中的怖畏金刚像（图2-4-79）就是如此。怖畏金刚是黄教密宗三大本尊之一，有9头34臂。按佛经记载，怖畏金刚是释迦牟尼在须弥山的再现。他的九个头，代表九类佛法；九个头上又有三眼，这代表洞察三时的慧眼，是无所不见的；头发上指，是向着佛地的意思。34臂，表示菩萨成佛除了身、口、意念外，还有34条修持法；左右34只手各持不同的物件，每一件都具有深刻的象征寓意。他还有16条腿，镇压阎王十六面铁城，代表16种空性；脚踏八大王，表示超出了世俗法则。它身佩50颗鲜人头，则梵文的34个子音和16个母音的全数，即一切密咒的基音都有了；遍体披戴的人骨珠串，象征一切善的功德都全了；佩带人骨骷髅，一方面象征世事无常，另一方面象征战胜恶魔和死亡。他怀中还拥有明妃"若朗玛"，蓝身，头佩五头骨、三睛，头发下垂，表示女人顺从之意。若朗玛左手持月刀，是为了割断有情；右手持盛血的人骨碗，意呈现乐空；右腿伸，是去镇压一切女明王；左腿弯，象征得到了快乐。怖畏金刚和若朗玛皆为裸体，表示远离尘埃世界；男女拥抱，是阴阳和合，乐空二法合一之意。怖畏金刚座下的莲花，代表已出轮回；莲花上的红日，象征心犹如太阳当空，遍知一切；背景是火焰，象征智慧和能量像火一般的旺盛，能烧掉一切烦恼和愚妄。❶ 从怖畏金刚像的造型和象征意义可以看出藏传佛教造像艺术的独特杰出，寓意之丰富博大。

---

❶ 赞丹卓尕. 探访哲蚌寺. 西藏旅游, 1998（5~6）: 86~91。

图2-4-77　北京雍和宫大殿前青铜铸须弥山

图2-4-78　拉卜楞寺贡唐宝塔塔瓶上镏金菩萨立像

注：左右34只手各持不同的物件，每一件都具有深刻的象征寓意。他还有16条腿，镇压阎王十六面铁城，代表16种空性；脚踏八大王，表示超出了世俗法则。它身佩50颗鲜人头，梵文的34个子音和16个母子音的全数，即一切密咒的基音都有了；遍体披戴的人骨珠串，象征一切善的功德都全了；佩带人骨骷髅，一方面象征世事无常，另一方面象征战胜恶魔和死亡。

图2-4-79 美岱召八角庙殿中的怖畏金刚像

（十）神奇绚丽的室内建筑装饰艺术

藏传佛教常用唐卡（图2-4-80）、旗幡、彩画、壁画作为室内建筑装饰的手段，取得光彩照人的艺术效果。

内蒙古包头五当召洞阔尔独宫前檐的门、柱、天花彩画装饰，就很有藏式建筑特色。一是色彩明艳，门、柱以红为主，兼施黄、蓝等颜色，显得神奇绚丽。另外，柱子断面呈亚字形，柱头、雀替、额枋造型、用色均十分独特，特色鲜明。天花以红、黄色为主，兼施兰绿等色。图案有莲花、佛八宝，也有双龙戏珠，有汉藏相融合的特色。

甘肃夏河拉卜楞寺贡唐宝塔的塔门也很有装饰艺术特色。大门朱红色，铜五金鎏金，显得富丽堂皇。门框的上框为一兽头，两侧框各以双龙戏珠为饰。门框的上方的装饰也很有特色。带状装饰的题材有法轮、火焰、莲花等，最上方为九个兽头，两端为象头，中间七个狮子头。

可以用八个字概括藏传佛教室内建筑装饰艺术的特色：神奇绚丽，琳琅满目。

图2-4-80 拉卜楞寺贡唐宝塔内唐卡

(十一) 佛国奇珍，中华瑰宝

藏传佛教建筑是佛教建筑中的一朵奇葩，西藏拉萨布达拉宫是藏传佛教建筑艺术的杰出代表。它的建筑艺术成就令世界各国人民叹为观止。藏传佛教建筑艺术扎根于西藏文化的沃土中，扎根于中华文化的沃土中，所以才能开出如此绚丽的花朵，结出如此丰硕的果实。藏传佛教建筑艺术是佛国之奇珍，中华之瑰宝！

五 中国最大的哥特式石构教堂——石室

在广州市越秀区一德东路，有一座纯花岗石建造的哥特式教堂，正立面两边的两座尖塔高耸入云，十分引人注目。它就是天主教圣心堂。由于它完全由花岗石砌筑而成，故广州百姓称之为"石室"，即石构之房屋（图2-5-1、图2-5-2）。

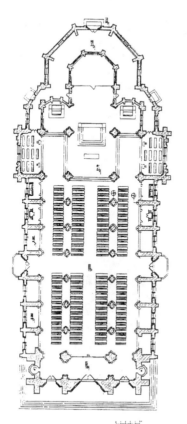

图 2-5-1 石室平面

图 2-5-2 石室南面正立面

在广州市越秀区一德东路，有一座纯花岗石建造的哥特式教堂，正立面两边的两座尖塔高耸

教堂东西宽 32.85m，南北长 77.17m，底层面积 $2200m^2$。南面正立面两侧有一对八角形的尖塔，高达 55.56m。正立面分为三层，底层开三个尖拱形的门；二层当中为一个石雕镂空的直径约 6m 的圆形玫瑰窗；三层为钟塔，东塔顶楼装有 4 具从法国运来的大铜钟，可发出高低不同的钟声，西塔则装机械时钟。有螺旋式石梯通一、二、三层。大圆玫瑰窗上方为三角山墙，山墙之尖刻花瓶花束，上立十字架。

石室的平面为拉丁"十"字形平面。它是有其象征含义的。"十"字在世界各地的远古时代，都是太阳和火的象征，也即光明的象征。但十字架是古代一种残酷的刑具，用横直二木交叉而成。行刑时，将受刑者的两手分别钉于横木的两端，双足合在一起重叠钉于直木的下方,然后将木架竖起,使受刑者高悬,距地面三米。受刑者最终可能由于体力或心力衰竭而死。古代有许多用此酷刑的例子。公元前519年,波斯国王大流士一世在巴比伦一次就这样处决3000名政敌。公元前88年,犹太国王兼祭司雅纳乌斯用此刑处死800名法利赛派分子。斯巴达克思起义(前73—前71年)失败后,6000名被俘者被钉在十字架上。耶稣受难(被钉死在十字架)是为宣传基督教教义之一——"救赎说"服务的。公元4世纪罗马的君士坦丁大帝信奉了基督教,宣布废止了钉十字架的死刑。从此,十字架不再是刑具而成为宗教的标志,即基督教的标志。❶

十字架因四臂不等长,西方人称之为"拉丁十字形"。这一形状因耶稣的受难而成为基督教的标志,它又与古代的"十"字为太阳、火、光明的意义相合,符合基督徒对"上帝之光"的追求,因而成为西欧基督教堂的平面形式。拉丁十字平面既能满足教堂宗教仪式的需要,又具有种种象征含义,满足了精神上的要求,因而成为教堂的正统平面形式。

这种拉丁十字平面的教堂也被比拟为一个神秘的人体。左右的两个侧厅相当于两臂;唱诗班所在的位置,相当于人的胸部,包括心脏部分;而中殿及两侧的侧廊,相当于身体的下半部分。后堂则象征人的头部和大脑。后堂代表着基督教圣灵的精神性空间,而教堂的其余部分,则代表着世俗世界的物质空间。❷ 后堂一般设置圣坛。西方的教堂均为东西向,西立面为入口主立面,朝拜者从西边入门厅,到中殿,中殿和侧廊是信徒们聚集之所,是供会众们礼拜和活动所用的空间。在后堂圣坛之前,往往用巨大的管风琴,或木制的隔墙,把后堂与中殿相隔,并在隔墙前设置一个中殿圣坛,供一般信徒拜祭。主教与教士们在此布道。后堂的圣坛则不是一般信徒能随便出入之地。众信徒在中殿圣坛前拜祭时,可以见到东升的太阳在后堂透过巨大窗户投入教堂的阳光——上帝之光。因此,西方教堂以西面为主入口,圣坛置于东

---

❶ 庄锡昌等主编. 世界文化之谜. 第二辑: 251~225. 文汇出版社, 1998.
❷ 王贵祥. 东西方的建筑空间——文化空间图式及历史建筑空间论: 344~359. 中国建筑工业出版社, 1998.

面，信徒面东朝拜，其中蕴含着古老的太阳崇拜的文化内涵。

石室的平面采用拉丁十字形，但两翼突出很少，这是法国教堂常见的平面形制，与英国等国教堂平面的两翼突出很长有显著区别。石室基址原为清两广总督行署。咸丰七年（1857年）第二次鸦片战争中被英法联军的军舰炮击，夷为平地。法国政府依据不平等的《天津条约》，借口清政府在教禁期间没收过天主教在广州的教堂，威胁清廷赔偿损失，并在此建立教堂。该教堂由法国天主教普行劝善会兴建，由法国建筑师按照法国哥特式教堂样式设计。曾做有木模型。

该教堂于清同治二年（1863年）奠基，奠基时曾分别从耶路撒冷及罗马运来泥土各一公斤置于基下，表达"此教创立于东方之耶路撒冷，而兴起于西方之罗马"之义，现教堂正面东侧墙角下有"Jerusalem1863"，西侧墙角下有"Rome1863"刻字，正记录了这一事情。教堂在施工时碰到了难以克服的困难，花了数年才修起几尺高的墙壁。后来聘请了一位有施工经验的广东揭西人蔡孝为总管工，教堂才顺利完成。石料采自九龙。石工多来自五华，加工分件，以船运到广州打磨，装配砌筑，灰浆用中国传统的桐油糯米石灰浆。❶ 教堂至光绪十四年（1888年）建成，历时25年，耗费40万金法郎。

以往关于石室的文章多认为它由法国建筑师仿巴黎圣母院设计而得。巴黎圣母院（1163—1250年）为法国哥特式建筑的早期代表作（图2-5-3），其西立面两边虽有钟楼，却没有尖塔。中晚期的法国哥特式教堂则有此尖塔。在法国中晚期的哥特式教堂中，以法国查特里斯主教堂（图2-5-4）的西立面和平面与石室有相似之处，而法国鲁昂圣旺修道院教堂（图2-5-5）则与石室有相似之处，巴黎圣母院不仅西立面两边钟楼无尖塔，与石室不同，而且平面上两横翼突出更短，东端为半圆形，与石室平面差异较大。法国鲁昂圣旺修道院教堂西立面与石室的正立面十分相似：首层三座门，门上方各有三角向上的尖饰；二层中央为大圆玫瑰窗；三层两边的钟楼，上有八角形尖塔。平面上，鲁昂

---

❶ 邓其生，李佩芳. 论广州石室的建筑艺术形象. 新建筑，1988（1）：65~69.

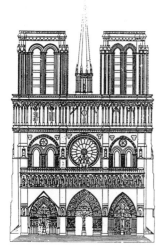

西立面　　　　　　　　平面

图 2-5-3　法国巴黎圣母院（1163—1250 年）

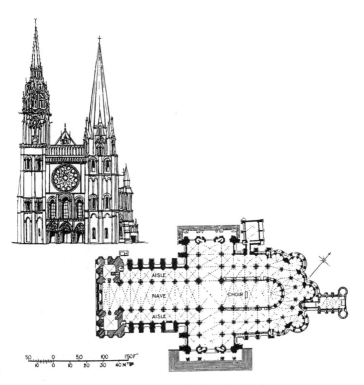

图 2-5-4　法国查特里斯主教堂

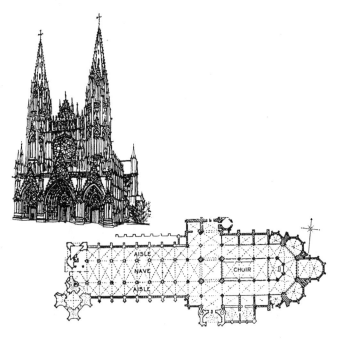

图2-5-5　法国鲁昂圣旺修道院教堂

圣旺修道院教堂东端后堂呈多角形，与石室相似；两翼突出长短与石室大体相当。虽说目前尚不能认定石室是以法国鲁昂圣旺修道院教堂为蓝本而设计的，但却可以肯定，石室不是以巴黎圣母院为式设计的。

石室的中殿内净高27m，相当于九层的房屋高度。石室虽然雄伟高大，但在西方的哥特式教堂中，比石室更高大得多的教堂比比皆是。查特里斯主教堂，中殿净高37m。兰斯主教堂（1211—1290年建）中殿净高38.1m。亚眠大教堂（1220—1288年建）中殿净高43m。波未主教堂（1247—1568年建）中殿净空高度达48m。德国的科隆主教堂（1248—19世纪建）中殿高48米。[1]

在钟塔的高度上，石室的55.56m已令人吃惊，比羊城原最高的花塔（57.6m）略低2m。西方哥特式教堂钟塔在高度上有更

---

[1] Banister Fletcher. A History of Architecture. The Eighteenth Edition，601~609。

惊人的纪录。兰斯主教堂钟塔高101m，查特里斯主教堂钟塔高107m，斯特拉斯堡主教堂钟塔高142m，乌尔姆主教堂钟塔高度达到161m。教堂的长度也很惊人，巴黎圣母院为127m，兰斯主教堂为138.5m，查特里斯主教堂为130.2m。意大利米兰主教堂（1386—1485年建）规模巨大，内部总长约150m，宽59m，高达45m。❶

虽然有许多西方的哥特式教堂在平面尺度和立面高度上都超过了石室，但石室却有其独特的价值。石室是在19世纪下半叶由法国建筑师设计，而由中国人为总管工，由中国工匠建造完成的。当时，西方建筑传入中国不久，中国工匠对西方式样并不熟悉，其施工难度可想而知。西方的教堂建造时间普遍很长，巴黎圣母院建了87年，兰斯主教堂建了79年，亚眠大教堂建了68年，查特里斯主教堂建了五个世纪，鲁昂圣旺修道院教堂建了197年，德国科隆主教堂建了前后七个世纪才完工，而广州的石室只建了25年就完成，建造时间之短，足令世人刮目相看。

虽然建造时间短，但施工质量很高。在教堂正立面和侧立面的山墙上都有一个直径约6m的圆形玫瑰窗。其花心为一小"十"字形花朵，由花心向外放射出12片花瓣，花瓣顶尖各有一个小圆，圆内各有一个"十"字形花朵。这"十"字形花朵又把原一片花瓣分为二片，则原花放射出的12片花瓣变为24片花瓣，外连12个小圆。另外，12片大花瓣与外接圆之间，又有12个小圆分别与之相切，每个小圆内又各有一个"十"字形花朵。这样，花心与24片花瓣、24个小圆就组成了玫瑰窗的图案，构图十分巧妙，美观。这精致无比的玫瑰窗棂都由中国石匠雕琢而成，而且拼合得天衣无缝，工艺水平之高令人赞叹。

正立面分为三层。底层是雕饰精致的三个门，门上为双圆心尖拱，拱外饰以三角山墙式装饰。中央大门石框之外每边各雕七根线脚圆柱，以"八"字放射状向外排列，在与门上框齐平的高度上各以一混合柱式之柱头为结束，门两边对应的两柱上各起一尖顶拱肋，共有七层向外放射的拱肋，门框外的七对柱线和门上

---

❶ 陈志华. 外国建筑史. 中国建筑工业出版社，1979. 80~81。

方的七层尖拱肋于是组成了哥特式建筑极有特色的"透视门"。拱肋之上，以三角山墙尖为饰，在山尖与拱肋之间为一大三小共四个圆形盲窗，大的圆窗为玫瑰窗形，中间有一个圆形花心，花心内为"十"字形花朵，花心外有八片花瓣，花瓣外又有八个小圆。其余三个小圆盲窗均以"十"字形花朵为饰。门框上拱肋之下，则以下部二个尖三心花瓣拱、上部一个大圆、两侧下部各一小圆为饰，大圆为六瓣玫瑰形，各嵌以五色玻璃。两侧门较小，门框外用三对线脚柱子和三个尖顶拱肋组成透视门。门框上拱肋下的装饰也略有不同，中为一个大圆，圆内为六瓣玫瑰形花瓣以及六个小圆。大圆外边下两侧为各一三叶花饰，上边和两侧各有一三角饰，均嵌以彩色玻璃，拱肋上方冠以三角山墙饰，拱肋与山尖间饰以一大三小四个圆形盲窗，大者内为"十"字形花朵，小者内为三叶花饰。正侧门上山尖上方块均饰以"十"字宗教符号。

在门框上方的水平高度上，正立面上的四根柱子均雕出一条突出的底座线脚，在上面雕出一个双柱小亭，柱子为塔斯干式，离开柱面，二柱上方为一个圆形三心花瓣拱，上为三角山墙"十"字架顶。亭子的底座与透视门的柱头、门框连为一条整座建筑的水平饰带。

在二层的下方至二层的窗台线，正、侧立面上雕出了一条宽宽的水平饰带。在柱子上，该饰带仍为一小亭，无柱子，内为一尖三心花瓣拱盲窗，上为一三角山墙，山花上饰以一小圆。水平饰带的墙面部分，则以多对塔斯干壁柱为母题，柱子上方为尖式三叶嵌接拱。

二层的正中为直径近十米的大圆玫瑰窗。两侧各有一个尖顶拱窗。窗框内用三根柱，上承二个尖式三叶嵌接拱，二拱的上方与窗拱之间为一个大圆、两个小圆，大圆内饰以"十"字形花朵。

三层为正立面两边的钟楼，也以柱子、尖顶拱为母题连成水平饰带，柱子上相应位置也建二柱尖三心花瓣拱小亭，亭顶成为尖塔式。中央大圆玫瑰窗之上为中殿的屋架，前面则为三角山墙，下方为一条连以两边的尖式三叶嵌接拱饰带。三角山墙的正中为一个百叶圆窗，既有装饰作用，又有通风功用。

三层西塔的东、西、南三面窗户上方都有一个圆形罗马字钟面，东塔为铜钟塔，窗户上相应处为一大圆，圆内为六瓣玫瑰形饰。三层窗户上方各有三角山尖饰。三层的上部四角柱上各立一小亭子，亭子顶为尖顶。在三层之上为两座八角形尖塔。尖塔为八角形尖锥体，空心，用铁件连接石块构成。

石室的正立面由一条水平线（一层）、一条水平带（二层）相连，显得坚固、稳定，三层两边为水平带，中间为三角山墙，使整个建筑二层以下，既稳定，又生动，三角山墙标明了中间的重要性，大圆玫瑰窗以其艺术魅力成为人们视觉关注的焦点。建立在坚固、稳定的基础上的三层钟楼尖塔，以及上边的许多小塔尖，使人感觉一种向天空、向上苍引导的力量，它反映着信徒对上帝、对天堂的追求和向往。向上，追求崇高，向往天国，向往上帝之光，这正是哥特式建筑的艺术魅力所在。

石室的内部除束柱、拱肋之外，并无繁复的雕饰。但是，向上高耸交叉的拱肋，高大的空间，彩色玻璃上射入的五彩缤纷的光线，加上庄严的圣歌，会使人产生一种神秘的感觉，使信徒们产生一种神圣的、崇高的情感，引导他们的灵魂向上帝、向天国飞翔。应该说，石室在建筑艺术上是很成功的。

中国文化源远流长，博大精深。任何外来文化进入中国，都会受到中国文化的影响。佛教如此，伊斯教兰如此，基督教也不会例外。石室虽由法国建筑师设计，因在中国兴建，也不得不在某些方面顺从中国国情。其中最明显的一点，是主立面由朝西改为朝南，这是顺从中国传统和习俗的一种改动。究竟是法国建筑师同意这样做，还是总管工蔡孝坚持朝南为正，均不得而知。两种文化在碰撞中融合，融合的结果必然使原来的文化有所改变。石室也是如此，外形是法国哥特式，朝向成了中国式。

石室的另一个改变，是建筑的陡坡屋顶，欧洲采用木桁架，中国匠师没有照搬欧洲的做法，而采用了自己得心应手的抬梁式木构架，解决了屋顶结构问题。❶ 1935年维修时，把屋顶改为钢

---

❶ 邓其生，李佩芳. 论广州石室的建筑艺术形象. 新建筑, 1988（1）：65~69。

筋混凝土结构。

另一个重要改变是，西方圣坛一般置于后堂，在"十"字交叉处至圣坛间两边设唱诗班席位，石室却在二楼前部设唱诗班席位，可供百多人伴唱圣歌。圣坛则移至"十"字交叉的靠后堂之地。二楼与大堂仅以栏杆相隔，视线通达，音响甚佳。这应是成功的改变。

还有，石室不是用水泥，而且用中国传统的桐油糯米石灰浆砌筑的。该灰浆砌筑物既防水又坚固而有韧性，历久而强度不减。这是又一重要的变化。

最后一点，是室外排水的兽头，没按照西洋做成怪物的形状，而且做成中国传统的石狮状。

石室教堂范围原占地60多亩，附有中、小学，医院，育婴堂，神学院，以及门前两列以花岗石为骑楼柱的店铺。现附属建筑尚有教堂东面的颐铎园和主教府。由于抗日战争时期日本飞机的轰炸，以及1949年国民党军队的轰炸，教堂玻璃几乎全部震毁。后墙的玫瑰窗原是嵌镶着圣心教堂的耶稣圣心像的，像的两旁尖拱窗同样以彩色玻璃镶嵌耶稣十二圣徒像。教堂东西两边的高侧尖拱窗全部是彩色玻璃窗，内容为十四幅圣经故事和圣人行善图。❶可惜现均无存。"文化大革命"时堂内的祭台、祭具、圣像、神功亭及椅子又被焚毁。1979年起相继修复。现石室为省、市天主教爱国会所在。❷

中国现存的哥特式教堂中，以石室及上海徐家汇天主教堂规模最大。上海徐家汇天主教堂建筑于1904—1910年，建筑师是W. M. Dowdall。它也是法国哥特式教堂。建筑平面为拉丁"十"字形。建筑总长79m。宽28m，两翼最宽处44m，外墙为清水红砖砌筑。正立面两座钟楼高约50m，塔尖屋面为青石板覆盖。❸石室长77.17m，宽30.12m，两翼最宽处32.85m。❹ 从以上数字来看，石室面积约略与上海徐家汇天主教堂相同或略大。从两建筑的外观和立面看，上海徐家汇教堂因无精确测量数字。称

---

❶ 邓其生，李佩芳. 论广州石室的建筑艺术形象. 新建筑，1988（1）：65~69。
❷ 广州市文物志. 岭南美术出版社，1990. 196~197页。
❸ 伍江编著. 上海百年建筑史（1840~1949）. 同济大学出版社，1997. 87页。
❹ 测绘图由汤国华提供。

"50多米"，应低于石室高度。因此，石室应为中国最大的哥特式教堂。因上海徐家汇天主教堂为砖石混用的结构，石室纯用石构，因此，石室为中国最大的哥特式石构教堂，应是当之无愧的。

石室（圣心大教堂）于1996年11月20日由国务院公布为第四批全国重点文物保护单位。

建筑哲理、意匠与文化

第三篇　装饰艺术篇

一　中国古建筑脊饰的文化渊源

屋顶是中国古代建筑最富有艺术魅力的组成部分之一，是建筑的冠冕。冠冕上有着各种装饰：从龙、凤到各种飞禽走兽，从神佛仙道到凡夫俗子，从帝王将相到才子佳人，从日、月、星辰到山川万物，可谓包罗万象，无所不有。其脊饰的文化渊源，最久远的可以溯至远古人类的生殖崇拜文化；稍近些，则与图腾崇拜文化、祖先崇拜文化有关，并与宗教文化、民族文化、民俗文化交织融合，从而产生了千姿百态富有特色的中国古建筑的脊饰。

（一）脊饰与远古的生殖崇拜文化

恩格斯指出："根据唯物主义的观点，历史中的决定性因素，归根结底是直接生活的生产和再生产。但是，生产本身又有两种。一方面是生活资料即食物、衣服、住房以及为此所必需的工具的生产；另一方面是人类自身的生产，即种的繁衍。"[1]

原始人口的高出生率、高死亡率以及极低的增长率，使人口问题成了关系到人类社会能否延续的根本大事。这导致原始人类产生了炽盛的生殖崇拜。

鱼纹、蛙纹成为母系氏族社会女阴崇拜的象征，鸟纹、龙蛇等成为父系氏族社会男根崇拜的象征。[2] 而鱼、鸟、龙等均为中

---

[1] 恩格斯. 家庭·私有制和国家的起源. 北京：人民出版社，1972。
[2] 赵国华，生殖崇拜文化论. 北京：中国社会科学出版社，1990。

国古建筑脊饰的重要题材,其渊源之深远是值得注意的。

(二) 脊饰与图腾崇拜文化

由生殖器崇拜发展出图腾崇拜。上古华夏族群的图腾崇拜主要有东夷族的龙崇拜、西羌族的虎崇拜、少昊族和南蛮族的鸟图腾崇拜、北方夏民族的蛇图腾崇拜,从而产生东方苍龙、西方白虎、南方朱雀、北方玄武这四象的概念。所以中国文化又称为"龙虎文化"❶。朱雀也即凤凰,龙和凤在中国古代建筑脊饰中占有重要的地位,我们不妨称之为"龙凤脊饰文化"。(图3-1-1)

1. 凤饰和鸟饰

先秦和汉代的中国古建筑中因鸟图腾崇拜,曾盛行以凤凰和鸟雀为脊饰。(图3-1-2~4)。

先秦建筑的形象主要见于战国出土的铜鉴(图3-1-1-c),其脊饰为鸟形。❷ 浙江绍兴战国墓出土的铜屋(图3-1-1-b),屋顶为四角攒尖顶,上立八角图腾柱,柱顶为一大尾鸠。❸ 据研究,这个铜房屋模型应是越族专门用作祭祀的庙堂建筑的模型。❹ 云南祥云县1963年出土的铜棺,外形为一座干栏式建筑(图3-1-1-d),年代为公元前465±75年❺,为战国初的文物。干栏式建筑与鸟图腾崇拜有着密切关系。

(1) 凤鸟崇拜与干栏式建筑

凤鸟崇拜为中国上古图腾崇拜的重要内容之一,有必要深加剖析。

《说文》:"凤,神鸟也。天老曰:凤之像也,鸿前、麟后、蛇颈、鱼尾、鹳嗓、鸳思、龙纹、龟背、燕颔、鸡喙、五色备举,出于东方君子之国,翱翔四海之外,过昆仑,饮砥柱,濯羽弱水,暮宿风穴,见则天下大安宁。从鸟,凡声。凤飞,群鸟从以万数,故以为朋党字。"

《尔雅·释鸟》:"凤,其雌皇。"郭璞注:"凤,瑞应鸟,鸡

---

❶ 陈久金. 华夏族群的图腾崇拜与四象概念的形成. 自然科学史研究, 1992, 11 (1): 16.
❷ 刘敦桢. 中国古代建筑史. 北京: 中国建筑工业出版社, 1980.
❸ 绍兴306号战国墓发掘简报. 文物, 1984 (1): 16.
❹ 牟永抗. 绍兴306号越墓刍议. 文物, 1984 (1): 33.
❺ 李昆声. 云南文物古迹. 昆明: 云南人民出版社, 1984.

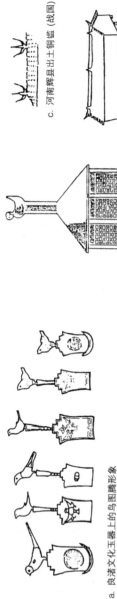

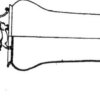

a. 良渚文化王器上的鸟图腾形象（张明华、王惠菊.太湖地区新石器时代的陶文.考古,1990.10:905）

b. 浙江绍兴战国墓出土铜屋四角攒尖顶上为一八角柱.上为一弓

c. 河南辉县出土铜鉴（战国）

d. 云南祥云大波那铜棺（战国）（李昆声.云南文物古迹.云南人民出版社.1984）

e. 河南濮阳西水坡墓中用蚌壳摆成的龙虎图案（距今约6000年）（王吉怀.宗教遗存的发现和意义.考古与文物,1992,6:59）

f. 虎钮錞于（战国至西汉）（湖南泸溪出土）（孙机.汉代物质文化资料图说:437）

g. 虎钮錞于（贵州松桃出土）（李衍垣.錞于述略,文物,1984,8）

h. 武梁祠汉画像石之建筑脊饰

i. 汉画像石之建筑脊饰

j. 汉画像石之建筑

图3-1-1 中华古民族的图腾崇拜与建筑脊饰

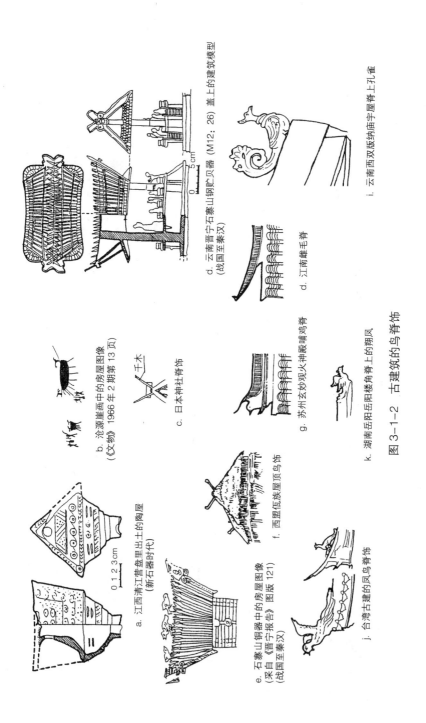

图 3-1-2 古建筑的鸟脊饰

第三篇 装饰艺术篇 211

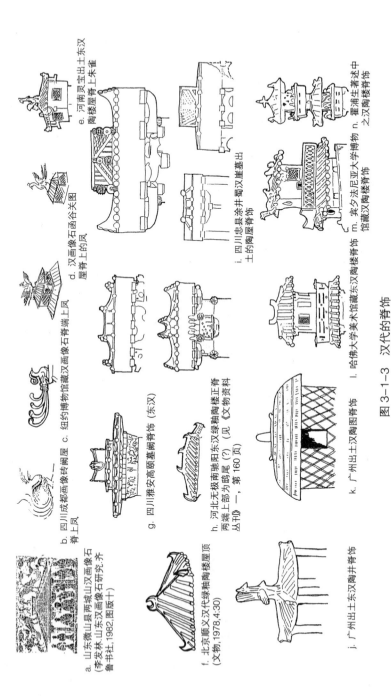

图3-1-3 汉代的脊饰

图 3-1-4 汉代和三国的首饰

头、蛇颈、燕颔、龟背，五彩色，其高六尺许。"

《山海经·南山经》："又东五百里，曰丹穴之山。……有鸟焉，其状如鸡，五彩而文，名曰凤凰。"

《山海经·西山经》："西南三百里，曰女床之山……有鸟焉，其状如翟而五彩文，名曰鸾鸟，见则天下安宁。"

《说文》："鸾，亦神灵之精也。"

《广雅》："鸾鸟，凤凰之属也。"

《禽经》："黄凤谓之鸾。"

《挚虞决疑要注》"凡象凤者有五，多赤色者凤，多青色者鸾，多黄色者鹓雏，多紫色者鸑鷟，多白色者鹄。"

据《汉书》、《后汉书》记载，凤凰曾多次出现在长安等地。凤凰究竟是什么鸟？

据宁夏大学冯玉涛先生考证，凤凰即今之孔雀。"孔"即大之意，孔雀即大雀，为最大的飞禽。飞翔与风有关，由于孔雀被崇拜而神化，成为司风之王，即风王，也就是凤凰。❶

孔雀目前只生活在云南西南部和南部，多栖于山脚一带溪河沿岸或农田附近，以种子、浆果等为食。云南之外的我国各地，已不见野生的孔雀。孔雀生活的云南正是干栏建筑之乡，中国和世界东方水稻文化的发源地。

近年来，文化人类学领域中，将世界文明分为两大源流，即所谓的照叶树林文化与硬叶树林文化。❷ 照叶树林文化又称为水稻文明，为东亚和东南亚文明的母体，其中心源地为"东亚半月弧"地域，正为中国的云南省处。日本的若林弘子先生提出干栏式建筑是基于水稻农耕生产形态之上所产生和发展起来的建筑形态。倭族的初民将水稻文明和干栏式建筑由发源地滇池畔向四方传播，其中一支沿长江东下，渡至日本❸。

由建筑史可知，干栏式建筑在古代流行于长江流域及其南部，正是水稻耕作文明之区域。更令人惊讶的是，干栏建筑内居住的古代民族除蛇、虎等图腾崇拜外，多有鸟图腾崇拜。浙江河

---

❶ 冯玉涛. 凤凰崇拜之谜. 人文杂志, 1991 (5): 108~113。
❷ 张十庆. 东方建筑研究（上）. 中日古代建筑大木技术的源流与变迁. 天津：天津大学出版社, 1992。
❸ [日] 若林弘子. 高床式建筑源流. (弘文堂. 转引自9书)。

姆渡遗址，说明其 6000～7000 年前的先民种植水稻，住干栏建筑。长江下游的新石器时代的良渚文化，也是种植水稻，住干栏建筑。在良渚文化的玉璧、玉琮上，刻着一种"阳鸟山图"（图 3-1-1-a），其基本结构是：一只鸟立于盾状的五峰山上。有的山之正中有一圆圈，内填云纹，或有一扁圆形，内填两道曲线，均表示太阳。有的山体上有一展翅阳鸟背负太阳飞翔（这种图案亦见于河姆渡骨器上❶）。良渚文化玉器上的"阳鸟山图"，说明当地居民盛行太阳和鸟图腾崇拜。❷

古人认为太阳由神鸟驮着每天由东方飞至西方降落。《山海经·大荒东经》云："汤谷上有扶木，一日方至，一日方出，皆载于鸟。"《淮南子·精神训》云："日中有踆鸟，而月中有蟾蜍。"在远古的生殖崇拜中，鸟为男根的象征，青蛙（蟾蜍）为女阴的象征，图腾崇拜继承了生殖崇拜，以踆鸟（即蹲鸟，三足鸟——其中一足象征男根）代表太阳，以蟾蜍象征月亮。因此，鸟图腾崇拜与太阳图腾崇拜统而为一。

《山海经·大荒东经》云："东海之外有大壑，少昊之国。……甘水出焉……甘水之间，有羲和之国，有女子名曰羲和，方浴日于甘渊。羲和者，帝俊之妻，是生十日。"少昊是以鸟类和太阳为图腾的远古民族首领。

据《左传·昭公十七年》记载，鲁昭公问少昊的后裔郯子，为何少昊以鸟为其官员命名？郯子回答："我高祖少昊，挚之立也，凤鸟适至，故纪于鸟，为鸟师而鸟名。凤鸟氏，历正也；玄鸟氏，司分者也；伯赵氏，司至者也；青鸟氏，司启者也；丹鸟氏，司闭者也；祝鸠氏，司徒也；鴡鸠氏，司马也；鸤鸠氏，司空也；爽鸠氏，司寇也；鹘鸠氏，司事也。五鸠，鸠民者也。五雉，为五工正。……九扈，为九农正。"

郯子共说了五鸟、五鸠、五雉、九扈共 24 种氏族，都以鸟为图腾。少昊族起源于山东郯城，殷人为少昊氏的后裔。商代甲骨文中有大量干栏式建筑的形象，这是居住干栏建筑的民族有凤鸟崇拜的又一例子。长江中游居住的楚之先民，其祖祝融，是高

---

❶ 河姆渡遗址第一期发掘报告. 考古学报，1978（1）。
❷ 杜金鹏. 关于大汶口文化与良渚文化的几个问题. 考古，1992（10）：915～925。

辛氏即帝喾的火正，楚先民种水稻，住干栏，以凤鸟为图腾，帝舜则为尊凤的高辛部落集团的首领。这又为一例。

据晋张华《博物志》："越地深山有鸟如鸠……越人谓此鸟为越祝之祖。"可见一部分越族也以鸟为图腾。绍兴战国墓出土的铜屋（图3-1-1-b）就是例证，古越人种水稻，住干栏建筑，这又为一例。

事实上，西南的一些少数民族也以鸟为图腾。沧源崖画中房屋顶上有鸟形饰（图3-1-2-b）。晋宁石寨山铜器中的房屋图像中也有鸟饰（图3-1-2-e），而石寨山铜贮贝器盖上的建筑模型，不仅屋顶两坡各有两个小鸟饰，而且两个侧面均为大鸟之形（图3-1-2-d）。直到现代，云南佤族头人及富裕阶层的屋顶两端仍有简化的木鸟作为装饰（图3-1-2-f），它标志着房屋主人的社会地位和身份。❶ 以鸟为脊饰者分布甚广，日本神社脊饰之千木（图3-1-2-c），实为简化的鸟饰。至今，长江以南以鸟为脊饰的屡见不鲜（图3-1-2-g、h）。这些都是住干栏建筑的民族行鸟图腾崇拜的例子。

诚然，以鸟为图腾的民族并不一定以干栏为建筑形式。

《山海经·海内经》载："有赢民，鸟足。"说明海内居住的赢姓的人属于鸟图腾。秦为赢姓的一支，亦属鸟图腾。秦先民不居干栏。

尽管如此，种水稻为生的远古民族多住干栏，住干栏的远古民族除蛇、虎等图腾崇拜外，多有鸟图腾崇拜，而凤则为鸟王，水稻文明、干栏建筑以及凤鸟（孔雀）均源于云南，这决非巧合，说明云南远古的水稻文明，以干栏为其建筑形式，以凤鸟为图腾，从云南向四方传播，不仅及于长江中、下游地区，而且远达朝鲜、日本等地。

(2) 汉代的凤饰和鸟饰（图3-1-3、4）

到汉代，以凤和鸟雀为脊饰曾风行一时。

据《三辅黄图》："《汉书》曰：建章宫南有玉堂，壁门三层，台高三十丈，玉堂内殿十二门，阶陛皆玉为之。铸铜凤高五

---

❶ 汪宁生. 试论中国古代铜鼓. 考古学报，1978（2）：178.

尺，饰黄金，栖屋上，下有转枢，向风若翔。"

《汉武故事》："上起神屋，薨附作金凤，轩翥若飞，口衔流苏，长十余丈。"(《太平御览》卷187)

建章宫北门有凤凰阙，又名别凤阙，高二十五丈，上有铜凤凰。"古歌云：长安城西有双阙，上有双铜雀，一鸣五谷生，再鸣五谷熟。按铜雀，即铜凤凰也。"(《三辅黄图》)

"长安灵台，上有相风铜鸟，千里风至，此鸟乃动"(《三辅黄图》引《述征记》)。

东汉建安十五年（210年），曹操在邺西建三台，其中，铜雀台"于屋上起五层楼，高十五丈，去地二十七丈，又作铜雀于楼巅，舒翼若飞"(《水经注》)。

以铜凤为脊饰之风汉以后仍有延续。"石虎《邺中记》曰：邺宫南面三门，西，凤阳门，高二十五丈，上六层，反宇向阳，下开二门，又安大铜凤于其镇，举头一丈六尺"(《太平御览》卷183)。

从汉代画像石、画像砖、汉明器陶屋来看，以凤和鸟为脊饰的例子极多（图3-1-3-a、b、c、d、e、j），汉高颐阙脊上镌鹰，口衔组绶（图3-1-3-g）。此外四川芦山樊敏阙顶盖上以及四川渠县赵家村贰无铭阙上的脊饰亦有鹰衔授带的脊饰，可见为当时风尚。❶

汉代盛行凤鸟脊饰的原因之一，是汉高祖刘邦乃楚人。楚人乃祝融的后裔。祝融原名重黎。"重黎为帝喾高辛氏火正，甚有功，能光融天下，帝喾命曰祝融。"(《史记·楚世家》)故祝融生为火官之长，死为火官之神。楚之先人崇火，而且尊凤。《白虎通义·五行篇》云：南方之神"祝融"，"其精为鸟，离为鸾"。鸾即凤。楚人尚赤色。刘邦举义旗时，"帜皆赤"（《史记·高祖本纪》），自托为"赤帝子"，立为汉王之后，"以十月为年首，而色上赤"（《史记·历书》）。楚人崇火尊凤尚赤的文化使汉代凤类脊饰流行一时。

按照古代阴阳家五德始终的学说，汉为火德，崇拜火鸟朱雀即凤凰。火忌水，故东汉定都洛阳，将"洛"字去"水"加"隹"，

---

❶ 徐文彬等. 四川汉代石阙. 北京：文物出版社，1992。

变洛阳为雒阳。《后汉书·光武帝纪》记载：建武二年"立郊兆于城南，始正火德，色尚赤。"也是凤鸟脊饰流行的原因之一。

2. 以龙、蛇为脊饰

龙是我国古代传说中的神异动物，身体长，有鳞，有角，能走，能飞，能游泳，能兴云降雨。

宋罗愿云："龙，角似鹿，头似驼，眼似兔，项似蛇，腹似蜃，鳞似鱼，爪似鹰，掌似虎，耳似牛。"(《尔雅翼·释龙》)。

明李时珍云："龙有九似：头似驼，角似鹿，眼似兔，项似蛇，耳似牛腹似蜃，鳞似鲤，爪似鹰，掌似虎，是也。其中脊有八十一鳞，具九九阳数。……口旁有须髯，颔下有明珠，喉下有逆鳞"(《本草纲目》)。

多数学者认为，龙是中国上古民族的复合图腾，它由以扬子鳄、蛇、蜥蜴等为图腾的民族融合而产生。

近年的考古成果证明，龙图腾崇拜早在8000年前已经存在。1971年春，内蒙古翁牛特旗红山文化遗址中，出土了一件大型玉龙，年代约为距今5000年。1987年河南濮阳西水坡遗址中，发现了用蚌壳摆成的龙虎图案，年代约距今6000年（图3-1-1-e）❶，辽宁发现两处8000年前的龙图腾图案，为古代先民崇拜龙、虎的证据。

东夷族以龙为图腾。《左传·昭公十七年》云："太昊氏以龙纪，故为龙师而龙名。"太昊为东夷族的部落联盟首领，其下有青龙氏、赤龙氏、白龙氏、黑龙氏、黄龙氏等以龙为图腾的部落。东夷的"夷"为何义？《越绝书·吴内传》曰："习之于夷。夷，海也。"也即夷就是沿海居住的人，由于大海在中国东部，故称东夷。东夷与越人的区别为："自淮以北皆称夷。自江以南皆称越。"❷越人以蛇为图腾。据《史记·越世家》："越王勾践，其先禹之苗裔，而夏后帝少康之庶子也。"《列子·黄帝篇》云：夏后氏蛇身人面"，说明夏后氏以蛇为图腾，越为人其后裔，亦以蛇为图腾。

吴地的先住民族，也是断发纹身，太伯、仲雍到吴地后，建

---

❶ 王吉怀. 宗教遗存的发现和意义. 考古与文物, 1992 (6): 55~71。
❷ 吕思勉. 中国民族史. 北京：商务印书馆, 1937。

立了吴国，并以龙为其图腾。

周敬王六年（公元前514年），伍子胥规划建造阖闾大城。据《吴越春秋·阖闾内传》记载："吴在辰，其位龙也，故小城南门上，反羽为两鲵鲵，以象龙角，越在巳地，其位蛇也，故南大门上有木蛇，北向首内，示越属于吴也。"

这段记载说明，吴大城的小城南门上，以反羽为两鲵鲵为门楼饰，以象征龙角，而以北向首内的木蛇饰于南大门楼上，表示越属于吴。这种做法象征吴国并吞越国的雄心，颇有深意。

后来，范蠡筑越城，"西北立龙飞翼之楼，以象天门"（《吴越春秋》），估计是以飞龙为门楼脊饰。

3. 龙、鸟合一的脊饰

在已知的历代脊饰中，有一种鸟首龙首合一的形式，见于五代四川孟知祥墓牌楼、敦煌431窟宋初窟檐、南宋福建泰宁甘露庵蜃阁脊饰（图3-1-6-b、c、d）。为何做成龙鸟合一的形式？其渊源可溯至上古的图腾崇拜。

据《山海经·南山经》："凡鹊山之道……其神状皆鸟身而龙首。"又云："凡南次二山之首……其神状皆龙身而鸟首。"

产生鸟身龙首、龙身鸟首图腾，是因为以鸟为图腾和以龙为图腾的民族相融合而成。这些民族主要分布于黄河以南、江淮中游地区以及湖南省北部。但由于中国历代战乱的迁徙，以及建筑文化的相互交流、影响，这种脊饰传到巴蜀、闽越、敦煌是合乎情理的。

类似的例子在明清山西琉璃脊饰中仍有所见（图3-1-11-d、e、f）。

4. 以虎为脊饰

甘肃青海和陕西西部一带，为古羌人所在地。其中有的向东进入中原融入华夏族中，有的因战乱向西藏高原、新疆、西南地区迁移，形成现今的彝、纳西、哈尼、白族、藏族等。改游牧为农耕的古羌人形成氐族，入川与当地人融合形成巴人和蜀人。整个中国西部大多为古羌人生存地。❶

---

❶ 陈文金. 华夏族群的图腾崇拜与四象概念的形成. 自然科学史研究, 1992, 11 (1): 9~12.

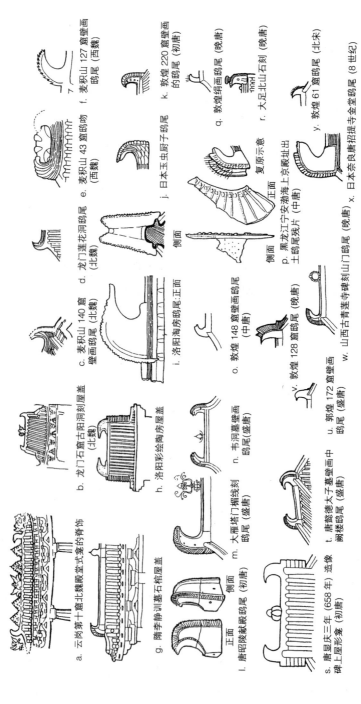

图 3-1-5 鸱尾的演变

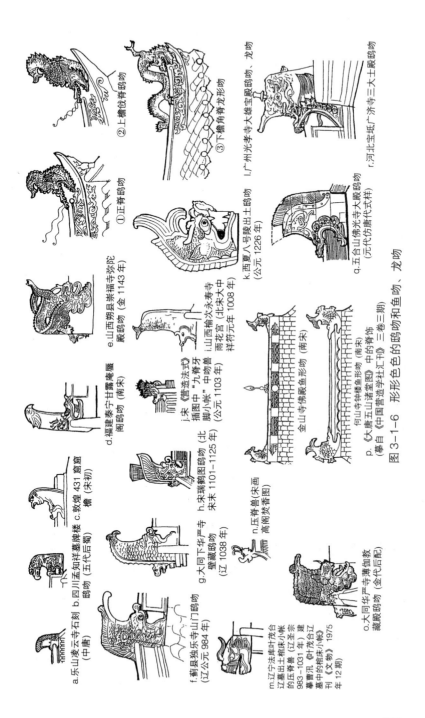

图 3-1-6 形形色色的鸱吻和鱼吻、龙吻

《山海经·大荒西经》云:"有大山,名曰昆仑之丘,有神,人面虎身,有文有尾,皆白,处之。……有人戴胜,虎齿、豹尾、穴处,名曰西王母。"

《山海经·西山经》云:"玉山,是西王母所居也。西王母其状如人,豹尾虎齿而善啸,蓬发戴胜,是司天之厉及五残。"

西王母即西嫫,为女首领之义。古羌人长期处于母系社会,以妇女为首领,以虎为图腾,以黑为贵,崇拜黑虎,氐族则崇拜白虎。

以虎为脊饰者例子较少。武梁祠汉画像石上的建筑屋顶上有龙、虎和鸟的形象(图3-1-1-h),其他汉画像石上也见有以虎为脊饰的例子(图3-1-1-j)。在氐羌人居住的中国西部,近年发现了不少虎钮錞于(图3-1-1-f、g),年代从战国至汉。[1] 錞于为我国古代青铜乐器,后失传。錞于上的虎形乃古氐羌人之虎图腾,古代器物有的模仿建筑式样,故可以推测古氐羌人建筑上可能有虎形脊饰。

以虎为脊饰亦散见于各地古建筑中,如山西洪洞广胜上寺大雄宝殿正脊上有一明代琉璃蹲虎母子虎饰件。广东佛山祖庙和龙母祖庙的脊饰有"武五麟"(为虎、狮、麒麟)。

(三) 脊饰与巫术

正当汉代盛行凤凰鸟雀作为脊饰时,汉太初元年(公元前104年),柏梁台被火焚毁。好大喜功、笃信神仙方士巫术的汉武帝大为恼火,而越巫趁机上言以巫术厌火之法。

据《汉纪》载:"柏梁殿灾后,越巫言海中有鱼虬,尾似鸱,激浪即降雨。遂作其象于屋,以厌火祥。"(《营造法式》)

由于凤凰即是朱雀,为火之象,立于屋脊之上,与楚人崇火尊凤有关。柏梁台灾后,越巫上言,屋上应立鸱尾以厌火,而作为火鸟的凤凰,自然被取而代之。

虬为无角龙。龙生于水,为众鳞虫之长,水乡泽国所在地区的古代民族以龙为图腾。水中最大的鱼类鲸以及龟蛇,则为其次

---

[1] 李衍垣. 錞于述略. 文物, 1984 (8): 69~72。

生图腾。由"尾似鸱,激浪即降雨",对照鲸鱼呼气喷出水柱,可知这"鱼虬"实为鲸鱼。

据《山海经·海外北经》:"北方禺强,人面鸟身,珥两青蛇,践两青蛇。"郭璞注:"字玄冥,水神也。庄周曰:'禺强立于北极'。一曰禺京。"依郭璞,禺强即禺京。禺京是生活在北海地区的民族首领,以鲸鱼为图腾。鲸即《庄子·逍遥游》中所说的大鱼"鲲"。禺京被尊为水神。据考证,禺京即夏禹之父鲧,其后代一支为夏族,到河南嵩山一带,创立了夏朝;另一支为番禺族,南迁至越,广东番禺即为番禺族活动留下的地名。❶

据以上论述,鱼虬乃南越番禺族的图腾,也是水神的化身鲸鱼。越巫向汉武帝上言以鲸的形象厌火,是图腾崇拜文化与阴阳五行以水克火学说及巫术三者结合的产物。这自然使人想到,越族可能以鲸鱼为脊饰以厌火。这又为我们研究古越族建筑脊饰提供了线索。

汉武帝信越巫之言,作鸱尾以厌火,是可信的。在东汉建筑脊饰中,可见到鸱尾的形象(图3-1-3-f、h、图3-1-4-b、j)。

汉武帝此举,可以说是在中国古代建筑的脊饰发展史上树立了一个新里程碑。从此,鸱尾作为水神的形象登上了中国宫廷建筑的脊顶,逐渐取代了作为火鸟的朱雀即凤凰。或者,这也许是作为越族建筑脊饰的鸱尾为京都宫廷所采用,地方建筑文化成为宫廷建筑文化。由汉至唐乃至北宋,经历了约千年的变化,鸱尾一直被沿用。

至中唐起,出现了张嘴的鸱吻,张口吞脊(图3-1-6-a)。以后鸱吻的头部越来越向龙头的形象演变,这与皇帝自命为"真龙天子"有关。自宋至清,鸱吻演变为龙吻(图3-1-6~图3-1-8),出现了千姿百态的各种艺术形象。❷

(四) 脊饰与地方民俗文化

明清官式建筑对脊饰有严格规定(图3-1-9),本文不拟探讨。

---

❶ 陈久金. 华夏族群的图腾崇拜与四象观念的形成. 自然科学史研究, 1992, 11 (1): 9~12。
❷ 祁英涛. 中国古代建筑脊饰. 文物, 1978 (3): 62~70。

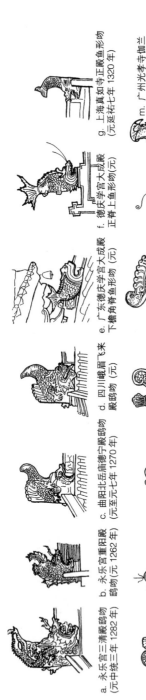

图 3-1-7 各种鸱吻和鱼吻、龙吻

a. 永乐宫三清殿鸱吻（元中统三年 1282 年）
b. 永乐宫重阳殿鸱吻（元中统三年 1262 年）
c. 曲阳北岳庙德宁殿鸱吻（元至元七年 1270 年）
d. 四川峨眉飞来殿鸱吻（元）
e. 广东德庆学宫大成殿下檐角脊鸱吻（元）
f. 德庆学宫大成殿正脊上鱼形吻（元）
g. 上海真如寺正殿鱼形吻（元延祐七年 1320 年）
h. 湖北武当山金殿鸱吻（明永乐十四年 1416 年）
i. 太原晋祠圣母殿鸱吻（明代配制）
j. 四川平武报恩寺大殿龙吻（明 1440~1460）
k. 北京智化寺万佛阁鸱吻（明正统八年 1443 年）
l. 河南温县慈胜寺雄宝殿鸱吻（明正德十四年 1619 年）
m. 广州光孝寺伽兰殿正脊鱼形吻和重脊脊饰（明）
n. 景德镇民宅门楼上的鱼吻（明）[摹自社顺宝《浮梁明代建筑》南工学报（建筑学专刊）1981 年 2 期]
o. 昆明曹溪寺大雄宝殿龙吻及垂脊饰件
p. 山西介休城隍庙彩塑龙吻（明嘉靖二十七年 1548 年）
q. 日本大阪城天守阁鱼形吻（天正十三年 1686 年）建
r. 山西平遥武庙南鸱吻（明 1613 年）

224

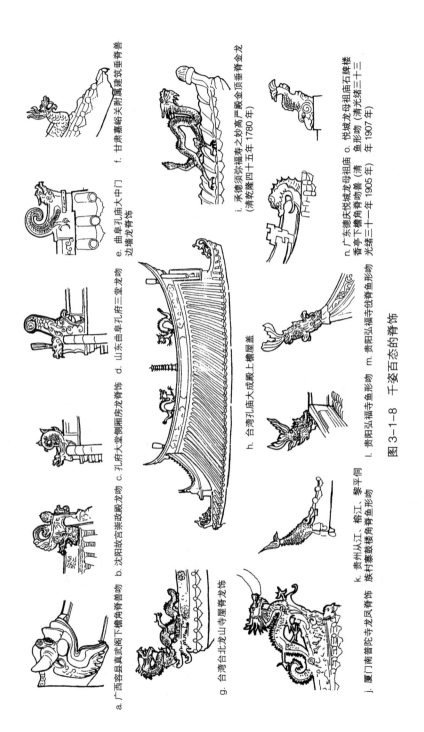

图 3-1-8 千姿百态的脊饰

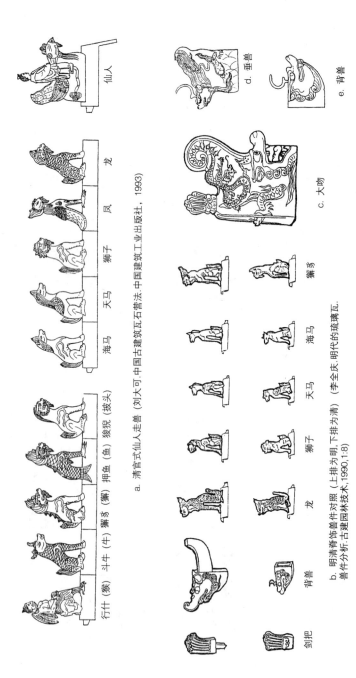

图 3-1-9 宫式琉璃脊饰

各地民俗不同，群众爱好不同，使建筑脊饰有着不同的地方特色。

1. 南方建筑多鱼饰

宋黄朝英著《靖康湘素杂记》引《倦游杂录》云："自唐以来，寺观殿宇，尚有为飞鱼形，尾上指者，不知何时易名鸱吻，状亦不类鱼尾。"可见，当时流行鱼形吻。

《大唐五山诸堂图》的鱼形吻，与摩羯相去甚远（图3-1-6-p），颇疑是越人以鲸鱼为饰以厌火的遗俗发展而成。景德镇民宅上的鱼形吻（图3-1-7-n）与之极为相似，应是鲸鱼之形。佛山祖庙大殿的鱼吻（图3-1-23-d）亦如此，这种鱼饰又东传日本，如大阪城天守阁的鱼形吻（图3-1-7-q）也属此类。

2. 北方脊饰多龙吻

我国北方的脊饰，正脊多用龙吻，但与官式又有别，雄浑粗壮，富有气魄，而又变化万千，令人赞叹（图3-1-10~15）。

山西脊饰以年代久远、式样丰富而称著。山西琉璃业有悠久的历史，1500年以来相承不衰，留下了大量脊饰的优秀作品。以鸱吻为例，自金元至明清，式样繁多。有尾部前指的金代作品（图3-1-10-a、b）；有龙首鱼身的元代作品（图3-1-10-d，图3-1-11-b）；有整个为一条巨龙曲折盘绕而成的三清殿元代龙吻（图3-1-11-a）；吻身两侧，往往有两条小龙，小龙的龙首或高或低，富于变化（图3-1-10-e、g、h、i，图3-1-11-g）；有龙爪前伸者（图3-1-10-i、j）；有卷尾者（图3-1-11-c、e、g）；有吻身两侧饰以狮者（图3-1-11-c）；有饰以凤者（图3-1-11-d、e）；有龙凤合一者（图3-1-11-f）。正脊正中的脊刹，自金代至明清均多实例。正中上方，或置宝珠、宝葫芦（图3-1-12-a、b、d、f），或以戟（谐音级，意升级升官）寿字置上方（图3-1-12-e），下方或托以力士（图3-1-12-b），或承以狮子（图3-1-12-c、d、e、f），以表吉祥。明清的脊刹喜用亭台楼阁形象（图3-1-12-e、f、g）。脊饰的垂兽、戗兽、瓦件，变化多端，与官式不同。垂兽多龙形，姿态各别，有行龙（图3-1-13-f），飞龙（图3-

1-13-h)、凤头龙身（图3-1-13-i）等等，亦有麒麟（图3-1-13-d、k、m），禽状兽头（图3-1-13-b、n）等等。兽件也别有风采（图3-1-14）。

山西脊饰的题材十分丰富，人物有菩萨、僧侣、仙人、力士、化生童子等等；禽兽有龙、凤、狮、虎、麒麟、大象、马匹、大鹏鸟等等；建筑有坛、台、亭、阁、桥梁等等；此外，有奇花异卉，日、月、星辰，可谓包罗万象。除龙吻外，脊上还有各种龙饰，龙形有升龙、降龙、盘龙、坐龙、行龙、卧龙、龙串富贵、二龙戏珠等等，真是各尽其妙。[1]

3. 湖南古建筑脊饰

湖南古建筑，位于长江之南，比较细致秀美。民间建筑的脊饰以衡南县隆市乡王家祠（图3-1-16-a）为代表。其脊饰两端为鳌鱼，中为二龙戏珠雕塑，正中为一亭阁。正脊上的卷草花卉图案十分流畅、秀丽，为湖南省古建脊饰佳作。

湖南的龙吻与官式不同，自有特色（图3-1-16-c、d）。南岳大庙的凤凰宝瓶脊刹很有风味（图3-1-16-e）。

通道县马田鼓楼的戗脊，铸成龙、凤、鱼等形象，富有特色（图3-1-16-b）。

4. 四川古建筑脊饰

四川古建筑脊饰富有地方特色：① 脊刹丰富多样，有双龙戏珠者（图3-1-17-a、b），有四龙（两对双龙戏珠）者（图3-1-17-f），有双凤朝阳者（图3-1-18-c），有塑佛仙像者（图3-1-17-c、d、e），有置楼阁者（图3-1-18-b），有置八卦符号者（图3-1-18-a），民宅则多以青瓦叠置多样图案（图3-1-17-g）；② 屋顶瓦面上置人物雕塑，如武侯祠（图3-1-17-a）、华光楼等等；③ 龙吻、鱼吻丰富多样（图3-1-18-d、e、f、h、i、j）；④ 角兽别有风味，如七曲大庙应梦仙台（图3-1-18-g）。

四川古建筑的脊饰散发着浓郁的地方乡土气息。

5. 江南古建筑脊饰

---

[1] 柴泽俊. 山西琉璃, 北京: 文物出版社, 1991。

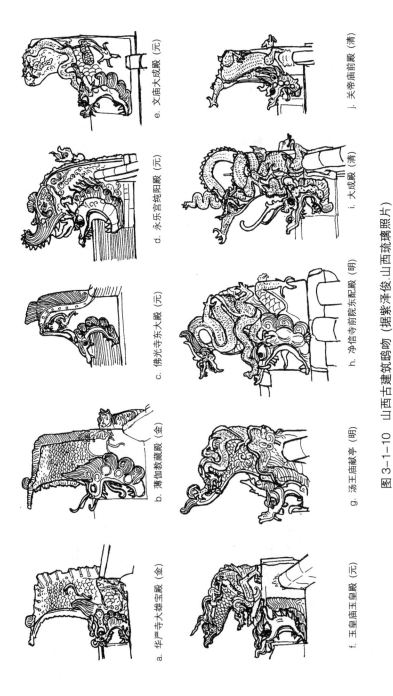

图 3-1-10 山西古建筑鸱吻（据紫泽俊.山西琉璃照片）

图 3-1-11 山西古建筑的鸱吻（据山西琉璃彩照）

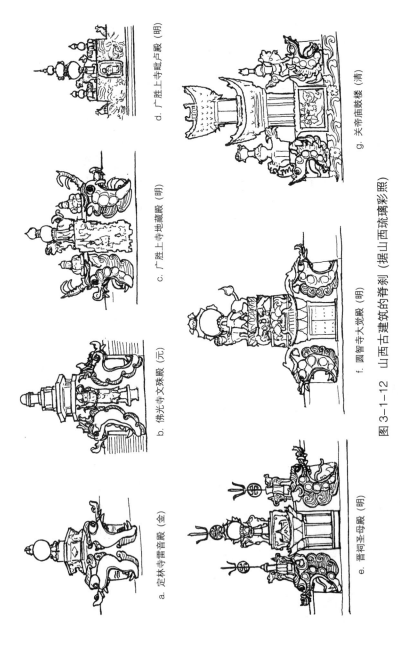

图 3-1-12 山西古建筑的脊刹（据山西琉璃彩照）
a. 定林寺雷音殿（金）　b. 佛光寺文殊殿（元）　c. 广胜上寺地藏殿（明）　d. 广胜上寺毗卢殿（明）　e. 晋祠圣母殿（明）　f. 圆智寺大觉殿（明）　g. 关帝庙鼓楼（清）

图 3-1-13 山西古建筑的垂兽、戗兽(据山西琉璃彩照)

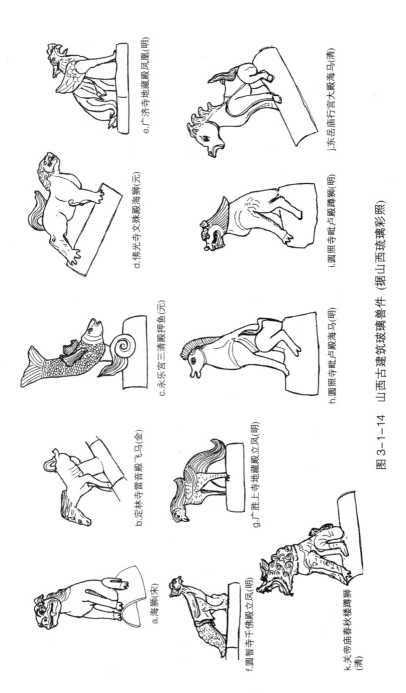

图3-1-14 山西古建筑玻璃兽件（据山西琉璃彩照）

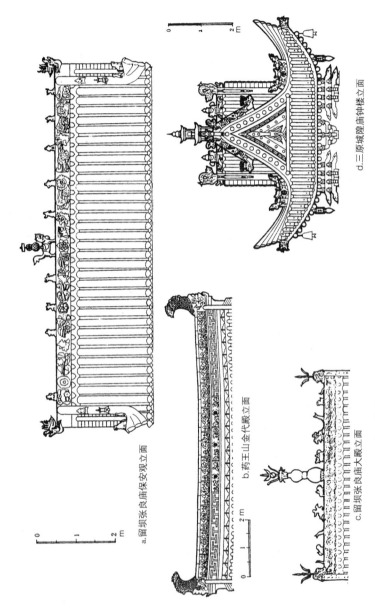

图3-1-15 陕西古建筑脊饰（据赵立瀛．陕西古建筑．陕西人民出版社，1992）

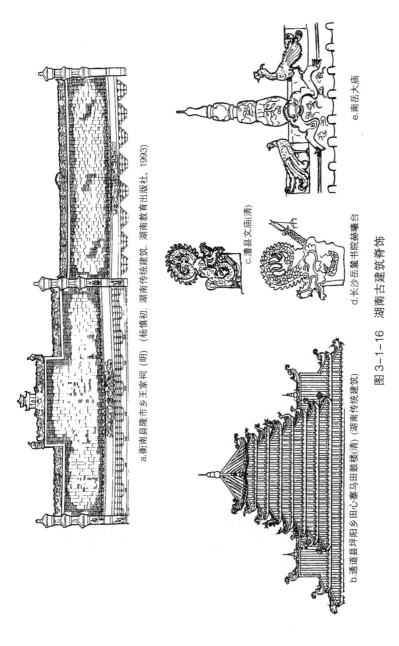

图3-1-16 湖南古建筑脊饰

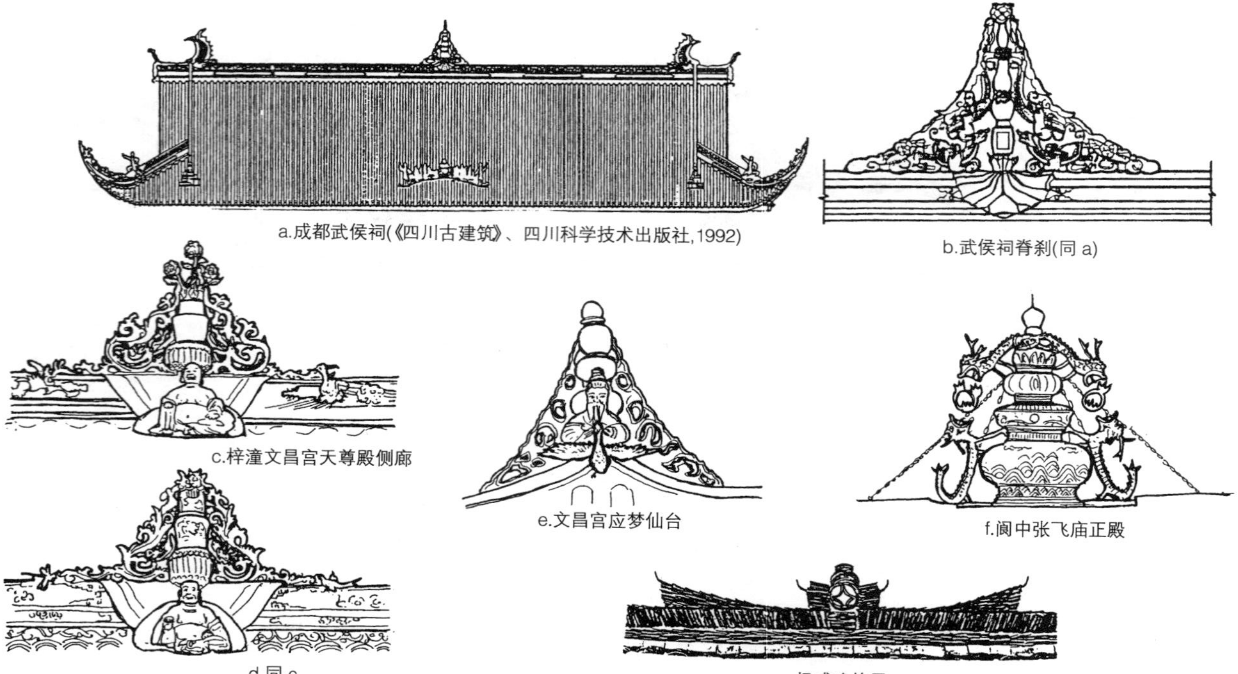

a.成都武侯祠(《四川古建筑》、四川科学技术出版社,1992)
b.武侯祠脊刹(同a)
c.梓潼文昌宫天尊殿侧廊
d.同c
e.文昌宫应梦仙台
f.阆中张飞角正殿
g.杨成武故居

图3-1-17 四川古建筑的脊饰

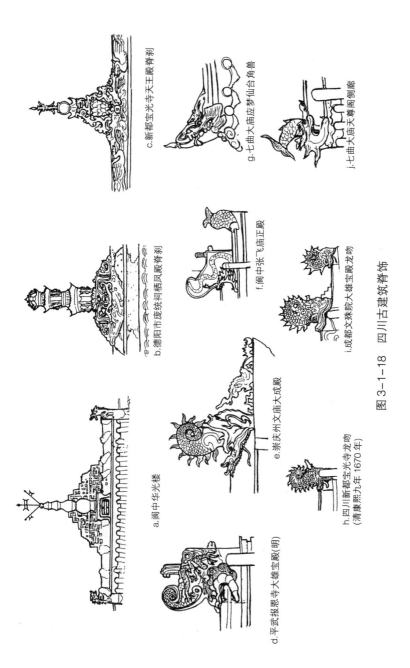

图3-1-18 四川古建筑脊饰

江南古建筑的脊饰淡雅清丽，自成一格（图3-1-19、图3-1-20）。庙宇正脊两端龙吻（图3-1-19-a、b、c，图3-1-20-a、b）。一般建筑两端用哺鸡脊（图3-1-19-e、f、k、l、m、n，图3-1-20-k）、哺龙脊（图3-1-20-c）、雌毛脊（图3-1-20-e、j、p）甘蔗脊和纹头脊（图3-1-20-d、f、g、h、n、o、v、x、z、a'）等形式。苏州园林的脊饰还采用寿桃、佛手、石榴等形式（图3-1-20-m、s、b'）。正脊正中的脊刹有聚宝盆、五蝠捧寿、平升三级等吉祥图案（图3-1-19-g、h、i、j）。江南以园林甲天下，其古建筑脊饰轻、巧、秀、雅，如网师园集虚斋的脊尖上翘，做一凤头；又如，园林建筑的嫩戗发戗也淡秀雅致（图3-1-19-d、o、p），亲切自然，美不胜收，充满诗情画意。

6. 闽粤台多龙饰

闽粤台一带古属百越，多以蛇为图腾。珠江三角洲、西江流域广东沿海一带的蛋民，向来有崇拜蛇的习俗。《赤雅》云："蛋人神宫，画蛇以祭，""自云龙种"。"蛋人俱善没水，旧时绣面纹身，以像蛟龙……称为龙户"（《粤中见闻》）。蛋人虽保持蛇图腾崇拜的古遗俗，而都信奉龙母娘娘，以龙母为其祖。这为图腾文化发展为祖先崇拜文化提供了一个生动的例证。

闽人为越人的一支，称为闽越，以蛇为图腾。《说文解字》释"闽"为"东南族，蛇种"。福建民间至今仍有崇蛇遗俗，境地内各地自古建有蛇王宫、庙，以奉祀蛇神，至今长汀罗汉岭、南平西芹、闽侯洋里及漳州、永春、水口都有蛇王庙，福清莆田等地的蛇王庙称"青公庙"。

龙的形象主要来自蛇、蜥蜴和鳄鱼。随着中华各民族文化的融合，龙成为中华民族共同崇拜的神圣的象征物，而原先有蛇图腾崇拜的民族对龙更是崇仰有加，墙上画龙纹，柱子雕龙形，屋顶加龙饰，龙成为建筑装饰最常用的题材之一。这就是闽、粤一带多龙饰的文化渊源。

台湾高山族以蛇为图腾，台湾汉族多来自闽、粤，因此，台湾传统建筑屋顶多龙饰也就不足为怪了（图3-1-8-g、h）。

福建古建筑脊上龙饰以色彩绚丽、姿态生动而独具一格（图

3－1－21）。其正脊两端起翘明显，为中华各地古建筑之冠。两端起翘处呈燕尾分叉状，外形十分优美。其脊刹中或为宝塔，或为双龙戏珠、双凤朝阳。南普陀寺的垂脊下方有历史故事人物雕塑（图3－1－21－g），富有地方特色。其一建筑戗脊上饰飞龙一尾，舞凤一只，龙凤呈祥，浪漫奇特（图3－1－21－f）。

7. 岭南古建筑脊饰别具风采

岭南明清时期经济发展，受戏曲艺术的影响，岭南古建筑的脊饰出现了异彩纷呈的局面（图3－1－22～24）。明清以后，建筑脊部成为琉璃和陶塑、灰塑艺术的神圣舞台，神话传说、民间故事、历史典故、仙山楼阁、奇花异草、岭南瓜果、山水佳境，莫不竞相登台，一展风采。

珠江三角洲的粤人具有强烈的祖先崇拜的传统，岭南因而多祭祀祖先的祠庙。其脊饰典型代表性建筑有三个：佛山祖庙、陈家祠、龙母祖庙。佛山祖庙供奉北方真武帝。《后汉书·王梁传》："玄武，水神之名。"李贤注："玄武，北方之神，龟蛇合体。"按玄武即道家所奉之真武帝，宋时避讳，改玄为真。这真武大帝即番禺族的祖先禺京（又名禺强），即鲧。已知禺京以鲸为图腾，玄武之象为龟蛇，是否矛盾呢？其实并不矛盾。作为北方水神，其以鲸、蛇为图腾取水中动物之大者，以龟为图腾取灵龟不死。按《山海经·大荒西经》："蛇乃化为鱼。"即鱼、蛇可以转化。《庄子·大宗师》注云："北海之神，名曰禺强，灵龟为之使。"可见，禺京既以鲸为图腾，也以龟蛇为图腾。由上分析可知，佛山祖庙供奉的真武帝正是番禺族的祖先禺强。《礼记·檀弓》曰："夏后氏尚黑。"作为夏族后裔之越人有尚黑之俗，服饰，建筑色彩均为黑色。这种习俗已有4000年之久。

陈家祠位于广州中山七路恩龙里，为广东72县陈姓的合族祠，于清光绪二十年（1894年）落成，建造历时7年。

龙母祖庙供奉的是西江一带越人祖先龙母娘娘。

广东的龙饰比较刚健。德庆学宫大成殿的脊饰为灰塑，其垂脊的龙（图3－1－22－d），粗壮又生动。佛山祖庙大殿的垂脊龙饰为清代作品，显得生动自然（图3－1－22－e）。番禺学宫大成殿正脊的龙饰（图3－1－22－f）为二龙戏珠，姿态优美。正脊琉璃花砖图案有牡丹、寿桃、石榴，正中宝珠下方有福禄寿三字的圆形图案。广州光孝寺大雄宝殿下檐角脊上的龙反首咬角脊之翘角，别开生面（图3-1-6-1③），陈家祠正门正脊端部的琉璃塑飞龙（图3-1-23-a），合龙、凤为一体，姿态飘逸，有乘风腾云飞去之感，为清代琉璃艺术的杰作。

龙母祖庙山门正脊两端为夔纹饰、鳌鱼饰，正中为二龙戏珠题材。夔纹（即回文）饰源于古越人蛇图腾崇拜的蛇纹，该脊饰十年动乱中受破坏，近年恢复，为仿古的较好作品（图3-1-24-a）。

广东古建筑的鳌鱼饰十分盛行，以佛山祖庙的正脊鳌鱼（图3-1-23-d）广州光孝寺大雄宝殿的鳌鱼吻（图3-1-6-1①②）较特别，似比清代鳌鱼（图3-1-23-c、e、f、g、h）更有古味。

现佛山祖庙之脊饰题材有："唐明皇游月宫"（端肃门上）、"桃园结义"（崇敬门上）、"郭子仪祝寿"及"八仙人物（东廊）"、"哪咤闹海"和"降龙"、"伏虎二罗汉"（西廊）。此外，还有"三探樊家庄"、"长坂坡"、"三英战吕布"、"断桥会"、"二龙戏珠"等等。还有"文五麟"（飞禽为凤、孔雀、雉等）、"武五麟"（为虎、狮、麒麟等）。❶

陈家祠共有11条陶塑脊饰，分别装设在三进三路九座厅堂屋脊上。其中，中进聚贤堂脊饰规模最大，制作也最精美。其长27m，高2.9m，连同基座总高4.26m，共塑有224个人物，内容有"群仙祝寿"、"加官进爵"、"八仙贺寿"、"和合二仙"、"麻姑献酒"、"麒麟送子"、"虬髯客与李靖"、"雅集图"等；各组图案间又用玉堂授带鸟牡丹组成图案，表示荣华富贵；还用各式缠枝瓜果图形表示"瓜瓞连绵"，寓意子孙昌盛，连绵不断。

陈氏书院（即陈家祠）脊饰的灰塑，总长度达1800m以上，规模之大，塑艺之精，题材之丰富，为广东之冠。其中，在首进庭院东西两廊脊上，塑有三国之"张松看孟德新书"以及"竹林七贤"、"公孙玩乐图"等，又塑有清代"镇海层楼"等羊城八景图和花鸟、瑞兽等各式图案。❷

---

❶ 林明体. 佛山民间美术. 民间工艺, 1984 (1): 62。
❷ 广东民间工艺馆. 陈氏书院. 北京：文物出版社, 1993。

龙母祖庙脊饰（图 3-1-24）题材也极为丰富，有龙母娘娘、封神演义、三国演义、哪吒闹海、八仙、文武五麟等等，还有福、禄、寿三星以及蝙蝠（福）、鹿（禄）、松鹤（寿）图案，山门屋顶两端有日神和月神等等。

佛山祖庙、龙母祖庙和陈家祠的脊饰集广东民间工艺之大成，令人目不暇接，宛如进入琉璃陶塑、灰塑艺术展览馆。

（五）脊饰与宗教文化

宗教文化对中国古代建筑的脊饰有相当的影响，佛教更是如此。

1. 印度摩羯鱼饰的传入

摩羯是印度神话中一种长鼻利齿、鱼身鱼尾的动物（图 3-1-25-a）。它被认为是河水之精，生命之本，造型出自鱼、象、鳄鱼三种动物。其形象通过佛教经典、印度与中亚的工艺品以及天文学中的黄道十二宫中的摩羯宫（图 3-1-25-b、q）等渠道传入我国。然后形象逐渐华化。

与印度摩羯形象接近的，有承德外八庙之一的须弥福寿庙妙高庄严殿金顶的垂脊兽以及西藏布达拉宫金顶的垂脊兽（图 3-1-25-d、f），它们均有长长的象鼻子，甚至雄象的獠牙，但均已长了一对龙角，出现了中国的特征。承德外八庙之妙高庄严殿的博脊吻饰，既有长鼻子，又有龙角和剑把，是龙吻与摩羯结合的产物，也即中印建筑脊饰文化交融的产物。（图 3-1-25-e）

2. 佛塔的塔刹

佛塔乃是印度佛教墓塔——窣堵波与我国楼阁式建筑相结合的产物。塔刹为佛塔之脊饰，最早为印度窣堵波的一个缩型，后来亦不断发展演变。笔者已另撰专文论述，这里不作讨论。

3. 藏族的具有宗教意义的脊饰

藏族建筑中有一些具有宗教意义的脊饰，如：法轮卧鹿（图 3-1-25-g），象征佛教昌运，法轮常转；法幢，象征佛胜外道取得胜利；[1] 孔雀，象征吉祥如意（图 3-1-25-h），等等。

---

[1] 应兆金. 藏族建筑中的金属材料及其镏金工艺. 古建园林技术，(总31)：21~23。

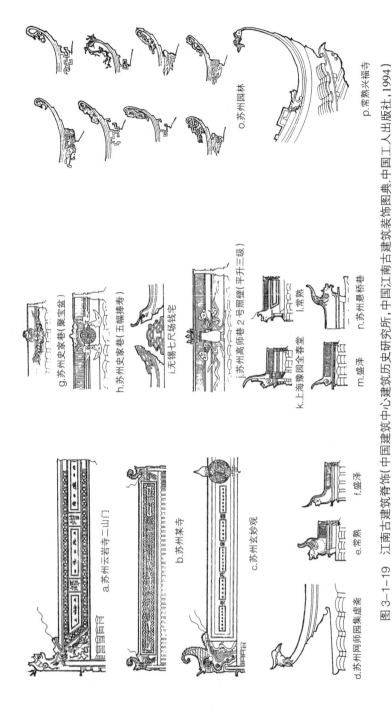

图3-1-19 江南古建筑脊饰(中国建筑中心建筑历史研究所.中国江南古建筑装饰图典.中国工人出版社,1994)

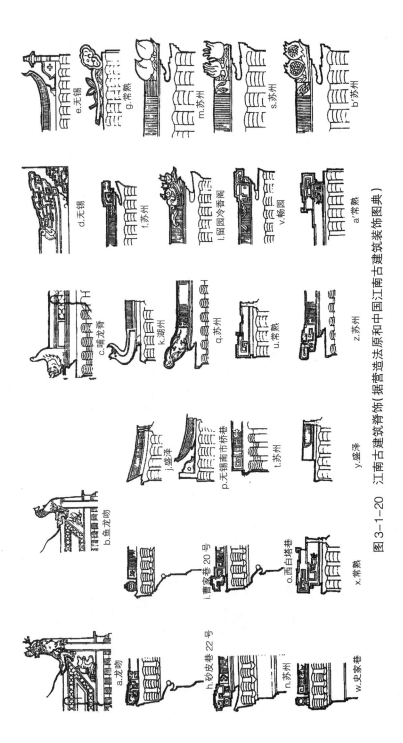

图 3-1-20 江南古建筑脊饰（据营造法原和中国江南古建筑装饰图典）

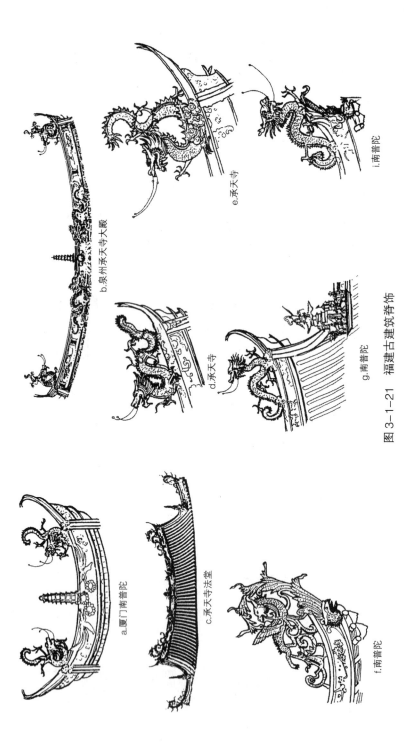

图 3-1-21 福建古建筑脊饰

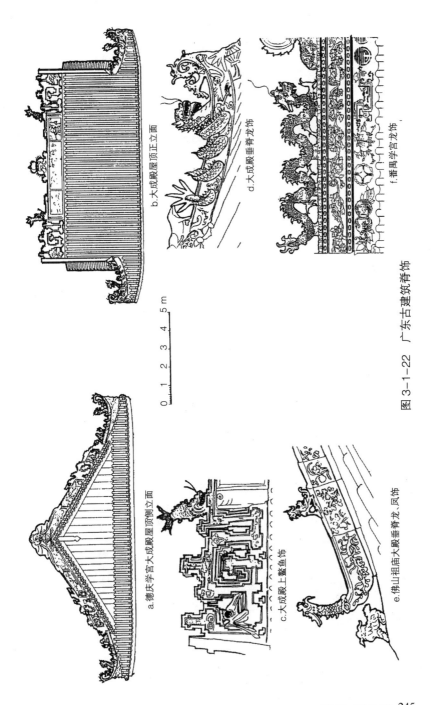

图 3-1-22 广东古建筑脊饰

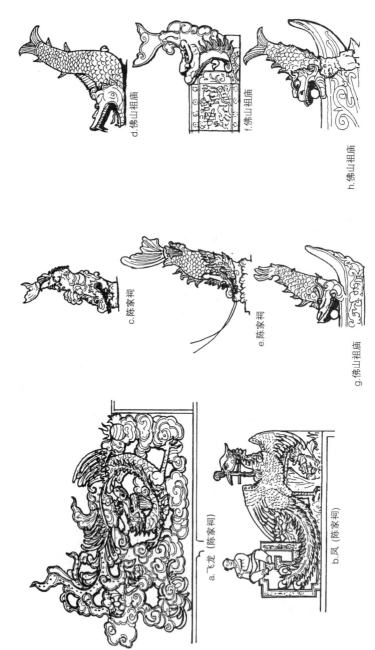

图3-1-23 陈家祠和佛山祖庙的龙、凤、鳌鱼饰

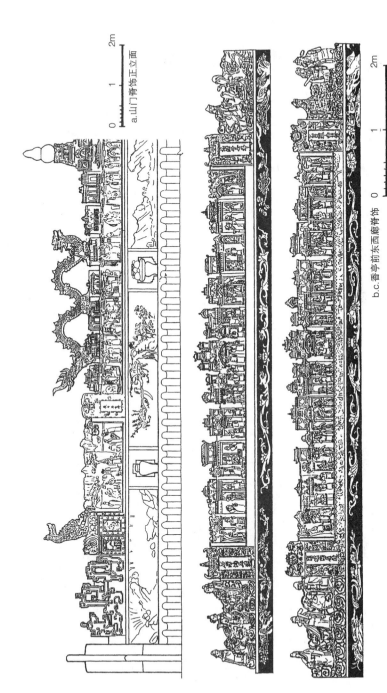

图 3-1-24 德庆龙母祖庙脊饰

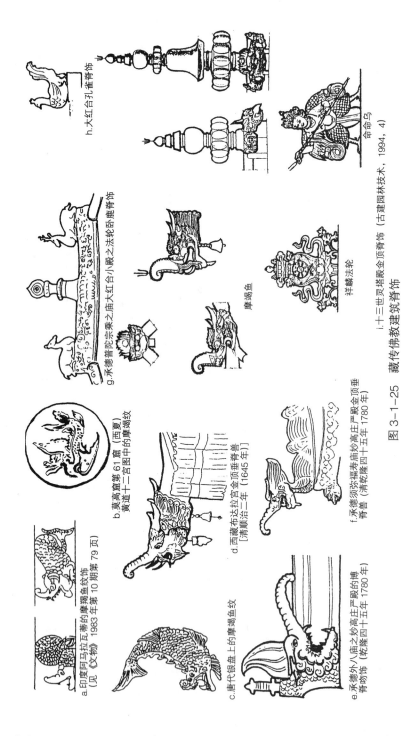

图 3-1-25 藏传佛教建筑脊饰

4. 西双版纳傣族佛殿脊饰

傣族普遍信仰小乘佛教，其佛殿屋顶造型轮廓十分丰富。正脊正中饰一小窣堵波；沿正脊、垂脊和戗脊布置成排的火焰状、塔状和孔雀等禽兽的琉璃饰品；屋面靠屋脊中部及角部瓦上有灰塑卷草图案。❶

5. 新疆伊斯兰教建筑顶上的新月饰

世界各地的清真寺建筑顶上往往高耸起新月饰，新疆喀什艾提卡尔礼拜寺也不例外。

据考证，新月在清真寺上作为宗教标志，开始仅为奥斯曼土耳其人所特有。后来随着奥斯曼帝国的强盛和影响的扩大，新月才与伊斯兰世界发生了密切的关系。新月被认为是幸福、欢乐、新生的标志，或者是壮大中的新宗教的表示。

小结

中国古建筑的脊饰有深远的文化渊源，可以上溯至 8000 年以前。古代的文化，由生殖崇拜文化发展出图腾崇拜文化，由图腾崇拜文化发展出祖先崇拜文化。脊饰的发展与以上文化发展系列密切相关，并与宗教文化、民族文化、民俗文化相互结合，从而呈现出异彩纷呈的文化特色。如果把屋顶比作中国古代建筑的冠冕，那么脊饰就是那冠冕上闪亮的令人眩目的宝珠。它是中国古代建筑文化的一个不可缺少的组成部分。

二 龙文化与中国传统建筑

（一）龙与华夏建筑

华夏为龙的国度，龙是中华民族的象征。中国被誉为东方巨龙，当代中国人以自己为龙的传人而自豪。龙文化渗透到中国传统文化的每一个角落。《周易》本文以乾卦为第一卦，它象征龙，故乾卦又称为龙卦，可见龙文化在中国哲学中的崇高地位。中国古代皇帝以"真龙天子"自居，身穿龙袍，帝王的后代称为"龙

---

❶ 云南民居. 北京：中国建筑工业出版社，1986。

子龙孙",皇帝生病叫"龙体欠安",皇帝高兴称"龙颜大悦",龙成为帝王的象征。天上四象之一有东方青龙七宿。地上则有龙山、龙江、龙潭、龙脉。六朝古都南京的形势险要,称为虎踞龙蟠。山有天龙山、盘龙山、九龙山、龙洞山、龙虎山、龙眠山、龙头山,水有黑龙江、白龙江、五龙潭、九龙瀑、龙湫飞泉。树有龙柏、九龙松、九龙柏、蟠龙松。花有龙牙花、龙舌兰、龙爪花、龙牙百合、龙须牡丹。草有龙牙草、龙吐珠、龙须草。在这龙的国度里,处处可以见到龙文化的瑰丽花朵。

华夏传统建筑是否处处体现着龙文化呢?回答是肯定的。先以山西太原晋祠圣母殿为例(图3-2-1)。晋祠圣母殿为宋代木构建筑,它从上至下都与龙文化息息相关。中国古代建筑由三大部分组成,这三大部分由下而上,分别为基座、梁柱结构体系和屋顶。圣母殿的基座上栏杆下方为石雕龙头,用以排泄雨水。基座上的梁柱结构体系中,前下檐八根木柱上均各有一条木雕蟠龙,姿态各别,威猛生动,好似大殿的守护神,也标志了圣母殿尊贵不凡的崇高地位,给人留下深刻的印象。中国古建筑的屋盖是最具有特色的部分,龙文化的特色更是明显。正脊两端是龙形正吻。正脊正中的脊刹下方是两个相背的龙形吻兽。正脊的正面有两对双龙戏珠的琉璃图案。加上屋顶上的垂兽、戗兽、角兽以及套在仔角梁上的套兽都具有龙的形态,因此,整个屋顶处处可见龙的形影,整座圣母殿也因龙饰的生动丰富而更加光彩照人。

次以曲阜孔庙大成殿建筑为例(图3-2-2)。孔庙大成殿基座为重台,各有成排石雕龙头吐水,两块陛石各雕双龙戏珠图案。大成殿面阔九开间,前下檐有10根石雕云龙柱,雕刻精致,每柱雕刻升龙降龙各一条。殿体内外用沥粉金云龙彩画,给殿身披上了金碧辉煌的"龙袍"。其屋顶正脊两端各有一龙形正吻。由于孔夫子被封以王爵,大成殿等级崇高,因此,龙饰更多,龙气更盛。

再以沈阳故宫宫门为例。大清门是沈阳故宫内院的大门,建于清太宗皇太极天聪六年(1632年),是皇帝临朝前,文武百官"候朝"之地。它是一座面阔五间的建筑,硬山顶,覆以黄琉璃瓦,以绿琉璃瓦剪边。其正脊、垂脊、四个墀头,则饰以五彩琉

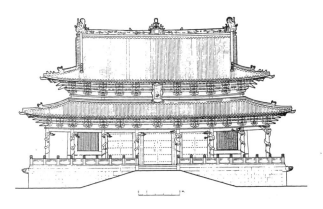

图3-2-1 山西太原晋祠圣母殿立面图
（自刘敦桢主编．中国古代建筑史）

图3-2-2 孔庙大成殿次间龙柱大样（自曲阜孔庙建筑）

璃瓦件。正脊两端的龙形正吻很有特色，龙尾后卷成螺旋状，龙头威猛，怒目张口吞脊，自成一格。正脊两面各有10条戏珠琉璃龙，形态生动。其垂脊内外以及山面博缝均各饰若干条五彩琉璃龙，四个墀头也是如此，以海水云龙五彩图案为主题，伴以鹿、狮子等吉祥物。加上前后檐数百件瓦当、滴水皆以龙为图案，使大清门显得富丽堂皇，又分外庄严。这是一座以龙为主题的建筑，大清门是一座"龙门"，是进入"龙廷"而必经之门。当年候朝的百官到此，因建筑的"龙气"逼人，产生一种威严肃穆的气氛。

以上三例，说明了龙文化与华夏建筑的密切关系及其在建筑上的崇高地位。

（二）龙的起源

龙，是中国古代传说中的一种神异动物，身体长，有鳞，有角，有脚，能走，能飞，能泳，能兴云降雨。龙为鳞虫之长。《礼·礼运》云："麟、凤、龟、龙，谓之四灵。"

龙的样子，据《尔雅翼·释龙》云："龙，角似鹿，头似驼，眼似兔，项似蛇，腹似蜃，鳞似鱼，爪似鹰，掌似虎，耳似牛"。

龙既然不是自然界某一种具体生物，那它究竟是什么？因此，必须追溯龙的起源。龙的起源有多种说法，如综合图腾说、生物组合说、神话意象说、生命符号说等等。其中，以闻一多先生的综合图腾说流布最广："龙究竟是个什么东西呢？我们的答案是：它是一种图腾，并且是只存在于图腾中而不存在于生物界中的一种虚拟的生物，因为它是由许多不同的图腾糅合成的一种综合体。"（闻一多《神话与诗·伏羲考》）

生物组合说以何新为代表，认为龙是由蛇、蜥蜴、鳄鱼等为原型组合成的形象。（何新《神龙之谜》）

神话意象说认为："龙凤并不是某些生物的神灵化，而是自然现象被生命化、拟人化后产生的神话意象"（何新：《诸神的起源》）。与此相似的观点有虹原型说："龙的原型来自春天的自然景观——蛰雷闪电的勾曲之伏、蠢动的冬虫、勾曲萌生的草木、三月始现的雨后彩虹，等等。……其中虹是龙最直接的原型，因为虹有美丽、具体的可视形象"（胡昌健：《论中国龙神的起源》）。汉代画像石提供了龙形虹的形像（图3-2-3），为两首垂地的龙形。

生命符号说与神话意象说有类似之处，它认为："龙……是原始人按特定观念组装起来的，是一个组合体。……马的头、鹿的角、蛇的身、鸡的爪。蛇身体现了原始人的生命观念。原始人很少看到死的蛇，以为蛇年岁大了，蜕一层皮就年轻了。鸡爪也是一种生命的符号。……马齿也是这样：'几岁牙口？'鹿角每年换一回，……鹿角掉了，象征死，萌发象征生命、再生。因此，龙在文化含义中，象征着古人对生命的循环、死而复生的愿望。"（蔡大成《河殇》）

图3-2-3 山东嘉祥汉画像石"雷公雨师图"中的龙形虹

以上四说均有其道理，可供我们研究、思索。而考古学家则为我们探究龙的起源提供了丰富的实物资料（图3-2-4）。

1987年，河南濮阳西水坡遗址中，发现了用蚌壳摆成的龙虎图案，年代约距今6000年[1]。M45号大墓中的龙，位于主人骨架之东，虎在骨架之西。龙有爪，爪分五叉。龙长1.78m，高0.67m，由白色的蚌壳精心摆塑而成（见图3-2-4-a）该龙的形象与后代龙形极为接近。第三组蚌塑是三组蚌壳塑中时代最早者，表现人骑于龙背与虎同时腾飞于星空的图像，含义为神兽负载墓主人升天（图3-2-4-b 刘志雄等．龙与中国文化）。红山文化遗址出土的玉龙，高26cm，由墨绿色玉雕磨而成，弯曲呈C字形。该龙无脚，与后世龙差别较大（见图3-2-4-c）。图3-2-4-d是甘肃武山傅家门遗址出土的彩陶瓶，上有人面龙身纹

---

[1] 濮阳市文物管理委员会等．河南濮阳西水坡遗址发掘简报．文物，1988，3．

a.河南濮阳西水坡 M45 号大墓平面图（"龙虎蚌塑"第一组）
b.河南濮阳西水坡遗址出土的"人乘龙与奔虎"蚌塑（第三组）
c.内蒙古翁牛特旗红山文化遗址出土的玉龙
d.甘肃武山出土的庙底沟类型人面龙身纹瓶
（自刘志雄、杨静荣著.龙与中国文化）

图 3-2-4　早期龙的形态

样，年代距今约 5000 年。这一形象是否"人面龙身"仍有争论，部分学者认为是"人面鲵鱼纹"。

除以上发现外，据报导："1993 年 6 月，湖北黄梅县焦墩遗址出土了一幅长 4.46m、高 2.26m 的卵石龙图腾，时间为距今 6000 年前。与辽宁玉龙、河南蚌壳龙同一时代，但形体硕大、动

感最强,形象最为成熟,气势更宏大。"❶

6000年前的巨龙已令人惊讶,但辽宁却发现了8000年前的龙形图案。据1995年2月26日的《中国文物报》报导,阜新查海"发现了位于房址和墓葬之间长达19.7m的龙形堆石,其头部、腹部和尾部清晰可辨,昂首游身。这是迄今为止发现的最早的龙形图案。"

无独有偶,1996年5月14日,在葫芦岛市连山区塔山乡的杨家洼新石器时代遗址中,发现"用纯净的米黄色黏性土做原料,在红褐色地面上塑出的两条龙图腾图案。两龙均系头向南,尾朝北。"一号龙"身长1.4m,高0.77m,扁嘴,丫字形尾,昂首,挺身、扬尾,作飞腾状。"二号龙"身长0.8m,高0.32m,昂首展翅,轻盈飞翔。"遗址年代距今约8000年。❷

从考古发现两处8000年前的龙形图案,可知龙崇拜起源很早,至少已有八千年,也许在一万年以前已经出现。至于龙出现的自然的和人文的原因,下面将继续探讨。

(三)龙与北斗、四象

为了探索龙的起源,我们不仅要从地理、气候和生物上进行考察,而且要考虑天文的影响。恩格斯说:"必须研究自然科学各部门的顺序发展。首先是天文学——游牧民族和农业民族为了定季节,就已经绝对需要它。"

地下发掘表明,在公元前1万年到前5000年,华夏大地已进入农业社会。人类的采集、渔猎时代长达数百万年,其中产生神话人物、圣人的时代约1万多年。按神话史,伏羲以龙纪,共工以水纪,炎帝以火纪,进入传说史时代的黄帝以云纪,少昊以鸟纪。这"纪",划出了节气史发展的一个个时代。用于定季节的物候分别是蛇(龙)、雨雪河水(水)、太阳(火)、云彩(云)、候鸟(鸟)。❸

《左传·昭公十七年》云:"太昊氏以龙纪,故为龙师而龙

---

❶ 木子. 京九大动脉发现巨龙始末. 旅游. 1994, 12: 21~23.
❷ 高美璇. 辽宁八千年前新石器时代遗址中发现龙图腾. 中国文物报, 1997, 6, 8: 1.
❸ 谢世俊. 节气史考源. 新华文摘, 1998, 9: 76~79.

名。"太昊氏伏羲,是古代东夷族的部落联盟首领,东夷族以龙为图腾。太昊氏下面有青龙氏、赤龙氏、白龙氏、黑龙氏、黄龙氏等以龙为图腾的部落。伏羲和女娲都属神话传说时代的人物,形象为人面蛇身(图3-2-5),也即人面龙身。当时东夷族的人以蛇的出入蛰为物候指标,把一年分为冬夏两季❶。但真正的龙的崇拜,则是在蛇崇拜的基础上对东方龙星的崇拜,其原因是这些星宿对远古先民的授时意义。

图3-2-5 人面蛇身的伏羲、女娲(山东嘉祥武氏祠画像石)

唐孔颖达释苍龙七宿:"角、亢、氐、房、心、尾、箕,共为苍龙之体,南首北尾,角即龙角,尾即龙尾。"汉代画像石刻有苍龙星座的形象(图3-2-6),前述《周易》的乾卦实为龙卦:

初九	潜龙。勿用。
九二	见龙在田。利见大人。
九四	或跃在渊。无咎。
九五	飞龙在天。利见大人。
上九	亢龙。有悔。
用九	见群龙无首。吉。

乾卦中的六龙,实际上反映了古人对自角至尾六宿龙星于不同季节在天空位置的变化的观测成果。初九,龙星既未出地,农

---

❶ 谢世俊. 节气史考源. 新华文摘, 1998, 9: 76~79。

事的节令还未到来，故云"潜龙勿用。"九二，龙星开始升上天空，这时人们最先看到的是龙角与天田星同时出现在东方的地平线上，农事即将开始，先行郊祀，故云"见龙在田"。九四，苍龙星宿全部现出了地平线，是春夏之交的天象，称"或跃在渊"。九五，苍龙房心尾在上中天，是夏季的天象，称"飞龙在天。"苍龙运行过中天，龙体开始西斜，时过夏至，进入三伏天，这天象称"亢龙"。其后龙体逐渐西斜，向西方地平线行移，组成龙头的角、亢、氐诸星宿又没入地平线，仲秋收获季节已到，这时天象称"群龙无首。"❶

正因为古人对龙星在决定季节上的重要意义的深刻认识，于是产生了崇拜，并把蛇崇拜与之结合，把东方这些星宿命名为"苍龙"，这是龙崇拜产生的真正原因。龙崇拜实际上是天体崇拜、星宿崇拜，是龙星崇拜。龙能潜伏，飞腾，均与龙星有关。至于龙的体态，则与地球上的蛇、鳄、蜥蜴等动物形态有关。

由于龙星有的时候会伏没于地平线下，观象授时就得依靠北斗七星的指向功能。华夏文明发祥于北纬36°左右的黄河流域，这里以北天极为中心，以36°为半径的圆形天区，是终年不没入地平的恒显圈。北斗是其中最重要的星象，呈围绕北天极作周年旋转，斗柄在不同季节呈不同指向。《鹖冠子·环流》云："斗柄东指，天下皆春；斗柄南指，天下皆夏；斗柄西指，天下皆秋；斗柄北指，天下皆冬。"古人依斗柄的指向与苍龙、白虎、玄武、朱雀四象二十八宿间建立了一种有效的关系。

李约瑟说："中国古代天文学家的确是用拱极星的上中天来指示看不到的宿的方位的。"❷

北斗七星这一特殊授时功能，受到先民的崇拜。《史记·天官书》云："斗为帝车，运于中央，临制四乡。分阴阳，建四时，均五行，移节度，定诸纪，皆系于斗。"

依据斗柄最后二星可定出角宿的位置，找到龙角。汉武氏祠画像石有"斗为帝车"图（图3-2-7），天帝端坐斗车之上，

---

❶ 陆思贤著. 神话考古：周易六龙对远古历法的总结. 文物出版社，1995；
冯时著. 星汉流年——中国天文考古录：169~173. 四川教育出版社，1996.
❷ 李约瑟. 中国科学技术史. 第4卷. 天学第1分册：146，147. 科学出版社，1975.

图3-2-6　苍龙星座与月天文图　　　图3-2-7　斗为帝车图
　　　（南阳汉画像石）　　　　　　　　（汉武氏祠画像石）

上有龙、凤，暗示北斗与苍龙、朱雀星座在授时上的密切关系。

　　冯时先生认为，西水坡龙虎墓并非一般墓葬，而是四象中的二象苍龙、白虎与北斗星象图（图3-2-4-a），墓南边为天的拱顶，两根胫骨和蚌塑三角形为北斗，东边为青龙，西为白虎。冯时认为："这毫无疑问是北斗的图象。胫骨为斗杓，指向东方，会于龙首；蚌塑三角图案为斗魁，枕于西方。"❶

　　如此说成立，则中国四象中的二象与北斗授时至少在6000多年前已出现。在至迟到公元前2世纪，四象体系已经形成。汉代有四象瓦当（图3-2-8）。

（四）华表溯源

　　北京天安门前后各有一对华表，用汉白玉雕成。华表柱身雕盘龙，柱顶雕一蹲兽，叫犼，因其头朝天，也叫朝天犼。（图3-2-9）

　　关于华表的来源，有多种说法，一说为古代王者表示纳谏或指路的木柱。据晋崔豹《古今注·问答解义》："程雅问曰'尧设诽谤之木，何也？'答曰：'今之华表木也'。以横木交柱头，状

---

❶ 冯时. 河南濮阳西水坡45号墓的天文学研究. 文物, 1990, 3: 52~53。

图3-2-8 汉代青龙、朱雀瓦当　　图3-2-9 华表

(自刘大可. 中国古建筑瓦石营法)

若花也。形似桔槔,大路交衢悉施焉。或谓之表木,以表王者纳谏也。亦以表识衢路也。秦乃除之,汉始复修焉。今西京谓之交午木。"

　　由以上文字,透露出华表来源的许多信息:一、华表,即花柱,"以横木交柱头,状若花。"二、华表为上传天意、下达民情的"诽谤木",也即"通天柱",故树于大路交衢以便观仰。三、华表又称"表木"、"交午木",即用于观测太阳影子的圭表。四、在城镇、宫殿、陵墓前立华表,还保留着远古氏族的保护神或祖源的遗意。说明华表渊源于氏族或部落的标记,即图腾柱。❶

---

❶ 陆思贤著. 神话考古. 文物出版社,1995。

远古华夏的太昊氏以龙为图腾,因此,出现龙图腾柱是理所当然的事情。用龙图腾柱来观测日影也是自然之事。

正如世界各地的古代曾普遍存在太阳崇拜一样,中国史前社会也盛行太阳崇拜,且太阳神是最高的天神。汉代郊祀之五帝,东方为春帝太昊,南方为夏帝炎帝,中央为季夏帝黄帝,西方为秋帝少昊,北方为冬帝颛顼。我们中华民族为炎黄的子孙。而"炎帝者,太阳也"(《白虎通·五行》)。"黄者光也,厚也,中和之色,德施四季"(《风俗通》引《尚书大传》)。可见炎帝、黄帝均为太阳神。昊字从天从日,均训日之光明,故太昊、少昊均为太阳神、颛顼号高阳,即高高在上的太阳,也是太阳神。由上可知,五帝乃五方之太阳神❶。随着太阳崇拜之炽盛,氏族之首领成为太阳神,图腾崇拜与太阳崇拜合而为一。太昊氏的氏族,既崇拜龙,又崇拜太阳。用以观察日影的龙图腾柱,也逐渐被神化,成为神柱、神木、天地柱、通天柱。《淮南子·地形训》云:

"建木在都广,众帝所自上下,日中无景,呼而无响,盖天地之中也"。

这"建木"即由华表神化而得❷。龙文化中融入了太阳崇拜的内容。且看汉代四象瓦当,青龙、白虎、玄武、朱雀瓦当的正中,都有一个圆点,这就是太阳的标志(图3-2-8)。

(五)龙种与龙饰

说中华民族是龙的传人,与中华民族上古伏羲、炎帝、黄帝、尧、舜等首领、圣人都是龙种有关。伏羲人首蛇(龙)身,其母华胥履雷泽大迹,生伏羲(《太平御览》)。雷泽大迹,应是龙迹无疑。炎帝(神农氏)是神龙所生。据《帝王世纪》:"神农氏,姜姓也,母曰任姒,有虫乔氏女,登为少典妃,游华阳,有神龙首,感生炎帝。"黄帝为黄龙体:"轩辕黄龙体"(《史

---

❶ 杨希枚. 中国古代太阳崇拜研究. 载于杨希枚著. 先秦文化史论集. 中国社会科学出版社,1995.
❷ 陆思贤著. 神话考古. 文物出版社,1995.

记·天官书》)。"(黄帝)人首蛇身,尾交首上,黄龙体"(《史记·天官书》)。尧也是龙种:"尧母庆都与赤龙合昏,生伊耆,尧也"(《太平御览》引《春秋合诚图》)。据《竹书纪年》:"帝舜有虞氏,母曰握登,见大虹,竟感而生舜于姚虚。目重瞳子,故曰重华。龙颜大口……"。从上可见,远古的帝王,圣人都是龙种。龙的地位高贵可知。

然而,在汉代以前,龙的纹饰还未为皇帝所专有,一般的贵族也可用龙纹装饰房屋居室。西汉刘向的《新序·杂事》讲了"叶公好龙"的故事,就可说明这点。

叶公名沈诸梁,字子高,被封于叶,故人称叶公。"叶公子高好龙,钩以写龙,凿以写龙,屋室雕文以写龙"。

东汉大将军梁冀"作阴阳殿,……刻镂为青龙白虎,画以丹青云气。"(《后汉纪》卷20)

由汉至唐宋元,龙逐渐成为帝王的象征,龙饰逐渐受到皇家的限制,但仍未被皇家所专有。到明清,龙饰则成为皇家宫殿的主要装饰。下面以沈阳故宫和北京故宫为例说明皇家对龙饰的重视。

沈阳故宫的大政殿建于1626年,是清入关前举行大典之地。其平面八角形,重檐攒尖顶。其外观最显著的特点是正南向的入口处的两根木雕蟠龙柱,龙头上扬出于柱外,张牙舞爪,十分凶猛生动,充分显示出"龙威",即天子之威。崇政殿为皇太极日常临朝之地,面阔五开间,硬山顶。崇政殿俗称金銮殿,全殿布满了龙饰。其正脊、垂脊、博缝、墀头均饰以蓝色行龙五彩琉璃饰,龙首均向上。殿下台基的栏杆的望柱、栏板都雕满龙纹。檐柱和金柱间的穿插梁变成一条行龙贯穿室内外,檐下梁头雕为龙头,梁身雕为龙身,室内梁头雕为龙尾。全部龙首,成三组二龙戏珠图❶。崇政殿宝座设亭式堂陛,其前方凸出两柱上各有一条木雕蟠金龙,龙尾在上,龙首在下但扬起向内,姿态十分凶猛生动,与大政殿双龙首尾正好相反,形成艺术上的对照。

北京故宫龙的主题更加突出。殿宇台基外均有吐水的螭首,

---

❶ 刘宝仲. 崇政殿的建筑艺术. 建筑师, 6: 162~168。

三大殿以汉白玉为台基三重，共计有螭首龙头 1142 个，雨天，可以看到千龙吐水的奇观。台基上绕以汉白玉栏杆，望柱头上雕刻云龙、云凤图案。三大殿台基上有 1458 根望柱，简直成了龙凤的海洋。

进入太和殿内，只见下有金龙宝座，座后有 7 扇金龙屏风，上有金龙藻井，更有满布梁枋天花的贴金和玺彩画，殿正中有 6 根沥粉金漆龙柱，与殿内万条金龙交相辉映，金碧辉煌，形成一个金龙的世界。而殿内的隔扇裙板也以龙为装饰，雕刻二龙戏珠的图案。

不论是故宫庭院里的金缸，还是建筑上的匾额、和玺彩画，均以龙为饰。龙文化渗透于故宫建筑的每一角落。

（六）华夏龙柱知多少

虽说最早的龙柱应是龙图腾柱，但目前我们能查之有据的龙柱自汉代始。

山东微山县两城山桓桑终食堂画像中，柱子以龙纹装饰（图 3-2-10-a），该石刻于汉顺帝永和六年（141 年）。[1]

浙江海宁长安镇画像石墓的墓室北、西、东三壁均各雕有二根以龟为础座的蟠龙柱。龙为三爪[2]（图 3-2-10-b、c、d）。

华夏的龙柱若按龙的材质而分，可分为木雕、泥塑、石雕、沥粉金漆、金属和彩毯六类。

1. 木雕蟠龙柱

山西晋祠圣母殿的殿前廊柱上，雕有木质蟠龙八条，为宋元祐二年（1087 年）太原府吕吉等人集资所雕（图 3-2-11-a）。八龙姿态各异，栩栩如生。圣母殿是我国现存木雕蟠龙柱最早的实例。[3]

四川江油云岩寺飞天藏的八根缠龙柱（图 3-2-11-c）为南宋淳熙八年（1182 年）的遗构，也是现存木雕龙柱的较早实例。

沈阳故宫大政殿前檐有两根木雕金蟠龙柱，是 1636 年的作

---

[1] 李发林. 山东汉画像石研究. 山东，齐鲁书社，1982.
[2] 嘉兴地区文管会、海宁县博物馆. 浙江海宁东汉画像石墓发掘简报. 文物，1983. 5：1~20.
[3] 紫泽俊. 晋祠. 刊山西名胜. 山西人民出版社，1983.

品（图 3-2-12-f），崇政殿堂陛前两根龙柱（图 3-2-12-g）则雕于 1632 年之前。两对金龙均张牙舞爪，气势逼人，但姿态各异，各有特色。

2. 泥塑蟠龙柱

四川峨眉山市飞来殿明间左右两柱上塑金身泥胎蟠龙各一条，有飞舞离柱而去之态。该殿建于宋元，龙柱亦有宋元风格。

平武报恩寺华严殿转轮藏周围的四根金柱各有泥塑蟠龙一条，金甲耀眼，势若腾飞（图 3-2-12-b、c）。平武报恩寺自明正德十一年（1446 年）建成以来，一直保护得较好，未遭人为破坏。从蟠龙形态来看，保持了明代风格（如四爪、角分叉不多、龙嘴扁长等❶）。

3. 石雕龙柱

石雕龙柱是我国现存龙柱中最多的一种，其广布全国各地，且依其雕刻形式，又可分为剔地起突蟠龙柱、圆雕龙柱、透雕云龙柱和减地平钑云龙柱等多种形式。

（1）突雕蟠龙石柱

突雕蟠龙柱即剔地起突蟠龙柱。剔地起突，即高浮雕成半圆雕，特点是装饰主题从建筑构件表面突出较高，"地"层层凹下，层次较多，雕刻的最高点不在同一平面上，雕刻的各种部位可以互相重叠交错。

突雕蟠龙石柱的代表作是曲阜孔庙的龙柱。曲阜现有起突云龙柱 22 根，体量高大以大成殿为最（高 6.1m，径 0.85m 米，径高比约 1/7）（图 3-2-13-c），制作年代以颜庙复圣殿（明成化至正德 1465—1521 年）和孔庙崇圣祠（明弘治十七年 1504 年）（图 3-2-13-a、b）为古，雕镂水平以大成门内两侧龙柱和崇圣祠为最高。大成门的蟠龙石柱龙身躯翻转腾跃，姿态矫捷，毫不刻板，云的形象自由而不程式化。崇圣祠两柱稍逊之，然升降龙身躯曲屈有力，刻划自然，云形活泼（图 3-2-13-b）。复圣殿和大成殿龙柱水平大体相当，又略逊之。启圣殿龙柱（图 3-2-13-d）又居复圣殿和大成殿之下。❷

---

❶ 刑捷. 张秉午. 古文物纹饰中龙的演变与断代初探. 文物，1984，1：75~80。
❷ 南京工学院建筑系. 曲阜文管会. 曲阜孔庙建筑. 北京，中国建筑工业出版社，1987。

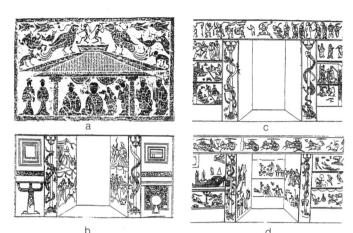

a. 山东微山县两城山桓桑终食堂画像（李发林、山东汉画像石研究，山东齐鲁书社，1982）；b. c. d. 浙江海宁长安镇东汉画像石墓的前室北、西、东壁的龟座蟠龙柱（岳凤霞、李兴珍，浙江海宁长安镇画像石．文物，1984，3：47~53

图3-2-10　汉画像石上的龙柱

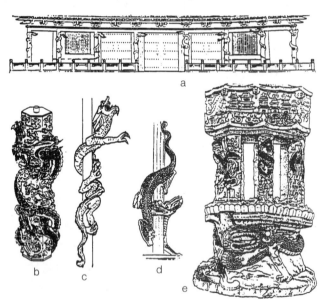

a. 晋祠圣母殿前廊的八条木雕蟠龙柱（宋元祐二年公元1087年雕）；b. 剔地起突柱云龙（《营造法式》）；c. 江油云岩寺飞天藏缠龙柱（南宋淳熙八年公元1182年）；d. 四川大足飞龛石柱；e. 四川大足北山136窟，转轮经藏石雕（南宋绍兴）（b. d. e自蔡易安，中国龙凤艺术研究，河南美术出版社1987）

图3-2-11　宋代的龙柱

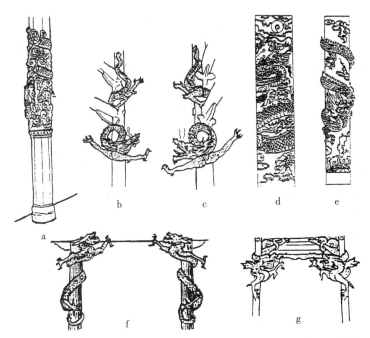

a. 江陵太晖观（明洪武二十六年 1393 年）；b. c. 平武报恩寺华严殿（明正统十一年 1446 年）；d. 明式升龙抱柱上段；e. 清式降龙抱柱；f. 沈阳故宫大政殿（1636 年）；g. 沈阳故宫崇政殿（建于 1632 年之前）；d. e.（自徐华铛、中国的龙．轻工业出版社，1988 年）

图 3-2-12　明清龙柱

a. 曲阜颜庙复圣殿（明成化至正德，1463—1521 年）；b. 曲阜孔庙崇圣词（明弘治十七年 1504 年）；c. 曲阜孔庙大成殿（清雍正七年 1729 年）；d. 曲阜孔庙启圣殿（清雍正七年）；e. 广东德庆龙母祖庙山门（清光绪三十一年 1905 年）；f. 龙母祖庙香亭（清光绪三十一年）（a. b. c. d 自《曲阜孔庙建筑》）

图 3-2-13　明清石雕龙柱

第三篇　装饰艺术篇　265

广东德庆龙母祖庙，山门和香亭各有突雕石龙柱2根和4根，又以山门前2根为更佳（图3-2-13-e，f）。山门前的两根蟠龙柱，突雕和透雕手法并用，每柱各雕升龙一条，柱高4.3m，径0.35m，径高比约1/12，典雅秀丽，婷婷玉立，石珠可在龙嘴内滚动，龙形生动自然，亲切而不凶猛，与西江古民俗即崇龙崇龙母相合，为突雕龙柱一绝。

突雕蟠龙石柱现存较早实例为四川大足北山136窟转轮经藏石雕的8根龙柱（图3-2-11-e），刻于南宋绍兴年间（1131—1162年）。

（2）圆雕蟠龙石柱

这类龙柱较少，宋代大足宝顶山毗卢道场四支石柱各雕一圆雕蟠龙（图3-2-11-d），姿态生动。

（3）透雕云龙石柱

透雕乃介于圆雕和浮雕之间的一种刻法，在浮雕的基础上，缕空其背景部分。

安顺文庙大成殿前檐正中有两根透雕的云龙柱，下以石狮柱座承托。柱高6m，径0.8m，❶ 径高比为1/7.5，全柱华丽精美，每柱各刻一蟠龙，玲珑剔透，国内罕见。

（4）减地平钑云龙柱

减地平钑即"剪影式"凸雕。它的基本特征是：凸起的雕刻面和凹下去的"地"都是平的。其较之突雕，加工较易，费工较少，所以用得较多。

减地平钑龙柱也以曲阜孔庙为代表。大成门除明间两侧用突雕龙柱外，第一次间和第二次间两侧檐柱皆用减地平钑小幅云龙柱。大成殿则在两山及后檐用减地平钑小幅云龙柱。启圣殿、复圣殿也用了此式石柱。❷

4. 沥粉金漆龙柱

沥粉金漆龙柱以故宫太和殿为代表。殿正中有两排6根沥粉金漆蟠龙柱，敷色贴金，龙身翻飞，十分宏丽壮观。

5. 金属龙缠柱

---

❶ 贵州省文管会、文化厅. 贵州古建筑. 贵州美术出版社，1987。
❷ 南京工学院建筑系、曲阜文管会. 曲阜孔庙建筑. 北京，中国建筑工业出版社，1987。

河北遵化县清东陵菩陀峪定东陵（慈禧）隆恩殿内有 64 根金龙缠柱，柱身嵌附有镏金铜片制成的半立体状飞龙，用弹簧控制，龙头龙须可随风摇动，如同真龙凌空。❶

在云南建水文庙中，有一个龙柱铜屋，下为铜鼎香炉。这铜屋完全按云南地方建筑风格铸造，其四柱上各有一条铜蟠龙，姿态生动。

6. 彩毯龙裹柱

青海塔尔寺的大经堂有 168 根木柱，其中 60 根在墙内，108 根明柱皆围裹有蟠龙图案的彩色藏毯，堂内五彩缤纷，具有浓郁的地方特色。

以上分类是以龙的材质分类。若以龙的姿态来分，则有降龙、升龙（图 3-2-12-d．e）之分。若以龙在一柱中数量来分，则有的一柱一龙，有的一柱双龙，有的一柱 16 龙。如曲阜颜庙复圣殿前檐第二次间两侧檐柱，平面八边形，每面各两条减地平钑降龙，一柱有降龙 16 条。

湖北荆州太晖观，建于明洪武二十六年（1393 年），原为朱元璋第十二子朱柏所建王宫，因有龙柱等超越等级，被告反逆，朱柏忙改为道观，但仍不免自焚而死❷。太晖观大殿前廊有 4 根，后廊有 2 根突雕青石云龙柱（图 3-2-12-a），龙头伸出柱面约 1 尺，势欲飞去。

湘潭关圣庙春秋阁前有突雕汉白玉蟠龙柱一对。❸

大庸普光寺大雄宝殿前有一对蟠龙柱，为后世重塑，两龙昂首蟠柱，神态生动。

山西蒲县东岳庙献亭四角为盘龙石柱，前两条为元代所雕，旋回蜿蜒，秀曲自然，后两条为明代作品。❹

河北卢龙县尊胜陀罗尼经幢，为金大定九至十一年（1169—1171 年）重建，石幢第一层有盘龙柱 8 根。

山西解州关帝庙崇宁殿为清康熙五十七年（1718 年）遗构，殿周廊有蟠龙石柱 26 根。

---

❶ 庞进．八千年中国龙文化．人民日报出版社，1993。
❷ 张雪年．荆州漫步．太晖观．湖北人民出版社，1986。
❸ 杨慎初．湖南传统建筑．湖南教育出版社，1993。
❹ 紫泽俊、张树人．蒲县东岳庙．山西名胜．山西人民出版社，1983。

普陀山多宝塔为元元统二年（1374年）所建，第二层为蟠龙柱，龙形生动。

河南郏县文庙大成殿，前檐四根木柱通体透雕云龙，柱头刻虎首，雕刻精美，为清代木雕佳作。

云南建水文庙大成殿左右檐角的擎檐柱，为蟠龙石柱，上半部各雕云龙抱柱，雕工精细，形态生动。

昆明圆通寺大雄宝殿内有两根蟠龙柱，巨龙似聆听讲径，又似欲飞腾，形象独特。

汕头妈屿岛天后古庙有两根石龙柱。

当阳关陵也有石龙柱。

长沙麓山寺大雄宝殿有一对龙柱，神态生动。

成都青羊宫八卦亭有八根龙柱，为清同治、光绪年间所建，八根石柱各雕一龙，姿态各异，生动传神。全亭共有81条龙，象征老子81化。❶

闽台两地龙柱尤多，雕刻技艺也十分精湛。

晋江龙山寺殿前有突雕青石龙柱。

永春县蓬壶镇普济寺大雄宝殿前有4根突雕龙石柱。

漳洲文庙有龙柱。

龙海县白礁村慈济祖宫有十根青石龙柱，形态生动，翘首欲飞。相传郑成功率兵从白礁赴台抗荷，因缺木料做战船桅杆，向该宫借十根大木柱，许愿平夷之日归还。后其子秉承父志，由台湾雕十根精美龙柱运至白礁，传为佳话。

泉州天后宫天后殿前有一对青石突雕蟠龙柱，张牙舞爪，栩栩如生。其右柱尤其传神。相传二柱为师徒二人所雕。二人原为郑成功旧部，郑反清失败后，二人于是隐姓埋名，当了石工。师先雕成左龙柱，受到赞许。徒弟不甘落后，闭门改篓，潜心研究。一日大雷雨，有龙盘于其室中柱上，于是依真龙雕成石柱。❷

台湾龙柱也极多。台北龙山寺有八对大龙柱。台北孔庙大成殿、台北南瑶宫内均有龙柱。安平西龙殿、城隍庙、伍德宫、广

---

❶ 孙大章主编．中国古今建筑鉴赏辞典：871．河北教育出版社，1995．
❷ 黄炳元主编．泉州天后宫．泉州闽台关系史博物馆．泉州天后宫修缮基金董事会印．1990．

济宫、三灵殿、文朱殿、开台天后宫均有突雕石龙柱。❶

闽台龙柱多的原因是与其文化传统有关。闽人以蛇为图腾，蛇又称为"小龙"。随着民族和文化的融合，龙成为中华民族共同崇拜的神圣之物，故原先崇拜蛇的闽人对龙尤为崇仰，尤喜用龙饰。

台湾高山族人以蛇为图腾，台湾汉人则多来自闽、粤，因此，台湾也多龙饰。

龙柱不仅在汉人聚居之地常可见到，在少数民族聚居之地也可见到。呼和浩特大召大殿的一对蟠龙，就是例子。大殿佛像前的一对柱子，各蟠金升龙一条，形象生动刚猛，组成二龙戏珠的图案，其形象独特，极为罕见。

（七）华夏的龙壁艺术

龙为神圣吉祥之物，龙为天子的象征，因此，以龙来装饰墙壁，尤其是入口处的翼墙、照壁，便形成龙壁。龙壁有独龙壁、双龙壁、三龙壁、四龙壁、五龙壁、九龙壁，华夏的龙壁艺术珣丽多姿，琳琅满目。

讲到龙壁艺术，我们首先想到山西，山西可谓"龙壁艺术之乡"，仅以明代的琉璃龙壁而论，就有独龙、二龙、三龙、五龙、九龙等多种。其中九龙壁三座，分别在大同、平遥和平鲁。可惜十年浩劫后，三壁仅存大同一壁。另外，有五龙壁三座、三龙壁三座，二龙壁四座、独龙壁一座，分布在大同、代县、介体、太原、清徐、榆次、长治、运城、闻喜、汾阳、临汾、襄汾、翼城等地❷。在山西众多龙壁中，大同就有三座（观音堂前三龙壁、善化寺西跨院内从兴国寺山门前迁来的五龙壁），大同不愧为"龙壁之城"！

在山西众龙壁中，最杰出的代表作是大同九龙壁（图3-2-14）。它是朱元璋第十三子朱桂代王府前照壁，建于明洪武二十五年（1392年），长45.5m，高8m，厚2.02m。壁面364m^2，由426块五彩琉璃镶嵌而成。下为须弥座。束腰壸门之内，有狮、

---

❶ 傅朝卿. 安平建筑. 尺度研究室，1985.
❷ 紫泽俊. 山西琉璃. 文物出版社，1991.

虎、象、麒麟等动物。照壁之顶覆以瓦顶脊饰、斗栱、额枋、垂柱、飞椽。壁心有九龙，飞舞洒脱，升降自如，奔腾于波涛海云之间。中心为棕黄色坐龙一条。四爪分置，头居中央，龙尾向后摆动，雄健有力。左右八龙，曲折翻转，姿态各别❶。壁前一池碧水，龙壁倒影池中，九龙浮波，分外美丽。大同九龙壁以年代最古，规模最大，造艺精湛，冠于全国。

　　湖北襄樊的绿影壁（图3-2-15）也是不可多得的龙壁艺术珍品。它原为襄王府前照壁，建于明正统元年（1436年）。该壁全用青绿色石料雕砌而成，全长24.935m，分三堵，中堵高7m，厚1.6m。中堵雕二龙戏珠，珠已失，遗孔径约40cm。东西两堵各雕一龙舞于海水流云之间，姿态生动传神。四周边框雕小龙99条，姿态各异。绿影壁造型庄重，雕刻精丽，国内罕见。

　　北海九龙壁是中外闻名的龙壁艺术珍品（图3-2-16）。北海九龙壁位于北海公园北岸天王殿西，建于清乾隆年间，长25.86m，高6.65m，厚1.42m。顶部为庑殿式，底座为青白玉石台基，上有黄、蓝琉璃须弥座，座上为壁面，前后壁面各有九条龙浮雕，龙形各异，生动威猛。除两壁各有九条大龙之外，壁的正脊、垂脊、筒瓦等地方都有龙形。正脊上有16条行龙，两条坐龙，多踩斗栱下面也各有一条龙，总共大大小小有635条龙。九龙色分五彩，壁以蓝色为底，烧制祥云背影，如澄碧长空。九龙神态各异，腾舞于长空、云、海、山崖之间。壁两端之东面为旭日东升、江崖海水、流云图像，西面为明月当空、江崖海水、流云纹饰。东日西月，日月交辉。北海九龙壁原是为其北面的真谛门（内有大圆镜智宝殿）而修建的。民国8年（1919年），其北面的门、殿俱毁❷，这一艺术珍品保留至今，实属万幸。

　　还有一座清代九龙壁在故宫内。故宫皇极门南的单面九龙壁，宽29.4m，高3.5m。九龙龙身分五彩，神态各异，栩栩如生，第五龙居中，为黄色，呈团龙状，为故宫九龙壁特色。故宫九龙较北海九龙细长窈窕，飞舞腾跃于碧波之上，显得生动可

---

❶ 紫泽俊. 山西琉璃. 文物出版社，1991。
❷ 袁世文. 九龙壁及其附近的今昔. 刊北京市园林局史志办公室编. 京华园林丛考，北京科学技术出版社，1996。

图3-2-14 山西大同九龙壁(明)(局部)
(自蔡易安.中国龙凤艺术研究)

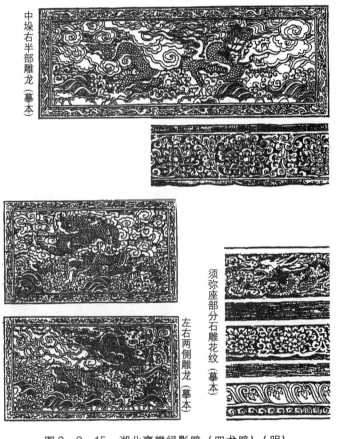

图3-2-15 湖北襄樊绿影壁(四龙壁)(明)
(自白文明.中国古建筑艺术博览)

图3-2-16 北京北海九龙壁（清）（局部）
（自蔡易安．中国龙凤艺术研究）

爱，更富装饰趣味。

　　虽说九龙壁在诸龙壁艺术中已登峰造极，谈及其他龙壁，大有"黄山归来不看岳"之感，但须知华夏之大，各地龙壁艺术各有千秋，不可忽视各地风格。如沈阳昭陵正红门左右翼墙琉璃龙壁，就很有特色。正红门两翼墙长8.5m，高5m多。上浮雕五彩琉璃蟠龙，左右两龙，一龙为青绿色，一龙为蓝黑色，两龙头相向，拱卫皇陵，昂首舞爪，腾空跃起，光彩耀眼，生动威猛，为清代龙壁艺术佳作。

　　藏传佛教建筑中也多龙饰。呼和浩特大召外墙上的龙塑，也十分引人注目。在红墙的背景下，龙壁以黄蓝绿三色为主调，塑二龙戏珠图案，正中为佛教的"十相自在"，这龙壁艺术充分体现了藏传佛教的宗教艺术特色。

　　四川成都刘备墓照壁上的龙饰又别具一格。图案为方形，四角向上下左右，中间为二龙戏珠图案，龙形亲切可爱，温文尔雅，绝无凶猛威严之状，甚为特别。或许刘备向有爱民美名，蜀人以此龙饰象征刘备，故风格与其他龙壁大相径庭。

（八）石雕龙饰艺术

　　以龙为建筑装饰，石雕为重要的一个方面。石雕龙饰艺术，除前述石龙柱外，尚有石龙拱，石雕龙拦板、龙望柱、龙石础、云龙雕石等等。

沂南古画像石墓的中室及后室的斗栱两旁，有倒口卸的双龙栱（图3-2-17）❶。这是很罕见的。分析其原因，应与墓主人有成仙升天的愿望有关。龙是通天的神兽，人骑龙可以成仙升天。传说中黄帝就是骑龙升仙的。中室的擎天柱顶天立地，也即通天柱，以龙为通天柱之栱，表达了墓主人希望可以实现成仙升天的愿望。

1966年，大同市发现了一座北魏太和八年（1984年）的司马金龙的古墓，古墓中出土了蟠龙柱础四件（图3-2-18）。柱础为墓室棺床屏风之础。浅灰色细砂石质，通高16.5cm。上部为鼓状覆盆，顶部雕成莲花形，周围为高浮雕的蟠龙与山形。下部为方座，浮雕盘绕的忍冬纹、云纹等纹饰和伎乐童子。四件柱础中，有两件在四角各雕一个伎乐童子作击鼓、吹、弹瑟琶、舞蹈等姿势，方座上每侧浮雕两童子作不同舞姿。另两件础座每侧浮雕四、五个舞姿各别的伎乐童子。四柱础造型优美，雕工精巧，龙与童子栩栩如生，为石雕艺术的珍品。❷

赵州桥的石雕龙饰艺术也是不同凡响。赵州桥建于隋（581—618年），为李春所建。20世纪50年代在桥下河床中挖到若干隋代桥的栏板和望柱，有不少以龙为饰，构思巧妙，千姿百态，令人叫绝。有在望柱上雕坐龙的，栏板有以龙头为饰的，有双龙蟠绕踞的，有双龙相交头相背的，有双龙相交头相向的，更有穿壁龙享誉中外（图3-2-19），堪称艺术珍品。

云龙雕石御路是帝王才能享用的，而故宫保和殿后三台下部的云龙雕石则是国之珍宝。该云龙雕石长16.57m，宽3.07m。厚1.7m，重约250t，由一块完整的巨大的艾叶青石雕成，是故宫内最大的石雕。其石质柔韧。周边雕刻卷草连绵，下雕江海，中为九龙游于流云中，自然而生动。两侧踏跺浮雕狮马等图案，主次分明。其用材之巨，造质之佳，雕缕之精，构思之妙，均为云龙雕石之代表作。

---

❶ 曾昭燏．蒋宝庚．黎忠义合著．沂南古画像石墓发掘报告．文化部文物管理局出版，1956。
❷ 山西省文物工作委员会编．山西历史文物简介．山西人民出版社，1973。

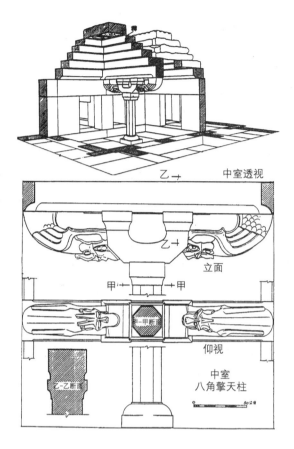

图3-2-17 沂南汉画像石墓中室擎天柱及龙形栱
(自曾昭燏等著. 沂南古画像石墓发掘报告)

图3-2-18 北魏司马金龙墓出土的蟠龙石柱础
(自蔡易安. 中国龙凤艺术研究)

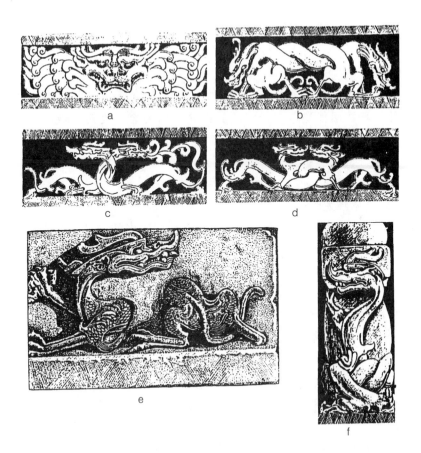

a. 龙头栏板；b. 双龙蟠绕、拏踞；c. 双龙相交头相背；d. 双龙相交头相向；
e. 穿壁龙；f. 望柱上蟠绕的坐龙。(e 图自蔡易安. 中国龙凤艺术研究, 余图自
白文明. 中国古建筑艺术博览)

图 3-2-19 赵州安济桥的石栏板和望柱上的龙雕（隋）

各地方云龙雕石也不乏佳作。如湖南澧县文庙大成殿前的云龙雕石，运用高浮雕手法，雕刻海水、祥云和二龙戏珠图案，形态生动。华山西岳庙大殿前云龙雕石，刻二龙戏珠，形态生动，雕工精细。四川梓潼七曲山大庙正殿前有一云龙雕巨石，上有九龙，栩栩如生。九龙雕石两旁为 24 级石阶，象征二十四孝。

明中都（凤阳）的石刻龙饰甚多，有 2.70m 见方的蟠龙石

础，有宫殿基座束腰上的龙雕，以及宫殿栏杆石栏板上的龙饰，都雕刻精致，龙形生动、粗壮威猛，体现了皇家富丽堂皇的气派。

一般的百姓家是不能用龙饰的。安徽歙县呈坎村的宝纶阁，用于珍藏历代皇帝赐予罗氏的诰命、诏书等，故其栏板用了香草龙的二龙戏珠图案，虽非真龙，却也精巧雅致，另有一番韵味。

（九）木雕龙饰艺术

木雕龙饰艺术内容广泛，包括宫廷殿宇内的藻井、花罩、雀替，斜撑以及各种木构件，如梁、枋、斗栱、隔扇裙板等龙雕。其中，档次最高的，当然属雕有蟠龙的藻井了。

紫禁城内并非每一建筑都有藻井，藻井只用于庄严尊贵的殿宇内。如皇帝举行盛大典礼的太和殿，寓意天地交泰、帝后和睦的交泰殿，皇帝办理政务的养心殿，去天坛祭祀前使用的斋宫，乾隆皇帝准备当太上皇时使用的皇极殿，供奉玄天上帝的钦安殿等重要建筑物，都有藻井，而后妃居住的东西六宫，由于等级所限，都不装饰藻井。藻井造型大体是上圆、下方，中以八角井过渡。❶

养心殿为皇帝理政之地，故有金龙藻井，上圆下方，以象征天圆地方。方井上设斗栱，承托中部的八角井，用多道抹角枋，构成三角（又称角蝉）和菱形，上面雕刻龙凤纹。抹角枋上承圆井，井口上施一圈小斗栱，承托圆形盖板（又称明镜）。在顶心、明镜下面雕蟠龙，口中悬珠。井口用金漆斗栱，整个藻井以金龙为主题，显得金碧辉煌，又富丽堂皇。

养性殿的藻井与养心殿很相似，也由上、中、下的圆井、八角井、方井组成，但细看就可发现差别，两者明镜之下所雕蟠龙形态有别，龙口下悬明珠也不相同，而且方井、八角井的井口，养心殿用绿色，养性殿用蓝色。

故宫的龙井固然是艺术瑰宝，属阳春白雪。让我们看看南岳

---

❶ 于倬云主编．紫禁城宫殿．香港商务印书馆分馆，1982。

庙奎星阁的蟠龙藻井。奎星阁原名盘亭，实为戏台，其木雕龙井为近年重建之物，上雕二龙戏珠图案，色分五彩，有着浓重的乡土气息。

普陀山法雨禅寺圆通殿的九龙藻井，是华夏龙井一绝。圆通殿又称九龙殿，为法雨禅寺的主殿，建于清康熙三十年（1691 年）。殿内藻井除明镜下雕一龙外，藻井上垂下八根垂莲柱，每一柱上雕蟠龙一条，共为九龙，为建筑龙雕艺术的杰作（图 3-2-20）。

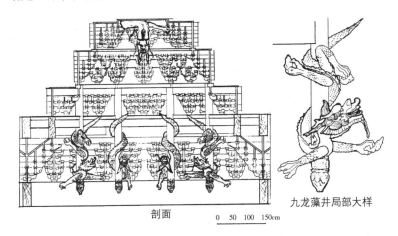

图 3-2-20　法雨禅寺圆通殿九龙藻井
（自赵振武、丁承朴著．普陀山古建筑）

花罩以龙为饰并不少见。但呼和浩特大召的建筑花罩具有浓厚的喇嘛教特色。花罩正中为一佛像，坐于莲花宝座之上，周围为祥云。两龙各在佛像一旁，拱卫着佛，似为护法。花罩两边下部各有一座喇嘛塔。

广东德庆悦城龙母祖庙是龙母之殿堂，柱楼上放有龙母床，床罩上雕有五龙，与龙母有五龙子之传说相合。床前的花罩，两边各雕狮、龙、凤各一，雕工精巧，形象栩栩如生，是广东金漆木雕的代表作。

阆中城清真寺前檐，盛饰花鸟福寿等图案，而且饰以龙纹，蜿转自然，生动亲切。成都青羊宫斜撑上雕以龙饰，色彩明艳，为建筑增添了光彩。其余，如斗栱上雕龙的有广东梅州明构的灵光寺大殿，裙板上雕龙的有故宫各殿宇等。

（十）屋脊龙饰艺术

中国古建筑的屋顶是中国古建筑的冠冕，是中国古建筑最具有艺术特色之处。屋脊龙饰艺术是古建筑冠冕上的明珠。

中国古建筑屋顶上的龙吻，是由汉代鸱尾逐渐演变而来的。五台山佛光寺大殿的鸱吻，是元代所制，式样仿唐鸱吻。这鸱吻已是龙首形态，张口吞脊，鸱吻上部雕五条小龙。这是龙吻的较早的一种形态。

从平遥市楼建筑的脊饰，我们可以看到山西明代建筑脊饰的特色。平遥的市楼又称金井楼，是明代建筑。其正脊两端各有一个龙吻，龙吻背上一个有剑靶，另一个剑靶已毁。正脊正中为脊刹，脊刹下方是两个相背的龙形吻兽。脊刹正中为一楼阁建筑，上为宝葫芦。楼阁的两边各有一座宝塔。正脊、戗脊上各有若干骑马武士，四条垂脊上每条均有一条龙饰。另外，正脊两边的两个龙吻上方，各有一只装饰的金属鸟相向而立，饶有趣味。虽说其上面饰物丰富多样，但龙吻的主题是十分鲜明、突出的。

在广东的屋脊龙饰中，以广州番禺学宫大成殿的作品较具有代表性，其正脊主题为二龙戏珠的图案。其龙形自然蜿转，昂首向着中央的龙珠（图3-2-21），龙形生动，为清光绪年间佛山琉璃雕塑大师文如璧的杰作。在二龙戏珠雕塑下方的正脊两边，另有牡丹花图案象征富贵，仙桃象征长寿，在龙珠下方有福禄寿三字，表达了人民向往幸福美满的生活的愿望。

藏传佛教屋脊上的龙饰艺术，可以以承德须弥福寿之庙妙高庄严殿金顶龙饰为代表作。妙高庄严殿为重檐方形攒尖镏金顶，上檐有四根垂脊，每脊二龙，一龙向上，一龙向下。八龙中四龙向上，朝着宝顶上的金珠，四龙向下，前方各有一金珠。因此，上檐金顶实为八龙戏珠图案，匠心独具，别有一格，龙形矫健，若飞碧空。在蓝天的映衬下，金顶龙饰分外美丽，令人赞叹：不愧为藏传佛教龙饰艺术杰作！

福建、台湾等地庙宇屋顶爱用龙饰，且龙形别致，千姿百态，令人叹为观止。泉州承天寺大殿正脊龙饰为其中之一（图3-1-21）。其正脊两端各塑一龙，龙头上昂，龙尾高扬，加上脊端燕尾向上飞扬的动势，好似龙在脊上起舞。闽台脊饰喜用瓷片镶嵌，色泽经久，五彩缤纷，极富地方艺术特色。

图3-2-21　广州番禺学宫大成殿的脊饰（清）

由以上数例，可知华夏屋脊龙饰艺术的引人入胜，各地因民族、宗教、文化的不同，龙饰艺术各具特色，犹如百花斗艳，美不胜收。

（十一）龙生九子与龙饰艺术

随着华夏龙文化的发展，龙纹应用范围不断扩大，于是出现了龙纹的变种。明清以来，就出现了"龙生九子"的说法（图3-2-22）。

明代学者陆容、李东阳等均有"龙生九子"的论述，杨慎在《升庵集》列出龙生九子的名单："赑屃（笔者注：即霸下）形似龟，好负重，今石碑下龟趺是也。螭吻形似兽，性好望，今屋上兽头是也。蒲牢形似龙而小，性好吼叫，今钟上钮是也。狴犴形似虎，有威力，故立于狱门。饕餮好饮食，故立于鼎盖。

第三篇　装饰艺术篇　279

a. 霸下；b. 饕餮；c. 螭吻；d. 蚣蝮；e. 蒲牢；f. 睚眦；g. 狻猊；h. 狴犴；i. 椒图

图3-2-22 龙生九子纹

（自黄能馥、陈娟娟编著. 中国历代装饰纹样大典. 中国旅游出版社，1995）

蚣蝮性好水，故立于桥柱。睚眦性好杀，故立于刀环。金猊形似狮，性好烟，故立于香炉。椒图形似螺，性好闭，故立于门铺首。"

龙生九子的说法，扩大了龙纹的范围，把建筑装饰中的龟趺、螭吻、蚣蝮、狴犴、椒图归入"龙子"之列，虽不免有滑稽之感，但也可算作龙文化发展过程中的一段有趣的插曲。

（十二）龙凤呈祥

龙、凤都曾是中国古代的图腾，后来都成为天上四象的东方苍龙和南方朱雀（即凤凰）的名称，龙、凤都是中国古代崇拜的神物，在汉代之前，凤的装饰曾流行一时，尤其是脊饰更是如此。随着龙地位的上升，凤降于从属的地位。龙被作为天子的象征，凤作为皇后的象征。龙凤成为最高等级的装饰题材。紫禁城的装饰题材，以龙凤为最尊贵。外朝和内廷最主要的宫殿用的是和玺彩画，是等级最高的彩画，其主要特点是用各种不同姿态的龙或凤图案组成整个画面，间补以花卉图案，且大面积沥粉贴金，产生金碧辉煌的效果。龙凤为中国古代的崇拜物和吉祥物，龙凤呈祥是中国传统建筑装饰的最高档和最喜闻乐见的题材。

以柱为例，不仅有龙柱，而且有凤柱。湖南零陵文庙大成殿，前檐明间两侧有两根汉白玉高浮雕蟠龙柱，其两侧各有一根青石浮雕飞凤柱，为清乾隆四十年（1775年）所雕，有龙飞凤舞，龙凤呈祥之意。

宁远文庙大成殿，前后下檐浮雕蟠龙、飞凤石柱各6根，启圣祠前亦有龙凤石柱一对❶。

福建漳州凤霞祖庙有双龙双凤柱。

不仅紫禁城主要殿宇的天花用龙凤图案，一些佛寺道观的天花也有以龙凤为饰的。四川平武报恩寺的大雄宝殿天花就用了龙凤图案。此外，湖北荆州开元观祖师殿天花也以龙凤图案为饰。开元观的天花属井口天花，用木条纵横相交，分割成若干个小方

---

❶ 杨慎初. 湖南传统建筑. 湖南教育出版社，1993。

块，上盖木板，由于一个个形状似"井"字，故称为井口天花。其小块中心部位画圆光，以棕色为地，内画龙或凤图案，龙、凤图案相间。龙均为独龙的图案，凤分两种，处于中轴线上的凤为独凤，中轴线两旁则均为双凤朝阳图案。龙的颜色分为黄、红、蓝、白各色，凤的颜色也分为五彩，故有龙飞凤舞，气象万千的艺术效果。

故宫内除众多龙饰外，也有许多龙凤饰。交泰殿的门上裙板的"龙凤呈祥"图案就是一例。交泰殿取意"天地交泰，帝后和睦"之意。龙象征皇帝，凤象征皇后，因此，裙板上"龙凤呈祥"图案意味深长。龙凤飞舞，以山、海、祥云图案衬托，雕工精致，龙凤神态生动。

厦门南普陀戗脊的龙凤呈祥图案也很有特色（图3-1-21-f）。龙生有翅膀，在空中飞舞，脊端则有一凤头，凤羽凤尾上扬，成为脊端起翘卷起部分，呈五彩状。正是龙飞凤舞的生动图画。

（十三）华夏龙饰流芳海外

华夏建筑龙饰艺术是中华龙文化的体现。随着历代炎黄子孙、龙的传人迁居海外，龙文化已广布宇内，建筑龙饰艺术也见于世界上许多地方。

明代为了帮助琉球开发经济、文化，洪武二十二年（1392年）"敕赐闽人三十六姓"定居琉球。闽人在琉球首府那霸和聚居地久米村建起两座天妃宫。清代，泉州商人足迹达吕宋、暹罗、巴达维亚、勃泥、爪哇、占城、交趾、柬埔寨、巨港、长崎、琉球、高丽等地，每到一地，必建会馆和天后宫[1]。广东人也有许多侨居东南亚以至欧美各地，也在聚居之地建筑庙宇宗祠。这样，我们在国内看到的各种建筑龙饰，也就随之出现在异国的土地上。这正是：

龙文化万年久远，

---

[1] 黄炳元主编．泉州天后宫．泉州闽台关系史博物馆．泉州天后宫修缮基金董事会印．1990．

龙艺术海外流芳。

三　春秋至六朝麒麟的演变研究

(一) 前言

在南京和丹阳的南朝陵墓前，保存有若干护墓石神兽，其形似狮，姿态生动，气魄雄伟，有不少堪称雕塑杰作，一般称独角者为麒麟，双角者为天禄，无角者为辟邪。然而，中国原来传说中的瑞兽麒麟并非狮形，而是鹿形，它是如何演变为狮形，其演变的文化背景又是什么？本文拟对此进行探讨。

(二) 传说中的鹿形瑞兽——麒麟

麒麟是我国历史上传说的瑞兽。其名始见于《诗经·周南·麟趾》。发现麒麟的最早记录为春秋十四年（公元前480年），据《春秋左传·哀公十四年》："春，西狩获麟。"

战国的文献史籍也常可见到麒麟的名称。《孟子·公孙丑》："麒麟之于走兽，凤凰之于飞鸟，泰山之于丘垤，河海之于行潦，类也。圣人之于民，亦类也。"《战国策·赵策四》："有覆巢毁卵，而凤皇不翔；刳胎焚夭，而骐驎不至。"

西汉戴圣所记《礼记·礼运》云："麟、凤、龟、龙，谓之四灵。""山出器车，河出马图，凤凰麒麟，皆在郊棷。"汉代刘向《说苑·辨物》云："凡六经帝王之所著，莫不致四灵焉。德盛则以为畜，治平则时气至矣。故麒麟，麇身、牛尾、圆顶、一角，含仁怀义，音中（仲）律吕，行步中规，折旋中矩，择土而践位乎，然后处，不群居，不旅行，纷兮其有质文也，幽闲则循循如也，动则有容仪。"

《史记·孝武本纪》："郊雍，获一角兽，若麃然。"索隐引郭璞云："汉武获一角兽。若麃，谓之麟是也。"汉许慎《说文》："麟，大牡鹿也。""麒，麒麟，仁兽也。麇身、牛尾、一角。"段注引郭璞曰："麒似麟而无角。"可见，麒麟为鹿形瑞兽。

汉代麒麟之形象出现在画像石和玉雕以及许多工艺品装饰上，麒麟纹饰流行（图3-3-2）。其原因有两个。其一是汉武帝独尊儒术，因此，儒家所颂扬的"仁兽"麒麟，也受到特别的尊崇。其二，汉代董仲舒把战国已形成的五行学说发展为包罗万象的体系，西汉后期，包括麒麟纹在内的五灵纹开始流行，它是谶纬五行说在艺术上的体现。❶

《礼纬·稽命征》说："古者以五灵配五方：龙，木也；凤，火也；麟，土也；白虎，金也；神龟，水也。"(《太平御览》卷873引) 许慎《五经异义》云："龙，东方也；虎，西方也；凤，南方也；龟，北方也；麟，中央也。"蔡邕《月令章句》云："天官五兽之于五事也：左，苍龙大辰之貌；右，白虎大梁之文；前，朱雀鹑火之体；后，元武龟蛇之质；中有大角轩辕麒麟之位。"

从汉代起，麒麟成为与青龙、白虎、玄武、朱雀四灵相列，成为五灵中代表中央土的神兽，这是其纹饰流行的重要原因。

然而，六朝之称为麒麟者，乃护墓神兽，与仁兽、瑞兽尚不同。因此，有必要对护墓神兽的演变作一探讨。

（三）战国至秦汉的辟邪瑞兽

六朝的护墓石兽均为带翼神兽。带翼神兽，目前所知最早的例子为战国中山国墓中出土的错银铜双翼神兽❷（图3-3-1-1）其兽身狭长，昂首挺胸，两翼振起，有欲飞之势。从其头部来看，头较小，颈较长，有虎头龙颈之态。与双翼神兽同时出土的还有铜虎吞鹿器（图3-3-1-2）。中山国是北方少数民族白狄的国家，春秋时原称鲜虞，到战国时成为强国。中山为西戎族群的后裔，以虎为图腾。其铜双翼神兽的形态应是由虎形加以神化变形而得。

湖北、湖南、河南等地的楚墓中，出土了大量的"镇墓兽"。湖北江陵楚墓雨台山墓地252座墓中，随葬有镇墓兽的占37%。❸镇墓兽由鹿角、头面、立座三部分组成，有的头面为人面（图3-3-1-3），有的为兽面（图3-3-1-4，6），也有鹿角立鹤

---

❶ 孙机. 几种汉代的图案纹饰. 文物, 1982, 3: 63~69.
❷ 河北省文物管理处. 河北省平山县战国时期中山国墓葬发掘简报. 文物, 1979, 1: 1~31.
❸ 张正明主编. 楚文化志. 湖北人民出版社, 1988.

（图3-3-1-5），有的干脆为木鹿（图3-3-1-7）。据考证，这些镇墓兽为古代山神的造象。❶

中山国的双翼神兽和楚墓的带鹿角的镇墓兽，都是为了驱鬼避邪。但它们均作为随葬品置于墓内，并未见到立于墓前的例子。

在墓前神道两旁置石雕，当数西汉霍去病墓为最早的例子。现存有14件，即初起马、卧马、卧虎、小卧象、卧牛、卧猪、鱼、龟、蛙、胡人、怪兽食牛、力士抱熊、马踏匈奴人等。这些石雕是为了表彰霍去病战胜匈奴的军功。

到东汉时，墓前石刻有石马、石羊、石虎、石天鹿等。

东汉应劭《风俗通义》云："墓上树柏，路头石虎。周礼：方相氏葬日入圹驱罔象。罔象好食亡者肝脑，人家不能常令方相立于侧，而罔象畏虎与柏，故墓前立虎与柏。"❷ 又云："虎者，阳物，百兽之长也，能执搏挫锐，噬食鬼魅。今人卒得恶遇，烧悟虎皮饮之，系其爪，亦能辟恶，此其验也。"可见，墓前石虎是用以驱鬼辟邪的。

汉代以青鹿、白虎为辟邪之瑞兽："白虎、青鹿，辟非辟邪之怪兽。"❸

东汉的墓前已出现石天鹿的雕刻。据《水注经·沔水》："其南有蔡瑁冢，冢前刻石，为大鹿状，甚大，头高九尺，制作甚工。"

《水经注·水》云："襄乡浮图也。水迳其南，汉熹平君所立，死，因葬之，弟刻石树碑，以进厥德，隧前有师子天鹿。"

蔡瑁冢前"大鹿"，当为"天鹿"之误。"天鹿"也即"天禄"，为鹿形瑞兽。《汉书·西域传上·乌弋山离国》："乌弋地……有桃拔、师子、犀牛。"唐颜师古注引孟康曰："桃拔一名符拔，似鹿，长尾，一角者或为天鹿，两角者或为辟邪。师子似虎。"

麒麟和天鹿均为鹿形瑞兽。麒麟的形象见于春秋出土的器物饰

---

❶ 王瑞明. 镇墓兽考. 文物, 1979, 6: 85～87。
❷ 封氏闻见记. 卷六. 羊虎条引。
❸ 汉石例、卷三，大飨碑文. 转引自常青. 西域文明与华夏建筑的变迁. 湖南教育出版社，1992。

纹（图3-3-1-8）和汉代的雕刻、画像石和饰纹（图3-3-2）。麒麟为"仁兽"，汉代并未用以作为墓前辟邪雕刻。《西京杂记》卷三载，秦始皇墓上遗二石麒麟于汉青梧观，确否待考。天鹿作为驱鬼辟邪瑞兽当源自楚文化（图3-3-1-3，4，5，6，7），该文化又为秦代所继承。汉高祖为楚人，又使这一文化得以发展。麒麟和天鹿成为宫廷之瑞兽，并以之命名宫廷之建筑。

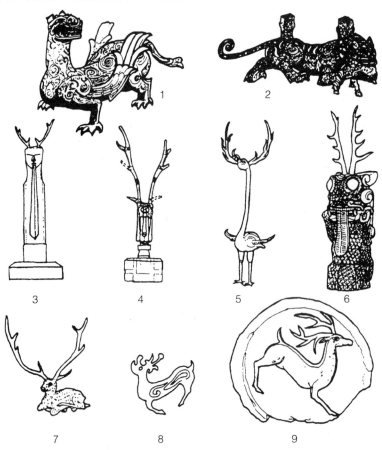

1. 中山国墓中出土的错银铜双翼神兽（战国）；2. 中山国墓中出土的铜虎吞鹿器；3. 长沙楚墓出土的人面鹿角镇墓俑（战国）；4. 长沙楚墓出土的镇墓兽（战国）；5. 曾侯乙墓鹿角立鹤（战国）；6. 信阳长台关楚墓镇墓兽（战国）；7. 曾侯乙墓漆木鹿；8. 山西浑源李峪出土铜壶（春秋）；9. 鹿纹瓦当（秦）

图3-3-1 春秋至秦的雕塑和装饰纹样

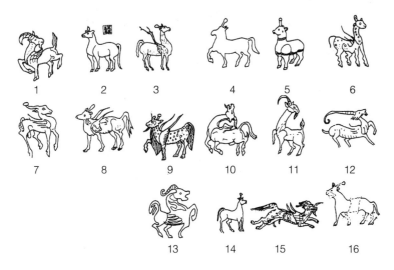

1. 汉长安武库遗址出土玉雕（西汉）；2. 东汉彭城相缪宇墓；3. 四川彭山县岩墓；4. 陕西王得元墓画像石；5. 河南偃师出土鎏金麟；6. 严氏洗；7. 麟凤洗；8. 江苏睢宁九女墩画像石；9. 沂南画像石；10. 平壤贞柏里古坟出土银饰；11. 广西西林出土镏金铜牌饰；12. 四乳禽兽带纹镜；13. 潼关吊桥杨氏茔土5号墓出土铜牌饰；14. 徐州贾旺出土画像石；15. 沂南画像石；16. 武氏祠画像石

图3-3-2　汉代麒麟的形象

（本图部分摹自孙机. 麒麟图. 文物1982，3：65）

据《三辅黄图》引《汉宫阙疏》云"未央宫有麒麟阁、天禄阁。"天禄阁中还出土天鹿画瓦。❶

《后汉书·灵帝纪》载："复修玉堂殿，铸铜人四，黄钟四，及天禄、虾蟆。"

天鹿还用作驱鬼辟邪的护墓瑞兽。在东汉沈府君阙的左阙和右阙的主要阙楼部正面，各刻一只双角的和一只单角的辟邪天鹿形象（图3-3-4）。

从中山国出土的双翼神兽看来，墓前立虎的习俗源自西戎的虎图腾文化，后此俗传至中土，成为汉代风俗。以虎辟邪不仅限于墓前立虎，还有门上画虎，以虎形为枕等等。

据《风俗通义》："谨按《黄帝书》："上古之时，有神荼与

---

❶ 陈直. 汉书新证. 天津人民出版社，1977.

郁垒昆弟二人，性能执鬼。度朔山上有桃树，二人于树下简阅百鬼，无道理妄为人祸害，神荼与郁垒缚以苇索，执以食虎。"于是县官常以腊除夕饰桃人，垂苇茭，画虎于门，皆追效于前事，冀以御凶也。"

东晋王嘉《拾遗记》载："咸熙二年（265年），宫中夜有异兽，白色光洁，绕宫而行。阉宦见之，以闻于帝。帝曰：'宫闱幽密，若有异兽，皆非祥也。'使宦者伺之，果见一白虎子，遍房而走。候者以戈投之，好中左目。比往取视，惟见血在地，不复见虎。搜捡宫内及诸池井，不见物。次检宝库中，得一玉虎头枕，眼有伤，血痕尚湿。帝该古博闻，云：'汉诛梁冀，得一玉虎头枕，云单池国所献，检其领下，有篆书字，云是帝辛之枕，尝与妲己同枕之，是殷时遗宝也。"

现出土的虎形枕有做成虎形的河北满城陵山二号汉墓的铜双虎头枕，顶面装有虎形玉片的徐州后楼山汉墓铜枕。❶ 其目的是用以驱除鬼厌。以虎形为枕的习俗一直沿袭至明清。

以虎、天鹿辟邪，乃中国本土文化所产生。狮子原产于非洲、印度和南美等地，它传入中国的时间，最早不超过西汉武帝太初四年（公元前101年）。我国石狮造型最早见于西汉，汉元帝渭陵中出土两件石狮，一件匍匐于地，全身形体略作长方形。另一件短足矮身，头部高昂。❷

随着佛教的传入，狮子也成为中国的辟邪瑞兽。

（四）东汉至六朝的狮形辟邪瑞兽

从东汉起，由于佛教文化的传入，狮子的形象逐渐取代了作为辟邪瑞兽的传统的虎和天鹿的形象。

狮子在佛教中处于崇高的地位。佛被喻为"人中之狮"。公元前3世纪，印度孔雀王朝第三代皇帝阿育王为宣扬佛法，在印度各地建了30余根独石圆柱，即阿育王柱，其顶为四只雄狮（图3-3-3-1）。其狮子比喻人中雄杰，精神之导师。雄狮向四

---

❶ 刘钊. 虎形枕与多鬼梦. 中国文物报, 1995, 8, 13: 3.
❷ 朗深源. 石狮漫谈. 中国文物报, 1995, 4, 16: 4。

方怒吼，隐喻佛陀的训诫有如雄狮唤醒世人。❶

随着佛教的传入，狮子成为人们心目中高贵庄严的"灵兽"。从东汉起，狮子成为护墓神兽，有时与天鹿并列，前述"隧前有狮子、天鹿"即为一例。东汉一些石狮，状或虎头狮身（图3-3-3-2，3），为狮虎结合之形。建于东汉建安十四年（209年）的四川雅安高颐阙，其前有二神兽，状似虎头狮身，高1.1m，长1.6m，背生双翼，威武雄壮，呈昂首行走之形❷（图3-3-3-4）。

建于东汉建安十年（205年）的四川芦山樊敏阙，其墓前有一对石神兽，头上无角，肩上有翼。据《芦山县志》清刻本及民国重修本均说："樊敏，……葬石马坝，竖有高碑及石刻马、羊、狮、象，盖汉制也。"❸可见，这对石神兽为石狮无疑。

东汉的护墓神兽有两种类型，其一为沿袭传统的制度，以石虎为驱鬼辟邪的神兽；其二是由于佛教文化的影响，以狮形神兽代替石虎。

以石虎为护墓神兽，见于《水经注》记载者有东汉中山简王墓（永元二年，公元90年，《易水》）、赵越墓（建宁中，168—171年，《清水》）、乔玄墓（光和七年，184年，《睢水》）、诸袁旧墓（《阴沟水》）等处。

护墓的狮形神兽，无角者称为狮子，双角者称为天禄（天鹿），独角者称为辟邪。❹

《后汉书·灵帝纪》李注："今邓州南阳县北有宗资碑，旁有二石兽，镌其膊，一曰天禄，一曰辟邪。"

魏晋时代废弃陵寝制度，墓前无石刻群。❺

北魏开始恢复陵寝制，墓前有石刻，但数量不多。

南朝陵墓的神道两旁，或陈列一对带角狮形石神兽，右边的独角，左边的双角；或陈列一对无角狮形石神兽。前者为帝王陵前所用，人臣不准应用，后者则可为臣下所用。

---

❶ 朱伯雄主编. 世界美术史. 四. 山东美术出版社, 1990.
❷ 耿继斌. 高颐阙. 文物, 1981, 10: 89~90.
❸ 徐文彬等. 四川汉代石阙. 文物出版社, 1992.
❹ 孙机. 汉代物质文化资料图说. 第420页. 文物出版社, 1991.
❺ 杨宽. 中国古代陵寝制度史研究. 第77页, 上海古籍出版社, 1985.

神兽之名有多种说法。一种说法为，双角者为天禄，独角者为麒麟，无角者为辟邪❶；一种说法为，双角者为辟邪，独角者为天禄；❷一种说法为，不论独角或双角，均称麒麟，无角者为辟邪❸。以笔者拙见，似以双角者为天禄（鹿），独角者为麒麟，无角者为辟邪为妥，但统称有角者为麒麟亦无不可。南朝的护墓石神兽，兽身有翼，姿态生动，雕刻精美，艺术水平极高（图3-3-3-5，6，7，8）。辟邪的风格多为雄伟朴实，而麒麟、天禄多为华丽窈窕。

梁南康简王萧绩墓前的两辟邪（图3-3-3-6）体形硕大，雄伟威武，姿态健美，无角，环眼，舌垂至胸，双翼并刻鳞纹，衬以鸟翅纹，尾向内卷。❹萧绩墓前石辟邪高达3m以上，较汉代石兽硕大而有气势，为其特色。梁安成康王萧秀墓的石辟邪（图3-3-3-5）亦为佳作之一。❺

齐武帝景安陵前的石兽（图3-3-3-8），仅存一只，头上双角，为一对石麒麟左边的一个。其颈长，体态优美，为南朝石麒麟代表作之一。

（五）小结

通过以上的分析论述，可以得出如下几点结论：

1. 麒麟为传说中的鹿形瑞兽，儒家颂之为"仁兽"。西汉武帝独尊儒术，董仲舒把战国已形成的五行学说发展为包罗万象的体系，使麒麟成为与青龙、白虎、玄武、朱雀四灵并列，代表中央土的神兽，与原四灵组成五灵。西汉后期，五灵纹开始流行，它是谶纬五行说在艺术上的体现。

2. 春秋战国时的镇墓辟邪瑞兽因地区而不同。战国中山国墓中出土的铜双翼神兽，其原型应为西戎族的图腾——虎。湖北、湖南、河南的楚墓中的镇墓兽均为带鹿角的人、兽、鸟等形象，有的干脆为木鹿。以上镇墓辟邪瑞兽均作为随葬品置于墓中，未

---

❶ 宗真. 六朝考古. 第93页. 南京大学出版社，1994。
❷ 同上书，第94页，注65。
❸ 同上书，第94页，注65。
❹ 管玉春. 试论南京六朝陵墓石刻艺术. 文物，1981，8：6164。
❺ 王子云. 中国雕塑艺术史. 人民美术出版社，1988。

1. 印度阿育王狮形柱头（公元前3世纪）；2. 东汉石狮（河南洛阳博物馆藏）；
3. 咸阳出土石狮；4. 四川雅安高颐阙前石狮；5. 梁安成康王萧秀墓前石辟邪；
6. 梁南康简王萧绩墓前石辟邪；7. 南朝石辟邪（现藏美国宾夕法尼亚大学博物馆）；8. 齐武帝景安陵前的石麒麟

图3-3-3 印度的狮子及汉、六朝的护墓神兽
（本图部分来自吴山．历代装饰纹样）

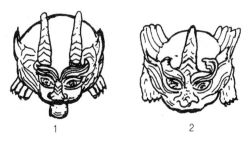

1. 左阙主阙楼部正面；2. 右阙主阙楼部正面

图3-3-4 汉代沈府君阙石雕的天禄辟邪

第三篇 装饰艺术篇 291

见有列于墓前的例子。

3. 墓前神道两旁置石雕，以西汉霍去病墓为最早的例子，其目的为表彰他的军功。东汉墓前置石雕已形成风气。虎与天鹿为墓前辟邪瑞兽，为西戎文化和楚文化在东汉的继承和发展。

4. 随着佛教文化在中土的传播，狮子作为灵兽而逐渐取代了石虎和天鹿的位置，列于墓前。狮子的形象与虎、鹿融合，出现虎头狮身、带角的狮子形象。这是佛教文化与中国传统文化碰撞和融合的结果。一般称无角者为狮子，双角者为天禄（天鹿），独角者为辟邪。

5. 南朝墓前的护墓神兽，帝王陵前为一对石麒麟（其中一为独角，称麒麟，一为双角，或称天禄），人臣墓前为一对无角的辟邪，它们均为狮形，为佛教文化与中国传统文化融合的产物。至此，先秦传说中的鹿形瑞兽麒麟演变为带角的神狮的形象。

6. 麒麟由先秦的文质彬彬的仁兽、瑞兽，至西汉后期代表中央土的灵兽、神兽，经历了儒家文化与谶纬五行神秘文化结合的过程，再与佛教文化结合、交融，终于塑造出南朝墓前的威猛、高大、雄奇的石麒麟形象。这是一朵中外文化交融的奇葩。南朝的陵墓石雕艺术在中国雕塑史上占有重要的地位。

四　西江建筑艺术之宫——龙母祖庙

（一）西江人民心中的圣殿

中国地大物博，各地民俗不同。全国旧有许多龙王庙，祭祀龙王爷。惟独岭南有别，西江一带，祭祀的不是龙王爷，而是龙母娘娘。西江沿岸的城市村镇，都兴建龙母庙。据统计，西江流域在民国时旧有大大小小的龙母庙数以千计。❶ 这些龙母庙都以德庆县悦城镇的龙母庙为祖，称为"龙母祖庙"，是所有龙母庙中最大最宏丽的一座（图3-4-1）。龙母祖庙是面向西江的一组古建筑群，建筑富有岭南特色，水波形的硬山封火山墙镬耳，是珠江三角洲和西江一带祠堂常用的形式（图3-4-2）。山门前是一

---

❶ 叶春生. 龙母信仰与西江民间文化（油印稿）.

个宽阔的广场，广场中树立着一座高大的石牌楼（图3-4-3），牌楼前是茫茫的大江（图3-4-4）。西江一带的人民，以龙母为其祖宗，称龙母为"阿妈"，对龙母顶礼膜拜，奉为神明，虔诚之至。龙母祖庙平日香火不绝。每年农历五月初八为龙母诞期，龙母祖庙则为一年一度的朝拜盛典。

图3-4-1　龙母祖庙总平面及地形示意图

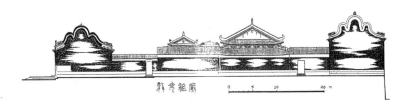

图3-4-2　龙母祖庙主体建筑侧立面图

图3-4-3　龙母祖庙石牌坊正立面图

图3-4-4 石牌楼的正前方,为茫茫的西江

按照传统的说法,龙母诞期分为"诞辰"和"润诞"。"诞辰"为龙母诞生之日,即农历五月初八日,从五月初一至初十为贺诞期。"润诞"为龙母"升仙"之日即农历八月十五日,从十四至十六共三天贺诞。

润诞期间,香客比平常多,较平常热闹。前来朝拜的多为沿西江各村镇城市的民众,也有一些来自广州、港澳的朝拜者,场面较为壮观,但还达不到"如火如荼"的程度。

诞辰期间,其隆重程度,热闹场面,壮阔景观,都达到登峰造极的境地(图3-4-5)。先从清末民国时龙母诞辰的情形说起,使大家对这一地方民俗有更具体的了解。

每年龙母祖庙的主事人从农历三月下旬起,就开始筹备诞辰盛事。首先派出专人前往佛山,把定制的祀神品物如香花、蜡烛、爆竹等,用三、四只大船运回仓库,以备诞期销售;于庙里分设执事、金库、捐签香油、出售祀神物品、讲解签语、出售圣物(包括龙神像、灵符和圣水等物)、引导摩坐龙床、消防队、保卫队、杂工等十几个部门分头准备布置,动用四五百人。民国时德庆县县长更亲自出马,于诞期前几日率财政科长等随员亲临指挥。

在龙母诞期前夜,有一个龙母更衣仪式。相传龙母原为广西藤县梁姓人,因此,每年诞期前半月,庙里派专使礼请藤县梁姓推出妇女四人到庙,向龙母焚香膜拜,以柚、柏、桂等木煎水沐浴三日,更衣前着礼服到正殿,闭门焚香,行大礼,然后卸下龙母旧袍,以桂叶香汤白丝巾轻抹龙母像后,换上新袍,再焚香膜拜以祝诞辰。更衣仪式毕,殿外庙祝则燃放爆竹致贺,并对梁氏姐妹揖拜致谢。换上新袍后的龙母神像则在诞期接受民众的朝拜(图3-4-6)。

即使在平常,到悦城来参拜龙母的人也是络绎不绝。农历逢五逢十,是悦城镇的圩期,前来朝拜者人数更众。行走西江的所有船只,不论是港梧、省梧、肇梧的轮船、客渡、汽船及木船,不管是白天或夜晚路经悦城,在距离龙母庙还有三四华里的河面,有汽笛的则鸣汽笛,无汽笛的则鸣锣鼓,并烧香点烛,遥向龙母致礼。船只抵庙前河面时,停舶靠岸,让乘客上岸参拜龙母,该船也派专人前去奉献香烛。

诞期前,西江流域一带乃至港澳等地,纷纷组成贺诞团,从三五人至二三十人不等,成群结队前来朝拜。诞期中,朝拜者人如潮水,涌向悦城,有来自上游的百色、龙州、南宁、柳州、贵县、桂林、梧州,来自下游的三水、顺德、佛山、中山、三埠、东莞、广州和香港、澳门,更远的有来自贵州、湖南、江西、福建等省,一时间,悦城镇麇集的人数常达二三十万以上。❶

以上介绍的是清末民国时龙母祖庙概况。那么,中华人民共和国成立以后的情形又如何呢?从建国初至20世纪80年代,朝拜龙母曾被认为是封建迷信,龙母祖庙曾一度门庭冷落。从20世纪80年代改革开放之后,龙母祖庙香火又重新兴旺起来。每逢诞期,从五月初一至初九日,朝拜民众云集悦城,龙母庙前西江面上船舶如织,鞭炮齐鸣。不仅西江民众前来朝拜,连港、澳来者也络绎不绝,甚至南洋一带也派人前来朝拜龙母娘娘。悦城一带,车水马龙,人如潮涌。龙母庙前广场上,鞭炮不绝,震耳欲聋。前来朝拜的人多达数十万众。凡见此盛况者,无不惊叹,认识到这龙母祖庙,乃是西江人民心中的圣殿(图3-4-7)。

---

❶ 梁伯超、廖燎. 解放前的悦城龙母庙, 德庆县文化局油印资料。

图3-4-5 龙母诞之夜

图3-4-6 大殿龙母像

图3-4-7 山门木雕贺诞船

(二)美丽的传说

西江人民崇拜的龙母究竟是什么样的人?为何被沿岸百姓奉为祖宗?让我们听听龙母的故事,它是一个个美丽的传说。

龙母的传说,最早见于唐代刘恂《岭表录异》:

"温媪者,即康州悦城县孀妇也。绩布为业。尝于野岸拾菜，见沙草中有五卵，遂收归，置绩筐中。不数日，忽见五小蛇壳，一斑四青，遂送于江次，固无意报也。媪常濯浣于江边。忽一日，见鱼出水跳跃，戏于媪前。自尔为常，渐有知者。乡里咸谓之龙母，敬而事之。若询以灾福，亦言，多征应。自是媪亦渐丰足。朝廷知之，遣使征入京师。至全义岭有疾，却返悦城而卒。乡里共葬之江东岸。忽一夕，天地冥晦，风雨随作；及明，已移其冢，并四面草木，悉移于西岸矣。"

刘恂于唐昭宗（889—906年）时，当广州司马之官。

唐代李绅（772—846年）为元和（806—820年）进士，他的诗中有"音书断绝听蛮鹊，风水多虞祝媪龙"之句[1]。许浑为唐太和（827—835年）进士，有"火探深洞燕，香送远潭龙（康州悦城县有温媪，龙随水往，舟船至人家或千里外，皆以香酒果送之）"之句[2]。可见，在刘恂写《岭表录异》之前的9世纪初，龙母传说已在悦城和西江一带广为流传，甚有影响。

自唐至清初的近千年间，龙母传说经历代润色加工，渐趋定型。据《孝通庙旧志》云：

"龙母娘娘温氏，晋康郡程溪人也。其先广西藤县人。父天瑞，宦游南海，取（娶）程溪悦城梁氏，遂家焉。生三女，龙母其仲也。生于楚怀王辛未之五月八日。"（笔者按：查得楚怀王在位年无辛未，疑应为楚顷襄王辛未年，即公元前290年）。

《孝通庙旧志》谈到，她一日在江边浣洗，拾得卵大如斗，光芒射人，后来卵中出五条壁虎状动物，性善喜水。龙母豢养它们，能在江中捕鱼。一次，龙母因剖鱼，误砍了其中一条的尾，它们走了。几年后又回来，成为头角峥嵘、身披鳞甲的龙。秦始皇得报，于三十六年（公元前211年）派使者带黄金白璧，请龙

---

[1] 清咸丰元年（1851年）黄培芳撰．悦城龙母庙志·卷二·诗赋．唐李绅诗．移家来端州先寄以诗．
[2] 黄培芳．悦城龙母庙志·卷二·诗赋．唐许浑诗．岁暮自广江至新兴往复中．

母去咸阳皇宫。使者强使龙母上船。白天船行至始安郡（今广西桂林市），晚上龙子作法，船又回到程溪（今悦城河）。如此数次，使者无法，只得罢休。后来龙母仙逝，葬于西江南岸青山。一晚，大风雷雨，怒浪奔涛，次日晨，坟墓已移至北岸。于是，百姓在墓旁立庙，祀奉龙母，祷其庇佑百姓，免于灾患，颇有灵验云云。

历代龙母均得封赐。汉高祖封之为程溪夫人，唐封之为永安夫人。宋神宗封之为永济夫人。明太祖封之为程溪龙母崇福圣妃，又封之为护国通天惠济显德龙母娘娘，有"膺封十数朝，享祀二千载"之誉。

关于龙母的传说，自唐至明清，有《岭表录异》、《太平寰宇记》、《南越志》、《南汉春秋》、《粤东笔记》、《广东新语》、《粤中见闻》、《肇庆府志》等多种典籍记载，而《孝通庙旧志》则是集龙母传说记载之大成者。

西江沿岸，古代居住着越人。宋以后称为"蜑家"。"蜑"音为"但"，"蛋"音亦为"但"，与川滇桂壮族称"河"的音同，即蜑、蛋有近水之意，与其渔猎生产经济有关。岭南的蜑民，保留了古越族的文化特征，即食蚌、螺、蚬、牡蛎等介类动物，住干栏建筑，善于水战，善于伐木造船，行蛇图腾崇拜等。❶

《赤雅》上篇云：

"人神宫，画蛇以祭，自云龙种，浮家泛宅，或住水浒，或住水澜。捕鱼而食，不事耕种，不与土人通婚。能辨水色，知龙所在，自云龙种，籍称龙户。"

由上可知，古代蜑民乃古越人后裔，保持着蛇图腾崇拜。蛇、鳄鱼、蜥蜴为龙图腾的原型因子，所以，信奉蛇图腾的蜑民自称龙种。他们信奉龙母有其民族的渊源。

古代蜑民分布于福建、两广和海南一带。而信奉龙母的蜑民，从地理分布上则是珠江三角洲和西江流域一带，他们都讲广

---

❶ 吴建新. 广东蜑民历史源流初析. 岭南文史, 1985 (1): 60~67。

州话，即粤语。

　　疍民信奉龙母还有其深刻的社会历史根源。在长期的封建社会中，他们受到统治者的歧视、排挤和侮辱，世代以船为家，不得陆居，不能与陆上人通婚。直至清雍正时才解除陆居禁令。他们生活贫困，世代从事渔业和水上运输，江海的惊涛骇浪使他们浮家泛宅的生活充满风险，灾难和不测的生涯助长了他们的忧患意识和对鬼神的迷信，而期待有祖先的神灵来庇佑他们。龙母正是他们心目中祖先的神灵。这是他们崇拜龙母的社会历史根源。

　　由生殖崇拜发展出图腾崇拜，由图腾崇拜发展出祖先崇拜。❶龙母崇拜给图腾崇拜发展为祖先崇拜提供了一个例证。

（三）风水宝地

　　中国古建筑、古城市、村镇都重视选址，这是众所周知的事情。龙母祖庙选址于风水宝地，凡来此游览观光或朝拜者莫不赞叹其选址水平之高。

　　面向大江的龙母祖庙石牌坊（图3-4-8）正面匾额右书"旗山耸翠"，左书"灵水洄澜"，中书"龙光入观"，山门对联书："百粤洞天开水府，五灵福地起神龙"，点明了龙母祖庙形胜之关键。

　　龙母祖庙坐落在西江北岸，悦城河与西江汇交的阶地上。庙址所在，高于周围，是个小丘，称为"珠山"。庙背的后靠为五龙山，五道山梁蜿蜒起伏，伸向龙母祖庙所在的珠山，人们称之为"五龙护珠"。从山下往上看，似五条巨龙，从庙里腾空向天空飞云。从山上俯瞰，却似五条神龙向祖庙奔去，有"五龙朝庙"之势（图3-4-9）。

　　五龙山之外，有一座高出群峰的金鸡岭，似一只专为龙母报晓的金鸡，谚云："金鸡岭后啼，娘娘护国归。"后人有诗云："试上金鸡岭高望，五龙朝庙如当时。"

　　龙母祖庙前眺大江，与左前方的黄旗山和右前方的青旗山隔江相望，二山似两阙拱卫着祖庙，故云"旗山耸翠"（图3-4-10）。

---

❶ 赵国华. 生殖崇拜文化论. 北京：中国社会科学出版社，1990。

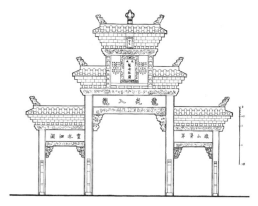

图3-4-8 龙母祖庙石牌坊主体正立面图

图3-4-9 龙母祖庙的后靠为五龙山

图3-4-10 龙母祖庙之石牌楼上书"旗山耸翠"

前方远处有一峰，名为"贵人捧浩峰"，山形好似向龙母鞠躬行礼。庙前为一片浩淼烟波，悦城河、泽水、杨柳水都在附近汇入西江，江水相激，然而水不扬波，却萦回九转，似有灵性，依恋龙母，不忍离去。故有"灵水洄澜"之说。❶

每当旭日东升，龙母祖庙前万顷金波，日光、波光相映，龙母祖庙一片金碧辉煌。西江如一条巨龙，金波粼粼，故云"龙光入观"。

龙母祖庙选址于如此形胜之地，受到古今学者名士的盛赞。宋朝李纲有诗云：

> 五山秀峙若飞腾，下有澄潭百丈清。
> 不用然犀窥秘怪，从来神理恶分明。
> 日染波光红洒洒，风摇浪影碧粼粼。
> 神龙来去初无迹，多少江头求福人。

明代著名的理学家陈白沙先生有"渡灵陵水口"诗：

> 山作旌幢拥，江镜缾面平。
> 舟航乘晓发，云日入冬晴。
> 鼓到江心绝，槎冲石角横。
> 经过悦城曲，无语笑平生。

清末陈文凤有"悦城龙母庙恭记"诗：

> 青旗山势对黄旗，啼到金鸡岭更奇。
> 江水去来无骇浪，士绅题咏有新辞。
> 安澜四海思龙德，济世千秋想母仪。
> 十雨五风逢盛世，摩挲争欲认残碑。

著名古建筑学家龙庆忠教授以近九十之高龄，健步登上五龙

---

❶ 欧清煜主编. 古坛仅存——悦城龙母祖庙. 德庆县文联、德庆县博物馆、悦城龙母祖庙文物管理所，1992. 2.

山,见"五龙朝庙"的形势及山河美景,不禁赞叹说:"真是好山好水好风光啊!"龙老为龙母祖庙挥毫写下"古坛仅存"的题匾(图3-4-11)。

图3-4-11 著名的古建筑学家龙庆忠教授
为龙母祖庙题写"古坛仅存"匾额

年逾八十的秦咢生先生登山,赋诗赞曰:

海浅蓬莱世几更,天南壮丽凯风生。
山迴水绕钟灵处,间气龙光起悦城。

(四)中西合璧的石牌楼

龙母祖庙现存中轴线上最前方有一座石牌坊,石牌坊后面有一组主体建筑:山门、香亭、大殿、妆楼(图3-4-12),旁边还有东裕堂和碑亭等附属建筑,近年又重修了原有建筑,重建了龙母坟等。

石牌楼为三间四柱五楼,立于山门前47m处的广场中(图3-4-13)。其明间阔4.38m,次间2.57m,明、次间面阔之比约5:3。明间柱45cm见方,高5.23m;边柱38cm见方,高3.4m。明间抱鼓石高1.96m、宽73.5cm,厚18cm;次间抱鼓石高1.83m,宽68cm,厚16cm。屋面为庑殿顶,坡度极其平缓(图3-4-14),为1/6.7,比唐构南禅寺大殿的坡度(1/5.6)还平缓。

石牌坊主体正面明间两柱有对联:

龙得水而神,万里飞腾,喷雾嘘云作霖雨;
母以育为德,群元妪伏,珠航琛舶祝安澜。

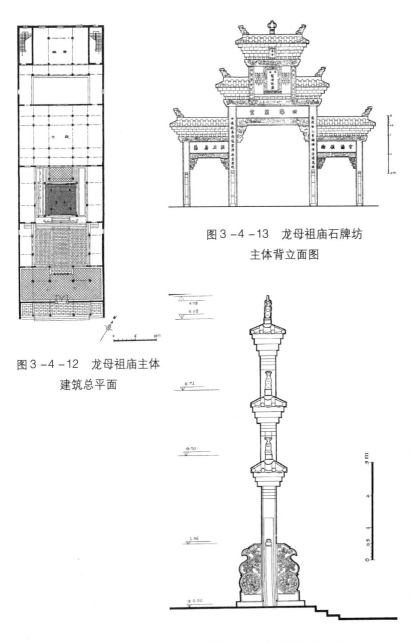

图3-4-12 龙母祖庙主体建筑总平面

图3-4-13 龙母祖庙石牌坊主体背立面图

图3-4-14 龙母祖庙石牌坊侧立面图

第三篇 装饰艺术篇

石牌坊主体背立面（图3-4-15）右边匾额为"宫墙锁钥"，左边为"柱石屏藩"，中间为"四海朝宗"，明间两柱对联为：

龙德动九重，纶綍煌煌颁凤诰；
母仪钦万国，冠裳济济肃凫趋。

这座石牌楼建于清光绪三十三年（1907年），它有如下特点：
1. 庄严、雄伟、古朴、典雅的艺术风格

牌楼露明柱高（明间柱为4.26m，次间柱为2.51m），分别略小于开间面阔（明间4.38m，次间2.57m）比例较接近于宋代建筑，显得庄严稳定，雄浑有力。它的屋面平缓，屋角平直无反曲起翘，又略有汉阙古风。脊饰简洁古朴，正脊两端为一对相向倒立的鳌鱼，正中为莲座宝瓶。其匾题辞为庄重稳健的楷书，使之更显得庄严、典雅。作为一座为龙母歌功颂德的纪念性建筑物，其艺术上是相当成功的（图3-4-16）。

2. 细部处理手法新颖别致

石牌楼是仿木构式，柱枋构件动用榫卯拼接，但比徽州明代石坊似更有石构特色。比如，枋上不用斗栱，用叠涩挑出棱角牙子式的一排排石块，上承屋盖。因石柱无需防潮，柱础被取消，但在石柱下部四角上各刻一个小小的柱础，柱础上部刻出圆柱式的线脚，既起到装饰作用，又使人们得到"柱础仍然存在"的心理感觉，别有情趣。额枋和上柱有浅浮雕，题材多为虫鸟花卉、人物走兽，构图无枋心藻头之分，生动活泼，随意自由。

抱鼓石也用压地隐起手法，雕刻龙凤花卉图案，其中龙的图案很别致：龙头很逼真，但龙身则以盘旋飘舞的卷草代替，生动活泼，使圆鼓石有转动之感（图3-4-17）。

3. 形制别致，中西合璧

石牌楼除主体牌楼建筑外，两侧各有一门（图3-4-18，图3-4-19），与主体间连以高约2m的直棂栏杆，门外侧还有一段直棂栏杆，形制甚为罕见。牌楼两边的侧门，上为一大券二小券组成的券洞，有明显的西洋风格，而门额刻满了中国古代人物和龙、麒麟等中国吉祥动物，使之与主体牌楼建筑相互呼应。主体

图3-4-15 龙母祖庙石牌楼背面

图3-4-16 龙母祖庙石牌楼上部

图3-4-17 龙母祖庙石牌坊抱鼓石图

图3-4-18 石牌楼东侧门

图3-4-19 石牌楼西侧门

牌楼檐下的牙子状石，每块也用压地隐起法雕一个有西洋风格的鱼头状图案，也与西洋式侧门券相呼应，使建筑成为和谐的整体。

整个牌楼建筑共宽达 35m 多，主次分明，外轮廓线有高低起伏，富于韵律感。其形式以中为主，中西合璧，创造出一种新的形制，是晚清牌楼的成功之作。❶

（五）山门的建筑艺术

山门在中轴线上石牌坊之后，是用砖、石、木为结构的建筑。山门正上方为"龙母祖庙"牌匾，字体雄浑、端庄，右边有一行字"光绪三十一年仲夏乙未状元骆成骧敬书"。状元为之题书，可见龙母祖庙地位之重要（图 3-4-20）。在状元书牌匾之上又有一匾额"古坛仅存"，字体清秀端正，遒劲有力，为柳体。右边书小字"甲子五月初一立"，左下书"龙非了"，印章为"龙庆忠印"。原来这是年近九十的古建筑学家龙庆忠教授（龙庆忠，字非了）的亲笔题辞，充分肯定了龙母祖庙的价值。

龙母祖庙的山门很有艺术特色（图 3-4-21，图 3-4-22，图 3-4-23，图 3-4-24）。它面阔五间，深三间，硬山顶，上覆绿琉璃瓦。正脊上双龙戏珠的陶塑以及诸多人物花鸟走兽等的陶塑具有浓厚的岭南风情。山墙为"镬耳"式，为地方特色。山门为砖石木混合结构，采用抬梁式结构形式。通面阔 18.28m，明、次、梢三间面阔之比约为 10∶7∶6。明间不施额枋，而次、梢间则施用弯枋（图 3-4-25），这是广东清代后期建筑的一大特色。

大门用石门框、石过梁，门两边为石雕对联，门下施高近 0.5m 的门枕石及高 0.51m 的活动木门槛。这反映了广东晚清建筑的另一特色。

山门进深第一间的梢间地平高 64cm，呈台状。据《尔雅·释宫》："门侧之堂谓之塾。"这里，"堂"乃台基之意。又据《礼记·学记》："古之教者，家有塾，党有庠。"可知，此乃周代"塾"之遗制。大门有塾，为广东清代祠堂建筑的又一特色。❷

---

❶ 吴庆洲、谭永业. 德庆悦城龙母祖庙. 古建园林技术（13）：31~35；（14）：58~62；（15）：61~64.
❷ 同上.

山门的石雕、砖雕、木雕、陶塑、灰塑艺术都有很高的成就，而尤为突出的，是石雕艺术，而山门前檐置于垫上的两根透雕石龙柱，可称为岭南龙柱之精品（图3-4-26，图3-4-27）。其龙形盘柱生动自然，以突雕和透雕手法并用，每柱各雕升龙一条，柱高4.3m，径0.35m，径高比约1/12，典雅秀美，亭亭玉立，石珠可在龙嘴内滚动。此外，与其他龙柱不同的是，其龙生动亲切而不凶猛，令人想起龙母的慈祥可亲。❶ 另外，龙柱上有书卷，有崇文的意向。

　　除龙柱外，前檐的石枋、石梁架、弯枋上的石狮、内檐的石花柱都雕刻精美，石雕雀替（图3-4-28）也很生动，以神话人物为题材。

　　山门的木雕也很精巧。以木雕雀替为例（图3-4-29），除部分以神话人物（日神、月神）为题材外，多又石榴（多子，寓意子孙繁衍）、仙桃（寓意长寿）、牡丹（寓意富贵）、蝙蝠（象征幸福）作为题材。

　　此外，山门叠梁承檩结构的叠梁短柱已成为通雕木花板承檩，上雕各种历史故事、人物花鸟，雕工精巧。山门的屏风门四面（图3-4-30）雕刻梅、兰、菊、竹，象征高雅、洁净、朴素、有节，又以花瓶图案隐喻"平安"。屏风门的靠内院的一面雕刻"贺诞船"，描绘龙母娘娘在众仙妇女的簇拥下，乘龙舟经龙母祖庙前西江的情景，众仙姬喜气洋洋，鼓乐鸣奏，龙母娘娘含笑端坐船中，龙舟之龙头也张口欢笑，龙舟破浪前行，群鱼腾跃。龙母祖庙的牌坊、山门、大殿、妆楼、五龙山为背景。图中还有狮子、花鹿等吉祥动物。整个木雕图面构图完美，人物、龙舟、动物生动传神，庙宇云山宛如仙境，是木雕艺术的佳作❷。另外，值得一提的是山门前檐封檐板木雕长18.75m，为传统的金漆木雕（图3-4-31）。它以历史故事、神话传说为题材，雕刻人物上百个，中间间以花鸟图案。其中一个题材为三国历史故事"赵云截江抱阿斗"，人物生动传神（图3-4-32）。山门的木雕不仅雕刻技艺精湛，而且用了象征、比喻的手法，用来表现民间

---

　　❶ 吴庆洲. 龙柱艺术纵横谈. 古建园林技术，1996（3）：22~28。
　　❷ 吴庆洲、谭永业. 德庆悦城龙母祖庙. 古建园林技术（13）：31~35；（14）：58~62；（15）：61~64。

大众喜闻乐见的主题，比如福、禄、寿、平安、吉祥、丰足等等。在山门封檐板的两端，各雕刻一个"刘海戏金蟾（钱）"图案。刘海戏金蟾是民间传说故事。据《湖广总志》："刘元英，号海蟾子，广陵人，仕五代燕主刘守光为相。一日，有道人来谒，索鸡蛋十枚，金钱十枚。置几上，累卵于钱，若浮图（塔）状。海蟾惊曰：危哉！道人曰：人居荣乐之场，其危有甚于此者。复尽以钱擘为二，掷之而去。海蟾由是大悟，易服从道，历游名山，所至多有遗迹。"后来，这一故事演变为刘海戏金蟾，民间有"刘海戏金蟾，步步撒金钱"之戏。❶刘海戏金蟾成为财源广进、汲取不断的象征。另外，刘海旁边有两只蝙蝠，象征"福"。然后是一组五谷丰硕和鱼虾蟹的图案，象征"五谷丰登、年年有余"（图3-4-33）。在山门前檐封檐板18m多的长卷中，还有许多花鸟，有牡丹花隐喻富贵，红梅喜鹊象征吉庆，翠竹白鹤象征长寿，葡萄隐喻多子。在板下沿花鸟缠枝装饰中，还用"暗八仙"，即八仙所执器物，象征吉祥、如意。这"暗八仙"指的是汉钟离所执的扇，张果老所持的渔鼓，韩湘子所提花篮，铁拐李所携葫芦，曹国舅所用阴阳板，吕洞宾所持宝剑，蓝采和所吹的笛子，何仙姑所握的荷花。山门封檐板的长卷是一幅文化的长卷，它是清末民间艺人的木雕杰作。它以历史文化、神话传说为题材，反映出民众对幸福、美满生活的向往和追求。

（六）香亭的木雕和石雕

山门之后为香亭，以东、西侧廊相连接（图3-4-34，图3-4-35），两廊脊饰上的陶塑人物装饰反映神话故事、历史传说，很有岭南风韵。

香亭虽小，但在建筑艺术上却很有特色（图3-4-36，图3-4-37，图3-4-38，图3-4-39，图3-4-40）。香亭平面为正方形，有内、外柱各四根。面阔、进深各三间，比通常的做法省去外柱8根。明间阔（4.3m）与次间阔（1.48m）之比为3:1。香亭立于高约0.5m的台基之上，重檐歇山顶，盖绿琉璃

---

❶ 侯香亭，亳州花戏楼雕刻彩绘图考，安徽省阜阳地区行政公署文化局编印，阜阳文物考古文集，1989。

图3-4-20 山门牌匾

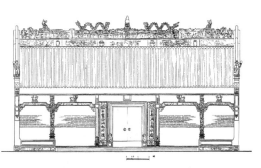

图3-4-21 龙母祖庙山门正立面

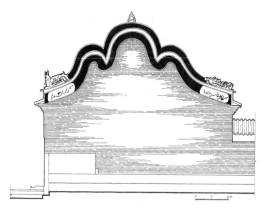

图3-4-22 龙母祖庙山门侧立面图

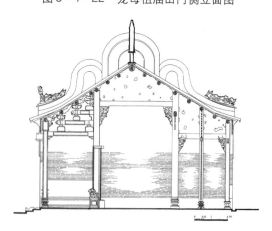

图3-4-23 龙母祖庙山门横断面图

图3-4-24 龙母祖庙山门

图3-4-25 山门的塾、龙柱与弯枋

图3-4-26 山门龙柱图（东侧）

图3-4-27 山门龙柱图（西侧）

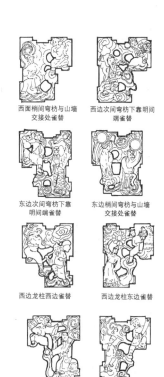

图3-4-28 山门雀替图（石雕）

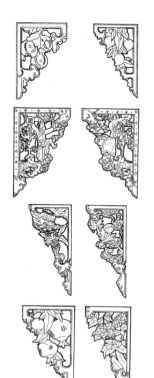

图3-4-29 山门雀替图（木雕）

图3-4-30 山门屏风

图3-4-31 山门封檐板的金漆木雕

图3-4-32 龙母祖庙山门封檐板木雕长卷之一.
图中左边为三国历史故事赵云截江救阿斗

图3-4-33 龙母祖庙山门封檐板木雕之一,
刘海戏金蟾(钱)、五谷丰登,年年有余(鱼)图案

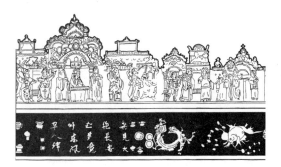

图3-4-34 龙母祖庙香亭东侧廊脊饰图之一,封神榜人物

图3-4-35 龙母祖庙香亭两侧廊脊饰图之一，八仙图

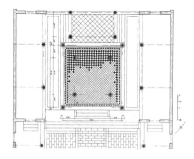

图3-4-36 龙母祖庙香亭平面图

图3-4-37 龙母祖庙香亭正立面图

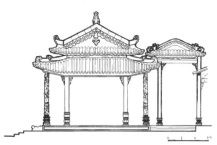

图3-4-38 龙母祖庙香亭和过轩侧立面图

图3-4-39 龙母祖庙香亭纵断面图

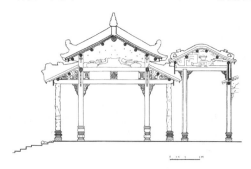

图3-4-40 龙母祖庙香亭和过轩横断面图

瓦，造型较简洁。

香亭的结构很独特。其四根内柱间施一圈阑额，山面的阑额下还施由额，上下额间垫以雕花墩块。内外柱间施用递角栿，不仅省去8根檐柱，还省去了檐柱的阑额。❶

香亭在装饰艺术上很有成就。它的四根檐柱均为突雕和透雕的石龙柱，雕刻精美，石龙珠可以在龙嘴中滚动，为石雕艺术佳作，水平仅次于山门石龙柱（图3-4-41）（图3-4-44）。

香亭的木雕艺术成就更为突出。其梁架已由雕花板代替了通常梁和矮柱，雕刻山水花鸟禽兽，是一幅大型的木雕艺术品。香亭的木雕雀替也格外精美（图3-4-42），题材有花鸟和历史人物、神话传说等。香亭的封檐板的木雕（图3-4-43）十分精彩，刻划的八仙等神话人物个个栩栩如生，是木雕艺术的上乘之作。小小的香亭，可谓集木雕、石雕装饰艺术之大成。

香亭和山门都是光绪三十一年（1905年）所建。

香亭之后有一个与大殿相接的过轩，上部屋宇与大殿交叉相接，在大殿前下檐屋宇上有一道矮墙，挡住过轩向大殿下檐上部出檐与大殿下檐瓦面之间的空隙，以免雨水飘入过轩内。在这堵矮墙上绘有彩画，中间部分为山海图，右边为腾龙，左边为飞凤。

香亭两边过廊的梁架花板和木雀替雕刻也颇精致，廊内空间较宽敞。漫步在廊内，也可以领略木雕工艺之美（图3-4-45）。经由过轩和两边侧廊，便可步入祖庙的大殿。

（七）龙母的圣殿

大殿是龙母祖庙正殿，也即龙母殿，内供龙母（图3-4-46，图3-4-47，图3-4-48，图3-4-49）。大殿面阔、进深均为五间，总面阔19.28m，总进深14.08m。平面呈长方形，立面为重檐歇山，绿琉璃瓦顶。

大殿空间高敞，建筑具有浓厚的地方特色。首先，大殿的内部空间以黑色和红色为主调。以黑色为主调的殿堂建筑在全国各

---

❶ 陈久金. 华夏族群的图腾崇拜与四象概念的形成. 自然科学史研究，1992, 11 (1)：9~21.

地并不多见，但珠江三角洲和西江流域则常可见到。佛山祖庙木柱也用黑漆柱，广州陈家祠也是以黑为室内装饰主调。这三座建筑都是广东珠江三角洲和西江一带最著名的祖庙祠堂建筑。众所周知，佛山祖庙的正殿紫霄殿中供奉的是真武大帝，为何祖庙中供奉真武帝，令人不解。据考证，夏禹之父鲧，为夏民族的首领，被奉为北方水神，后来被道教奉为真武帝。鲧的后代一支为夏族，到河南嵩山一带建立了夏朝。另一支为番禺族，南迁至越，广东番禺即为番禺族聚居留下的地名。❶ 珠江三角洲和西江流域都留下了古番禺族的足迹，受到夏族传统的影响。比如，夏人以蛇为图腾，夏人尚黑。古越人也是以蛇为图腾，也尚黑。这种古俗一直保留至今。广东三大祖庙都体现了"尚黑"的传统，珠江三角洲和西江流域的祠堂建筑都是如此。龙母祖庙大殿为黑色的柱子，深褐色的梁架，红色的斗栱，殿内龙母娘娘神位帷帐、五龙太子、五显华光的帷帐以及表旌龙母的旗幡都是红色的（图3-4-50）。大殿中高悬"泽及同人"的匾额（图3-4-51，图3-4-52），乃光绪三十一年所立。殿内斗栱用偷心造三跳华栱，仍有较早期的风格。

大殿重建于光绪清三十一年，但却保存了许多宋代建筑的特点。

1. 大殿的结构

大殿结构类似宋代殿身加副阶周匝之制。殿身四柱十椽，前后金柱间施用六椽栿，梁为月梁，梁端下以雀替承托。六椽栿上施驼峰、斗栱、托脚，依次叠加四椽栿和平梁，上为驼峰、丁华抹额栱和梁枕木，脊槫置于梁枕木之上，叉手则支于其下。用梁枕木为岭南手法，宋构肇庆梅庵大殿和南宋光孝寺大殿都是如此。前后重檐金柱与前后金柱间分别施用乳栿、驼峰、斗栱、搭牵、托脚，与宋制无二。

前后檐副阶与上檐殿身结构大体一致，只是前下檐乳栿上的托脚已变为雕龙的花板，山面副阶四椽栿上用夔纹雕花厚板承槫（图3-4-53），已成清末风格。图案为五蝠捧寿题材，雕刻精美。

---

❶ 陈久金. 华夏族群的图腾崇拜与四象概念的形成. 自然科学史研究，1992，11（1）：9~21。

2. 上檐斗栱

大殿重檐金柱间施用阑额一圈，在柱身上和阑额上施斗栱铺作。柱头铺作无栌斗，拱端插于柱身上，有穿斗遗风。前出三跳平昂，后出三跳华栱，均为偷心造。前出最上一跳昂上直接承撩檐枋，后出最上一跳华栱上承罗汉枋，上檐老角梁的尾部正好压在正侧两面罗汉枋的交点上。

补间铺作下用栌斗，斗栱形制同柱头铺作。当心间用补间铺作两朵，次间一朵，与宋《营造法式》规定一致。

斗栱材高17cm，厚6cm，高厚比为3:1，与真武阁相同，乃岭南穿斗建筑遗制。

3. 屋面坡度

大殿上檐的屋面坡度极为平缓，为1/4.4，介于唐构佛光寺大殿（1/4.9）与五代华林寺大殿（1/4.1）之间。

4. 出际

出际约85cm。大殿椽长多为88~109cm，其出际与《营造法式》规定的"若殿阁转角造，即出际长随架"相符。

5. 收山

大殿无收山。广东宋元明建筑的歇山屋盖均收山甚多。大殿因无收山，正脊过长，立面上显得屋盖过大，有笨重之嫌。这正是它建于清末的重要证据。❶

（八）龙母娘娘的寝宫

妆楼在大殿之后，又称为后座，是一座二层的楼阁（图3-4-54，图3-4-65，图3-4-66）。后座五间，深三间，硬山绿琉璃瓦顶，镬耳式封火山墙。楼上为龙母的龙床所在，因此，妆楼是龙母娘娘的寝宫。龙母祖庙的这种布局符合"前堂后寝"的古制。用叠梁式结构，为清咸丰二年（1852年）所建。

妆楼的木雕装饰是精美的（图3-4-57，图3-4-58，图3-4-59，图3-4-60）。二楼的槅扇门制作精美，以"寿"字为主题。二楼前轩梁架木雕和雀替雕刻精致，图案有石榴、仙桃

---

❶ 吴庆洲、谭永业. 德庆悦城龙母祖庙. 古建园林技术（13）：31~35；（14）：58~62；（15）：61~64.

等，是隐喻多子多福和长寿的吉祥图案。

（九）匠心巧构的碑亭

碑亭位于山门的东北方（图3-4-61，图3-4-62，图3-4-63，图3-4-64，图3-4-65，图3-4-66）平面正八边形，重檐攒尖盔顶，黄琉璃瓦盖面，绿琉璃瓦镶边。上檐八条垂脊，每条上置二条琉璃金龙。下檐八条角脊，每脊置一条琉璃金龙。上部为仰莲座金葫芦栌斗，在柱身施插栱，前出与补间铺作同，柱后无斗栱，施一枋与小柱及桄杆相连。

下檐斗栱高109cm，柱高298cm，其比为1/2.7，略小于北宋梅庵大殿（1/2.44），但比南宋光孝寺大殿（1/3.1）要大，有宋代斗栱比例雄大的风格。

1. 斗栱

碑亭上、下檐均有斗栱。上下檐斗栱都分柱头和补间两种铺作。柱头铺作即转角铺作。补间铺作每间一朵，与宋制相符。

下檐补间铺作最下为驼峰，上置栌斗，栌斗口出横栱二层承柱头枋，下再施重栱承枋，共6层栱枋。前出三跳平昂，重栱计心造，未施令栱、耍头、衬方头，由昂直接承撩檐枋，只能算作五铺作。后出两跳华栱，偷心造，上承罗汉枋。柱头铺作与补间铺作几乎完全相同，只是其两横栱呈135°交角，第三跳的尾部交于后面金柱身上。

上檐补间铺作由栌斗口出横栱两重，上承柱头枋。前出一华栱，重栱计心造；上出一平昂，亦重栱计心造；上再出一昂承托撩檐枋，亦不施令栱、耍头、衬方头，应为五铺作。后出两跳华栱偷心造，上承罗汉枋。柱头铺作无。

2. 材栔

下檐斗栱材高17cm，厚6.5cm，栔高6.5cm，下檐则分别为14、6、6.5cm，材高厚比分别为2.6∶1和2.33∶1。材高相当于《营造法式》六~七和八等材，与其规定亭榭用材相合。

3. 檐出

碑亭下檐檐高3.65m，总檐出1.55m，合137分，檐高比檐出为100∶42.5，出檐较为深远，与北方宋辽金建筑相似。

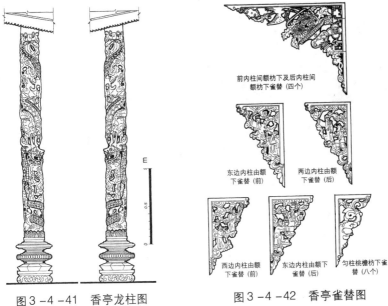

图3-4-41 香亭龙柱图　　　　图3-4-42 香亭雀替图

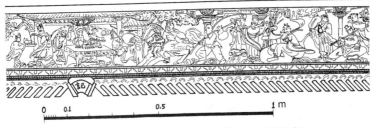

图3-4-43 香亭封檐板木雕图（中间部分）

图3-4-44 香亭封檐板木雕

第三篇　装饰艺术篇

图3-4-45 香亭木雕雀替

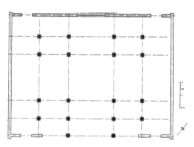
图3-4-46 龙母祖庙大殿平面图

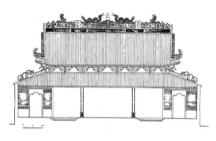
图3-4-47 龙母祖庙大殿正立面图

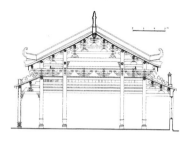
图3-4-48 龙母祖庙大殿横断面图

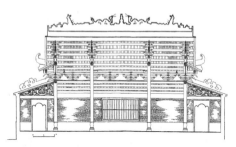
图3-4-49 龙母祖庙大殿纵断面图

图3-4-50 龙母祖庙大殿匾额

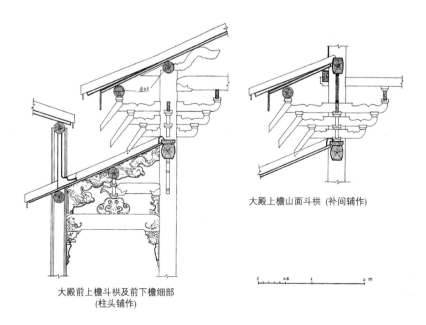

大殿前上檐斗栱及前下檐细部
(柱头铺作)

大殿上檐山面斗栱 (补间铺作)

图3-4-51 龙母祖庙大殿斗栱图

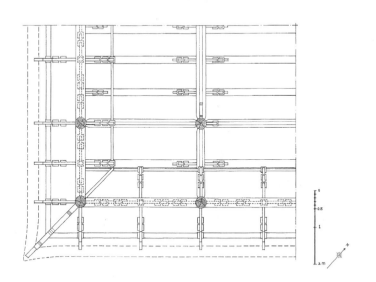

图3-4-52 龙母祖庙大殿上檐斗栱仰视平面

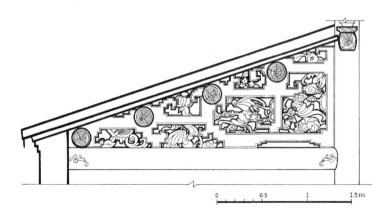

图3-4-53 龙母祖庙大殿副阶木雕图

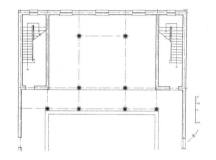

图3-4-54 龙母祖庙妆楼首层平面图

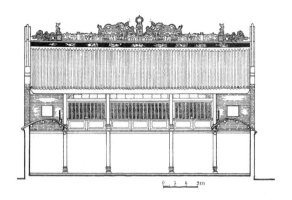

图3-4-55 龙母祖庙妆楼正立面图

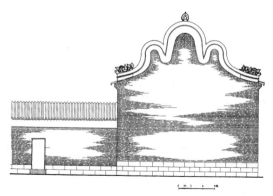

图3-4-56　龙母祖庙妆楼（后座）侧立面

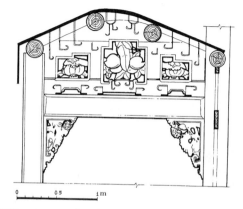

图3-4-57　龙母祖庙妆楼二楼前轩梁架木雕图

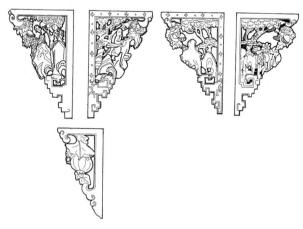

图3-4-58　龙母祖庙妆楼二楼前轩雀替图

第三篇　装饰艺术篇　323

图3-4-59　龙母祖庙妆楼二楼槅扇门正立面图

图3-4-60　龙母祖庙妆楼的花罩和龙床木雕

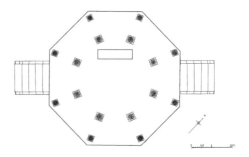

图3-4-61　龙母祖庙碑亭平面图

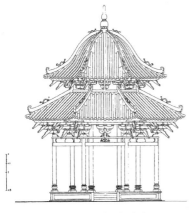

图 3-4-62 龙母祖庙碑亭正立面

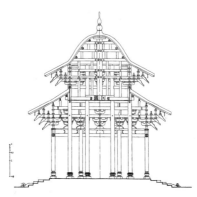

图 3-4-63 龙母祖庙碑亭剖面

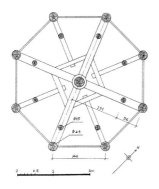

图 3-4-64 龙母祖庙碑亭上层平面图

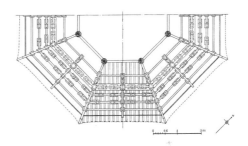

图 3-4-65 龙母祖庙碑亭下檐斗栱梁架仰视平面

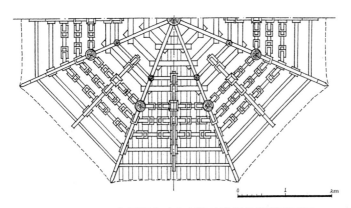

图 3-4-66 龙母祖庙碑亭上檐斗栱梁架仰视平面图

第三篇 装饰艺术篇

4. 柱子侧脚

檐柱和重檐金柱向内侧脚分别为1.1%和2.3%，向相邻两柱中心侧脚分别为0.44%和0.6%，与《营造法式》规定的1%和0.8%大致符合。琉璃宝顶由于未发现题记，又缺乏文献记载，只能就其形制推测其修建年代。

5. 普拍枋和阑额

上檐用了阑额，未用普拍枋。下檐柱间使用了阑额和普拍枋，但两者间隔以雕花驼墩。

6. 屋面坡度

屋面坡度上檐为1/3，下檐为1/1.33。因用盔顶，故屋面略陡些。

7. 结构

其结构颇有特色。檐柱间以阑额和普拍枋相连，形成一个外框架，重檐金柱间则由阑额和承托天花的由额形成内框架。外檐柱头铺作第三跳尾部插入重檐金柱柱身，檐柱和金柱间施穿插枋，使内外框架联为一体。

上檐则在重檐金柱间施十字交叉梁，再施枋连梁、柱，十字梁正中承托径为36cm的枨杆。枨杆与重檐金柱间的梁、枋上施高207cm，径15cm的小柱。上檐补间铺作后出第二跳所承托的罗汉枋，正好插进相邻的两根小柱，成为小柱的一圈额枋，在其上又施一圈额枋，使八根小柱形成小框架。在重檐金柱和相应的小柱间各施两根枋作拉连，于是以枨杆为轴心，三层框架连成一体，形成整个碑亭的结构。小柱之上支承着由枨杆放射出来的八根枋，枋外端承榑，稍靠内处施短柱承托由枨杆放射出来的上一层枋，枋端又承榑，如此层叠而上，共施三圈榑，再在其上施椽，形成上檐盔顶屋盖。

碑亭结构严密巧妙，盔顶屋面曲线优美，令人赞叹，它在建筑艺术和结构技术上均有研究价值。[1]

（十）龙的艺术

龙母祖庙是龙的艺术，它是在中国8000年龙文化的背景下

---

[1] 吴庆洲、谭永业. 德庆悦城龙母祖庙. 古建园林技术（13）: 31～35;（14）: 58～62;（15）: 61～64.

出现的。

1995年，辽宁阜新县查海遗址发现两条19.7m长的龙形堆塑，年代在距今8000年之前。据报导："（阜新查海）发现了位于房址和墓葬之间长达19.7m的龙形堆石，其头部、腹部、尾部清晰可辨，昂首游身。这是迄今国内发现的最早的龙形图案，是中华民族龙崇拜形成的重要来源之一。这一发现为研究8000年前人类的生产生活情况及原始文明的形成提供了资料。"❶

考古发现证实，中国的龙崇拜已有8000年以上的历史。古代东夷族以龙为图腾，西羌族以虎为图腾，少昊族和南蛮族以鸟为图腾，北方夏民族以蛇为图腾，从而产生了天上"四象"，即东方苍龙、西方白虎、南方朱雀、北方玄武的概念。❷ 龙文化进入天文学和天上的神灵世界。象天思想使地上也出现对应的青龙、白虎、玄武、朱雀，龙文化渗透于华夏古文明的天文地理之中。帝王自称"真龙天子"，龙文化在天、地、人三才中占据着重要地位。

《周易》六十四卦第一卦为乾卦，述及"潜龙勿用"、"见龙在田"、"或跃在渊"、"飞龙在天"、"亢龙有悔"、"群龙无首"六龙，乃古代天象中苍龙的六种形态，是对古代观象授时历法的经验总结，可以称为"龙历"。❸

应该说，龙文化渗透到中华文化的一切领域，建筑自然不会例外，在龙母祖庙建筑中表现得更为突出和具有特色。

首先，其名为"龙母祖庙"，其庙后有五龙山。

其次，其建筑或以龙为饰，或有龙的文化内涵。中轴线上最前面的建筑是石牌楼，最上为"圣旨"二字，下以云龙为框，框中书"悦城龙母祖庙"，中间匾额为"龙光入观"，明间柱下面联有"龙得水而神"，背面联有"龙德动九重"，抱鼓石上有龙凤图案，石牌坊为"真龙天子"所赐，处处透出"龙气"。

石牌坊后为山门，山门正面左右各有龙柱一根，门上额书"龙母祖庙"，门联书"五灵福地起神龙"，明间柱联有"龙性能

---

❶ 中国文物报, 1995, 02, 26 (1).
❷ 陈久金. 华夏族群的图腾崇拜与四象概念的形成. 自然科学史研究, 1992, 11 (1): 9~21.
❸ 陆思贤. 天文考古. 北京: 文物出版社, 1995, 12.

驯，奋雷雨，经纶皆吾赤子"。屋脊上以"双龙戏珠"为主题。山门建筑中，龙的主题很突出。

山门后为香亭，其四根龙柱显于外，"龙母顺恩"匾额书于内，正脊两边浮塑"双龙戏珠"图案。

大殿中有木雕圣龛，供奉龙母。圣龛两边为云龙柱，上饰双龙花罩，基座有赛龙舟等图案，以及各种姿态的龙饰。旁边供奉五龙太子。大殿脊饰亦以"双龙"为主题。

妆楼的二楼有龙母龙床，花罩为龙形，正脊为龙饰。

碑亭重檐脊上有32条金龙。

"龙的艺术"是龙母祖庙建筑艺术的特色。

（十一）脊饰艺术

屋脊上的装饰艺术富于特色，使龙母祖庙建筑更富于魅力。

山门、大殿、妆楼这三座中轴线上的建筑，都以"双龙戏珠"为主题，设计建造了脊饰（图3-4-67，图3-4-68，图3-4-69），然而，各具特色。山门的双龙文雅平静，大殿的双龙势欲腾空飞起，而妆楼的双龙张牙舞爪，目视宝珠，有护珠不容侵犯之态。故虽同为一题材立于正脊为饰，神态各异，而无重复雷同之弊。香亭小巧玲珑，其虽处中轴线上，仅以双鳌鱼相向倒立，中以莲花宝葫芦为脊刹，正脊浮塑"双龙戏珠"（图3-4-70），与山门、大殿、妆楼又有区别。

脊饰可称为中华历史文化的大舞台，上有山川花卉、飞禽走兽，大至日月星辰，中至房屋建筑，小至人物、虫、鱼，均在其上可以见到（图3-4-71）。另外，在山门两山脊正前方，有日、月二神，分别为男、女神，反映了中国哲学上的阴阳观念。妆楼正脊正面有暗八仙图案。至于上面数以百计的建筑，从西洋到中国的建筑各呈异彩，可谓千姿百态，亭台楼阁，应有尽有。脊饰上数以千计的人物，从帝王将相、才子佳人、神佛仙道，各有风采。有历史故事，如三国演义、水浒传等，神话传说，如封神演义、八仙过海、西游记等，均为群众喜闻乐见的题材。脊饰内容包罗万象，为岭南特色。

形成"舞台式脊饰"的原因，在于岭南元明后戏曲流行，为

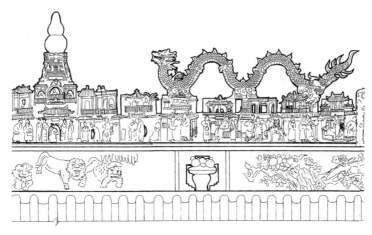

图3-4-67 龙母祖庙山门脊饰的龙饰

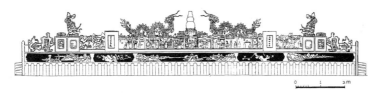

图3-4-68 龙母祖庙大殿正脊脊饰正立面图

图3-4-69 龙母祖庙妆楼正脊脊饰正立面图

图3-4-70 龙母祖庙香亭脊饰正立面图

第三篇 装饰艺术篇

图3-4-71 龙母祖庙大殿副阶脊饰,水浒传人物

百姓所喜爱,这些反映中华文化民风民俗的戏曲,薰陶感染着一代代工匠、画师和雕塑家,最后他们把这些戏曲人物搬上脊饰这一巨大舞台,让这些戏曲人物展现风采,也使中华优秀文化和传统千年永存,流芳百世。

(十二) 防御洪水的杰构

龙母祖庙除建筑艺术上的成就卓著外,防洪技术上也独树一帜。由于庙址地势较低,几乎年年都受到西江江水冲淹。但它在防洪技术上采取了一系列措施,故能防洪抗冲而不倒。

其防洪抗冲的措施有:

1. 大量采用花岗条石铺砌河岸、码头、山门前广场,建筑台基,庭院地面,以护建筑基址;

2. 大量采用砖石作建筑材料,牌坊则全由石材制成;

3. 采用高石柱础,大殿及香亭石础均高近1m (图3-4-72)。

4. 山门门枕石高达0.46m;

5. 用石材砌筑高台基,东裕堂的虎皮石台基高3.85m,妆楼的花岗石条石台基高达5.46m;

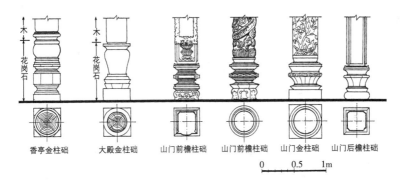

图 3-4-72 龙母祖庙柱础图

6. 良好的排水系统。每次洪水退后,庙内一净如洗,与附近民居水退后留下厚厚一层泥沙,形成鲜明的对照。

龙母祖庙自清末重建以来已历近百年,几乎年年受洪水冲淹而依然屹立江边,不愧为防御洪水的杰作。❶

(十三) 海外赤子的妈妈的形象

年年龙母诞日,海内外前来朝拜者人潮如海,鞭炮齐鸣,震耳欲聋,进香者均有一颗虔诚之心,场面如火如荼,分外热烈。尤其来自港澳,乃至南洋一带的华人,不远千里万里,前来朝拜,目的是前来龙母祖庙"探阿嬷"(广东方言,即看望母亲)。其寻根认同、怀念祖先、眷恋故乡之情,是炎黄子孙的共同感情。龙母有德于民,有功于国,她是海外赤子慈和的母亲,是祖国母亲的化身。

中国科学院院士、工程院院士,前国际建协副主席、清华大学教授吴良镛先生为之感慨题诗曰:

悦城有圣地,苍山碧水间。
母德传永世,凝力浩无边。

对龙母的崇拜,对龙母祖庙建筑艺术的赞赏,体现了中华文化的伟大生命力和凝聚力。

---

❶ 吴庆洲. 中国古代城市防洪研究. 北京:中国建筑工业出版社,1995。

五 广州近代的骑楼纵横谈——敞廊式商业建筑的产生、发展、演变及其对建筑创作的启示

(一) 前言

骑楼是广州和岭南近代城市商业街市的一大特色。这种特色的形成，就广州而言，是近代规划师、建筑师以及普通市民在城市规划法规指导下共同参与的结果。骑楼本是外来建筑形式，却能在广州生根开花，成为近代广州城市建筑文化的一个有特色的组成部分，为民众所接受，其中道理，与佛塔源自印度，却能在中国生根、繁盛，成为中国古代建筑中的一朵奇葩的道理是一样的。骑楼属敞廊式商业建筑。本文拟就敞廊式商业建筑的产生、发展、演变，探索其中规律，以资创作具有岭南特色的城市和建筑时的参考。

(二) 敞廊式商业建筑的产生

敞廊式商业建筑是带有敞廊的商业建筑，英文名为 Arcade，查有关的国外的百科全书，Arcade 有三种含义：（1）连拱廊；（2）有拱廊的走道，两旁常设商店；（3）有拱廊的街道。一般拱廊都是敞开的，故又称 Open Arcade，即敞廊。

拱廊由柱廊发展而来，柱廊英文为 colonnade 或 stoa，也是敞开的，也属敞廊。

柱廊的建筑形式，早在公元前 2052 年埃及曼特赫特普庙中已经出现。而敞廊式商业建筑的出现，❶ 则可上溯到两千多年前的古希腊时期。

早在希腊的古典时期（公元前 5—前 4 世纪），其城市的市场边沿就已有敞廊。到希腊化时期（公元前 4—前 1 世纪），市场周围有连续的柱廊，用于商业活动。有的敞廊进深大，中央用一排柱子把它隔为两进，后进设单间的店铺。有许多敞廊是两层的，采用叠柱式，下层用粗壮质朴的多立克柱式，上层用颀修华丽的

---

❶ 陈志华著. 外国建筑史：10，中国建筑工业出版社，1979。

爱奥尼柱式。阿索斯城的中心广场和雅典城的阿塔洛斯市场的敞廊（图 3-5-1）都是二层敞廊叠柱式的例子。后者长 111.90m，面阔 23 间，进深 20m，分为两进，全用白大理石建造，❶ 加上柱式的运用，在艺术上很有特色。

图 3-5-1　雅典阿塔洛斯市场的商业敞廊（约建于公元前 150 年）

古希腊出现敞廊式商业建筑，与其商业的发达以及气候的炎热有关，敞廊在功能上为购物者提供了遮阳避雨的良好的步行环境，适应了商业的需要。敞廊也为建筑师提供了施展才能的场地，这一类型的建筑也丰富了城市景观，增进了城市特色。

在人类的文明史上，一种有生命力的文化或艺术的形式，往往能突破民族和国界，传播于四方，在各地生根、开花，产生丰富多样的形态。希腊的敞廊式建筑也是如此。在古罗马时期，敞廊得到更广泛的应用。古罗马创造了拱券结构，并能运用天然混凝土，这种新技术、新材料的运用，使柱廊成为拱廊或拱柱廊。拜占廷又继承了罗马的建筑文化，在首都君士坦丁堡的中央大街两旁建设了商业敞廊。据记载，这条中央大街是当时世界上最壮丽的街道之一。大街两旁是闪耀着大理石的柱廊，底层为敞廊和商店，上面为高架的人行道，人行道边排列着皇帝、城市保护神和著名女明星的塑像。这条大街和商业敞廊建于公元 527—565 年。❷ 无疑，大街两旁华丽的拱廊更增添了君士坦丁堡这帝国首都之特色。

到了中世纪，敞廊式商业建筑更是遍布欧洲各地。即使经过了二次世界大战战火的摧残，在欧洲的许多古城中仍可见到它的踪迹。例如，瑞士首都伯尔尼就保留有拱廊式商业街，这是遵照

---

❶ 陈志华著. 外国建筑史：41~42，中国建筑工业出版社，1979。
❷ Glanville Downey. Constantinople：17，Norman：University of OklahomaPress，1960。

15世纪该城实行的建筑规范，即"沿街二层以下要建带扶壁的拱廊"而形成的。❶ 这种带扶壁的骑楼式商业街成为伯尔尼的城市景观特色。

意大利名城佛罗伦萨，在16世纪后半叶，从阿尔诺河修建了联通市中心西格诺利亚广场的乌菲齐大街，两侧为严格对称的敞廊式的多层建筑（图3-5-2），丰富了市中心广场的群体构图，成为该城城市设计的重要环节。❷

最引人注目的是，敞廊式商业建筑被应用于桥梁之上，佛罗伦萨的韦基奥桥（图3-5-3）就是著名的例子。该桥于1345年建于该城的阿尔诺河上，它是西方建造的第一座平拱桥，是中世纪西方工程方面的卓越成就。桥上设双层走廊，上层与诸宫殿连通，下层设有商店，桥廊两侧首饰店鳞次栉比，是一条名副其实的"珠宝街"。❸ 当然，由于两侧设商店，中间的桥廊自然就不完全敞开了。

其实，伦敦桥是更早把敞廊式商店用于桥面上的例子。古老的伦敦桥原用木建，1176年兴建了第一座石桥，桥上有多段廊屋，廊两旁为商店❹。

事实上，整个中世纪，廊屋式桥梁流行欧洲，仅水城威尼斯就有多座，建于市中心主运河上的里阿托桥就是著名的例子（图3-5-4），该桥是大理石独孔桥，建于1592年，长48m，宽22m，桥上有拱廊，两侧有商店。该桥以典雅秀美而别树一帜。英国风景旅游胜地巴斯的建于阿冯河上的普顿尼桥（1770年）也有廊屋，它以迷人的风姿为巴斯城增色。

这种敞廊式商业建筑直到近代仍在欧洲一些国家广泛应用。法国旺道姆广场上的建筑（图3-5-5）就是例子，建筑高三层，底层为券廊商店，上面为住宅。❺❻ 与广州的骑楼近似，法国巴黎孚日广场上也用的是券廊式建筑，这种形式一直沿用，成为法国商业广场和街道的传统。

---

❶ [日]池泽宽著．郝慎钧译．城市风貌设计：12，天津大学出版社，1989。
❷ 沈玉麟编．外国城市建设史：76，中国建筑工业出版社，1989。
❸ 建筑画（9）：62。
❹ 简明不列颠百科全书（5）：455，伦敦桥条．中国大百科全书出版社，1986。
❺ 陈志华著．外国建筑史：151，中国建筑工业出版社，1979。
❻ Doreen Yarwood. The Architecture of Europe：330, Chancellor Press, 1974。

图3-5-2 佛罗伦萨乌菲齐大街的敞廊式建筑

图3-5-3 佛罗伦萨韦基奥桥(1345年)

图3-5-4 威尼斯里阿托桥

图3-5-5 法国巴黎孚日广场上的券廊式建筑(1605年—1612年)

笔者1988年在英国留学期间，曾到英国的古城切斯特（Chester）考察，他的东门街、水门街和桥街都是十分独特的骑楼街，首层沿街每隔若干店铺，即有楼梯上到二层，二层是靠街人行道，靠里为商店，人们在此步行购物，十分舒适，无风雨、交通之虞。这种骑楼商业街在切斯特至少在13世纪已出现❶（图3-5-6、7），它是该城一道亮丽的风景线。

图3-5-6　英国切斯特城商业街　　图3-5-7　英国切斯特商业街
　　　　　　　　　　　　　　　　　　　　　二层商业敞廊内景

到近代，随着殖民主义的扩张，资本的输出和文化的传播，敞廊式商业建筑传播到美洲、亚洲、非洲和大洋洲等地，包括中国的广州。

（三）敞廊式商业建筑的演变

一切事物都是发展、变化的，建筑形式也不例外。中国著名的历史故事晏子使楚中，晏子有一段话很发人深思："婴闻之，橘生淮南则为橘，生于淮北则为枳，叶徒相似，其实味不同。所以然者何？水土异也。"❷ 这是讲生物遗传变异的事，很富于哲理，也适用于文化和艺术形式的继承和演变。

敞廊式商业建筑最初出现在古希腊，逐渐经欧洲移植于世界各地，根植于不同的时代、不同的文化、不同的结构技术和材料的各式土壤中，出现了如下各种演变：

1. 应用范围的扩大化

---

❶ The Aufomobile Assoceation. Altas of Town Plans: 23, The U. K., 1985。
❷ 晏子春秋·杂下。

由仅用于市场扩大到用于商业广场、街道、桥梁以至整个城市。

2. 建筑形式的多样化

由公有的外廊单廊式发展到有外廊周廊式（又名跑马骑楼式，或殖民式，见图3-5-6），又出现内廊式（桥廊等，见图3-5-3、图3-5-4）。

随着现代新技术新材料的出现，出现了大型的拱廊式商业建筑。伦敦的柏林顿拱廊（图3-5-8）和米兰的埃马努埃尔拱廊等都是例子。钢结构、大玻璃逐渐应用到这些新式的拱廊中，原先敞廊式商业建筑在欧洲逐渐成为历史的形式，封闭式的大拱廊于19世纪和20世纪初风行欧洲各地。

图3-5-8　英国伦敦柏林顿拱廊（建于1815—1819年）

20世纪60、70年代起，大型商业中心（图3-5-9、10）在世界各地兴起，它往往是由许多拱廊所组成的。

至此，敞廊式商业建筑已发展为封闭式的大拱廊（图3-5-8），再发展到平面为十字形的拱廊，最后成为许多拱廊组成的大型商业中心。

3. 结构形式的多样化。

图3-5-9　英国纽卡斯尔城埃尔登购物中心内景

图3-5-10　英国德拉姆城购物中心内景

结构形式由梁柱结构到拱券、柱券到框架等多种结构。

4. 建筑材料的多样化

建筑材料由砖、石到天然混凝土到钢、钢筋混凝土、合金、塑料、玻璃等等。

5. 建筑风格的多样化。

建筑风格由古典式到文艺复兴式、拜占庭式、哥特式、现代、后现代以及世界各地方、各民族的风格，无所不有。

6. 建筑功能的多样化

建筑功能由单一的商业性建筑到商店和住宅的结合体（下店上宅式）到兼有交通、商业、住宅多种功能，到多功能的综合体。

（四）广州近代骑楼式商业街道

自1840年鸦片战争以后，帝国主义的大炮敲开了中国封闭的大门，中国揭开了近代史的序幕。

外国建筑新技术、材料以及建筑形式开始传入中国。从 19 世纪末到 20 世纪 20 年代，广州的部分街道，如长堤大马路（1886—1920 年）、一德路（1919 年）、人民南路（1919 年）、中山五路（1919 年）已出现了骑楼❶。

1918 年，广州市政公所成立。1920 年，广州市拆除了古老的城墙、城楼、城基，改建公路，形成道路网。从 20 世纪 20 年代到抗战前，临街骑楼蓬勃兴起，成为广州商业街市一大特色。

为什么骑楼形式能风靡近代广州全城？原因如下：

1. 社会的大变革，对广州城市建筑的发展提出了新的要求。而拆城建路，又使建设骑楼式商业街道成为可能。

2. 广州地处亚热带，气候炎热多雨，骑楼可以遮风避雨，适应当地的气候环境，受到市民的欢迎。

3. 政府的强制性法规及其导向，是推动骑楼商业街发展的有力保障。

广州市政厅工务局制定法规，强制私有地留设骑楼，以提供公共人行道。法规中有若干规定，对骑楼的建设进行管理，并配套实施了《催领骑楼地办法》，以确保骑楼的兴建完成。

4. 当时广州市政府聘用了一批留学归国的人材，执掌市政建设等部门，制订正确的法规，以指导骑楼商业街的建设。

孙中山先生在 1912 年著的《建国方略·实业计划》中，曾提出南方大港计划，拟将广州建设成为世界大港及花园城市。同时，以广州为中心，提出一系列交通配套整治建设计划，将西南地区所有重要城市和矿产地联结起来，使之成为南方大港的经济腹地，作为我国经济建设的蓝图。尽管该计划未能顺利实施，但对广州经济及城市建设产生巨大影响。

孙中山先生提出："我们要有此开放主义，凡是我们中国应兴事业，我们无资本，即借外国资本，我们无人才，即借外国人才，我们方法不好，即用外国方法。"广州市按照孙中山先生这一思想，启用了大量留学归国的专业人才，付与重任。如市长孙

---

❶ 黄翔. 广州旧城区商业街道步行空间的改造. 华南理工大学硕士学位论文. 1990. 附表1。

科，留美，加利福尼亚大学毕业，专研市政；工务局局长程天固，留美，加利福尼亚大学毕业；公用局长黄桓，留学法国及比利时，专研电器工程。此外，财政局、公安局、教育局局长皆为留学归国专业人才，各局的课长、课员亦有许多为归国留学生。这些高素质的人掌管广州市政建设部门，就可能制定适当的政策、法令，以推动城市建设。骑楼商业街道就是例子。[1]

5. 华侨大量投资房地产，推动了骑楼发展。

广州是华侨最早回国投资办企业之地。20世纪20—30年代广州社会环境相对安定，广州政府对华侨采取许多优惠政策，吸引大量华侨投资广州，其中3/4资金投在房地产，因此推动了骑楼商业街的建设、发展。

6. 骑楼创造了良好的步行购物环境，促进了广州商业的发展。反过来，广州的商业繁荣又促进骑楼商业街道进一步发展，终于使骑楼成为羊城近代商业街的一大特色（图3–5–11、12、13）。

由上述，我们规划师、建筑师和环境艺术设计师可以从中得到如下启示：

1. 建筑创作和艺术的创作可以借鉴各种形式，包括外来形式。

2. 建筑文化的移植是否成功，看其是否能根植于当地社会、文化环境的土壤中，适应当地的地理气候等条件，受到当地民众的欢迎和被接受。

3. 规划法规和建筑法规对形成统一的城市风貌有极重要的作用，万万不可忽视。

4. 一切艺术的形式均会随时代的发展、科学技术的进步而变化。历史上的形式可以借鉴，但更重要的是在借鉴之后，能够创造出焕发时代气息的新的形式。

5. 有生命力的建筑形式具有重要的巨大的影响力。广州的骑楼商业街的成功，具有重要的示范作用。于是，骑楼商业街这一城市商业街的形式，就以广州为中心，从20世纪20—30年代起，辐射至广东全省以及广西的梧州、南宁等地，福建的厦门、漳

---

[1] 林冲. 骑楼型街屋的研究. 华南理工大学博士学位论文. 1999。

图3-5-11　广州龙津西路骑楼立面　　图3-5-12　西关骑楼立面细部

图3-5-13　广州骑楼

州、泉州、福州等地，海南的海口、文昌等地，其影响力直至贵州省的贵阳市以及云南昆明市。江西省的赣州市和南昌市亦有骑楼商业街。上海也有少量骑楼商业街。骑楼主要流行于华南地区，以广东、广西、福建、海南为多，这四省地处热带、亚热带，炎热多雨，是骑楼商业街生长的土壤。其他各地，虽有少量骑楼商业街，却难以成为城市特色。江西的赣州、大庚、于都、谭口镇均有骑楼商业街。究其原因，与广东影响有关。广东军阀余汉谋曾驻军大庚县。广东人吴铁城（1888—1953年）曾做过赣州市市长。他们均在当地提倡建广州式的骑楼商业街。赣州因而有"小广州"之称。但与广州相比，其骑楼之规模、建筑风格之丰富多样则远远不及，却以质朴无华、具有浓郁的乡土气息而另树一帜。

建筑哲理、意匠与文化

第四篇 城市规划篇

一 中国古代哲学与古城规划

中国古代的建筑文化是中国古代文化的重要组成部分,她是中国古代文化母体的子文化,与母体同构对应,表现为对母体的适应性和相似性。中国古代哲学是中华古文化的智慧和精华,中国古代建筑受到其深刻的影响。本节则拟探讨中国古代哲学对中国古代城市规划的影响。

(一)影响中国古城规划的三种思想体系

影响中国古代城市规划有三种思想体系:

1. 体现礼制的思想体系

"礼"是一种伦理政治,提倡的是君惠臣忠、父慈子孝、兄友弟恭、夫义妇顺、朋友有信的社会秩序和人伦和谐。其主要内容为正名分、别尊卑,其精神为秩序与和谐,其内核为宗法和等级制度。

《周礼·考工记》的《匠人》"营国制度"规定:"匠人营国,方九里,旁三门。国中九经九纬,经涂九轨。左祖右社,面朝后市。市朝一夫。"

这是王城的形制。《匠人》将城邑分为三级:王城、诸侯城和作为宗室、卿大夫采邑的"都",对各自的规模、规划形制、城邑数量、布局都作了严格的规定。

然而,至今仍未发现中国古代都城有完全符合《匠人》"营国制度"的例子,这说明它只是影响古代都邑规划的因素之一。

2. 《管子》为代表的重环境求实用的思想体系

管仲(? —公元前645年前后)是春秋时齐国的政治家、思想家,《管子》是由战国、秦汉的人汇编而成的,其中记录了管仲的言行,体现了与礼制不同的规划思想。《管子·乘马》云:

"凡立国都,非于大山之下,必于广川之上。高毋近旱,而水用足,下毋近水,而沟防省。因天材,就地利,故城郭不必中规矩,道路不必中准绳。"

齐都临淄城的规划建设,就是《管子》规划思想的具体体现。

3. 追求天地人和谐合一的哲学思想体系

中国古代哲学包括太极一元论、阴阳二元论、五行说和天人合一说等等,都对城市规划产生了深刻的影响。下面主要探讨象天法地的规划意匠和阴阳五行的规划思想对古城规划的影响。

(二) 象天法地的规划意匠❶

中国古代哲学以天、地、人为一个宇宙大系统,追求天地人宇宙万物的和谐合一,以之为最高的理想。为了达到这一理想境界,《老子》提出了"人法地,地法天,天法道,道法自然"的准则。《易·系辞》也提出:"在天成象,在地成形","仰则观象于天,俯则观法于地","与天地相似,故不违。"这是中国古代"象天法地"的思想。这一思想给中国古代文化予深刻而广泛的影响。

中国古代一些铜镜,外圆内方,象征天圆地方。

《大戴礼记·保傅》云:"古之为路车也,盖圆以象天,二十八橑以象列星,轸方以象地,三十辐以象月。故仰则观天文,俯则察地理,前视则睹鸾和之声,侧听则观四时之运,此巾车教之道也。"

象天法地的思想对中国古代建筑影响广泛,从礼制建筑明堂到天坛、地坛,直至村落民居,概莫能外❷。许多地下墓室做成

---

❶ 吴庆洲. 象天法地意匠与中国古都规划. 第三次建筑与文化学术会议论文, 1994, 7, 24, 泉州.
❷ 吴庆洲. 中国民居建筑艺术的象征主义. 第五届全国民居学术会议论文, 1994, 5, 重庆.

上为半圆形，下为方形，也是象天法地所致。中国古代的城市规划自然也是如此。象天法地思想影响了都城宫城、皇城等的位置，四象、天、地、日、月等坛的设立，金水河的开凿，城郭的外形，城市的数目等方面。

1. 都城的宫城、皇城的位置

由于象天法地意匠的影响，中国历代都城的宫城、皇城的位置或居中，或居中偏北，居中偏南。这与宫城居紫微垣之位，或居北辰之位，或居太微垣之位有关。

通过长期的观测，中国古人把天上的恒星分组，每组以一个星官称呼命名。众星官中，以三垣和二十八宿最为重要。三垣，即紫微垣、太微垣、天市垣（图4-1-1，4-1-2，4-1-3）。二十八宿每七宿一宫，组成东、西、南、北四象，即苍龙、白虎、朱雀、玄武。我国古代文化中心在北半球的黄河中游，天象以北极星为中，故命名为天枢、中宫、紫宫，为天帝太一所居，

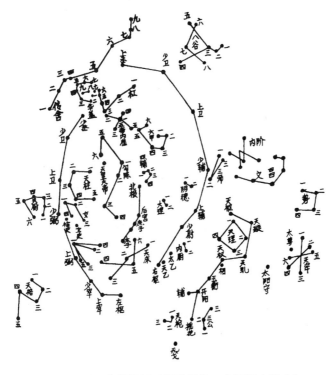

图4-1-1 紫微垣图（据陈遵妫. 中国天文学史）

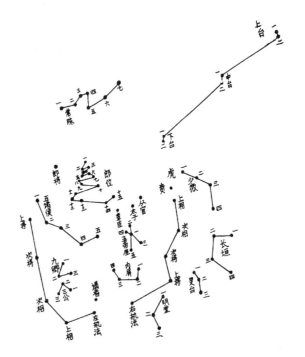

图 4-1-2 太微垣图（据陈遵妫. 中国天文学史）

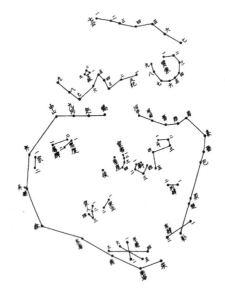

图 4-1-3 天市垣图（据陈遵妫. 中国天文学史）

后来称为紫微垣。太微垣在紫宫之南，为天帝南宫。天市垣在中宫之后。以帝太一（即北辰）为中心，以三垣、四象、二十八宿为主干的天上星宿世界，是古人依古代的帝王将相、宫廷苑囿的称谓命名创造的，乃是中国古代社会在天上的倒影。《史记·周本纪》中记载了周武王"定天保，依天室"的建都原则，天保即北辰，借指国都，依天室，即依天上宫阙模式建都，表示受命于天而统治人间。由于记载过简，不知其详。

公元前514年，伍子胥象天法地建吴大城，宫城居中，应是法"紫宫"所致。公元前490年，范蠡筑越国都城，"乃观天文，拟法于紫宫，筑作小城。"宫城也是效法紫宫。

秦统一中国，以象天法地意匠建设咸阳，"焉作信宫渭南，已更命信宫为极庙，象天极"。"为复道，自阿房渡渭，属之咸阳，以象天极阁道绝汉抵营室也"（《史记·秦始皇本纪》）。"筑咸阳宫，因北陵营殿，端门四达，以则紫宫，象帝居"（《三辅黄图》）。

隋唐长安城，其宫城和皇城居全城中轴线之北面，宫城居北辰之位，皇城居紫微垣之位。唐代将隋"大兴官"改名"太极宫"。"易有太极，谓北辰也"（《周易正义》）。宫城南皇城的百官衙署象征环绕北辰的紫微垣。唐开元元年（713年）改中书省为紫微省，取天象紫微垣之意（《新唐书·玄宗本纪》）即为明证。

隋唐洛阳城，宫城居紫微垣之位，皇城居太微垣之位（《新唐书·地理志》）。

宋东京城，原为五代后周国都，宋仍在此建都。据《宋史·地理志》记载：宋建隆三年（962年），"广皇城东北隅，命有司画洛阳宫殿，按图修之，皇居始壮丽矣。……，宫城周回五里。"唐洛阳宫城正殿为乾元殿，后武则天改为明堂。宋宫城正殿也称为乾元宫（后改为大庆殿），宋"皇祐初，始行明堂之礼"（《宋东京考》）。可见宋东京大内制度仿唐洛阳宫。

元大都城由太保刘秉忠主持规划，中书省居紫微垣之位，位于钟楼之西，大内即宫城位于全城轴线之南，居太微垣之位。据《史记·天官书》："南宫朱雀，权、衡。衡，太微，三光之廷。"

三光为日、月、五星。元大都的正南门名丽正门，取《周易》："日月丽乎天"，"重明以丽乎正"之意（《周易·离》）。元宫城正殿为大明殿，其前为大明门，左右有日精、月华二门。这与蒙古人崇火、喇嘛教崇"大日如来"有关，故元朝把日月和光明置于最崇高的地位，把宫城置于太微垣的位置上。

明清北京城宫城位于内城中央偏南，命名"紫禁城"，居紫微垣之位。其南各部衙署居太微垣之位，据《步天歌》载，太微垣南蕃两星间为端门。明清北京城在朝房南面设端门，正含此意。内廷的乾清、坤宁二宫，象征天地，其两侧的日精、月华二门，象征日、月。东西六宫及其他建筑象征天上众星，拱卫着象征天地合璧的二宫。

历代帝都的宫城皇城位置，在中轴线上或北或南，或居中，都与象天法地意匠相关。

2. 四象的设置

四象为古代用来表示天空东、西、南、北四个方向的星象，即东方苍龙（图4-1-4）、西方白虎（图4-1-5）、南方朱雀（图4-1-7）、北方玄武（图4-1-6）。其命名源于华夏古民族的图腾崇拜，即东夷族的龙图腾崇拜，少昊、南蛮族的鸟图腾崇拜，西羌族的虎图腾崇拜，夏民族的龟蛇图腾崇拜❶。

城市中法天上四象自汉长安始。《三辅黄图》云："苍龙、白虎、朱雀、玄武，天之四灵，以正四方，王者制宫阙殿阁取法焉"。未央宫建有玄武、苍龙二阙，还建有白虎殿，朱鸟堂，以取法四象。瓦当以四灵的图像为最多。

隋唐长安的外郭城中门，东为春明门，西为金光门，宫城北为玄武，皇城南门为朱雀门，也取法四象。

明清紫禁城北为玄武（清改名神武）门，南为午门，东为东华门，西为西华门，也是法四象之意。

3. 天、地、日、月等坛的设立

古代帝王最重要的祭祀有三项：天地、社稷、宗庙。其中，祭天地又最为重要，《逸周书·度邑篇》记载作成周城："其作大

---

❶ 陈久金. 华夏族群的图腾崇拜与四象概念的形成. 自然科学史研究, 11, 1 (1992).

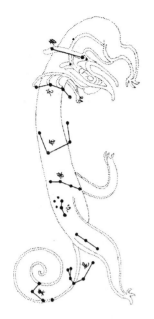

图 4-1-4 东方苍龙

（据陈遵妫. 中国天文学史）

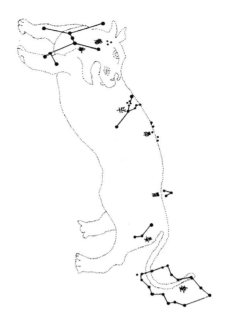

图 4-1-5 西方白虎

（据高鲁. 星象统笺）

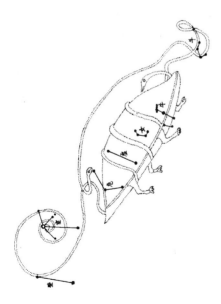

图 4-1-6 北方玄武

（据高鲁. 星象统笺）

图 4-1-7 南方朱雀

（据高鲁. 星象统笺）

邑，其自时配皇天，祭祀于上下，其自时中义，治民今休。"即都城建成可以配比皇天，祭祀天神、地祇，从此王受天命，百姓安宁。《考工记·匠人》即有"左祖右社"的规定，但未见天、地、日、月祭坛的规定。《周礼·大司乐》云："冬日至，于地上之圜丘奏之，若乐六变，则天神皆降，可得而礼矣。"可知周代在冬至日于圜丘祀天。

汉初，曾建五帝祠，祀白帝、青帝、黄帝、赤帝、黑帝。汉武帝改为祭太一，立太一祠于长安东南郊，又在河东建后土祠，天地分祭。东汉在洛阳城南合祭天地、五帝、群神。晋时也是天地合祭。

唐代为天地分祭。"孟夏，雩祀昊天上帝于圜丘；……夏至，祭地祇于方丘"。"大祀：天、地、宗庙、五帝及追尊之帝后。中祀：社、稷、日、月、星、辰、岳、镇、海、渎、帝社、先蚕、七祀、文宣、武成王及古帝王，赠太子。"（《新唐书·礼乐志》）宋代天地分祭，冬至圜丘祭昊天上帝，夏至方丘祭皇地祇（《宋史·礼志》）。

元代初期，在都城南郊合祭天地。至大二年冬在南郊祭天于圜丘，本拟设方坛于北郊祭地，最终还是合祭天地于天坛（《元史·祭祀志》）。

明永乐十八年在北京建天地坛，合祭天地，嘉靖九年在北郊另建方泽（地坛）祭地，南郊的天地坛只用于祭天，改名天坛。嘉靖九年还分别在东、西郊建日坛、月坛。每年春分祭日；夏至祭地；秋分祭月，配礼二十八宿，木火土金水五星及周天星辰；冬至祭天。其四坛方位符合乾南坤北，日升月降的顺序。

4. 以河流象征天上的银河

秦都咸阳"渭水贯都，以象天汉；横桥南渡，以法牵牛"（《三辅黄图》）。

西汉长安"昆明池中有二石人，立牵牛，织女于池之东西，以象天河"（《三辅黄图》）。

隋唐洛阳城，"洛水贯其中，以象河汉"（《新唐书·地理志》）。

宋、元、明、清的都城，都开凿金水河。据王三聘《古今事物考》谓"帝王阙内置金水河,表天河银汉之义也,自周有之"。

5. 城郭的外形效法天地

汉长安城依象天法地的思想,结合地形修筑,"城南为南斗形,城北为北斗形,至今人呼京城为斗城是也"(《三辅黄图》)。

隋唐长安城平面东西略长,南北略短,《淮南子·墬形训》云:"合四海之内,东西两万八千里,南北两万六千里",可知其平面乃"法地"而成。

伍子胥筑吴大城,"陆门八,以象天之八风,水门八,以象地之八卦"(《吴地记》)。

范蠡筑越小城,"西北立龙飞翼之楼,以象天门。东南伏漏石窦,以象地户。陵门四达,以象八风"(《吴越春秋》卷八)。

元大都东、西、南依照王城之制,"旁三门",但北边仅设二门。一说此为象征哪吒三头六臂两足。另一说认为此为"天五地六",喻意天地之中合。

6. 凿井以象二十八宿

温州城相传为郭璞选址建造,"城于山上,且凿二十八井以象列宿"(《宋本方舆胜览》卷九)。

(三) 阴阳五行学说在规划中的运用

阴阳学说和五行学说是中国古代哲学的重要组成部分。《易·说卦》云:"立天之道曰阴与阳,立地之道曰柔与刚"。《易·系辞下》:"阴阳合德,则刚柔有体。"

《老子》云:"万物负阴而抱阳,冲气以为和"。

五行说以水、火、木、金、土作为构成世界万物的元素,后来又产生"木生火、火生土、土生金、金生水、水生木"和"水胜火、火胜金、金胜木、木胜土、土胜水"的五行相生相克观点。

阴阳五行学说在城市选址和规划布局中,有着广泛的应用。

1. 选址

城市选址,涉及因素众多,我国古代积累了丰富的经验,产生了有关的科学思想[1]。用阴阳五行思想来分析比较,历史悠久。

---

[1] 吴庆洲. 中国古城选址的实践和科学思想. 新建筑, 1987, 3.

周族的祖先公刘在夏末,因避夏桀,由邰迁豳,选址时"逝彼百泉,瞻彼溥原","既景乃冈,相其阴阳"(《诗·大雅·公刘》),并建立了都邑。

西汉晁错提出在边地建城选址的原则:"相其阴阳之和,尝其水泉之味,审其土地之宜,观其草木之饶,然后营邑立城"(《汉书·晁错传》)。

阴阳的观念与地形结合,则水之北、山之南为阳,水之南、山之北为阴;与山、水结合,则山为阳(刚),水为阴(柔)。选址应合乎"负阴而抱阳","阴阳合德,则刚柔有体"。这是总的原则。中国的城市多沿水分布,城址多依山傍水,只有为了防御洪灾,一些城市才远避河流❶。山环水抱,依山傍水,才能使城市得到良好的生态环境,健康发展。这一点与《管子》的规划思想是相契合的。历史文化名城南京、桂林、福州、广州、肇庆、潮州、成都、西安、洛阳、兰州等,都是很好的例子。

2. 规划布局

明清紫禁城是以阴阳五行思想进行规划布局的典范(图4-1-8)。

紫禁城分为前朝后寝,即外朝内廷,外朝为阳,用阳数,有五门、三朝;内廷为阴,用阴数,有两宫六寝。两宫为乾清宫和坤宁宫,分别为帝后所居,取名"乾清"、"坤宁",以配帝、后的性别、身份。两宫之间名交泰殿,指天地之气融合贯通,生育万物,物得大通,故曰泰。"乾清"、"坤宁"、"交泰"体现天地交泰,阴阳和平之意。

此外,紫禁城按建筑的重要性和地位分为阳中之阳(太和殿)和"阴中之阳"(乾清宫),以及阴中之阴(坤宁宫)。

五行学说在紫禁城的规划设计中也得到了充分的体现。东华门喻木,西华门喻金,午门喻火,玄武门喻水,三大殿喻中央土,三大殿的三层台阶为一巨大的"土"字,土字的方向面南;与天子面南而坐的方向一致。天子居"土"上,居五行之中央,喻意"得土者得天下"❷。

---

❶ 吴庆洲. 中国古城的选址与防御洪灾. 自然科学史研究, 10. 2 (1991)。
❷ 吴庆洲. 象天法地法人法自然——中国传统建筑意匠发微. 华中建筑, 1993, 4。

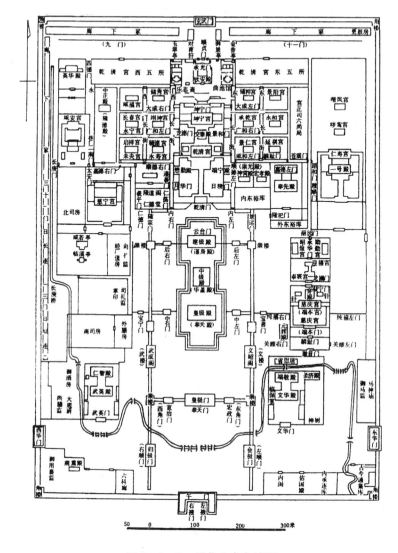

图4-1-8 明代北京宫城图
(引据朱契. 明清两代官苑建置沿革图考. 北京古籍出版社, 1990年)

紫禁城的屋面为大面积的黄琉璃瓦,以象征五行居中央的土,又用五行相生中火生土的思想,大面积的把墙壁、油饰做成赤色,因赤为火之色,火为土之母,以便中央土的循环生化。由于五行相克中木克土,因而故宫外朝中轴线上很少用绿色油饰,也不种树木，以防木的色彩克土。但在宫后苑及万岁山做了以木为主的御园，因这样做符合北方为水，水生木的道理❶。

（四）《周易》学说在规划布局中的运用

元大都城乃运用《周易》象数进行规划布局的典范，其规划师为精通《易》学的太保刘秉忠。其要点如下：

1. 十一座城门，为天地之中合

元大都东、西、南均三门，惟北边开二门，何故？邵雍《皇极经世书》云："天一地二，天三地四，天五地六，天七地八，天九地十。"以一、三、五、七、九为天数取其中为五，二、四、六、八、十为地数，取其中为六，五加六为十一，为天地数之中合。这是其规划之意匠。

2. 城门名称、方位以文王卦排列（图4-1-9）❷

文王卦即后天八卦。

《日下旧闻考》云："元建国曰大元，取大哉乾元之义也。建元曰至元，取至哉坤元之义也。殿曰大明，曰咸宁，门曰文明，曰健德，曰云从，曰承顺，曰安定，曰厚，皆取诸乾坤二卦之辞也。"（《日下旧闻考》卷三十，宫室）

依后天八卦，北西门位于乾卦，取《易》："乾，健也"，"刚健中正"，取门名为健德。

北东门，位于坎、艮之间，为复卦中讼卦，取意"乾上坎下，九四不克讼，复命渝，安贞吉"，取名安贞门。

东北门，位于艮卦，取《易》："艮，止也。时止则止，时行则行，动静不失其时，其道光明"之意，取名光熙门。

正东门，处震卦，《易》："万物出乎震"。震在东，代表仁。门取名崇仁。

东南门，位于巽卦。《说卦传》云："齐乎巽，巽，东南也。"《易·贲》："观乎人文以化成天下"取名齐化门。

南东门，位于离与巽两卦之间，为复卦同人卦。《易》说它"文明以健，中正而止"。《易·贲》："文明以止，人文也。"取

---

❶ 禁城营缮纪. 紫禁城出版社，1992。
❷ 于希贤.《周易》象数与元大都规划布局. 故宫博物院院刊，1999，2。

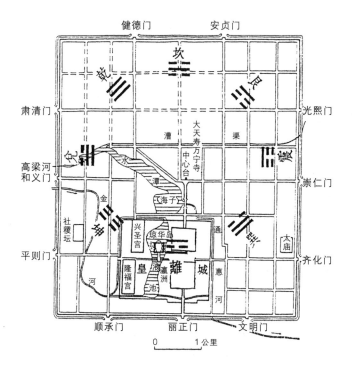

图 4-1-9 元大都城的城门依文王八卦方位排列
（自于希贤. 周易象数与元大都规划布局. 论文插图）

名文明门。

正南门，位离卦。《易·离》云："日月丽乎天，百谷、草木丽乎土，重明以丽乎正。"取名丽正门。

南西门，坤卦。《易·坤·象》："至哉坤元，万物资生，乃顺承天。坤厚载物，德合无疆。"取名承顺门。

西南门，处坤、兑两卦之间，在复卦中近于师卦。《易象》："平亦谦之意。"《易·谦》："象曰：无不利，撝谦❶，不违则也。"取名平则门。

正西门，处兑卦。《易·说卦》云："和顺于道德而理于义。"取名和义门。

西北门，位于兑、乾两卦之间。"万物萧杀和肃清，西北之

---

❶ 撝，huī，谦逊。撝谦，即谦逊。

卦。"取名肃清门。

3. 以大衍之数为城坊之数

《日下旧闻考》云：元大都"坊名元五十，以大衍之数成之。"《易·系辞上》："大衍之数五十，其用四十有九。"

中国古代文化内涵丰厚，博大精深，影响古城规划的礼制思想，《管子》重环境求实用的思想与追求天、地、人和谐合一的哲学思想相辅相成，共同谱写出雄壮奇丽的城市规划和建设的篇章。必须指出，风水学说对城市和建筑有着广泛的影响，限于篇幅，在此不作探讨。

二 中国古都象天法地的规划思想研究

（一）儒道哲学是象天法地的思想的理论基础

影响中国古都规划的有三种思想体系，除体现礼制的思想体系、重环境求实用的思想体系外，影响中国古都规划的还有追求天地人和谐合一的哲学思想体系，它在古都规划中坚持"象天法地"的信条。因此，我们不妨称之为象天法地的规划思想体系。

《周易·乾·文言》云：

"大人者，与天地合其德，与日月合其明，与四时合其序，与鬼神合其凶吉。先天而天弗违，后天而奉天时。天且弗违，而况于人乎，况于鬼神乎。"

《周易·系辞上》云：

"天尊地卑，乾坤定矣。"
"在天成象，在地成形，变化见矣。"

《老子》云："故道大，天大，地大，人亦大。域中有四大，而人居其一焉。人法地，地法天，天法道，道法自然。"

（二）天极、三垣、四象，乃人间的天上的倒影

天上的星宿世界茫茫无际，除日月五星，更有银河，北斗七

星等等。人们崇天敬天,觉得满天星宿神秘莫测。正如杰弗里·科尼利厄斯所云:

"对古代文化来说,恒星和行星在天空中的运行周期为下面的世界提供了一种模式。即使在拒绝让天起支配作用的领域,如在各种一神教中,众星依然被视为表达神的意志和秩序的最高形式。"❶

中国的古人也是如此,时刻注视着星空的天象,认为是天的秩序。古人不了解地球在自转,以为地不动,倒是日月星辰每天都要"转周匝"。古人见天上唯有北极星恒定不动,满天星斗都围绕它转动,以为这是天的中心,是天极。于是,人们按照人世间的社会,命名天上的星宿,从而创造了一个天上的星宿神灵世界。

中国古人在认识世界和改造世界的长期实践中,认为天上日月众星与地上人间密切相关,天象的变化甚至是地上、人间祸福产生的原因。为了认识星辰和观测天象,古人把天上的恒星几个几个地组合在一起,每一个组合以一个星官的称呼命名。各个星官所包含的星数由几个到数十个,多寡不等。众星官中,以三垣和二十八宿最为重要。三垣,即紫微垣、太微垣、天市垣。二十八宿又名二十八舍或二十八星。每七宿一宫,组成东、西、南、北四象。东宫为苍龙,有七宿:角、亢、氐、房、心、尾、箕;北宫玄武,有七宿:斗、牛(牵牛)、女(须女或婺女)、虚、危、室(营室)、壁(东壁);西宫白虎,有七宿:奎、娄、胃、昴、毕、觜、参;南宫朱雀,有七宿:井(东井)、鬼(舆鬼)、柳、星(七星)、张、翼、轸。我国二十八宿成为体系,可以上推到公元前7世纪左右。文献学方面的考据结果可上溯到战国中期(公元前4世纪)。

中国古代特别重视北天极、极星和拱极星。古代北斗星由于岁差的缘故,离北天极更近,所以终年常明,古代曾利用杓所指以定四时,后来更利用拱极星中较亮的星,包括北斗,以引向二十八宿的各星宿。除四方四宫外,有以北极星为中心的中宫,并演变为紫微垣。在《史记·天官书》中可以见到和这三垣相当的

---

❶ 杰弗里·科尼利厄斯、保罗·德弗鲁著.星空世界的语言:64,颜可维译.中国青年出版社,2001.

星官，但其名称和星数则有所不同。作为星官，紫微垣和天市垣的名称先在《开元占经》辑录的《石氏星经》[传为战国中期（公元前4世纪）占星家石申所作]中出现；太微垣的名称至唐初《玄象诗》中才见到。

据研究，东宫青龙、西宫白虎、北宫玄武、南宫朱雀四象的命名象征着古代组成华夏族群的四个民族，源于民族图腾即东夷族的龙图腾崇拜，少昊、南蛮族的鸟图腾崇拜，西羌族的虎图腾崇拜，夏民族的龟蛇图腾崇拜。

关于中宫，《史记·天官书》云："中宫天极星，其一明者，太一常居也；旁三星三公，或曰子属。后句四星，未大星正妃，余三星后宫之属也。环之匡卫十二星，藩臣。皆曰紫宫。"

《吕氏春秋·慎势》云："古之王者，择天下之中而立国，择国之中而立宫，择宫之中而立庙。""择中"，乃古代帝王建都立宫的一贯思想，周公卜洛，在那里建都，也因"此乃天下之中，四方入贡道里均。"（《史记·周本纪》）亦为"择中"思想的体现。我国古代文化中心在北半球的黄河中游，天象以北极星为中，故以之命名为天枢、中宫、紫宫，为天帝太一所居。紫宫中众星，有三公、正妃、后宫、藩臣，乃以人间帝王宫殿和官吏名称为之命名。后来中宫演变为紫微垣。

至于太微垣，在紫微垣之南，《史记·天官书》："南宫朱鸟，权，衡。衡，太微，三光之廷。"索隐："宋均曰：太微，天帝南宫也。"由汉洛阳城有南、北二宫可知谓太微乃天帝南宫是因人间帝王宫城有南、北二宫之故。

至于天市垣之名，盖由于《考工记·匠人》中有"面朝后市"的规定。以宫廷面南背北而言，其位置在中宫之后，也是人间都市规划思想在天上星宿命名中的反映。

《史记·天官书》云，"东北曲十二星曰旗。旗中四星曰天市。"张守节正义："天市二十三星，在房、心东北，主国市聚交易之所，一曰天旗。明则市吏急，商人无利；忽然不明，反是。市中星众则岁实，稀则岁虚。荧惑犯，戮不忠之臣。慧星出，当徙市易都。客星入，兵大起；出之，有贵丧也。"

就这样，古人按人间社会为天上星辰命名，造就了与人间相对应的天国：紫微垣是天帝之宫，太微垣为天子之庭，天市垣为天国之市。建星六星为天之都关，东井八星为天之南门。明堂三星为天子布政之宫。昴毕间为天街。舆鬼五星为天目，主视。翼二十二星为天之乐府。天库星为兵车之府。天仓六星、天囷十三星、天廪四星为天上仓廪。天苑十六星为天子之苑囿，养兽之所。苑南十三星曰天园，植果菜之所……（《晋书·天文志》）。人间宫阙建筑、苑囿等均有对应的星宿掌管，帝王将相百官亦在天上有对应的星宿。《史记·天官书》云："仰则观象于天，俯则观法于地。天则有日月，地则有阴阳。天有五星，地有五行。天则有列宿，地则有州域。"《晋书·天文志》云："张衡云：文曜丽乎天，其动者有七，日月五星是也。日者，阳精之宗；月者，阴精之宗；五星，五行之精。众星列布，体生于地，精成于天，列居错峙，各有攸属。在野象物，在朝象官，在人象事。"

由上可知，是人创造了天上的星宿世界，天上的都市宫室苑囿与地上凡间的一一对应，天上帝王将相与人间的也一一对应。

以天帝太一（即北极星）为中心，以三垣、四象、二十八宿为主干的天上诸神体系乃是人类社会在天上的倒影。

（三）法天则天，是君王"受命于天"统治人间的法宝

董仲舒《春秋繁露·王道通三》云：

"古之造文者，三画而连其中，谓之王。三画者，天、地与人也，而连其中者，通其道也。取天、地与人之中以为贯而参通之，非王者孰能当？"

董仲舒此言，说明王者必须参通天、地、人，而参通天、地、人，唯王者可当也。因此，掌握通天之术，了解"天命"，是王者最重要的政务，是维护其统治不可缺少的手段。

《史记·五帝本纪》记载：

"于是帝尧老，命舜摄行天子之政，以观天命。舜乃在璇玑玉衡，以齐七政。"❶

---

❶ 郑玄注："璇玑，玉衡，浑天仪也。七政，日月五星也。"。

《史记正义》注云：

"按：舜虽受尧命，犹不自安，更以璇玑玉衡以正天文。"

《尚书·大传》云：

"政者，齐中也。谓春秋冬夏、天文、地理、人道，所以为政也，道正而万事顺成，故天道，政之大也。"

可见，明天道，受天命，乃王者之大政。
《史记·天官书》云：

"太史公曰：自初生民以来，世主曷尝不历日月星辰？及至五家三代，绍而明之，内冠带，外夷狄；分中国为十有二州，仰则观象于天，俯则法类于地。天则有日月，地则有阴阳。天有五星，地有五行。天则有列宿，地则有州域。三光者，阴阳之精，气本在地，而圣人统理之。"

司马迁这段话，是说圣人统治之术在于"仰则观象于天，俯则法类于地。"即象天法地为之式。并指出，天与地有对应的关系。而日月星三光为阴阳之精，但其气则在地。这一切，均由圣人统理之。

（四）观象制器是中国古代规划设计的美学思想

春秋战国，百家争鸣，中原各国文化相互交融，学术思想活跃，科学文化艺术空前繁荣。追求天地人和谐合一的哲学思想也进一步趋于成熟。《周易》和《老子》即为代表。

《周易·系辞下》云：

"易之为书也，广大悉备。有天道焉，有人道焉，有地道焉。兼三材而两之，故六。六者非它也，三才之道也。"

周易哲学涵盖天道、地道、人道，其卦画也体现了天地人三才合一的思想，每卦六爻示之，上两爻为天，下两爻为地，中两爻为人，象征人民居于天地之间。

《周易》认为卦象是圣人观察模拟天地万物以及人自身的形象而创造出来的。"圣人立象以尽意。"（《周易·系辞上》）即以卦象表达"意"。"以制器者，尚其象"是圣人之道，即用《周易》的道理制作器物，崇尚其卦爻象征。建筑、城市属于器，观象制器是古代指导器物和建筑设计以及城市规划的一种美学思想，象天法地乃其设计规划之则。

"黄帝作宝鼎三，象天、地、人。"（《史记·封禅书》）

"禹收九牧之金，铸九鼎，象九州。"（《汉书·郊祀志》）

"古之为路车也，盖圆以象天，二十八橑❶以象列星，轸方以象地也，三十辐以象日月。故仰则观天文，俯则察地理。前视则睹鸾和之声，侧听则观四时之运。此巾车教之道也。"（《大戴礼记·保傅》）"国辀❷。轸之方也，以象地也。盖之圆也，以象天也。轮辐三十，以象日月也。盖弓二十有八，以象星也。龙旂❸，九斿❹，以象大火也；鸟旟❺，七斿，以象鹑火也；熊旗六斿，以象伐也；龟蛇四斿，以象营室也；弧旌❻，枉矢❼，以象弧也。"（《周礼·考工记·辀人》）

《考工记·辀人》中所说的大火、鹑火、伐、营室、弧，都是天上的星宿名称。可见，制造器物均以天地为则。

周代明堂，以象天法地为则。

"明堂之制，周旋以水，水行左旋以象天。内有太室象紫宫，南出明堂象太微，西出总章象玉潢，北出玄堂象营室，东出青阳

---

❶ 橑 liáo 通橑，车盖弓。
❷ 辀，zhōu，车辕。牛车的称辕，马车的称辀。
❸ 旂，qí，古代帛上画有两龙，竿头上系有铃的一种旗。龙旂，古代诸侯作仪卫用。
❹ 斿，liú，古代旌旗末端直幅、飘带之类的下垂饰物。后作"旒"。
❺ 旟 yú，古代军旗之一种，上绘振翅疾飞的鸟隼图像。
❻ 弧旌，绘有弓矢或弧星图像的军旗，以象征天讨。
❼ 枉矢，矢名，利火射，结火射敌象流星。枉矢亦为星名，是路径弯曲呈蛇行状的流星。

象天市。"(《明堂阴阳录》、《太平御览》卷533《礼仪部十二·明堂》引)

建立国都，同样也以象天法地为则。

"建邦设都，必稽玄象。"(《旧唐书·天文志》)

（五）寺墩古城——太阳神话宇宙模式

以象天法地意匠建都城之例，在本书第一篇第六节中，已介绍了江苏武进良渚文化寺墩古城，建于公元前2790年左右，距今已近五千年。这一城邑形制与太阳崇拜有关，可称为太阳神话宇宙模式。

为了弄清宇宙模式，首先得弄清楚"宇宙"一词的含义。《说文》云："宇，屋边也。""宙，舟舆所极覆也。（段注：覆者，反也，与复同，往来也。舟舆所极覆者，谓舟车自此至彼，而复还此，如循环然。）"《庄子·齐物论》云："旁日月，挟宇宙。（尸子云：天地四方曰宇，往古来今曰宙。）"可见，宇原义为屋之边际，引申为天地四方；宙原义为舟车往返之界限，引申为古往今来。宇为空间的概念，宙为时间的概念。宇宙即时空，宇宙模式即时间和空间的模式。

太阳崇拜是古代世界性的跨文化的原始宗教信仰。十字符号或亚字符号是世界性的太阳符号。太阳的东升西落，周期性运行，为人类建立空间意识和时间意识提供了最主要的天然尺度。

世界各地的历法的产生，都与对太阳和恒星的观测有关，古埃及、印度、巴比伦、玛雅都是如此，中国也不例外。中国上古一直沿用十月太阳历。"十月太阳历大约是从伏羲时代至夏代这段时间内形成的。"太阳历一年为十个月，一个月为三十六天，合计三百六十天，剩余五至六天作为过年日，不计在月内。彝族太阳历每年有大小两个新年，即星回节（农历十二月中）和火把节（农历六月中）。❶

《左传·昭公十年》："郯子曰：'……吾高祖少昊挚之立也，凤鸟适至，故纪于鸟，为鸟师而鸟名。凤鸟氏，历正也。玄鸟

---

❶ 陈文金、卢央、刘尧汉著．彝族天文学史，云南人民出版社，1984。

氏，司分者也。伯赵氏，司至者也。青鸟氏，司启者也。丹鸟氏，司闭者也。……"少昊时期以鸟纪官，主要是正历、司分（春秋分）、司至（冬夏至）、主计时（司启、闭）的历法之官，凤鸟为太阳之象征，实际上是以太阳来定时，制定历法。❶ 这就是中国远古的观象授时的制度。

太阳朝出夕落，造成白昼与黑暗的交替，生生不息，永恒运行，启示人们形成阴阳对立的神话宇宙观，引发阴与阳，光明与黑暗，生命与死亡等互相依存、互相转化的哲理，"在神话思维的拟人化类比作用下，太阳的朝出夕落、循环变易被认同于人的生命周期，太阳在夜幕降临时死去，伴随着黎明之光复活。"❷

由于太阳给宇宙带来光明，它永恒的运行（实际上是地球自转并绕太阳运转）规定了宇宙的空间和时间秩序，它东升西落、死而复生的永恒的运行，为追求生命永恒的古人提供了一个神秘而光辉的形象，因此，太阳被崇拜为宇宙之神，而且是宇宙的最高天神。

寺墩古城（图 1-6-1）面积约 90 万 m^2，中央是一个直径 100 多米，高 20 多米的人工堆筑的祭坛，其外围有一圈内城河环绕，由中央放射出正十字形的河道将内城河与外城河相连，内城河外围是一周人工堆筑的王室贵族墓地，墓地的外围是居住区。古城平面大致呈方形，象征大地。中央的高坛象征大地中心的昆仑山，神话中的昆仑山象征着女性和母体，具有创生的功能。西王母的不死之药，是女性生育能力的象征。太阳经一天的运行，耗尽生命，回到昆仑山母体中，又重新获得生命力。墓地靠着昆仑山，象征灵魂回归母体得以再生。良渚文化的寺墩古城是一种太阳神话宇宙模式，其文化内涵有太阳崇拜、鬼魂崇拜和祖先崇拜，是东夷族少昊氏文化的体现。

（六）周王城——北辰天宫模式

《周礼·考工记·匠人》"营国制度"所规定的周王城（图 4-2-1，4-2-2）与寺墩古城在形式上十分相似，但其文化内

---

❶ 何新. 诸神的起源——中国远古太阳神崇拜. 光明日报出版社, 1996.
❷ 叶舒宪、田大宪. 中国古代神秘数字: 17~19. 社会科学文献出版社, 1996.

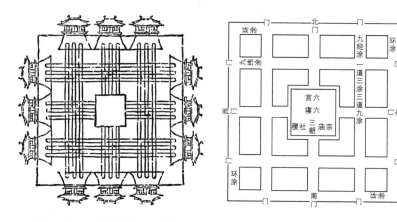

图4-2-1 聂崇义.三礼图. 王城图

图4-2-2 戴震.考工记图. 王城图

涵却不尽相同。周王城为北辰天宫模式。

北辰即北极星。北辰崇拜源于古氐羌族。"我国古代以斗柄指向定季节的方法，是起源于古氐羌族的。"❶ 战国晚期氐羌学者鹖冠子所著《鹖冠子·环流》云："斗柄东指，天下皆春；斗柄南指，天下皆夏；斗柄西指，天下皆秋；斗柄北指，天下皆冬。"与羌文化同源的西周民族入主中原，把以斗柄纪历的文化带入中原。

周武王建立国都有"定天保，依天室"(《史记·周本纪》)的原则。这"天保"之"保"，指保斗，为古代车盖中心轴端部件。天保，借指天之中枢北极星，引申指京都。"定天保，依天室"指规划国都须依天之宫室，可见，北辰崇拜已成为国都的规划意匠。当时，太阳崇拜仍十分盛行，这从周王朝施政于明堂，即太阳堂可知。北辰崇拜与太阳崇拜相融合。寺墩古城中央代表昆仑山的祭坛和周围的墓地，在周王城中由王宫所取代，天之中枢北辰居住着天帝，以北辰为模式的地之中央，即"土中"或"地中"的国都的中央的王宫中则居住着天帝之子——周王。

以北辰为模式规划国都的例子，见于记载者有春秋时越国都城："范蠡乃观天文，拟法于紫宫，筑作小城。"(《吴越春

---

❶ 陈文金、卢央、刘尧汉著. 彝族天文学史，云南人民出版社，1984。

秋》卷八）据《史记·天官书》："中宫天极星，其一明者，太一常居也；旁三星三公，或曰子属。后句四星，末大星正妃，余三星后宫之属也。环之匡卫十二星，藩臣。皆曰紫宫。"北极星为天之中宫，又称为紫宫，天帝泰一（太一）居于此，另有子属、妃属诸星，藩臣匡卫之星，是天帝之宫，成为人间君王效法的模式。

由记载，范蠡筑城，以"紫宫"为模式，将越王小城（宫城）的营建取法于天帝所居之紫微宫，充分表达了越王称霸诸侯的雄心。

（七）吴大城——神龟八卦模式

公元前514年，伍子胥受吴王阖闾之命建阖闾大城（今苏州城前身），"乃使相土尝水，象天法地，造筑大城，周回四十七里。陆门八，以象天八风；水门八，以法地八聪。筑小城，周十里，陵门三。不开东面者，欲以绝越明也。立阊门者，以象天门，通阊阖风也。立蛇门者，以象地户也。阖闾欲西破楚，楚在西北，故立阊门以通天气，因复名之破楚门。欲东并大越，越在东南，故立蛇门以制敌国。吴在辰，其位龙也，故小城南门上反羽为两鲵鱙，以象龙角。越在巳地，其位蛇也，故南大门上有木蛇，北向首内，示越属于吴也。"（《吴越春秋》卷四）

由记载可知，吴大城象天法地，以天地为规划模式，在城门的种类、数目、方位、门上龙蛇的装饰、朝向等许多方面，赋予丰富的象征意义。

由吴大城的记载可知，楚人"象天法地"建造都邑的模式与周代《匠人》营国的王城形制是不同的。王城为方形，一边三门，宫城居中。吴大城并非正方形。据唐陆广微《吴地记》："阖闾城，周敬王六年伍子胥筑。……陆门八，以象天之八风，水门八，以象地之八卦。《吴都赋》云：'通门二八，水道陆衢'是也。西阊、胥二门，南盘、蛇二门，东娄、匠二门，北齐、平二门"。可知吴大城一边二门，水陆兼备。

吴大城乃今苏州城的前身。宋代苏州城虽说经历代改建（图4-2-3），与吴大城已有所不同，"但城垣的范围位置改变

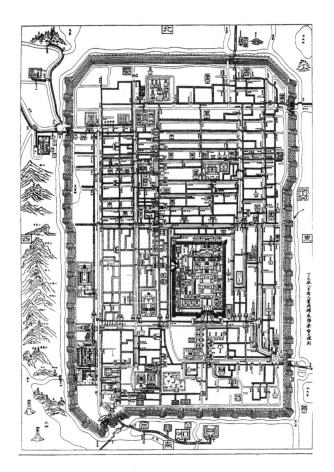

图4-2-3 宋平江(苏州)图

不大。"[1] 《吴地记》又云:"罗城,作亚字形,周敬王丁亥造,……其城南北长十二里,东西九里,城中有大河,三横四直。苏州,名标十望,地号六雄,七县八门,皆通水陆。"宋朱长文《吴郡图经续记·卷上·城邑》云:"自吴亡至今仅二千载,更历秦、汉、隋、唐之间,其城洫、门名,循而不变。"《吴郡图经续记·卷下·往迹》云:"阖闾城,即今郡城也。……郡城之状,如'亚'字。唐乾符三年,刺史张傅尝修完此城。梁龙德中,钱氏又加以陶辟。"可见,宋城城池河道均与吴大城范围位

---

[1] 汪永泽. 姑苏纵横谈——苏州城市的历史演变. 南京师院学报, 1978, 3: 88。

置相近,城郭也呈亚字形,城的东北、西北、西南三城角均切角成折线状。

"灵龟文五色,似玉似金,背阴向阳,上隆象天,下平法地,衍象山,四趾转运应四时,文著象二十八宿,蛇头龙翅(颈),左睛象日,右睛象月,千岁之化,下气上通,能知凶吉存亡之变。"

任昉《述异记》云:"龟一千年生毛,寿五千岁,谓之神龟。寿万年曰灵龟。"

正因为龟为水母❶,为四灵之一,为长寿之象征物,因此龟甲用以占卜。龟腹甲的形状,即"亚"字形,已成为神圣的符号。商人的大墓、商人的族徽均有"亚"字形者。苏州所在,为水乡泽国,以神龟八卦模式进行规划设计,乃伍子胥的独特创意。苏州城自创建以来已历两千五百多个春秋,仍生机勃勃,常盛不衰,是名副其实的长寿的龟城。

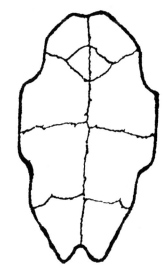

图4-2-4 龟腹甲
(自孙宗文著. 中国建筑与哲学:14. 江苏科技出版社,2000)

(八) 秦都咸阳——天国宇宙模式

秦灭六国,统一中国后,继承了象天法地的规划思想,并进一步发扬光大,以表达其千古一帝的勃勃雄心。

秦始皇建都咸阳,"焉作信宫渭南,已更命信宫为极庙,象天极。""乃营作朝宫渭南上林苑中。先作前殿阿房,东西五百步,南北五十丈,上可以坐万人,下可以建五丈旗,周驰为阁

---

❶ 饶宗颐. 论龟为水母及有关问题. 文物,1999,10:35~37。

道，自殿下直抵南山，表南山之巅以为阙。为复道，自阿房渡渭，属之咸阳，以象天极阁道绝汉抵营室也。"（《史记·秦始皇本纪》）"筑咸阳宫，因北陵营殿，端门四达，以则紫宫，象帝居。渭水贯都，以象天汉；横桥南渡，以法牵牛。"（《三辅黄图》）秦始皇帝陵中，以水银为百川江河大海，机相灌输，上具天文，下具地理。也有象天法地之意匠。

《秦记》云："始皇都长安，引渭水为池，筑为蓬、瀛，刻石为鲸，长二百丈。"不仅法天国，海上仙山、巨鲸也移入苑中。其气魄之伟，可谓前无古人。

秦咸阳城，以天宫天国为则，可称为天国宇宙模式。

（九）西汉长安——北辰宇宙模式

《汉书·郊祀志》云："天神，贵者太一。太一佐曰五帝。"太一原为楚人日神东皇太一，因汉高祖为楚人，楚人崇日尚红的文化使东皇太一由地方太阳神上升到最高天神的地位，五帝，即五方太阳神成为它的辅佐。《史记·天官书》云："中宫天极星，其一明者，太一常居也。"太阳神与北极神合二为一。

北辰崇拜在汉代达到新的高峰，这与汉代起独尊儒家，儒家崇拜北辰有关。《论语·为政》云："为政以德，譬如北辰，居其所，而众星共之。"汉代制历以"斗建"，即以北斗星之斗柄所指来确定时辰与季节。司马迁《史记·天官书》中云："斗为帝车，运于中央，临制四乡。分阴阳，建四时，均五行，移节度，定诸纪，皆系于斗。"

汉长安城因地形关系，不能效法周代王城制度筑成正方形，而是依象天法地的思想，结合地形修筑，"城南为南斗形，北为北斗形，至今人呼京城为斗城是也。"（图4-2-5）（《三辅黄图》）。汉长安在城西北凿昆明池，"昆明池中有二石人，立牵牛、织女于池之东西，以象天河"。

关于汉长安城斗城之说，古今学者多有疑问。元李好文云：

"《三辅旧事》及《周地图》曰：'长安城南为南斗形，北为北斗形'。今观城形，信然。然汉志及班、张

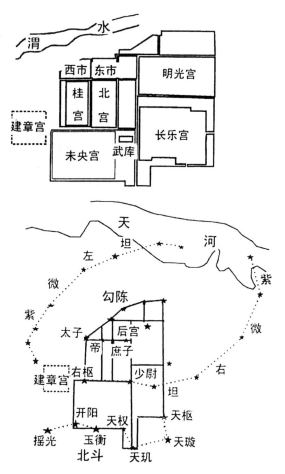

图 4-2-5 汉长安考古复原图与天体星图
(自李小波、李强. 从天文到人文. 论文插图. 城市规划, 2000, 9:38)

二赋皆无此说。予尝以事理考之，恐非有意为也。盖长乐、未央，酂侯（萧何）所作，皆据岗阜之势，周二十余里，宫殿数十余区。惠帝始筑都城，酂侯已设。当时经营，必须包二宫在内。今南城及西城两方突出，正当二宫之地，不得曲屈以避之也。其西二门以北，渭水向西南而来，其流北据高原，千古无改，若东城正方，不惟太宽，又当渭之中流。人有至其北城者，言其迂回之状盖是顺河之势，不尽类斗之形。以是言之，岂后人偶

以近似而目之也欤?"(长安图志·卷中·图志杂说,北斗城)

元李好文所云:"其流北据高原,千古未改",并非如此。其实两千多年来,渭河河床一直在不断缓慢地北移。因此,当年汉长安城北,特别是西北部分迫近渭河,筑城时必须"顺河之势"。鉴于此,当代许多学者,都认为是地形及宫城先筑这两因素造成"斗城"的结果,并非模拟天象所致。❶

世界上真有如此巧合之事?无意模拟天象,而具北斗、南斗之形,成为斗城?这令人难以置信。

让我们看看汉代规划设计长安城所体现出的象天法地意匠。

班固《西都赋》云:

"其宫室也,体象乎天地,经纬乎阴阳。据坤灵❷之正位,仿太紫之圆方。树中天之华阙,丰冠山之朱堂。"

张衡《西京赋》云:

"自我高祖之始入也,五纬相汁❸,以旅于东井❹。娄敬委辂,于非其议。天启其心,人甚❺之谋。及帝图时,意亦有虑乎神祇。宜其可定以为天邑。……于是量径轮,考广袤。经城洫,营郭郛。取殊裁于八都❻,岂启度于往旧?乃览秦制,跨周法。狭为堵之侧陋,增九筵之迫胁。正紫宫于未央,表峣阙于阊阖。疏龙首以抗殿,状巍峨以岌。"

---

❶ 刘运勇著. 西汉长安: 10~11. 中华书局, 1982; 武伯纶编著. 西安历史述略: 116~117. 陕西人民出版社, 1979; 马正林编著. 中国城市历史地理: 173. 山东教育出版社, 1999。
❷ 坤灵,古人对大地的美称。
❸ 五纬,金、木、水、火、土五星。汉郑玄云:星谓五纬,辰谓日月。贾公彦云:二十八缩随天左转为经,五星右旋为纬。
❹ 《史记·天官书》:"汉之兴,五星聚于东井"。《汉书·天文志》:"汉元年十月,五星聚于东井,……此高皇帝受命之符也。"
❺ 甚,jì,教导。
❻ 八都,犹八方。

从班固《西都赋》可知，西汉长安的宫室是以"体象乎天地，经纬乎阴阳"为规划原则的。其所云"据坤灵之正位，仿太紫之圆方"，所指的乃是萧何所营建的汉长安城最重要的宫殿——未央宫。

汉以八卦定方位，乾为天，对应西北，坤为地，对应西南。古人又以十二支定方位，"子"为北方，"午"为南方，"卯"为东方，"酉"为西方。西南为"未"，为坤，为大地，天子必择中而处，居地之中央，故名此宫殿为未央宫❶。乾为天，上有帝星太一于紫宫（紫微垣）之中，天为圆，地为方，故云"据坤灵之正位，仿太紫之圆方。"张衡《西京赋》云："正紫宫于未央。"《三秦记》云："未央宫一名紫微宫。"这些都证实了其象天法地之旨。西汉长安城未央宫的位置在城之西南，这与周王城之宫居中不同，它仅是八卦意匠的大地——坤位之中。它表明汉长安城不仅在外形上，而且在哲理上体现宇宙模式。故张衡《西京赋》有"跨周法"之说。

汉未央宫以北阙为正阙。《史记》正义曰："按北阙为正者，盖象秦作前殿，渡渭水属之咸阳，以象天极阁道绝汉抵营室。"可见其以北阙为正表达了"象天"的意匠。汉长安城继承了秦咸阳象天的意匠，故张衡《西京赋》说其为"览秦制。"

汉长安城法天上四象，其意匠有所发展。《三辅黄图》云："苍龙、白虎、朱雀、玄武，天之四灵，以正四方，王者制宫阙殿阁取法焉。"未央宫建有玄武、苍龙二阙，还建有白虎殿、朱鸟堂，以取法四象，瓦当以四灵之图像为最多。

前面已谈到，北辰崇拜在汉代达到新的高峰。汉代制历以"斗建"，司马迁所云"斗为帝车"的思想深入人心，这可以从汉武梁祠石刻（图4-2-6）中得到验证。汉长安城法天上四象，更崇北斗，汉代以北斗星之斗柄所指来确定时辰和季节。崇北斗的意匠正是通过"北斗"、"南斗"的"斗城"来表达的。虽是顺应地形，亦是有心模仿天象，这使象天的思想与因地制宜的原则完满地结合起来，收到事半功倍之效。近年陕西发现以汉长安

---

❶ 陈江风著. 天文与人文：137. 国际文化出版公司，1988。

图4-2-6 斗为帝车图(汉武梁祠画像石)

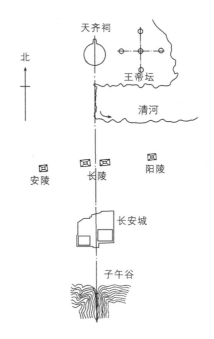

图4-2-7 汉长安城基线及汉代遗迹示意图
(自秦建明等.陕西发现以汉长安城为中心的
西汉南北向超长建筑基线.文物,1995,3:5)

城为中心的西汉南北向超长建筑基线❶(图4-2-7、图4-2-8)更加说明斗城之形绝非简单顺应自然的结果。

---

❶ 秦建明等.陕西发现以汉长安城为中心的西汉南北向超长建筑基线.《文物》1995,3:5。

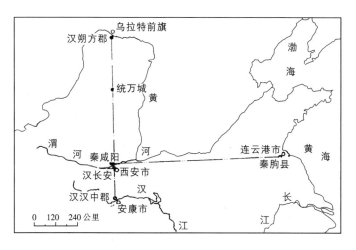

图 4-2-8　汉长安城基线与秦东门
（自文物，1995，3：13，秦建明等论文插图）

西汉长安城以"斗城"为意匠，因"斗为帝车，运于中央，制临四乡"，而且"北斗七星，所谓'旋、玑、玉衡，以齐七政'"（索隐案：《尚书大传》云：'七政，谓春、秋、冬、夏、天文、地理、人道，所以为政也。人道政而万事顺成。'"（《史记·天官书》）其模式表达了天地人三才合一的哲学思想。

西汉长安城可称之为北辰宇宙模式。

（十）隋唐长安城——北辰太极宇宙模式

隋唐长安城，（图4-2-9），不仅有所继承，而且有所发展，在中国城市建设史上竖立了一座新的里程碑。

隋唐长安城的总规划师为隋太子左庶子宇文恺。隋称大兴城，唐改名为长安城。在建城前，宇文恺曾去参观了北魏洛阳城和北齐邺都南城。❶ 隋唐长安城外郭每边各三门，符合"匠人营国"的王城形制。但其平面呈东西略长、南北略窄的长方形，与呈方形的王城形制不同。据考古实测，东西宽9721m，南北长8651m，南北长比东西宽为0.89。按古代"天圆地方"的说法，

---

❶ 陈寅恪. 隋唐制度渊源略论稿. 62. 转引自马正林. 唐长安城总体布局的地理特征. 历史地理，三：67.

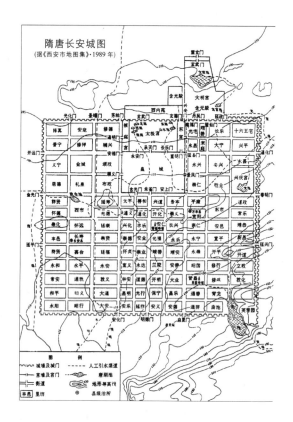

图4-2-9 隋唐长安城图
(自马正林.中国城市地理:211)

地呈东西略长,南北略短的方形。《淮南子·坠形训》云:"合四海之内,东西两万八千里,南北两万六千里。"依此,大地南北与东西的长度比为0.929。可知唐长安城外郭城平面乃"法地"而成,是大地的缩影。其外郭城东西中门分别名为春明门和金光门,宫城北为玄武门,皇城南门为朱雀门,正是古代天象的东西南北四象的体现。

隋唐长安城平面与匠人营国的王城形制的另一个不同之处是,其宫城和皇城置于北面正中的位置,而不是居外郭城平面的几何中心。这是法天象"北辰"意匠的体现。《论语·为政》云:"子曰:为政以德,譬如北辰,居其所,而众星共之。"《尔雅·释天》云:"北极谓之北辰。郭璞曰:北极,天之中,以正四时。"可见，其宫城居北面正中的位置，乃法北辰居天心，众星共之，象征帝王，居地之中，如《五经要义》所云："王者受命，创始建国，立都必居中土，所以总天地之合，据阴阳之正，均统四方，旁制万国者也"。其南皇城的百官衙署象征环绕北辰的紫微垣。唐朝开元元年（713年）改中书省为紫微省，中书令为紫微令，中书舍人为紫微舍人，取天象紫微垣之义（《新唐书，玄宗本纪》）即为明证。开元五年，又恢复旧称。城内一百零八坊代表天上众星，象征天下郡县。❶

唐代将隋"大兴宫"改名"太极宫"。据《周易》，太极乃派生万物之本源。东汉马融《周易正义》云："易有太极，谓北辰也。太极生两仪，两仪生日月，日月生四时，四时生五行，五行生十二月，十二月生二十四气，北辰居位不动。"在这里，太极与北极合而为一。"太极宫"之命名使"宫城居北辰之位，众星拱之"的意匠更加明显。

诚然，以"太极"为殿名早在三国已出现。《水经注·谷水》记载："魏明帝上法太极于洛阳南宫，起太极殿于汉崇德殿之故处，改雉门为阊阖门。"此后，西晋在洛阳，东晋在建康，后赵石虎在襄国（今河北邢台）、南朝陈在建康，均建有太极殿，"皆仰模玄象，合体辰极"（《晋书·谢安传》）。然而，以"太极"为宫名，则自唐始。唐太极宫正殿为太极殿，宫内第二大殿为两仪殿，体现"太极生两仪"之意。

综上所述，可知隋唐长安城在象天法地上颇有新意，以法"北辰居天心，众星共之"为规划意匠，象征隋朝灭陈后的一统天下。大兴城创建之时，陈朝仍在统治南方。故大兴城的规划构思反映了隋文帝实现南北大统一的雄心。

隋唐洛阳城亦由宇文恺主持规划，同样有象天法地的意匠。据《新唐书·地理志》："东都，隋置。……（皇城……曲折以象南宫垣，名曰太微城。宫城在皇城北，……以象北辰藩卫，曰紫微城，武后号太初宫，……都城前值伊阙，后据邙山，左瀍右涧，洛水贯其中，以象河汉。）"洛水上有天津桥，天津即银河。

---

❶ 尚民杰. 隋唐长安城的设计思想与隋唐政治. 人文杂志. 1991, 1: 90~949.

隋唐长安城这种象天法地的模式可以称为北辰太极宇宙模式。

宋东京城大内制度仿唐洛阳宫，在象天法地上没有创新之举。

（十一）元大都城——太阳宇宙模式

元大都的总规划师为太保刘秉忠（1216—1274年），早年曾出家为僧，后还俗辅佐忽必烈三十余年。他博学多才，天文地理、律历术数无不精通，尤邃于《易》及诸儒家经典。元大都城乃匠人营国的王城制度与象天法地意匠相结合的产物（图4-2-10）。

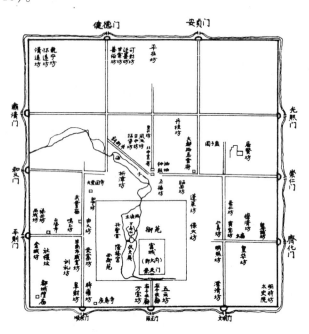

图4-2-10 元大都城坊宫苑平面配置想像图
（白守知论文插图）

元大都城依王城之制，南北略长，近似正方形。其东、西、南依王城之制，"旁三门"，但北边仅设二门。元末明初长谷真逸的《农田余话》云："燕城系刘太保定制，凡十一门，作哪吒神三头六臂两足"。曾在大都做官，熟知大都掌故的诗人张昱也写道："大都周遭十一门，草苫土筑哪吒城；谶言若以砖石裹，长似天王衣甲兵。"即大都十一门，南面三门象征三头，东西六门象征六臂，北面两门象征两足。郑所南《心史》中也提到："二月哪吒太子诞日"，大都举行盛大仪式庆祝。❶此为一说。

另一说则认为，元大都辟十一门来自"天五地六"之说。《周易·系辞上》云："天一，地二，天三，地四，天五，地六，天七，地八，天九，地十。"作为一、三、五、七、九这五个阳数（天数），五居中，二、四、六、八、十这五个阴数（地数），六居中，故"天五地六"喻意"天地之中合"。元黄文仲《大都赋》："辟门十一，四达憧憧。盖体元而立象，允合乎五六天地之中。"此说应刘太保规划十一门所要表达的象征意义。

元大都在象天法地的规划上与历代不同，宫城作为太微垣，位于全城中轴线之南，城中央紫宫的位置让给了总领百官的中书省。

据《析津志辑佚·朝堂公宇》："中书省。至元四年，世祖皇帝筑新城，命太保刘秉忠辨方位，得省基，在今凤池坊之北。以城制地，分纪于紫微垣之次。""枢密院。在武曲星之次。""御史台。在左右执法天门上。"位于钟楼之西的中书省居紫微垣的位置，下属六部等衙门排列于中书省周围，成为紫微垣的众星。元大内在钟鼓楼正南，地当太微垣，其正门崇天门东南的御史台对应的正是太微垣正门天门南端的左右执法，大内居太微垣位可谓无疑。❷

紫微垣作为星官名，在北斗以北，有星15颗，分两列，以北极为中枢，成屏藩的形状。东藩八星为上宰、少宰、上弼、少弼、上卫、少卫、少丞；西藩七星为少尉、上辅、少辅、上卫、少卫、上丞，左右枢之间叫"阊阖门"。

太微垣作为星官名，在北斗之南，有星10颗，以五帝座为中枢，成藩屏的形状。东藩四星，由南起叫东上相、东次相、东次将、东上将；西藩四星，由南起叫西上将、西次将、西次相、

---

❶ 陈高华著. 元大都. 51, 52. 第一版, 北京出版社, 1982.
❷ 姜舜源. 论北京元明清三朝宫殿的继承与发展. 第二届中国建筑传统与理论学术研讨会论文集, (三)：44.

西上相；南藩两星，东称左执法，西称右执法，左、右执法间叫"端门"。(《步天歌》)

唐朝的宫城居北辰之位，皇城为居紫微垣之位之先河。元大都中书省居紫微垣之位，乃承唐制。而大内居太微垣之位，乃打破传统的做法。元大都的正南门名丽正门，取《周易》："日月丽乎天""重明以丽乎正"之义（《周易·离》）。元大内正殿为大明殿，殿前中央为大明门，左右有日精、月华二门。

元大都以《周易》象数哲学为规划指导思想，另将宫城置于三垣中之太微垣之位。太微乃三光之廷。三光为日、月、五星。太微垣实为太阳神之宫。这与蒙古人信奉的喇嘛教尊崇毗卢遮那佛即太日如来有关，也与蒙古人为东夷族的后裔有关。东夷族崇尚白色，这与东夷族以太阳为图腾，视自己为太阳的子孙有关。元帝国"盖国俗尚白，以白为吉也。"（《南村辍耕录》卷一）宋赵珙《蒙鞑备录》云："成吉思之仪卫，建大纯白旗为识认。"元朝大都"那些著名的皇族都带着白马游行。"（《鄂尔多克东游录》）元代的社坛以"白石为主"（《元史》卷17）。元人处处表现出尚白之风。崇日尚白的民族特色，使元人选择以太微垣为宫城之位，不用北辰宇宙模式，重用太阳宇宙模式。但它与太阳神话宇宙模式已大不相同。

(十二) 明清北京城——三垣四象宇宙模式

明清北京城也是《匠人》营国的王城制度与象天法地意匠的共同作用的产物。明清北京城在宫城居中，左祖右社等方面均符合《匠人》营国的王城制度。在象天法地的意匠上，明清北京城有如下做法：

一是承古制，设置天、地、日、月四坛，分别设在里城的南、北、东、西四郊，分别祭祀天地日月，其方位符合乾南坤北、日升月降的顺序。

二是承宋、元旧制，宫城内外分置内外金水河。据王三聘《古今事物考》谓"帝王阙内置金水河，表天河银汉之义也，自周有之。"

三是宫城居紫微垣之位，位于内城中央偏南，命名"紫禁城"。其南边的各部衙署居太微垣之位。内廷的乾清、坤宁二宫，象征天地，其两侧的日精、月华二门，象征日、月，东西六宫及其他建筑象征天上众星，拱卫着象征天地合璧的乾清、坤宁二宫。两宫之间为交泰殿，取义"天地交，泰"。(《易·泰》)"乾清"、"坤宁"、"交泰"为天地交泰，阴阳和平之意。外朝的三大殿，清代命名为"太和"、"中和"、"保和"。"太和"取义于《易·乾》："保合大和，乃利贞"。疏："以能保安合会大利之道，乃能利贞于万物。""中和"取义于《礼·中庸》："致中和，天地位焉，万物育焉。""保和"即"保合太和"之意。清代改明代承天门为天安门，改北安门为地安门。可见，清代以追求天地人及万物的安定、阴阳和平和协调合一为最高理想。明清紫禁城在象天法地的意境上是美妙和深远的。

明清北京城以三垣四象宇宙模式规划，并运用《周易》哲理指导规划布局。❶ 明清紫禁城则运用了阴阳五行哲学思想进行规划设计。❷ 前面已论，不再赘述。

(十三) 小结

以上论述了自公元前 2790 年左右的寺墩古城至明清北京城所效法的宇宙模式，在这近五千年中，随着中国天文学、地理学、城市规划学、哲学以及文化艺术的发展，古城所采用的宇宙模式由太阳神话宇宙模式发展为周王城的北辰天宫模式、秦咸阳的天国宇宙模式、汉长安的北辰宇宙模式、唐长安的北辰太极宇宙模式，元代又重现太阳宇宙模式，到明清则为三垣四象宇宙模式。了解这些发展演变及其文化、哲学内涵，对推动中国城市发展史研究的进一步深入，是有重要的意义的。

三 中国古代的城市水系

我国的古城多有一个由环城壕池和城内河渠组成的水系，它具有多种功用，被誉为"城市之血脉"。然而，近现代城市建设

---

❶ 吴庆洲. 象天法地意匠与中国古都规划. 华中建筑, 1996, 2: 31~40。
❷ 吴庆洲. 中国古代哲学与古城规划, 建筑学报. 1995, 8: 45~47。

的发展,却往往填塞古城原有的池湖河渠,使之逐渐湮没。值得注意的是,古城水系的逐渐破坏和消失,给城市带来了排水、排洪以及环境恶化等一系列的问题。从理论上对古城的水系进行深入的探讨,对其产生、发展和功用以及它在古代的城市规划、设计和城市特色形成上的重要性进行再认识,从而吸取有益的经验、教训,可以丰富我们的城市规划和设计理论,加速建设具有中国特色的现代化城市的进程,本文拟对此进行初步的探讨。

(一) 城市选址与江湖水系

要了解城市水系,需先了解水的重要性,了解城市选址与江湖水系的关系。

我们的祖先很早就从实践中认识到水的重要。《尚书·洪范》九畴中第一项是"五行":"一曰水,二曰火,三曰木,四曰金,五曰土。"这五种最基本的物质,是构成世界的不可缺少的元素,而这第一项是水。《易经》从人们生活经常接触的自然界中选取八种东西,作为说明世界上其他东西的根源。这八种自然物是:天(乾☰)、地(坤☷)、雷(震☳)、火(离☲)、风(巽☴)、泽(兑☱)、水(坎☵)、山(艮☶),其中也有水。据考证,《周易》和《洪范》均成于殷周之际。❶ 即距今约三千年以前,古人对水的重要性已有了充分的认识,并把这种认识上升到了哲学的高度。

人类生存离不开水,集中了大量人口的城市更是一时一刻也离不开水,加上水运是古代交通运输的最便利形式,故我国历代古都名城多沿水分布,与自然界的江湖水系密切相关。

然而,水可以为人类造福,也可以给人类带来灾害。自古以来,水患是主要的城市灾害之一。因此,用水之利而避水之害,这是城市选址的重要原则之一。

《管子》一书提出了城市选址的理论:"凡立国都,非于大山之下,必于广川之上,高毋近旱,而水用足,下毋近水,而沟防省。"❷

---

❶ 任继愈主编. 中国哲学史简编. 人民出版社, 1984: 8~14。
❷ 管子·乘马。

它指出都城选址的原则：城市依山傍水而建，既利于防御，又有水运之便；城址位置不宜过高，使水用充足，也不宜过低，以减少洪水灾害。《管子》的这一指导思想对历代城市的选址产生了深远的影响。

位于海河五大水系交汇之处的天津，有着极为优越的水运条件。但由于海河易泛滥成灾，因此建城选址必须考虑防洪问题。明永乐二年（1404年）所建的天津卫城，选址于三汊口附近惟一的高阜上，既可充分利用水运的优越条件，又减少了洪水威胁，选址是科学的。❶

历史名城广州，是位于珠江水系的西、北、东三江汇合处的港口城市。广州城的前身为番禺古城，早在战国时期就已出现。❷ 其城址位于番山上，有甘溪流过以供饮用，又因地势较高，可免洪潮之患，加上江海航运的优势，经两千多年的发展，终于成为今日华南最大的城市。

纵观历代古都名城，如西安、洛阳、杭州、南京、临淄、燕下都等，多傍水而建，可知亲水乃是古城选址的普遍规律。

然而，对位于黄河下游以及永定河等易于决溢泛滥的江河流域的城市，城址的选择表现了特殊的倾向——畏水，即远离河岸，以避免洪灾。这种畏水的倾向并非无因。以黄河为例，其历代造成城市水患之烈是骇人听闻的，仅就历史名城开封为例，黄河洪水侵入其城内达六次，并有四十余次泛滥于开封附近，❸ 造成严重危害。其中最惨重的当数明末崇祯十五年（1642年）黄河水灌开封城，一次死亡达34万人。❹

历史名城北京，城址远离永定河，而位于永定河冲积扇的背脊上，不易受到永定河洪水的威胁，又接近泉水丰富的西山山麓，以便得到充足的水源——在这里，城址亲水的普遍规律又一次重现。

（二）城市水系的规划和建设

城址置于天然江湖水系之中，用水和水运均便利，这一成就

---

❶ 郑连第. 古代城市水利. 117~120. 水利电力出版社，1985.
❷ 《淮南子·人间训》中记载秦始皇平南越时"一军处番禺之都"。
❸ 李润田. 开封. 陈桥驿主编. 中国六大古都. 中国青年出版社，1983.
❹ 据刘益安. 大梁守城记笺. 125~129. 中州书画社，1983.

并不能使人们满足而止步。建立城市自身的水系，使之成为江湖水系的子水系，以得到更大的利益，这是我国古城在规划、建设上的又一进展。

《管子》一书提出了建立城市水系的学说："故圣人之处国者，必于不倾之地，而择地形之肥饶者，乡山左右，经水若泽，内为落渠之写，因大川而注焉。""地高则沟之，下则堤之。"❶

根据这一学说，古城须建设一个周连贯通的沟渠系统，并排水于江河之中。

最简单的城市水系，仅由一圈环城壕池组成，它具有军事防卫、供水和排水三种功用。然而，多数古城的水系都要复杂得多。例如，考古发现的春秋战国时期的楚都纪南城（图4-3-1），除城外一圈护城河外，城内还有四条河道，总长达23.47km❷，除防卫、供水和排水外，还有水运的作用。

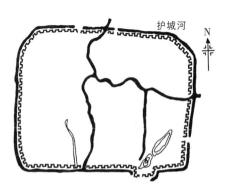

图4-3-1 楚都纪南城

城市水系的规划建设须采取因地制宜的原则。在水源充足的江南水网地带，有条件规划建设纵横交错的城河水系。而水源不足的北方一些地区，城内河渠须按需要与引水的可能性而规划设计。

（三）城市水系的类型

由于地理环境的千差万别，城市水系的形态也千差万别，多种多样。由城市水系之形成，可将它分为：

1. 纯由人工开凿而成。苏州城（图4-3-2）和宋东京城（图4-3-3）的水系属此类型。

2. 天然河道与人工河渠结合而成。例如，隋唐洛阳城（图4-3-4），洛水自西而东贯城而过，成为城市水系的骨干，并引

---

❶ 管子·度地。
❷ 湖北省博物馆. 楚都纪南城的勘查与发掘. 考古学报, 1982 (3): 325~350, (4): 477~507。

伊、瀍二水入城，开凿若干漕渠，组成发达的城市水系。

又如湖州城（图4-3-5），浙江省第五大河东苕溪和西苕溪在城区汇合，与人工开凿的城河共同组成城市水系。

以水体的组成形态而论，城市水系又可分为：

1. 河渠为主型。苏州、隋唐洛阳城的水系属此类型。
2. 湖泊为主型。杭州（图4-3-6）和惠州的城市水系属此。
3. 河湖结合型。明清北京城（图4-3-7）的水系，由三海及壕池、城内河道组成，河与湖比重并无悬殊的差别。

图4-3-2 苏州城图
（据民国苏州府志）

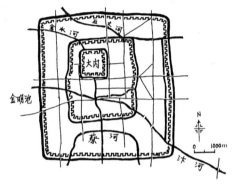

图4-3-3 北宋东京城平面想像图

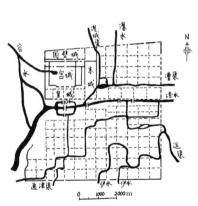

图4-3-4 隋唐洛阳城
平面想像图

图4-3-5 湖州府城图
（据光绪乌程县志）

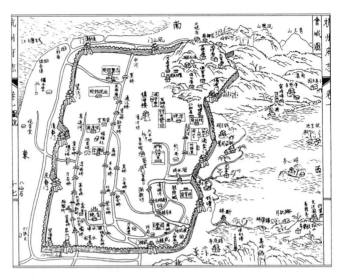

图 4-3-6 杭州城图（摹自民国杭州府志）

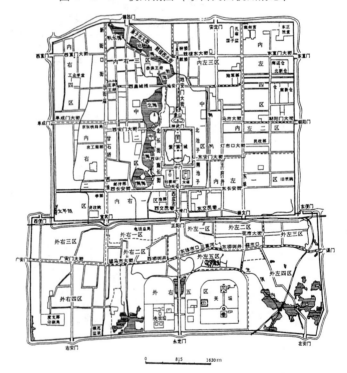

图 4-3-7 清北京城图
（宣统年间，1909—1911年）（据侯仁之. 北京历史地图集）

（四）古城的奇葩——水城

城市水系的高度发展，即形成众所周知的"水城"。一般水城均有水陆并行的两套交通系统，城河为城市的主要交通骨架，众多的桥梁则用于解决水陆两套交通系统的立体交叉问题。

水城乃是我国古城百花园中的奇葩，培育它的沃土乃是号称水乡泽国的古吴越之地。

我国历史上第一座典型的水城当属春秋时期吴国的都城——阖闾大城。公元前514年，吴王阖闾委计伍子胥"相土尝水"，选址并规划建造了阖闾大城（今苏州城前身），城中有八座水门、八座陆门，水陆两套交通纵横交错。据《越绝书》记载，平门到蛇门陆道宽约60m（33步），水道宽约51m（28步），水陆两道共宽约110多米，其道路之宽广、规模之雄伟，令人惊叹。

阖闾大城的出现并非偶然，它的诞生是由于具备了以下三个条件：

1. 春秋时期，我国的城市规划学、水利学和航运学等有关科学技术已发展到相当的水平，这是水城出现的历史背景。

2. 据《史记·河渠书》记载："于吴，则通渠三江五湖。"可见，当时吴国已形成水运的网络。这是水城出现的地理环境背景。

3. 该城的规划师伍子胥是自楚国来的奇才，他既是政治家、军事家，又精通水利和航运，把先进的楚文化与吴文化融为一体，终于创造出我国历史上第一座河渠纵横的典型的水城。

继阖闾大城之后，范蠡规划建造了当时越国的都城越小城和越大城（今绍兴城前身）。据载，"小城（周二里二百二十三步，陆门四，水门一），"大城周二十里七十二步"，有"陆门三水门三"❶，是我国历史上又一座水城，两座水城均具有鲜明的吴越文化特色。

水城的共同特征是水系高度发展，城内河道密度很高。以苏州城为例，宋代有河道长达82km，古城面积为14.2km²，❷城河密度为5.8km/km²。绍兴城，清代有城河长约60km，古城面积约

---

❶ 越绝书·卷八。
❷ 据苏州市城规局资料。

7.6km²。❶城河密度达 7.9km/km²。温州城，宋代有城河长达 20300 丈，❷合 65km，古城面积约 6km²，城河密度达 10.8km/km²。无锡城，明代城内河道总达 7100 丈❸，合 22.72km，古城面积约 2km²，河道密度达 11.36km/km²。

河道密度高是江南水城的共同特征。其他地区的城市，河道很难达到这样高的密度。比如，楚都纪南城水系虽发达，其城面积为 16km²，河道密度为 1.47km/km²。水系更发达者有三重壕池，并有汴、蔡、金水、五丈四河贯城的宋东京城，河道密度仅为 1.55km/km²。❹与苏州、绍兴等水城相比，仍有量上的较大差别，从而产生质的不同。究其原因，是因为城市水系与孕育它的周围地理环境有密切的关系。江南水乡，水网稠密，而太湖平原是我国水网最稠密的地区之一。这里每平方公里的土地，河流的长度达 6~7km，杭嘉湖地区达 12.7km，上海有些地区可达 14km。❺在这样的地理环境中出现河道密度达 5~12km/km² 的水城是合乎情理的。

（五）城市水系的功用

城市水系有着多种的功用，归结起来，有如下十条：

1. 供水

供水是城市存在的前提，古代城市供水，一靠水井，提供饮用水，一靠城市水系，提供生活用水和生产用水。

城市由于人口集中，每天都要消耗大量的生活用水。此外，城市手工业，如丝绸、织布、造纸等业都要消耗大量的生产用水。古城的水系大都经精心规划、设计，考虑了地形、坡降、流向，使城河有足够的流量和流速，并通过环城壕池，沟通城外水系，使活水源源不绝地流遍全城，使"居者有澡洁之利"，"汲饮之便"，各行业也能得到足够的生产用水。

一些城市水系，还提供饮用甘水。惠州城就是一例。古惠州

---

❶ 陈志珩 王富更. 绍兴古城保护规划初探. 建筑师（29）。
❷ 叶适. 东嘉开河记. 叶适集·水心文集·卷十。
❸ 笔者据［明］张国维. 吴中水利全书卷七河形的数字算出。
❹ 吴庆洲. 唐长安在城市防洪上的失误. 自然科学史研究. 1990（3）。
❺ 陈永文. 长江三角洲自然地理概貌. 上海社会科学，1983（5）。

因地咸，井水不宜饮用，百姓得出城挑东江水作饮用水，极为不便。明初扩建惠州城，把西湖的一部分围入城内，并加以开凿，成为百官池，即鹅湖，西湖水以涵碧关引进鹅湖，澄清后任由居民汲取饮用，然后经钟楼闸门排入江中。由于管理制度严格，避免了污染，城内百姓饮水用水都很便利❶（图4-3-8）。

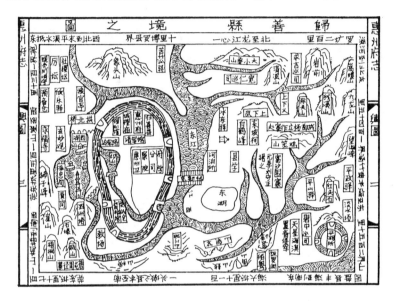

图4-3-8　明归善县境之图（摹自嘉靖惠州府志）

2. 交通运输

许多古城的城壕和城河都能通船，起着交通运输的作用。

宋东京城有四河贯城，其中汴河、五丈河和蔡河均为京城漕运河道，其中又以汴河最重要，年运粮六百万石，五丈河和蔡河则分别为六十二万石和六十万石。东京城人口在百万之上，粮食等生活用品全靠河道运输，因此宋人称"汴河乃建国之本"，是丝毫没有夸张的。

江南一带，水网密布，号称"水乡泽国"，水运是古代主要的交通形式。时至今日，在公路铁路都已很发达的情况下，水运仍有重要的作用。苏州常年水运量占总运量的70%，而湖州1982

---

❶ 汪国霖. 浚鹅湖记略，张友仁. 惠州西湖志。

年水运占对外货运总量的96.5%。由此可以想见水乡古城的水系在交通运输上的重要地位。正如乾隆《浙江通志》所述:"临安古都会,引江为河,支流于城之内外,交错而通舟,舟楫往来,为利甚博。""引水入城,联络巷陌,凡民之居,前通阛阓,后达河渠,舟帆之往来,有无之贸易,皆以河为利。"(乾隆.浙江通志·卷五十二·水利)

城市以河交通有许多好处,粮食、柴草及砖石等居民生活及城市建设等所必需的物资,可直接运到支河水巷,房前屋后,使"行者无负载之劳。"宋熙宁中,苏轼当杭州通判时谈道:"运河干浅,贾客出入,艰苦万状,谷米薪刍亦缘此暴贵。"❶ 城市水系与城外水系相连,使商旅便利,百货齐集,居民用品充足,"物价必平。"(《元史·康里脱脱本传》)

3. 溉田灌圃和水产养殖

中国古城的城内和城郊多有田园菜圃。在清末昆明城图中,可以看到城内有稻田和菜地。❷ 而苏州城直至1983年,古城内南部还有约$1km^2$的农田。❸ 历史上,开封、洛阳等许多古城的城内都有果园菜圃。城市水系有重要的溉田灌圃的作用。唐代的白居易为杭州刺史时,利用西湖水"溉田千顷"。(《新唐书·白居易传》)惠州西湖在宋代能"溉田数百顷"。

城市水系内的水体可以种植菱荷茭蒲,养殖鱼虾,有一定的经济效益,并向城市居民提供这些产品,丰富居民的物质生活。

惠州西湖在宋代:"苇藕蒲鱼之利,岁数万。"❹ 被称为"丰湖"。"湖中之利弗禁,鱼、鳖、菱荷、莼菜之属,施于民者普,故曰丰湖。"❺

湖州城河中"有鱼虾螺蚬菰茭凫茈藕根可以助食。"❻

广州泮塘产莲和蚬味道很佳,南汉时刘鋹独占,不许民采。❼ 泮塘出产的"五秀"(莲藕、荸荠、菱角、茨菇、茭白)闻名遐

---

❶ 苏轼请开河状,乾隆.浙江通志·卷五十一·水利。
❷ 见清末昆明街道图.李孝友,昆明风物志.云南民族出版社,1983。
❸ 俞绳方.论苏州古城的保护规划.建筑学报,1983(9)。
❹ 张友仁.惠州西湖志。
❺ 广东新语·卷四·惠州西湖。
❻ 光绪.乌程县志·卷一·形胜。
❼ 元大德.南海志·卷七·物产。

迹，至今仍是泮溪酒家的时令上菜。❶

4. 军事防御

古城水系的护城河即为军事防御而设。护城河又宽又深，成为敌人进攻的一大障碍，是防卫的重要设施。惠州古城，东面和北面绕以江，西面和南面则环以西湖，四面环水，在军事防御上极为有利，由于惠州地处东江地区水陆交通咽喉要地，在军事上十分重要，为历代兵家必争之地，因此历代守惠官员都注意修堤拦蓄西湖水，以免城池失险。❷

台州古城对东湖的开凿，也使原为平野的城东面，出现了险阻。东湖成为台城军事防御体系的重要组成部分。❸

5. 排水排洪

城市水系中的河渠又是排水排洪系统的干渠，能把城内生活污水以及暴雨后的径流迅速排出城外，以防止城内出现潦灾。

江南一带温润多雨，降雨量多在 1100～1500mm 左右，城区地势往往低平，如暴雨或久雨后排水不畅，往往积水成潦。由于众多的城河可迅速排洪，因此罕有潦涝之灾。早在宋代，朱长文就已指出苏州城河的这种排水排洪作用："观于城中众流贯州，吐吸震泽，小浜别派，旁夹路衢，盖不如是，无以泄积潦，安居民也。故虽云泽国，而城中未尝有垫溺荡析之患。"❹

地处岭南的广州，气候属南亚热带季风海洋性气候，年降雨量 1694mm，雨量充沛，春夏常有暴雨，最大日雨量达 284.9mm（1955年6月6日）❺，如排水不畅，北边白云山的山洪袭来，或城内积雨成潦，都会产生水患。广州城内原有六脉渠（图4-3-9），与城壕共同组成排水排洪的系统，有效地排除积水。历代广州地方官均重视修浚六脉渠。阮元《广东通志》指出："广州城内古渠有六脉，渠通于濠，濠通于海。六脉通而城中无水患。"❻

赣州地处亚热带，降水强度大，日降雨量最大达 200.8mm（1961年5月16日）。如城内无完善的排水排洪系统，必致雨潦

---

❶ 泮塘五秀. 广州文史资料，第23辑。
❷ 吴庆洲. 古惠州城与西湖. 岭南文史（14）。
❸ 吴庆洲. 古台州城规划建设初探. 城市规划. 1986（2）。
❹ 吴郡图经续记·卷上·城邑。
❺ 吴郁文. 广州地理. 27～28 广东人民出版社. 1978。
❻ 阮元. 广东通志·卷125·城池。

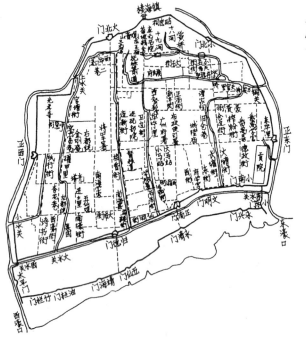

图 4-3-9 六脉渠图（摹自光绪广州府志）

之灾。宋熙宁年间（1068—1077 年），刘彝知赣州，"作水窗十二间，视水消长而启闭之，水患顿息。"水窗即古城墙下的排水口，赣州城至迟在宋代已出现排水排洪的福寿沟（图 4-3-10），至今仍在沿用。❶

6. 调蓄洪水

古城的水系有一定的调蓄洪水的能力，这对暴雨或久雨后防止涝灾是有作用的。

以明清紫禁城为例，其护城河宽 52m、深 6m，长约 3.8km，可蓄水约 120 万 m^3，这对面积仅 0.724km^2 的紫禁城来说，无异于是一个小型水库。即使北京出现极大的暴雨，日雨量达 225mm❷，径流系数 0.9，城外有洪水围困，壕池无法泄水到城外，紫禁城内的径流全部流入护城河，也只是使它的水位升高不

---

❶ 吴庆洲、李海根. 中国城市建设史的活教材——历史文化名城赣州. 古建园林技术. 1995 (2): 53~60.
❷ 陈正祥. 中国文化地理. 103. 三联书店香港分店. 1981.

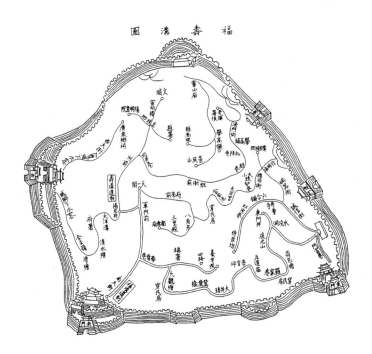

图4-3-10 赣州城福寿沟图（清同治十一年赣县志）

足1m（0.97m）。护城河的这种巨大的蓄容量，是紫禁城建成近六百年无水患的重要原因。

水乡城市的河道也有相当的调蓄容量。以无锡为例，明代城河长7100丈，合22.72km，河底深"三丈三尺"、"二丈二尺"不等，笔者依《吴中水利全书》资料算出其河底面积为212254.72m²，现城河深4.5m左右❶，假定明代也深4.5m，可算出其城河总容量为95.5万m³。同样可大致算出明代苏州城的内河总容量约135万m³。

湖泊的蓄水容量也是极可观的。比如南京的玄武湖，现有水面约3.7km，水深一般为1.5m❷，容量约555万m³。东吴时它称为后湖，晋时称为北湖，是与长江沟通的大湖。宋王安石认为玄武湖"空贮波涛，守之无用"，不如废湖为田，可分给贫民耕种，

---

❶ 无锡市城建局、城区防汛办．无锡市城市防洪、排水问题简析．1983年6月．
❷ 江苏湖泊志．第19章第1节．江苏科技出版社．1982．

以后湖废，且与江湖相通之处也被堵塞，以致紫金山上下来的径流无法排泄，城北水患频繁。至元代二次疏浚，恢复了部分湖面，并沟通了湖与江的通路，才减少了水患❶。

7. 防火

城市水系在防火上有重大的作用，一来可以隔离火源，使火势不致蔓延，二来可以提供足够的消防用水，这在没有自来水和高压水龙的古代，该是何等的重要。

江浙一带古代建筑以木构为主，易于引起火灾。杭州由于历代繁华，建筑密度高，火灾甚多，而一旦失火，往往造成巨大损失，如：

"绍兴六年十二月，临安火燔万余家。"

"至正元年四月……杭州火燔官舍民居一万五千七百余间。"

"康熙十二年九月，杭州火，大风一昼夜，自盐桥东延一十三里。"❷

惨痛的教训，使人们认识到城河"非特利舟楫，亦可以消炀灾。""以润金水，克制火龙，尤非谬说。"❸

江南古城的苏州、无锡火灾较少，这与两城的河道密度高，管理较好是大有关系的。

温州府瑞安县因"城内河道淤塞，民艰饮汲，仍多火患。"乾隆二十七年，筑濠河新堞，蓄山水入城河。"民尽便之，火患亦熄。"❹

8. 躲避风浪

一些沿海的港口城市，其城市河道或湖泊还往往兼有躲避风浪的作用，广州就是一例。

广州为我国古代重要的港口城市，对内和对外的贸易都十分活跃，城外江海边船舶如云。如遇台风，若无躲避之地，势必造成重大的损失。

唐宋以前，兰湖乃是广州船舶重要的避风之所。兰湖在今东方宾馆、流花湖一带低地，宋以前是广州水陆码头区，其东面的

---

❶ 永乐大典. 第一册: 747。
❷ 乾隆. 浙江通志，卷108～109，祥异。
❸ 乾隆. 浙江通志，卷五十二，水利。
❹ 嘉庆. 瑞安县志，卷二，水利。

象冈，唐以前称朝台，建有余慕亭。据载："余慕亭在朝台，唐刺史李毗建，凡使客舟楫避风雨者皆泊此。"❶ 兰湖有洗马冲通西、北江和佛山，冲身原甚宽阔，宋代变狭，上建彩虹桥❷，不利于船舶入兰湖避风，因此，宋代凿西澳等供船舶避风。据载："南濠，在越楼下，限以闸门，与潮上下，古西澳也。景德间（1004—1007年）经略高绅所辟，纳城中诸渠水以达于海。维舟于是者，无风涛恐。"（《永乐大典·广州府》）

又据载，邵晔于宋大中祥符四年（1011年）知广州，"州城濒海，每蕃舶至岸，常苦飓风，晔凿内濠通舟，飓不能害。"（《宋史·邵晔传》）明代以后，又开西关冲，作为船舶避台风，急潮之用。❸

9. 造园绿化和水上娱乐

水是造园绿化的必要条件。凡是园林多、绿化好的城市，都与城市水系发达有关。

历史上，洛阳以园林众多著名，这与伊、洛等水贯城有关，而"元丰初，开清汴，禁伊、洛水入城，诸园为废，花木皆枯死。"后来，元丰四年（1081年）"复引伊、洛水入城，洛城园圃复盛。"❹ 可见水对园林的重要。

江南一带，由于城市水系发达，为造园提供了有利条件，因此园林众多，有"江南园林甲天下"之称，苏州园林又为江南之冠，在明代有园林271处，清代有130处❺，故有"苏州园林甲江南"之誉。

一般来说，城市水系中的湖泊，都被开辟为园林风景区，供人们游览和娱乐。汉长安的昆明池、唐长安的曲江池、宋东京的金明池，杭州西湖、北京三海、惠州西湖等都是如此。

唐长安的曲江池，为都人游览地。"花卉环周，烟水明媚，都人游玩盛于中和上巳之节，彩幄翠帱匝于堤岸，鲜车健马比肩系毂⋯⋯每岁倾动皇州以为盛，入夏则菰蒲葱翠，柳荫四合，碧

---

❶ 光绪. 广州府志，卷八十四，古迹略。
❷ 元大德. 南海志，卷八，桥。
❸ 曾昭璇. 从历史地貌学看广州城发展问题. 历史地理第四辑。
❹ 河南邵氏闻见录·卷十。
❺ 廖志豪等. 苏州史话. 130. 江苏人民出版社，1980。

波红蕖,湛然可爱。"❶

成都的浣花溪,又名百花潭,也是风景游览之区。据载:"乾德五年四月十九日,王衍出游浣花溪,龙舟彩舫,十里绵亘,自百花潭至于万里桥,游人士女,珠翠夹岸。"❷

杭州西湖,风景更为秀美,是我国最著名的游览地之一。每年二月初八和端午节为西湖龙舟竞渡之日。"是日,画舫齐开,游人如蚁。""龙舟十余,彩旗叠鼓,交舞曼衍,粲如织锦。……都人士女,两堤骈集,几无置足地;水面画楫,栉比如鳞,亦无行舟之路,歌欢箫吹之声,震动远近。"❸ 盛况空前,为他城所不及。

10. 改善城市环境

古城的水系里流动着活水,清洁的水不断注入城内,并带出城中的污秽,因而净化了城市环境。宋人姜容就指出:台州的城河"使人脱沮洳,宅元爽,风气宣泄,疾疠不生。"❹

但是,如果城河管理不善,淤塞不通,则水质污秽,蚊蝇滋生,瘟疫流行,河渠就会成为臭水沟,成为环境的污染源。例如,温州城河曾因管理不善,"大川浅不胜舟,而漫步者是纳污藏秽,流泉不来,感为疠疫。"❺ 又如温州府平阳县城"河渐壅,……埋秽益甚,疫疠风荒之变,无岁无之。"❻

城市水系滋润了环境,利于草木生长,减少沙尘,有润湿环境、净化空气的作用。成都古城二江环绕,空气清新,唐李白赞道:"水绿青天不起尘,风光和暖胜三秦。"❼

在炎热的夏季,城市水体可以使临水街区温度略有降低,起到调节和改善城市小气候的作用。

以上为城市水系的十大功用,前三种功用涉及城市的生产和生活,下面五种功用与城市防灾有关,最后两种功用属改造城市环境范畴。

---

❶ 历代宅京记·卷六·关中。
❷ 蜀中名胜记·卷二·成都府。
❸ 西湖游览志余·卷三。
❹ 赤城集·州治浚河记。
❺ 叶适. 东嘉开河记. 叶适集,水心文集,卷十。
❻ 林景熙. 州内河记. 嘉靖. 温州府志。
❼ 蜀中名胜记,卷四,成都府。

北魏洛阳城的水系（图4-3-11）是中国古代城市水系的杰作。其环城水脉畅通，行洪迅速，可蓄可泄，不竭不盈，还有溉田灌圃和水乡养殖、造园绿化和水上娱乐、改善城市环境等多种功用。

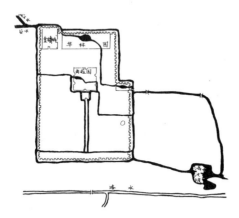

图4-3-11　北魏洛阳城水系图（据洛阳伽蓝记图）

（六）血脉畅通，城市繁荣

正因为城市水系有上述十大功用，古人形象地把它比喻为城市之血脉。早在战国时期，古人就已把江河水系比作大地的血脉："水者，地之血气，如筋脉之通流者也。"❶ 把城市水系视为城市的血脉，其观点是与之一脉相承的。

由许多地方志中可以看到，把城市水系比作城市血脉的说法在北宋已广为传播。

北宋绍圣初年（1094年）吴师孟在谈到成都河渠壅淤、引起疫疠时说："譬诸人身气血并凝，而欲百骸之条畅，其可得乎？"❷

南宋绍兴八年（1138年）席益也谈到："邑之有沟渠。犹人之有脉络也，一缕不通，举身皆病。"❸

这一看法与中医的传统理论是一致的。《黄帝内经》云："经脉者，所以能决死生，处百病，调虚实，不可不通。"❹ 众所周

---

❶ 管子·水地。
❷ 吴师孟．导水记．同治重修成都县志，卷十三，艺文志。
❸ 席益．导渠记．同治重修成都县志，卷十三，艺文志。
❹ 黄帝内经·灵枢·经脉。

知，传统的中医学理论用辩证的方法看待人体，在养身和治病方面有独到的见解，并在实践中取得巨大的成就。令人惊异的是，具有多种功用的城市水系对城市的价值，与血脉对人体的价值有惊人的相似之处。因此，把城市水系喻为城市的血脉，正是恰当地估价了它的重要性。

城市水系在促进城市的繁荣发展上有重要的作用，具体说来有三点：

1. 稳定城址

在中国古代，有许多古城曾因种种原因而迁址重建。然而，水城苏州、绍兴以及江南水乡的许多城市，如湖州、温州、杭州等，城址都相当稳定；一些城市水系较完善的城市，例如成都城，自战国筑城至今已二千三百年，城址不变。这固然与这些城市的城址好有关，也与它们完善的水系有密切的关系。具有多种功用的城市水系是古城最重要的基础设施之一。因此，虽然苏州、成都历史上均数历战火刀兵，城内建筑多被毁坏，但城市水系骨架犹存，"血脉"仍在，只要稍加修浚，又可使用，城市又能逐渐恢复生机。❶ 可见，城市水系在稳定城址上的作用是不容低估的。

2. 促进工商业的发展

城市水系使城内外交通十分便利，使商业兴旺，市场繁荣。

唐代的扬州，因处于当时长江、运河、海运交叉转折点，商旅群聚，十分繁华。城内河渠纵横，一片水城风貌（图4-3-12）当时城内出现两条十里长街，一条是贯穿罗城东西的长街，另一条是官河与市河之间的商业街。❷ 这两条商业长街的形成都与城河密切相关。

南方港城广州，南临珠江，商业街市多沿江岸、沿壕池发展。元明时期，濠畔一带为商业中心，极为繁华。有诗赞曰："广州富庶天下闻，四时风气长如春。""城南濠畔更繁华，朱楼十里映杨柳。""巍巍大舶映云日，贾家千家万家室。"❸《广东新

---

❶ 董鉴泓主编. 中国城市建设史；52. 中国建筑工业出版社. 1982。
❷ 李伯先. 唐代扬州的城市建设. 南京工学院学报. 建筑学专辑. 1979 (3)。
❸ [明] 孙蕡. 广州歌。

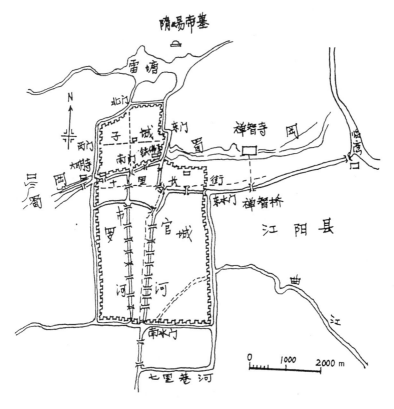

图4-3-12　唐扬州城平面想像图
（摹自李伯先. 唐代扬州的城市建设. 一文插图）

语》云："广州濠水，自东西水关而入。逶迤城南；径归德门外。背城旧有平康十里，南临濠水，朱楼画榭，连属不断。……隔岸有百货之肆，五都之市，天下商贾聚焉。……是地名濠畔街。当盛平时，香珠犀象如山，花鸟如海，番夷辐辏，日费数千万金。饮食之盛，歌舞之多，过于秦淮数倍。"❶

除扬州、广州外，宋东京的汴河沿岸，从城内直至城外七、八里，都形成繁华的商业街市，最繁荣的相国寺市场，就在汴河北岸。六朝的建康（今南京），主要的商市在秦淮河北。类似的例子，不胜枚举。

---

❶ 广东新语·宫语。

此外，城河提供的清洁用水，使许多手工业得以发展，例如，成都的蜀锦，因濯于江水而色泽鲜艳，❶ 早在汉代已蜚声全国。杭州因西湖水质甘美，宋代成为全国酿酒业最发达的城市之一。苏州等水乡城市发达的丝织、印染、造纸等手工业，均与供水充足、便利有关，工商业的兴旺，经济的发展，有力地促进了城市的繁荣和发展。

3. 提供了较高质量的生活居住的环境

城市水系的多种功用，使居民获得了较高质量的生活、居住的环境。交通运输的便利，工商业的发展，市场的繁荣，供应的丰足，使市民的物质生活有了保证。众多的园林，大片的水面，使环境宜人，空气清新，改善了市民的居住环境。水系在防卫、排洪、防火等方面的作用，减少或避免了城市灾害，使居民有安全感。

（七）城市水系与城市的特色

城市特色的形成与城市的水系有着不解之缘。众所周知，杭州因有西湖而名扬天下；苏州河道密布而有"水城"的美称；济南因"家家泉水，户户垂杨"被誉为"泉城"；成都因江水濯锦，色泽鲜艳，织锦业兴盛，号为"锦城"。广州城内外众多的河渠湖池，出产大量的鱼虾蛇鳖，蟹蛤螺蚌，以及如"泮塘五秀"那样的水生菜蔬，丰富了居民的物质生活，也促进了烹调业和饮食文化的发展，"食在广州"成为众口之碑。

江南水乡，城内河渠纵横，别具风貌，然而，每个城市仍各具特色。就以它们的水系而言，也形态各异：苏州呈棋盘格子状；无锡城壕呈菱形，城河呈鱼骨状；绍兴有七条城河，称为七弦；嘉定城壕略呈圆形，城中骨干河道呈十字交叉状；上海、松江城壕也呈圆形，但城河状态又各不相同（图4-3-13），形成各自特色。

城市水系上的众多的桥梁，形态各异，韵味各别，使城市呈现不同的艺术风貌。

---

❶ 华阳国志，卷三，蜀志。

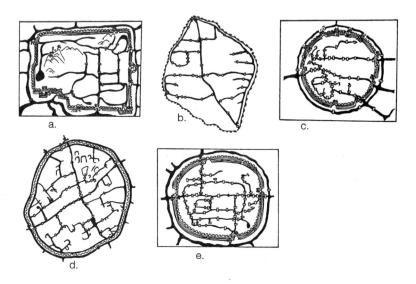

图4-3-13 各种形态的城市水系

a. 绍兴城（据乾隆《绍兴府志》）；b. 无锡城（据光绪《无锡金匮县志》）；c. 上海城（据嘉庆《松江府志》）；d. 嘉定城（据民国《嘉定县续志》）；e. 松江城（据嘉庆《松江府志》）

桥梁之多是水乡城市一大特色。苏州桥梁之多为众城之冠，白居易诗有"绿浪东西南北水，红栏三百九十桥"之句。宋平江府城图上，有359座桥梁，城内为305座，❶ 城内桥梁密度为21.7座/km²。水城威尼斯，面积为567km²，第二次世界大战前有桥378座，❷ 桥梁密度为0.67座/km²，宋苏州的桥梁密度为其32倍。清代绍兴有桥229座，城面积7.6km²，每平方千米有30座桥，密度为威尼斯的45倍。

水系发达的城市均有众多的桥梁，例如，南宋时期杭州有桥梁205座；❸ 清代的温州城有桥90座，❹ 广州城有桥52座。❺

桥梁的多寡使城市风貌产生差别，桥梁的位置、风姿，也往往增添了城市的特色。

---

❶ 俞绳方. 从苏州论中国城市规划的水系问题. 建筑学报. 1986 (9)：28~34。
❷ 潘洪萱. 中国的古名桥. 上海文化出版社. 1985：124。
❸ 临安志，卷七，城府，桥梁。
❹ 见清光绪. 永嘉县志. 城图。
❺ 光绪. 广州府志，卷68，梁津。

苏州阊门外的枫桥，因唐张继的《枫桥夜泊》一诗而名闻中外，桥梁本身倒极为质朴。绍兴的八字桥平面布置很有特色，是古桥中的佼佼者。扬州瘦西湖的五亭桥，风格和造型独特，与白塔一起，构成瘦西湖别致的景色。

由上述可知，城市水系为城市规划师和城市设计师、建筑师提供了广阔的用武之地，从而形成千姿百态的城市风貌和各自特色。

（八）城市水系的管理

城市水系的存在往往受到两种因素的威胁：一是自然埋没，一是人为侵占填塞。如不妥当管理，疏浚修治，水体会逐渐减小，以致最后消失。

中国历代古都名城，都很重视水系的管理疏浚，并制定法规，禁止对水体的污染、侵占。元代大都"金水河濯手有禁"，❶其制度之严厉可知。惠州城在清代制定了管理鹅湖的规章制度："邻池之民，毋涸水源，毋决石岸，毋弃秽屑于池中，有一于此，罚无贷。钟楼道士率坊役督察之，启闭不时，唯道士坊役之责。"❷

对水系水体的疏浚极为重要。苏州城历代重视城河的管理和浚，明清两代共浚城河11次。绍兴、广州等，历代均多疏浚之举。❸

杭州西湖，自唐宋至明清，经历代管理、疏浚，苦心经营，凝白居易、苏轼等许多仁人志士的心血，才成为风景胜地，名扬海内外。竺可桢先生说得好："西湖若没有人工的浚掘，一定要受天然的淘汰，现在我们尚能倘佯湖中，亦是人定胜天的一个证据了。"

（九）保护古城水系，体现名城特色

城市水系是中国古代城市文化的宝贵遗产。所谓文化，即人类社会历史实践过程中所创造的物质财富和精神财富的总和。城市水系作为古城的基础设施，是重要的物质财富，是古城的血

---

❶ 元史·河渠志。
❷ 汪国霖. 浚鹅湖记略. 张友仁. 惠州西湖志。
❸ 城河的管理详见. 吴庆洲. 试论我国古城抗洪防涝的经验和成就. 城市规划. 1984 (3)：28~34。

脉；城市水系使城市园林化成为可能，创造出高质量的城市环境，进而形成城市的艺术风貌和文化特色，又成为宝贵的精神财富。因此，保护城市水系，在保持城市文脉的连续性和体现名城特色上，都具有十分重要的意义。

令人遗憾的是，近现代铁路的兴建以及陆路交通的发展，使城市水系在交通运输上的地位大大下降，填河筑路、填池建房之事不仅在中国而且在世界上许多地方都曾风行一时。许多古代的水系受到严重的损坏。

苏州城宋代有河道82km，现仅剩下35.28km，三横四直的骨干河道仅剩三横三直，城河密度由$5.8km/km^2$下降为$2.5km/km^2$。绍兴城，原有河道60km，现仅剩下30km，城河密度由$7.9km/km^2$降为约$4km/km^2$，温州城，宋代有河长65km，现城河几乎全部填完，只遗下部分护城河，城内已不复有水城风貌。

成都城内的金水河，已有一千多年的历史，有供水、排水、防火以及美化环境等多种效益，可惜1958年被填。1981年7月四川大洪水，成都虽有都江堰在岷江上游分洪，但由于金水河的湮灭以及其他河道的变窄和淤塞，造成了严重的损失。

城市水系的破坏和逐步消失，使城市排水不畅，水体调蓄能力下降，局部出现内涝之灾。苏州、无锡都出现过局部内涝。城市水体的减小，排水的不畅，使环境恶化，城市小气候变差，夏季更热，无舒适感。

其他国家也有类似的严重教训，举曼谷为例："第二次世界大战后，泰国曼谷接受了美国交通专家的提议，把迄今为止纵横运行的运河加以大量的填埋，然后建成道路，计划改善汽车交通。其结果不仅使之在交通滞塞和噪声、废气等方面成为最恶劣的城市，而且由于承受湄公河地带雨季排水的运河的消失而使每年溢水泛滥，河水的冷却作用消失，水上交通消失，以运河为中心所形成的居民环境消失，'公团'解体，供市民游览休养的功能消失等等，丢失东西之多实在令善心人痛心。"如果不是这种失误，"曼谷会在全世界最独特而美丽的城市里成长也未可知。"❶

---

❶ 长岛孝一. 城市设计. 阮志大译. 建筑学报. 1984（10）。

同曼谷一样，我们丢失的东西也实在太多，实在令人痛心。温州已失去水城风貌，照此下去，苏州、绍兴也会从水城的行列中退出。

然而，令人欣喜的是，人们已从教训中逐渐得到教益，对城市水系的重要性有了进一步的认识。苏州、绍兴等城市已制定规划，要保护城河，并恢复部分已填河段，这是一个可喜的开端。

更令人鼓舞的是，一些城市竟能在到处填河、填湖以建街建房的浪潮中，也有逆其道而行之，并取得了可喜的成绩。广州就是一例。广州从1952年起逐步整治了全市十多条臭水明渠，并于1958年开挖了东山、荔湾、流花、麓湖四个人工湖，蓄洪能力250万m^3，解决了部分地区内涝问题，并建成总面积192.3公顷的四个大公园，改善和美化了市区环境。荔湾湖还产"五秀"和塘鱼，丰富了市民的物质生活。广州此举，使"花城"和"食在广州"的名城特色更加突出。同样令人欣喜的例子，还有南京整治秦淮河、南通整理濠河❶、桂林整理环城水系、合肥保留了环城水系，使之成为城市美丽的花环，等等。

笔者希望，我们在今后改造旧城的过程中，不仅要重视原有水系的保护，而且要规划和建设新的城市水系，使现代的新城不仅具有更高的环境质量和更美的风貌，而且兼有传统和时代的特色。

四 斗城与水城——古温州城选址规划探微

温州城是一座带有神奇色彩的浙江东南名城。说她神奇，是因为一千六百八十年前，博学多闻的堪舆大师郭璞为温州城选定城址，并制定了城市的规划布局，以天上北斗星的位置定下了"斗城"的格局，在城内规划水系，通五行之水。郭璞选址规划的温州城，是一座斗城，也是一座水城，且因有白鹿衔花之瑞，又称为鹿城。郭璞还做了两个预言，一为斗城可御寇保平安，二为一千年后，温州城将开始繁荣兴盛。这两个预言都应验了。笔

---

❶ 赵庆红，丁宏伟．南通护城河．濠河的景观环境整治．小城镇建设，2004，1：35~38。

者于1984年到温州考察,与市规划处娄式镭先生讨论过温州古城的选址规划问题。我认为,温州古城最重要的特色,是斗城和水城。这两个特色均有着深厚的文化内涵,并闪烁着智慧之光(图4-4-1)。

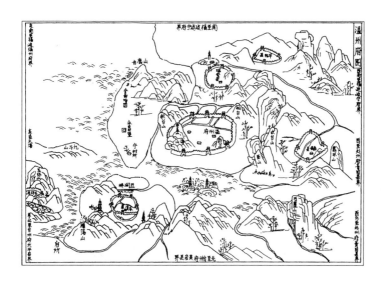

图4-4-1 温州府图(摹自乾隆浙江通志)

(一)"斗城"探微

要了解斗城的特色,得从郭璞选址谈起。

据明嘉靖《温州府志》记载:

"府城:晋明帝太宁癸未(即太宁元年,公元323年)置郡,初谋城于江北(即今新城),郭璞取土称之,土轻,乃过江,登西北一峰(即今郭公山),见数峰错立,状若北斗,华盖山锁斗口,谓父老曰:若城绕山外,当骤富盛,但不免兵戈水火。城于山,则寇不入,斗可长保安逸。"❶

同一事,宋本《方舆胜览》记载:

---

❶ 明嘉靖温州府志,卷之一,城池。

"《郡志》：始议建城，郭璞登山，相地错立如北斗，城之外曰松台，曰海坛，曰郭公，曰积谷，谓之斗门，而华盖直其口；瑞安门外三山，曰黄土，巽吉，仁土，则近类斗柄。因曰：若城于山外，当骤至富盛，然不免于兵戈火水之虞。若城绕其颠，寇不入斗，则安逸可以长保。于是城于山，且凿二十八井以象列宿。又曰：此去一千年，气数始旺云。"❶

郭璞建温州城的选址和规划，体现了他的如下指导思想：

1. 象天设邑的理念

象天法地建都建城，乃是中国城市规划数千年一贯的传统。公元前11世纪，周武王就以"定天保，依天室"为建立国都的原则。公元前514年，伍子胥相土尝水，以象天法地的原则，规划建设了吴大城。千古一帝的秦始皇，法天则天，建了秦咸阳城。西汉长安城，"南为南斗形，北为北斗形"，号称"斗城"。郭璞选址温州城（图4-4-2），上承西周秦汉，开启了非都城的

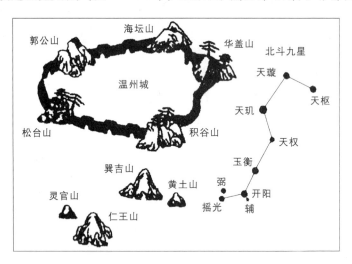

图4-4-2 温州城营建略图

[引自陈喜波、李小波. 中国古代城市的天文学思想. 文物世界, 2001 (1)]

---

❶ 宋本方舆胜览，卷之九，瑞安府，形胜。

一般郡城象天则天的先河，这在中国城市规划、建设史上乃是一个重要的里程碑。

2. 重视军事防御的原则

重视军事防御，乃是中国古城选址规划的重要原则。中国古代每隔两、三百年甚至是数十年，就会出现社会动荡、兵荒马乱的时期，城池不坚固，就会毁于兵火，百姓就会遭殃，百年繁华就会毁于一旦。城于山，因山筑城，占据险要地形地势，这对军事防御是十分有利的。事实也证明了温州城在军事防御上的优势。

就在郭璞选址建城后的三百年，唐武德元年（623年）8月，淮南道行台辅公祐反唐，在丹阳称宋帝。"永嘉、安固等百姓于华盖山固守，不陷凶党"❶。城内百姓因而免于兵刃之灾。

又过了约五百年，北宋宣和二年（1120年）十月，方腊在浙江起义，攻克青溪县。十二月，连克睦州、寿县、分水、桐庐、遂安、休宁、歙州、绩溪、祁门、黟县、杭州。宣和三年（1121年）正月，方腊义军又克婺州、衢州。二月，占旌德，处州。方腊曾派兵围攻温州城，因温州据险抵抗，并以砖加筑西南城墙，故城池未被攻破。

四百多年后，明嘉靖三十七年（1558年）三月，新倭犯台州、温州，四月自台、温入福州、兴化、泉州，皆登岸焚掠而去。六月，浙西倭分犯乐清、永嘉。在猖狂的倭寇面前，如果温州城池不坚固，百姓将遭涂炭。光绪《永嘉县志》记载："倭寇并力攻城，城楼夜毁。通判杨岳备御有方，得免"。❷温州城内百姓又一次免遭兵刃之灾。

此后三百多年，清同治二年（1863年）二月到六月间，太平军连续多次发动对温州的攻城战，由于城池负山有险可守，清军据城顽抗，结果城池未能攻克。❸

以上四例足以说明郭璞选址规划的智慧和远见卓识。

3. 重视防御自然灾害的原则

---

❶ 元和郡县图志，卷二十六，江南道二，温州。
❷ 光绪永嘉县志，卷之三，建置志，城池。
❸ 叶大兵.温州史话；64~66，浙江人民出版社，1982。

郭璞选址规划，重视防御自然灾害和兵戎之灾，要避免"兵戎水火"，要"长保安逸"。这一点，将在"水城"一节上详述，在此不赘。

4. 重视地理环境科学的原则

重视地理环境科学，是中国古城规划选址的一贯原则。《管子》主张"错国于不倾之地"，即城市要建于地理环境良好，地质土质宜于建设之地。春秋韩献子主张迁都新田，因"新田土厚水深"。伍子胥"相土尝水"，都是注重地理地质环境科学的例子。郭璞则进一步，用了称土的办法，可以说是一个创举，运用了科学实验的方式方法。笔者曾请教娄式镭先生，他说，江北土质较差，地基不好，现温州旧城所在地土质情况较好。这进一步证实历史记载郭璞选址称土是可信的，是按照科学原则办事的。《法苑珠林》还记载了另一件郭璞选址称土之事：

"晋氏南迁，郭璞，多闻之士，周访地图云：此荆楚旧为王都，欲于硖州（今宜昌）置之，嫌逼山，遂止，便有宜都之号。下至松滋，地有面势都邑之像，乃掘坑称土，嫌其太轻，覆写本坑，土又不满，便止。曰：昔金陵王气，于今不绝，固当经三百年矣。便都建业。"❶

郭璞这一选址记载是否属实，难以考证。但郭璞选址温州城相地称土是可信的，称土以鉴定土质优劣，在古代乃是一大创举。

（二）"水城"探微

郭璞选址，规划建设了一座"斗城"，同时还因地制宜，规划建设了河渠纵横如棋局的"水城"。嘉靖《温州府志》记载："（郭璞）凿井二十有八，以象列宿。旧志云：白鹿城连五斗之山，通五行之水。……五行水谓东则伏龟潭，西则蠡川浣沙潭，

---

❶ 唐释道世撰．法苑珠林。

南则雁池，北则潦波潭，中则冰壶潭，因凿小河以通贯之。"❶ 从光绪《永嘉县志》的城池坊巷图（图4-4-3），可以看到一幅水网密布的图景，并呈现如下特色：

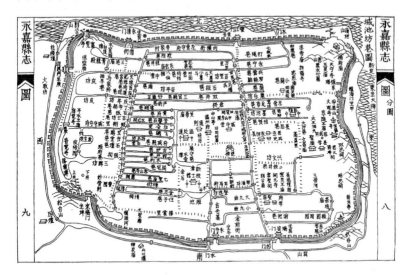

图4-4-3 温州城图（光绪永嘉县志）

1. 水系规划完善设施完备

水城的水系是由环城的濠池与城内的河、渠、沟、池共同组成的，但有些水城，城外的水体也是城市水水系的重要组成部分，比如杭州的西湖、台州的东湖都是例子。温州城南有一个由三溪水汇成的会昌湖（即永宁湖），是城内水系之水源，也是环城濠池的水源，对温州城市水系至关重要，因此是城市水系的重要组成部分。下边按会昌湖、濠池、城内河道、湖泊、门闸分而述之，可以看出其水系规划是完善的，设施是完备的。

（1）会昌湖

在府城西南三里，受三溪水汇而为湖，弥漫巨浸，起于汉晋间。至唐会昌四年（844年），太守韦庸重浚治之，因其近城西者曰西湖，在城南者曰南湖，实为一湖。

在南唐三井巷有湖堤，遏住湖水，使其不能南下，而向北倒

---

❶ 明嘉靖温州府志，卷之一，城池。

流,入永宁门水门,永宁门水门是一城的水口。❶

(2) 濠池

光绪《永嘉县志》记载:"温州府城,周一十八里(永嘉县倚郭),北据瓯江,东西依山,南临会昌湖。晋明帝太宁元年置郡始城,悉用石甃。宋齐梁陈、隋唐因之。后梁开平初(907年)吴越钱氏增筑内城,旁通壕堑(《十国春秋》:周三里十五步),外曰罗城。宋宣和二年(1120年)故守刘士英加筑。建炎间(1127—1130年)增置楼橹马面。嘉定间(1208—1224年)郡守留元刚重修,建十门。元至正十一年(1351年)重筑。明洪武十七年(1384年)指挥王铭增筑。嘉靖三十八年(1559年)重修。"❷

从以上记载可知,自郭璞建城以来,城址和城的范围直至明、清均未变。只是五代吴越国钱氏增筑了内城,也有了环濠,并把原城称为罗城。罗城"东濠长五百七十六丈,南临大河为濠五百丈,西濠长六百七十丈五尺,北临大江为濠长五百七十一丈。"❸

(3) 城内河道和湖泊

城内河道以三条纵向的河道为骨架,这三条河道为大街河(今解放路)、信河(今信河街)、九三河。这三条纵向骨干河道与横向水巷构成水网——城内河道交通网络。

在这水网的东西南北中,则有伏龟潭、浣纱潭、雁池、潦波潭和冰壶潭五个湖泊,此外,两边还有郭公山泉源与松台山西麓泉源汇成的湖泊——放生池,形成城内的水网系统。

(4) 门闸

门闸指的是水门,中设闸。这是城市水系的重要设施。明代时门外设二闸,门内设一闸。又设埭,每间置板四块,系以铁索,以便于开闸、闭闸。

温州府城有关的门闸有六座,即广化陡门、西部陡门、海坛陡门、山前陡门、山后陡门和外沙陡门。

广化陡门,在迎恩门外,靠郭公山麓,共五间,洩水最急,

---

❶ 光绪永嘉县志,卷之一,舆地,叙水。
❷ 光绪永嘉县志,卷之三,建置志,城池。
❸ 同上。

遇水潦首先开此闸门排水。

西部陡门，在迎恩门外，广济桥西，明洪武辛亥年（洪武四年，1371年）创建。

海坛陡门，在望江门东的水门，为城内水总出口。遇旱则开闸，引湖入城，潦则开闸排水。

山前陡门，在黄土山前，以节制城外南塘之水。宋绍兴年间（1121—1162年）郡守赵不群筑。

山后陡门，在黄土山后。

外沙陡门，在镇海门外。岁久废圮，潮入内河，涸则为浦，地成作卤。明成化丁酉（成化十三年，1477年）知县文林砻巨石修筑，布桥立闸。❶

2. 规划设计运用了阴阳、五行思想

郭璞是一个大师，通阴阳历算、卜筮之术。在温州城的规划设计中，他用阴阳、五行思想指导水系的规划设计。

据光绪《永嘉县志》记载："（旧志）又云：郭璞卜城时，谓城内五水配乎五行，遇潦不溢。东则伏龟潭，南则雁池，中则冰壶潭，北则潦波潭，西则浣纱潭。"

由于五潭均有较好的蓄水调洪容量，分布于城内东西南北中，在此基础上规划建设城市水系，可保城内五方平安，遇潦不溢。这是合乎科学的。

另外，郭璞在规划设计中，也运用阴阳思想。

据嘉靖《温州府志》记载："（温州城门）北曰拱辰（唐时有双门，取北阴偶之义。钱氏筑城，只存其一）。"❷

唐以前城池无大变，此北门用双之数，乃郭璞设计无疑。

当然，郭璞在规划设计中，也用了一些巫术镇厌之法。如"旧志谓立郡时，因西城修水负虚，立平水王祠以镇之。"古人用此法，或许会在心理上产生平安之感。

3. 布局利于通风和日照

温州古城布局以河渠为骨架，而三条主要纵向河流都不是正南北向的：大街河为南偏东32度，信河为南偏东19度，九三河

❶ 光绪永嘉县志，卷之二，舆地，水利。
❷ 明嘉靖温州府志，卷之一，城池。

为南偏东 37 度，这样就与城市的主导风向——东南风取得一致，从而使街道及居住街坊都获得比较理想的日照与通风条件，为古温州城市规划建设中的一项突出成就，造福于子孙后代。❶ 河渠的布局是郭璞在五行思想指导下因地制宜、顺地形地势而建设的，这是郭璞注重地理环境科学的规划思想的又一例证。

4. 永嘉风韵，水长而美

温州所在，东汉为章安县地，分置永宁县。三国吴属临海郡。晋置永嘉郡，治永宁县。永嘉郡自何时始？"自晋太宁（323—325 年）之改元，号永嘉。"❷ "晋析永宁县置永嘉郡，更名县曰永嘉。"❸ "永嘉"有什么含义呢？"永嘉"二字，是"水长而美"的意思。❹

温州山水之美，古人多有赞颂。宋代著名学者叶适在《醉乐亭记》中云："因城郭之近必有临望之美。……永嘉多大山，在州西者独行而秀，……。水至城西南，阔千尺，自崎岩私盐港。绿野新桥，波荡纵横，舟艇各出菱莲中，棹歌相应和，已而皆会于思远楼下。"❺

叶适为我们勾画出了一幅城郭边的山水美景图。

事实上，郭璞规划设计的水城，也有永嘉风韵，即水长而美。城内河渠纵横，水网密布，好似棋盘。正如叶适所云："昔之置郡者，环外内城皆为河，分画坊巷，横贯旁午，升高望之，如画奕局。"宋淳熙四年（1177 年），温州城浚治城河，"举环城之河以丈率者二万三百又奇。"❻ 以 1 宋尺等于 0.32m 计，算得当时河长约 65km。古城面积约 6km^2，则其城河密度约达 10.8km/km^2。较之宋平江府（苏州）城河密度（5.8km/km^2）、绍兴城河密度（7.9km/km^2）有过之而无不及，但较明代无锡城河密度（11.36km/km^2）❼ 小些，但也属于城中之佼佼者。"水长而美"的永嘉风韵，在城市水系的规划建设中，也得到了充分的体现。

---

❶ 娄式镭. 温州古城及其规划. 城市规划汇刊，1981，11，(15)：51~54。
❷ 宋赵. 温州通判万璧记，金柏东主编. 温州历史碑刻集；3~4，上海社会科学院出版社，2002。
❸ 宋叶适. 永嘉社稷记，金柏东主编. 温州历史碑刻集；25~26，上海社会科学出版社，2002。
❹ 叶大兵著. 温州史话；4，浙江人民出版社，1982。
❺ 叶适. 醉乐亭记. 叶适集，一；150~151，中华书局，1961。
❻ 叶适. 东嘉开河记. 叶适集. 一；181~182，中华书局，1961。
❼ 吴庆洲. 中国古代的城市水系. 华中建筑，1991，2：55~56。

5. 城市水系，功用众多

郭璞在规划建设城市水系（五行之水）时，就已指出其"遇潦不溢"的功用，即调蓄洪水、排洪排涝的作用。叶适也指出："永嘉非水之汇而河之聚者，不特以便运输、达舟楫也，而以节地性，防火灾，安居、利用之大意也。"❶ 光绪《永嘉县志》亦云："昔人谓一渠一坊，舟楫毕达，居者有澡洁之利，行者无负载之劳。"❷ 以上已道出城市水系的交通、运输、排水、排污、防洪、防火、便于生活、调节气候及文化环境等多种功能。

6. 水巷小桥，多彩多姿

据光绪《永嘉县志》，当时城内桥梁多达 143 座，永嘉境内桥梁多达 420 多座。❸ 桥梁众多是水城的一大特色。苏州为著名的水城，其桥梁之多也是引人注目的。白居易有"绿浪东西南北水，红栏三百九十桥"之句。宋平江府城图上，有 359 座桥梁，城内为 305 座，苏州古城面积为 14.2 km^2，城内桥梁密度为 21.7 座/km^2。绍兴也是著名的水城，清代有桥 229 座，古城面积 7.6 km^2，其桥梁密度为 30 座/km^2。温州古城清代有桥 143 座，其面积约 6 km^2，其城内桥梁密度约为 24 座/km^2，大于宋平江府城，小于清绍兴城。桥梁各式各样，多姿多彩，使水城更具特色。

（三）结语

本文只专对古温州城选址规划有关的"斗城"、"水城"两个方面进行研究、探索，未及其他方面。温州古城为山水名城、文化名城，地灵人杰，还有许多方面值得研究和探讨。温州建城至今已有 1680 年，城市规划、建设取得了很大的成就。这自然与郭璞选址、规划的高明和智慧有关，也与温州继郭璞之后历代的名公巨卿的共同努力有关。

在赞美了郭璞建"斗城""水城"之功后，作者对"水城"在温州的消失，不能不感到十分的遗憾。如果水城仍在，她与苏州、绍兴相比会毫不逊色。苏州水城能保存至今，实属不易。宋

---

❶ 叶适. 东嘉开河记. 叶适集. 一：181~182，中华书局，1961.
❷ 光绪永嘉县志，卷之三，建置志，桥梁.
❸ 同上.

人朱长文在谈到苏州城市水系时曾感慨地说:"观于城中,众流贯州,吐吸震泽,小浜别派,旁夹路衢,盖不如是,无以泄积潦安居民也。故虽有泽国,而城中未尝有垫溺荡析之患,非智者创于前,能者踵于后,安能致此哉?"❶ 我们的古代大师,以高深的智慧和远见卓识,为我们选址、规划、建设了一座又一座的名城,他们是"智者创于前",我们——当代的城市规划师、建筑师、城市建设者,能否作为"能者踵于后",使这一座又一座历史文化名城永葆青春,特色长存呢?这是值得我们深思的。

五 仿生象物——传统中国营造意匠探微

中国古代城市村镇园林建筑的营造,受到各种思想体系的影响,其中最主要的三种思想体系是:1. 体现礼制的思想体系;2. 重环境求实用的思想体系;3. 追求天地人和谐合一的哲学思想体系。受不同思想体系的影响,城市村镇园林建筑营造意匠均会有别。本文所探讨的仿生象物、法人法自然意匠,主要是由追求天地人和谐合一的哲学思想体系指导下产生的,它符合《老子》所云:"人法地,地法天,天法道,道法自然"的准则。

《易·系辞下》云:"古者包牺氏之王天下也,仰则观象于天,俯则观法于地,观鸟兽之文,与地之宜。近取诸身,远取诸物,于是始作八卦,以通神明之德,以类万物之情"。《易经》的这段话,为我们仿生象物、法人法自然的意匠,作了很好的阐释。圣人正是通过观象于天,观法于地,观鸟兽之文与地之宜,近取诸身(法人),远取诸物(象物),才创造了八卦,以通神明之德,以类万物之情。

(一)仿生象物的营造意匠分类

中国古代的传统建筑、园林、古城以及设防的楼堡村寨,都是中国文化的特殊产物,具有明显的中国文化的特征。其中,仿生象物,是中国传统文化的特色之一。其渊源于中国古代的生命

---

❶ 宋朱长文. 吴郡图经续记,卷上,城.

崇拜。最早表现为生殖崇拜，鱼纹、蛙纹成为母系氏族社会女阴崇拜的象征，鸟纹、龙蛇等成为父系氏族社会男根崇拜的象征。❶

由生殖崇拜发展出图腾崇拜。上古华夏族群的图腾崇拜主要有东夷族的龙崇拜、西羌族的虎崇拜、少昊族和南蛮族的鸟图腾崇拜、北方夏民族的龟蛇图腾崇拜，从而产生东方苍龙、西方白虎、南方朱雀、北方玄武这四象的概念。❷

仿生象物的营造意匠可以分为四大类：一是法人的意匠；二是仿生法动物的意匠，如凤凰、龟、蛇、螃蟹、鱼、鹿、牛、马、鲤鱼、龙、鹄等；三是仿生法植物的意匠，如葫芦、梅花等；四是象物的意匠，即象非生物的，如琵琶形、船形、盘形、盂形等。

(二) 法人的意匠

在中国古代文化中，极重视人的价值。"天地之性（生）人为贵"（《孝经》），认为天地之间的生物以人为最宝贵。"道大，天大，地大，人亦大。域中有四大，而人居其一焉。"（《老子》第二十五章）按照古代天地人同构的思想，天地是个大宇宙，人本身是一个小宇宙。"天地万物，一人之身也，此之谓大同。"（《吕氏春秋·有始》）人有血脉，地亦有之。"水者，地之血气，如筋脉之通流者也。"（《管子·水地》）正因为认为人是与宇宙万物同构的小宇宙，城市、建筑、园林规划设计中都有法人的例子。在本书第一篇之三节中，举出以下四例：

1. 人体内景图式园林——颐和园
2. 城市之血脉——城市水系
3. 民居法人的设计构思
4. 斗栱对人体的模仿

这里补充：

5. 人形城市

宁夏卫城，"周回一十八里，东西倍于南北，相传以为人形。"（《嘉靖宁夏新志》，卷一）

---

❶ 赵国华著. 生殖崇拜文化论. 中国社会科学出版社, 1990
❷ 陈久金. 华夏族群的图腾崇拜与四象概念的形成. 自然科学史研究, 1992, 11 (1): 16

(三) 仿生法动物的意匠

1. 凤形

凤鸟崇拜是中国古代的图腾崇拜之一，它与太阳崇拜相结合，凤鸟（朱雀）便成了太阳的象征物。

说文："凤，神鸟也。天老曰：凤之像也，鸿前、麟后、蛇颈、鱼尾、鹳嗓、鸳思、龙纹、龟背、燕喙，五色备举，出于东方君子之国，翱翔四海之外，过昆仑，饮砥柱，濯羽弱水，暮宿风穴，见则天下大安宁。从鸟，凡声。凤飞，群鸟从以万数，故以为朋党字。"

据冯玉涛先生考证，凤凰即今之孔雀。"孔"即大之意，孔雀即大雀。飞翔与风有关，由于孔雀被崇拜而神化，成为司风之王，即风王，也就是凤凰[1]。

以凤的形态为意匠营造房屋，在中国已有悠久的历史。

《诗经·小雅·斯干》云："如跂斯翼，如矢斯棘，如鸟斯革，如翚斯飞"。

这里，"棘"为棱角整饬，锋刃锐利之意。"革"为翅，翼。"翚"，《经文》："翚，大飞也。从羽，军声。一曰：伊、雒而南，雉五采皆备曰翚。"

《诗经·小雅·斯干》把周代宫廷建筑比作鸟之跂立，两翼开张，其翼角，似箭矢一样尖利，其屋顶如鸟之翅，其华美如五彩翚飞。很明显，周代宫室是以仿凤鸟为意匠营造的[2]。

中国历史上仿凤鸟为意匠的建筑很多，如明清宫城午门平面呈凹字形，上由五座建筑组合而成，称为"五凤楼"。据杨鸿勋先生研究，我国历史上第一座"五凤楼"城门乃是宇文恺设计的隋唐东都城的则天门（图4-5-1）。宇文恺所建陕西麟游仁寿宫主殿一组以及西海南岸禁苑主体建筑一组的构图，与则天门有同样的特点，即中央主体以廊庑、阁道连接两翼从体，显示出庄严而富丽的形态[3]。

隋代宇文恺创造的"五凤楼"形制，又由唐大明宫含元殿所

---

[1] 冯玉涛. 凤凰崇拜之谜. 人文杂志, 1991 (5): 108~113
[2] 王鲁民. 中国古典建筑文化探源. 同济大学出版社, 1997
[3] 杨鸿勋著. 宫殿考古通论. 紫禁城出版社, 2000

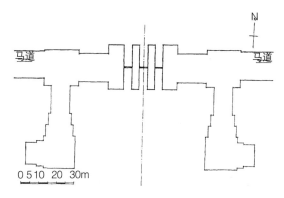

图 4-5-1 河南洛阳隋唐东都则天门墩台复原平面图及则天门复原透视图
（自杨鸿勋著. 宫殿考古通论：378~379）

继承❶。这一形制，平面呈凹字形，形为一只巨凤展翅，立面上则由五座建筑组成一个建筑群，形为五只凤凰，故云"五凤楼"。唐西京的西内承天门，也用"五凤楼"形制。这一形制影响了五代、宋、辽、金、元、明、清的宫殿建筑。也同样影响到民间建筑，福建、广东客家民居均有五凤楼形制。

2. 龟形

为什么城或建筑仿龟形或像龟形？这与中国古代的龟崇拜有关。龟为中国古代"四灵"之一。刘向《说苑·辨物》云：

"灵龟文五色，似玉似金，背阴向阳，上隆象天，下平法地，槃衍象山，四趾转运应四时，文著象二十八宿，蛇头龙翅（颈），左睛象日，右睛象月，千岁之化，下气上通，能知凶吉存亡之

---

❶ 杨鸿勋. 唐长安大明宫含元殿应为五凤楼形制. 文物天地，1991，5：24~25

变。"龟长寿,有很强的生命力,古人认为:"龟一千年生毛,寿五千岁,谓之神龟。寿万年曰灵龟。"(《述异记》)正因为龟崇拜,认为龟能通神,故古人以龟的腹甲用来卜吉凶。龟腹甲的形状,即"亚"字形,已成为神圣的符号。商人的大墓、商人的族徽均有"亚"字形者。由于龟有外壳可以抵御攻击,故龟形又为设防的城和建筑所模仿,产生心理上的安全感。

下面介绍几座典型的龟城、龟形宅以及园林中的龟山。

(1) 吴大城——神龟八卦模式

公元前514年,伍子胥受吴王阖闾之命建阖闾大城(今苏州城前身),"乃使相土尝水,象天法地,造筑大城,周回四十七里。陆门八,以象天八风;水门八,以法地八聪。筑小城,周十里,陵门三。不开东面者,欲以绝越明也。立阊门者,以象天门,通阊阖风也。立蛇门者,以象地户也。阖闾欲西破楚,楚在西北,故立阊门以通天气,因复名之破楚门。欲东并大越,越在东南,故立蛇门以制敌国。吴在辰,其位龙也,故小城南门上反羽为两鲵鳐,以象龙角。越在巳地,其位蛇也,故南大门上有木蛇,北向首内,示越属于吴也。"(《吴越春秋》卷四)

吴大城象天法地,以天地为规划模式,在城门的种类、数目、方位、门上龙蛇的装饰、朝向等许多方面,赋予丰富的象征意义。

由记载可知,楚人"象天法地"建造都邑的模式与周代《匠人》营国的王城形制是不同的。王城为方形,一边三门,宫城居中。吴大城并非正方形。据唐陆广微《吴地记》:"阖闾城,周敬王六年伍子胥筑。……陆门八,以象天之八风,水门八,以象地之八卦。《吴都赋》云:'通门二八,水道陆衢'是也。西阊、胥二门,南盘、蛇二门,东娄、匠二门,北齐、平二门"。可知吴大城一边二门,水陆兼备。

吴大城乃今苏州城前身。宋代苏州城虽说经历代改建,与吴大城已有所不同,"但城垣的范围位置改变不大。"❶《吴地记》又云:"罗城,作亚字形,周敬王丁亥造,……其城南北长十二

---

❶ 汪永泽.姑苏纵横谈——苏州城市的历史演变.南京师院学报,1978,3:88

里,东西九里,城中有大河,三横四直。苏州,名标十望,地号六雄,七县八门,皆通水陆。"宋朱长文《吴郡图经续记·卷上·城邑》云:"自吴亡至今仅二千载,更历秦、汉、隋、唐之间,其城洫、门名,循而不变。"《吴郡图经续记·卷下·往迹》云:"阖闾城,即今郡城也。……郡城之状,如'亚'字。唐乾符三年,刺史张傅尝修完此城。梁龙德中,钱氏又加以陶甓。"可见,宋城城池河道均与吴大城范围位置相近,城郭也呈亚字形,城的东北、西北、西南三城角均切角成折线状。

苏州所在,为水乡泽国,以神龟八卦模式进行规划设计,乃伍子胥的独到创意。苏州城自创建以来已历二千五百多个春秋,仍生机勃勃,长盛不衰,是名副其实的长寿的龟城。

(2) 东魏邺城南城

以龟甲形规划设计的龟城还有不少。比如东魏邺城南城(图4-5-2)为龟形。东魏孝静帝于天平元年(534年)迁都邺,

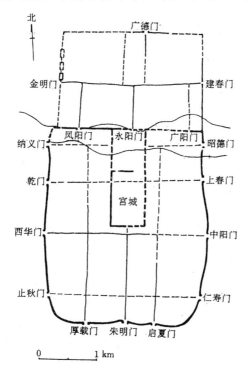

图4-5-2 东魏邺城图(自贺业钜著. 中国古代城市规划史:443)

第四篇 城市规划篇 417

居邺故城。天平"二年（535年）八月，发众七万八千营新宫。元象元年（538年）九月，发畿内十万人城邺，四十日罢。二年，帝徙御新宫，即南城也。"（《历代宅京记：邺下》）

《邺中记》云：

> "城东西六里，南北八里六十步。高欢以北城窄隘，故令仆射高隆之更筑此城。掘得神龟，大瑜方丈，其堞碟之状，咸以龟象焉。"

邺城南城近年曾进行探查，东西宽2800m，南北长3460m，城墙不呈直线而呈水波形，城门处作八字形。突出双阙，城角为圆形。❶城隅处为军事上攻击的重要目标。早在史前的古城中，在城隅处有特殊的处理，使其形状利于军事防御。

宋平江府城的东北、西北、西南三隅为折角形，对军事防御也是有利的。楚郢都纪南城也有三隅为折角形。

城墙呈水波形，利于城上守军观察及防御攻城之敌。城门作八字形，突出双阙，也是利于防御的。

（3）平遥古城（图4-5-3）

平遥古城历史悠久，传说筑自周宣王（公元前827年—前782年）在位时，至今已有两千八百年历史。明洪武三年（1370年）重筑扩建，按照"因地制宜，用险制塞"的原则和"龟前戏水"，"山水朝阳"，"城之攸建，依此为胜"的说法，南墙"随中都河蜿蜒而筑，缩为龟状，其余三面皆直列无依"，"建门六座，南北各一，东西各二"，意为龟之头尾和四足，故有"龟城"之称。❷

（4）九江古城

九江古城也呈龟形（图4-5-4）。宋岳珂《桯史》载：

> "九江郡城。……城负江面山，形势盘据，三方阻水，颇难以攻取。开宝中，曹翰讨胡，则踰年不下。或

---

❶ 傅熹年主编.中国古代建筑史.三国—唐五代卷：93.中国建筑工业出版社，2001
❷ 明.雷法.疏正中都河记.光绪平遥县志，卷11，艺文志上

献计于翰曰：'城形为上水龟，非腹胁不可攻。'从之，果得城。"❶

(5) 成都古城（图4-5-5）

成都城形似龟。据晋干宝《搜神记》卷十三记载："秦惠王二十七年，使张仪筑成都城，屡颓。忽有大龟浮于江，至东子城东南隅而毙。仪以问巫，巫曰：'依龟筑之'。便就。故名'龟化城'。"但一般都简称为龟城。

此外，山西浑源州城池，"唐徙治时筑，其形如龟。"陕西同州城池，"相传始建制类龟形，至唐易为方。"（《古今图书集成·考工典》）云南鹤庆府城池，"宋段氏时，惠高筑城如龟。"（《滇志》卷20，艺文志）

事实上，按龟形设计城形的古城还不止以上所列，浙江湖州城，甘肃嘉峪关城（图4-5-6）以及甘肃天祝县境内的松山城❷、浙东名城古慈城的城形呈龟背形❸（图4-5-7）。

(6) 东莞逆水流龟寨

虎门镇白沙管理区，有一座建于明崇祯年间（1628—1643年）的逆水流龟村堡（或称逆水流龟寨）（图4-5-8）。因寨内建筑布局如龟形，龟头迎着一条溪流逆流向前，故名逆水流龟寨。

该寨坐北向南，占地6889m²。村寨内一条2m宽的直巷纵穿南北，四条3m宽的横巷横贯东西。寨内共有64间大小统一的单层瓦房，代表龟甲。寨的周围是高6m、厚0.6m的寨墙，墙内为一圈巡城廊。墙外为围绕全寨的宽达18m的护城河。因四面皆水，该寨又称为水围。村寨四角各有一座两层的望楼，代表龟的四足，南北两边中间也各有一座二层高的望楼，北边的代表龟头，南边的代表龟尾，也是全寨惟一的出入口——寨门，门前河上设吊桥（现已改为水泥桥）。❹

创建该寨的主人是郑瑜，为明崇祯四年（1631年）进士，授

---

❶ 程史，卷8，九江郡城
❷ 孙宗文著. 中国建筑与哲学：16. 江苏科学技术出版社，2000
❸ 俞义等. 地灵人杰的江南古ं城——析古慈城的人居环境. 城市规划，2003（7）：73~75
❹ 董红. 东莞取形于龟的古建筑. 广东民俗，1999（3）：21~22

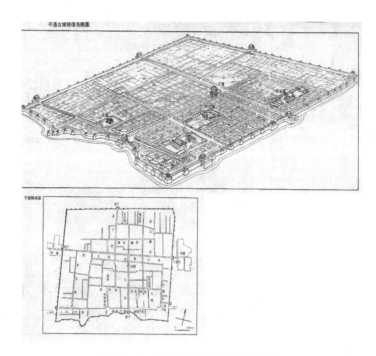

图4-5-3 平遥古城修复鸟瞰图

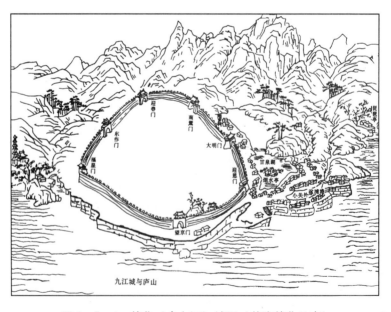

图4-5-4 德化(今九江)城图(乾隆德化县志)

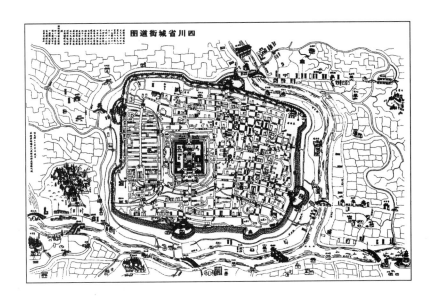

图4-5-5 清光绪二十年成都城池图

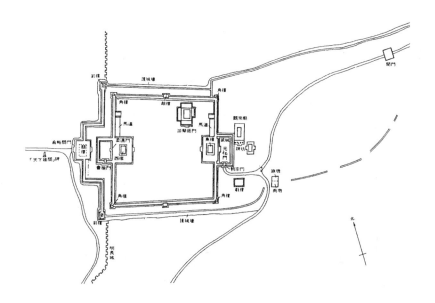

图4-5-6 嘉峪关平面图（自乔匀. 城池防御建筑：152）

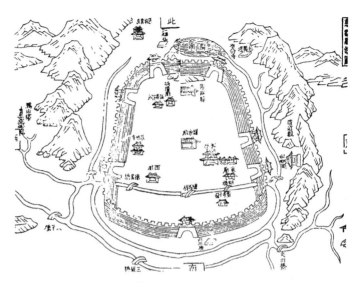

图4-5-7 慈溪县城图(自光绪宁波府志)

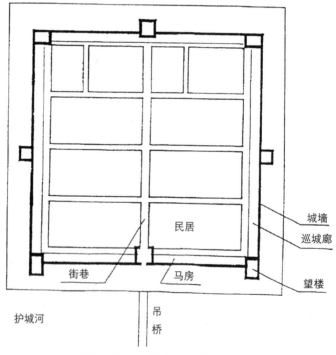

图4-5-8 逆水流龟村堡平面图
(自董红. 东莞取形于龟的古建筑. 论文插图)

吉安推官,后来改摄广顺府事,因平乱护民有功,内擢户部主事,历员外郎中,出知太平府,迁上江漕诸道,又转山东按察副使,督催直隶江西湖广军需,劳绩显著,迁太仆寺少卿(正四品官),告老还乡后卒于家,享年81岁。著有《焚馀集》。❶

逆水流龟堡寨是明末所建防卫性建筑,现保存完好。

(7) 宋代龟形巨宅——杨府

据《齐东野语》记载,南宋杭州西湖边有一龟形巨宅——杨府。书中记载:"杨和王居殿岩日,建第清湖洪福桥,规制甚广。自居其中,旁列诸子舍四,皆极宏丽。落成之日,纵外人游观。一僧善相宅,云:'此龟形也,得水则吉,失水则凶。'时和王方被殊眷,从容闻奏,欲引湖水以环其居。思陵首肯曰:'朕无不可,第恐外庭有语,宜密速为之。'退即督濠寨兵数百,且多募民夫,夜以继昼。入自五书院,出自惠利井,蜿蜒萦绕,凡数百丈,三昼夜即竣事。未几,台臣果有疏言擅灌湖水入私第,以拟宫禁者。上晓之曰:'朕南渡之初,掳人退而群盗起。遂用议者羁縻之策,刻印尽封之。所有者,止淮、浙数郡耳。会诸将尽平群盗,朕因自誓,除土地外,凡府库金帛,俱置不问。故诸将有余力以给泉池园圃之费。若以平盗之功言之,虽尽以西湖赐之,曾不为过。况此役已成,惟卿容之。'言者遂止。即而复建杰阁,藏思陵御札,且揭上赐'风云庆会'四大字于上。盖取大龟昂首下视西湖之象,以成僧说。自此百余年间,无复火灾,人皆神之。至辛巳岁,其家舍阁于佑圣观,识者谓龟失其首,疑为不祥。次年五月,竟毁延燎潭,潭数百楹,不数刻而尽,益验毁阁之祸云。"(《齐东野语》卷四·杨府水渠)

(8) 南翔猗园龟山百寿图(图4-5-9)

南翔镇古猗园内有一座龟山,四面临水,如巨龟浮于水面。山上有一龙头巨龟,即赑屃,背负"百寿图"巨碑,正面由"百岁"组成巨寿字,碑后雕刻百个不同形的"寿"字,寓意长寿吉祥。

3. 鲤鱼形

---

❶ 杨森主编. 广东名胜古迹辞典:695. 北京燕山出版社,1996

图4-5-9 南翔猗园龟山百寿图

福建泉州古城、龙岩古城有鲤城之称

乾隆《泉州府志》云："初筑城时，环植刺桐，故名刺桐城。又以形似，名鲤城。"[1]（图4-5-10）鲤鱼是富裕、吉利的象征。《艺文类聚》引《三秦记》："河津一名龙门，大鱼积龙门数

---

[1] 乾隆泉州府志，卷十一，城池

千不得上，上者为龙，不上者（鱼）……。"鲤鱼跳龙门的传说，象征金榜题名，科举中取，如鲤鱼跳过龙门，鱼化为龙。因此，鲤鱼又象征文风昌盛。福建明代以后风水学说盛行，模仿鲤鱼的形状筑城，以求文风昌盛，因此泉州有"鲤城"之名。

模仿鲤鱼形状筑城，还见于福建龙岩（图4-5-11），龙岩亦有鲤城之称。❶

4. 卧龙城

古凉州（今甘肃武威）城有卧龙形，故名卧龙城。为匈奴所筑。匈奴人有龙崇拜，故筑城仿卧龙形。

5. 卧牛城、牛村

牛在中国传统文化中，是善良、奉献和力量的象征，而牛角为威猛和力量的象征。牛被认为是具有神秘力量的动物。老子西行骑的是牛，牛于是作为塑像出现在道教庙宇中，成为神圣的动物。以牛为城市、村镇的形态，使人觉得威武、强壮、可靠。

（1）宋代汴京（开封）

《三朝北盟会编》记载："先是术者言京城如卧牛，贼至必击善利、宣化、通津三门，善利门其首也，宣化门其项也，通津门在善利、宣化之间，而此三门贼必攻之地。后如其言。"后来，即以卧牛城称宋汴京（开封）城。

（2）四川眉州城

四川眉州城也有卧牛城之称。据《城邑考》："州城五代时，摄守山行章筑。宋淳化五年，乱贼李顺攻围半年不能下，俗谓之卧牛城，以其坦而难攻也。"（《读史方舆纪要》，卷七十一）

（3）安徽亳州城

据载，"亳州城池，明初设土城，宣德十年指挥周广以砖石包砌，周围九里三十步，高一丈五尺，广倍之，池深一丈，阔倍之，形如卧牛，故名卧牛城，门四。"（《古今图书集成·方舆汇编·职方典·凤阳府部》）

（4）顺德府城（今河北邢台）

《古今图书集成·方舆汇编·职方典》记载："顺德府城

---

❶ 何晓昕、罗隽著. 风水史；196～198. 上海文艺出版社，1995

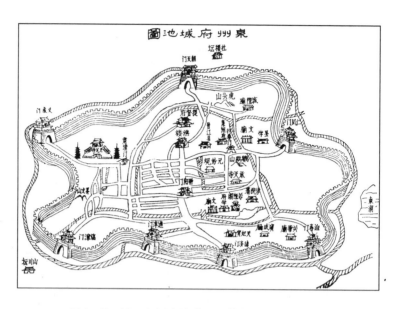

图 4-5-10 泉州府城池图（摹自乾隆泉州府志）

图 4-5-11 龙岩县城图（自何晓昕. 风水史：1997）

池……及考之隋《图经》，谓石勒所筑，号建平大城，……沈存中又谓，郭进守西山时所筑，厚六丈，上可卧牛，俗呼为卧牛城。又传城西南有拴牛石，东北有牛尾河，故名。"

（5）怀庆府城（今河南沁阳）

怀庆府城，相传，城为卧牛形，穿城济水为肠，景贤书院池为肚，土地祠前小塔为脐，西门外池为眼，俗称牛眼池，见《县志》。(《古今图书集成·职方典·怀庆府部》）

（6）徽州宏村

宏村位黄山西南麓，村落形状似一头牛，所以宏村又称"牛形村"。牛是人类最忠实的伙伴，是忠诚财富的代名词。宏村汪氏祖先依照牛的意匠建设了宏村。高耸雷岗山的十三楼象征牛头，山上参天古树为牛角，西溪拦河堤似河边饮水的牛舌，村中月沼如牛胃，九曲十弯的水圳像牛肠，南湖似牛肚，西溪口的四座木桥似牛腿，宏村的古民居似牛身，四周群山及农田似放牛场。

宏村由于古村落民居保存完好，已列入世界文化遗产名录。

6. 螃蟹形

湖北沔阳州城（今湖北沔阳西南沔城）池为螃蟹形。螃蟹为节肢动物，全身有甲壳，前面的一对脚成钳状，横着爬行。《易·说卦》"离，为蟹"。螃蟹有甲壳，有双钳，筑城以蟹为意匠，有横行不怕侵犯之意。据载："沔阳州城池，明初指挥沈友仁循古基筑城。正德中知州李濂增筑，周一千一百六丈，高二丈四尺，为门六，各有楼。嘉靖中佥事因河为池，形若螃蟹是也。"(《古今图书集成·考工典·城池》）螃蟹形的意匠也与水乡有关，螃蟹为水生动物，在水乡泽国可以安生。笔者到珠三角东莞水乡亦见一村镇，有围墙防卫，亦取螃蟹之形。

7. 蛇形

四川潼川州城（今三台县南郪江镇）为蛇形。据《城邑考》："州城唐宋以来故址，状若蛇盘，与西川龟城对峙。"(《读史方舆纪要》卷七十）

龟蛇是真武大帝，即玄武的化身，是神圣之物。玄武为北方之神，龟蛇合体。明朝太祖封玄武为"北极玄天真武大帝荡魔大天尊",正由为此,在东川的潼川州城以蛇形营建,与西川龟城成都形成龟蛇对峙的格局。

(四) 仿生法植物的意匠

1. 葫芦城

葫芦是远古先民的崇拜物,它有图腾崇拜和生殖崇拜的文化内涵,成为吉祥的象征,又是道家的法器。葫芦作为腰舟至今仍为海南黎族、台湾土著民族、云南西双版纳傣族、广东沿海客家人、湖北清江流域的土家族以及山东长岛地区和河南民间用为水上交通和救生工具❶,笔者认为,葫芦乃是以水文化为背景的生命崇拜的象征物。因此,仿葫芦形状筑城的例子较多。

(1) 明南京城

明南京城形如一个大葫芦 (图 4-5-12),时人称为"瓢城"。其壶(葫芦)的腹部为宫城,宫城西北临大江,又有狮子山,东则有玄鸟(燕子)飞来,凤凰来朝,亦青龙、白虎之间,虎踞龙蟠之地,诚是圣境形制。再加上南线的长干、雨花台,又形成坛地形态,确如甲骨之壶字。"精象纬之学"的刘基参与卜地及规划建设南京城,城形仿葫芦是不奇怪的。❷ 以葫芦为南京筑城意匠,既顺应地形,也寓意在江南水国中,城池会平安、吉祥。

(2) 四川昭化城

四川明清两代的昭化城形为葫芦形 (图 4-5-13)。昭化古城位于四川广元市西南 30km 的嘉陵江、白龙江交汇处,古时为葭萌县,为历代郡县治地,直到 1952 年昭化迁县城止,有两千三百多年建城历史。昭化古城在蜀汉时城池坚固,令张鲁之兵久攻不下。明以前城墙为土垣。明正德年间 (1506—1521 年) 外部包砌以石,上覆以串房,四周有楼。为了突出葫芦形城的特色,崇祯二年 (1629 年) 于正北增筑一台,名"金钱葫芦"。明末兵乱城池受损,但城垣和石板街道大部分得以保存。清乾隆三十一年 (1766 年) 至三十六年 (1771 年) 修葺城池,城墙周长 482

---

❶ 宋兆麟. 腰舟考. 刘锡诚、游琪主编. 葫芦与象征. 商务印书馆, 2001
❷ 王少华. 南京明代大葫芦形都城的建造. 刘锡诚、游琪主编. 葫芦与象征. 商务印书馆, 2001

丈，高 1.5 丈，外围砌石，内面石脚砖身。并改东门为迎风，西门为临风（道光年间改为登龙）。北门仍为旧名。南门因防洪而封闭，并倚城筑堤，防御洪水。昭化古城至今保存完好。❶

葫芦形的古城是比较多见的。四川清代通江城即为明显的葫芦形。葫芦形城的例子还有一些，如广西的崇左古城❷，清代万县古城（图 4-5-14）等。

2. 梅花形

梅花是中国人民喜爱的花。梅花迎霜雪，抗严寒，傲然挺立，早春开花，博得古今盛赞，成为高尚品格的象征，与兰、竹、菊合称"四君子"，象征人的高洁品德。梅五瓣，象征五福，即快乐、吉祥、长寿、顺利与和平。因此，梅花是吉祥高洁的象征。崇梅爱梅，是中国文化特征之一。

宋代大文豪黄庭坚称梅花为"梅兄"，后来宋杨万里和元戴良均雅称梅花为梅兄。唐代玄宗有梅妃。古曲有《梅花三弄》、《梅花落》，曲艺有梅花大鼓。因古人把梅花拟人化，又将早春之花迎春花、瑞香花、山茶花称为"梅花婢"。在武术上，有梅花桩。又将布成梅花状的地雷群称为梅花雷、梅花阵。筑城成梅花状的称为梅花城。目前仅知河南清代的南阳城为梅花城（图 4-5-15）。

（五）象物的意匠

非生物形为人所仿者，多为人所制作的器具，如琵琶、船、盘、盂等等。

1. 琵琶形

琵琶为古人喜闻乐见、家喻户晓的乐器。唐代诗人白居易的诗《琵琶行》脍炙人口，享誉千古。城形如琵琶者，有四川梁末古巴州城（图 4-5-16）。巴州古城坐落在大巴山南麓，以处丘陵起伏、沟谷纵横的一块冲积平原上。城枕巴水，山环水抱，形势险要。《通志》称之为："群山雄峙，巴水环流，扼险据塞，梁益要地。且云其交通，连四郡之边境，当八县之街衢，东南耸秀

---

❶ 应金华、樊丙庚主编. 四川历史文化名城：612~621，四川人民出版社，2000
❷ 于希贤、于洪. 中国古城仿生学的文化透视. 城市规划，2000 (10)：42~45

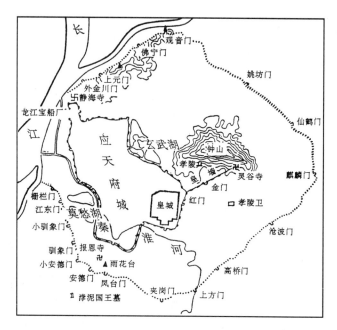

图 4-5-12 明南京外郭图
(自郭湖生. 明南京. 论文插图. 建筑师, 77: 39)

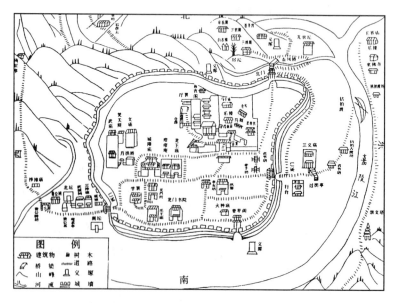

图 4-5-13 清代昭化城池图（自四川历史文化名城：614）

图4-5-14 万县同治年间治城图
（自赵万民著.三峡工程与人居环境建设：227）

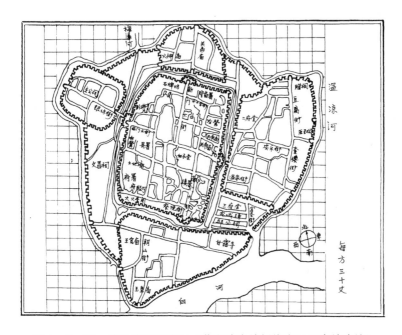

图4-5-15 清光绪南阳城图（摹自清光绪新修南阳县志并改绘）

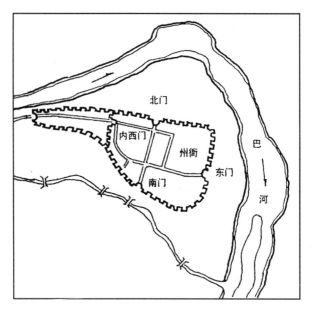

图 4-5-16　梁末巴州琵琶城（自四川历史文化名城：249）

山纪木兰，西北回湍城枕字水通一线，北方汉南在其指掌，顺西江而南下，川东便于建瓴，固梁益之奥在，亦巴蜀之重镇。"

据《巴州志》、《巴中县志》记载，巴州城筑于后汉，为土城，后又称为汉昌城。历经数百年。梁末（556—557年）巴州加筑外城，形成琵琶城的形状。其内城为汉土城，为"琴腹"，向西伸出的外城为"琴柱"。城垣周长720丈，城内面积270亩。后蜀广政四年（941年）重加修葺。北宋天圣三年（1025年）以石包砌城墙，高2丈2尺，周围四里，计720丈，四门有楼。直至明末，张献忠攻城，琵琶城被毁。清代顺治初年（1644年）重建城池。乾隆二十九年（1764年）重修。嘉庆二年（1797年）白莲教起义，城池被毁。嘉庆十三年（1808年）又重建城池。巴州古城于1992年被列为四川省历史文化名城。❶

2. 船形

船是水上交通工具之一，船文化是中华文化之水文化的重要组成部分之一。在园林中以船形建屋，便出现石舫、船厅之类建

---

❶ 应金华、樊丙庚主编．四川历史文化名城：246～263．四川人民出版社，2000

筑。划龙船、赛龙舟是中国人家喻户晓的文化及娱乐节目。船棺葬在古代中国南方一带盛行。"同舟共济"是激励中国人民团结一心、克服困难、互助互爱、勇往向前的格言。在战争中，同城人的命运如同是乘坐在同一条船上的人的命运，城的存亡关系到每一人的存亡。以舟形为城形，便产生了船城。以船形设计城门瓮城，便产生了船形瓮城门。

（1）明南京三山门和通济门

明南京城的十三座城门中，三山门和通济门是以船形设计的瓮城门（图4-5-17），三山门又称水西门，门侧为西水关，为城内最大的河流内秦淮河的出水口。通济门的东水关，则是内秦淮河的入口。三山门和通济门与内秦淮河的这种密切关系，或许是以船形为瓮城门形态设计的意匠的原由。

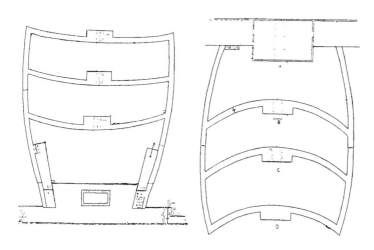

图4-5-17 明南京城门水西门（三山门）、通济门图
（自郭湖生．明南京论文插图）

明南京城以葫芦为意匠，寓意城市在江南水乡平安、吉祥。三山、通济瓮城门为何要以舟为意匠呢？笔者认为，这是筑城的规划设计大师以《易》经指导筑城的结果。

《易·系辞下》："刳木为舟，剡木为楫，舟楫之利，以济不通，致远以利天下，盖取诸涣。"《周易·涣》："九二，涣奔其机，悔亡。""涣"，为离散，"奔"为速走，"机"同几，因其以平置为宜，故引申为俯就得安之义。句意为：在涣散之时速就安身之处。"涣散之时，以合为安，二居险中，急就于初求安也。赖之如机，而亡其悔，乃得所愿也。"（《伊川易传》卷四）一说"涣"为洪水，"奔"通"贲"，为覆败，"机"为兀，即房基。（李镜池《周易通义》）亦有认为"涣"为水流，"机"为阶（汉帛书《周易》作阶），即今所谓门坎。（高亨《周易大传今注》卷四）由上释文可知，取舟形为城门之形，乃以表涣卦之象。

《易·系辞上》云："《易》有圣人之道四焉：以言者尚其辞，以动者尚其变，以制器者尚其象，以卜筮者尚其占。""以制器者尚其象"，即"制器作事，尚体乎象。"即依据《易》来制作各种器物，最重要的是体现其卦象。三山、通济二门，取意于涣卦，以舟为器（建筑也属器）之形，意为"水流奔其门，而亡其悔，乃得所愿也。"所愿者为"舟楫之利，以济不通，致远以利天下。"

秦淮河一带，是明南京最繁华之处，三山门更是水陆百货总汇，商贾云集。郑和率船队通好南洋西亚、东非国家，即从南京出发，这一景象，正体现"舟楫之利，以济不通，致远以利天下"之意。

三山门、通济门以船形为瓮城形，以体"涣"卦之象。这两门与聚宝门一样，各有瓮城三道，如能保存至今，应成为世界文化遗产，可惜的是，只有中华门（聚宝门）瓮城至今保存完好，三山、通济两瓮城门已经毁坏，实在令人痛心。

(2) 四川会理城

四川会理古城是著名的船城（图4-5-18）。会理古城位于川滇之交的金沙江畔，地处金沙江北岸，东西南三方为江流环抱，与云南仅一江之隔。它既是古代南方丝绸之路的要津，又是三国孔明南征渡泸之地，为川滇锁钥，历代兵家必争之地。西汉元鼎六年（前111年）置越嶲郡，辖15县，其中一名为会元县，会理属之。唐高宗上元二年（675年）于其地置会川县。南诏时置会川都督府，大理时改为会川府，元置会川路，明初置会川府，后改设为会川卫。清雍正六年（1728年）改卫为州，更名会理。

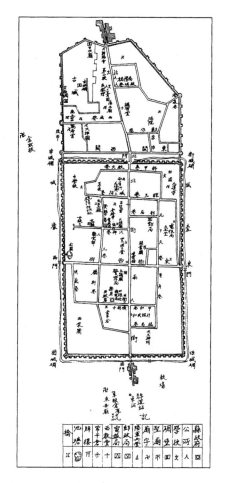

图4-5-18 民国时期会理城图（自四川历史文化名城：504）

元代建的古城址在今城西北角外黄土高阜处，为黄土城。洪武三十年（1397年），会川卫军民指挥使司指挥孙禧奉命建会川卫城，初为土城，次年包以砖石，"城高二丈三尺，周七里三分，计一千三百一十四丈，厚一丈二尺，垛口一千五百一十四个，城铺三十座；濠宽三丈，深八尺，广一千三百二十二丈；门四，先惟北门建楼以司更鼓，崇祯五年，游击苏迪添建三楼。"（《会理州志》）

清咸丰十年（1860年），云南回民起义攻占了县城，后弃城而去。同治六年（1867年），于城北部修筑了外城，设东西北三关。外城为土城。"自内城东北角起至西北角止，周三方，长五百一十二丈五尺，高一丈六尺，厚七尺，垛口四百五十六个。"(《会理州志》) 其城形更似船形。当地百姓传说，此地原为大海，观音菩萨向龙王借来大海一角，以树叶作船修筑了这座城。但龙王有约，三更借，五更还，所以会理从此不打五更了。其后，在东南山上修一座白塔，紧锁水口，以系古城不没。❶

（3）四川资中城

四川资中古城也是船城（图4-5-19）。古城位于沱江北岸，背靠盘峰山、重龙山、二龙山，南对笔架山。城市布局顺应山水形势，由西向东沿江伸展，形如一艘浮于沱江之口的大船，故民间有"天赐资中一船城"的说法。❷

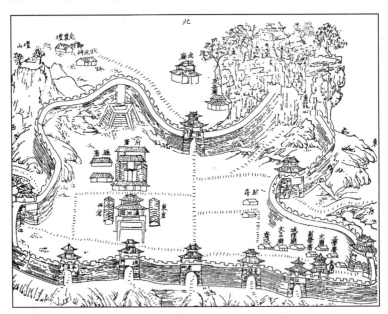

图4-5-19 清代资中城池图（自四川历史文化名城：513）

（4）四川犍为罗城

四川犍为县罗城镇始建于明末崇祯年间，位置不靠江河，却

---

❶ 四川历史文化名城，496~511
❷ 四川历史文化名城，512~529

始终维持着物资集散中心的重要地位，与县境内的水码头青水溪镇齐名，为川南四大名镇之一。

罗城镇坐落在一个椭圆形的山丘顶上，形如一把织布的梭子，故有"云中一把梭"之称。其建造意匠为船，东西长，南北短，梭形的一面是船底，两边的建筑是船舱，东端的灵官庙是船的尾舱，两端的天灯石竿是篙竿。灵官庙左侧原有长22m的过街楼是船舱。罗城又称为"山顶一只船"。❶（图4-5-20）

图4-5-20 "船屋"罗城（自四川历史文化名城：570）

❶ 四川历史文化名城，570~572

除了以上各例外，安徽黟县西递村，安徽绩溪县龙川村都是船形，且有悠久的历史和深厚的文化积淀，值得我们去探索、发掘。

3. 文房四宝

以文房四宝为意匠的例子，在古村落中并不罕见，这与古代重读书、重文化、重科举的风气有关。

（1）温州苍坡村

温州永嘉苍坡村是以文房四宝为意匠的典型例子。由南寨门进村，寨中一方池，分别叫东池、西池。西池宽阔，代表大砚池。砚池北岸的空地上躺着三根数米长的石条，便是墨锭。村西方有一座山，为笔架山，正巧倒映在砚池中。村子的主街正对笔架山，叫笔街。整个村落，大体是正方形，便是一种纸，这样，纸笔墨砚就俱全了。

（2）佛山三水大旗头村

大旗头村位于广东佛山市三水区乐平镇，为清末广东水师提督加尚书衔的郑绍忠所建。全村占地 $52000m^2$，古建筑面积约 $14000m^2$。村落整体自然环境保存完好，整体坐西向东。

村头为象征文房四宝的文笔塔、水塘、地堂、大地，文笔塔象征笔，水塘为大砚池，地堂为墨锭，大地为纸。现大旗头村已成为国家级历史文化名村。

4. 盘形

辽宁锦州府城池，为明代所筑，"周围六里二十三步，形势若盘，俗谓之盘城。"（《古今图书集成·考工典·城池》）

5. 盂形（盆形）

江苏高邮州城池，"有新旧二城，今城即宋旧城也，周围一十里三百一十六步，高二丈五尺，四围有濠。地形四陲俱下，城基独高，如覆盂，故名盂城。"（《古今图书集成·考工典·城池》）。

（六）小结

中华传统的仿生象物营造意匠，充分体现了中华民族的哲理智慧、奇思异想和制造精神，它使我们的建筑城市村镇园林如同自然界一样丰富多样，千姿百态。这种仿生象物的营造意匠，是一笔珍贵的文化遗产，值得我们总结发掘、继承和发扬。

六　城市和建筑的防灾文化

（一）城市和建筑防灾文化的创造

中国有着五千年的灿烂的文明史。在这五千年中，中华大地也经历了无数次天灾人祸的洗劫。《竹书纪年》载：黄帝"一百年，地裂。"这是我国有记载的最早的一次自然灾害，时间约为公元前2598年。❶ 继而，洪水、地震、风暴、干旱、火灾、台风、暴潮等自然灾害不断发生，社会动乱、战火刀兵等人为灾祸周而复始，古代的文明受到破坏、损伤。面对天灾人祸的严酷的现实，中华民族接受了这与生死存亡攸关的挑战，与自然灾害及人为祸患作了不屈不挠的抗争，创造和发展了中国古代的防灾文化，而城市和建筑的防灾文化则是其中的一朵奇葩。

（二）城市和建筑防灾文化的涵义

要了解建筑防灾文化，首先得了解什么是文化，什么是城市和建筑文化。

什么是文化？在中国古代，"文化"有"以文教化"的意思。

《易经·贲卦》云："观乎天文，以察时变；观乎人文，以化成天下。"

现在的"文化"一词与古义有别，有众多的定义。当代美国人类学家赫斯科维认为，"文化是环境的人为部分。"

对文化的较详细的解释是："文化是指人类社会实践过程中所创造的物质财富和精神财富的总和，包括人们的生活方式，各种传袭的行为，如居室、服饰、食物、生活习俗和开发利用资源的技术装备等，也包括人们的信仰、观念和价值等意识形态，以及与之相适应的制度和组织形式，如法制、政府、教育、宗教、艺术等。社会文化具有历史的延续性，同时在地球上占有一定的空间，有着地域差异的特点，为人类社会环境的组成部分。"❷

---

❶ 高建国. 纪元前世界灾害简明参考年表. 灾害学（创刊号）：88。
❷ 文化地理学：219. 中国大百科全书出版社，1984。

由上可知，文化是人类创造的物质财富和精神财富的总和。包括物质文化和精神文化两方面的内容。

人类创造的建筑，其本身既包含着物质文化的成果，有着可供居住或使用等物质功能，又包含着科学技术、价值观念、美学思想等种种精神文化的成果，还打下政治、伦理观念的烙印，因而具有物质文化和精神文化的两重性，是精神的物化或物化的精神。

建筑防灾文化是建筑文化与防灾文化的交叉和结晶，它也具有物质文化和精神文化的两重属性。

例如，中国的古城出现在距今六千年之时，它具有军事防御和防洪等功用，有物质文化的属性。城墙的物质功能相同，但却因所属城市的性质而分为不同的等级。"鲧筑城以卫君，造郭以居人"（《吴越春秋》），在同一城市有内城、外郭之别。按照《周礼·考工记》的规定，当时的王城为方九里，侯伯之城方七里，子男之城方五里，城墙的高度也随城的等级不同而有别。古城成为权力统治的象征和标志，打上了政治、伦理观念的烙印，又具有精神文化的属性。

（三）古代建筑防灾文化的方方面面

中国古人创造了令人瞩目的建筑防灾文化，在建筑防灾上取得了巨大成就。下面试综述之。

1. 防洪防涝

水灾是古代最严重的自然灾害之一。《管子·度地》云："故善为国者，必先除其五害，人乃终身无患害，而孝慈焉。……五害之属，水最为大，五害既除，人乃可治。"

我国古人，从单体建筑到村镇城市，创造了一整套防洪避水的经验和措施。

（1）居高以避水患

据载："龙门未开，吕梁未发，江淮通流，四海溟涬，民皆上丘陵，赴树木。"（《淮南子·本经训》）"禹之时，天下大雨，禹命民聚土积薪，择丘陵而处之。"（《淮南子·齐俗训》）为了躲避洪水，中国先民曾山栖巢居（即"上丘陵，赴树木"），或住在人工筑造的台墩上（即"聚土积薪"）。河南龙山文化的居住遗址中有一种为造律台类型的墩台遗址，高约 7m，同一类型的遗址在豫东、鲁西南和皖西北为数甚多。当地地势较平坦，河流纵横交错；居住在墩台上可以避水患。❶

春秋战国之际兴起的高台建筑，防洪是其多种功能之一。

（2）建城选址，注意防洪

在这一方面，中国古人既有学说理论，又有着丰富的实践经验。

《管子》提出："凡立国都，非于大山之下，必于广川之上，高毋近旱而水用足，下毋近水而沟防省。"（《管子·乘马》）《管子》指出，选择地势稍高之处建城，可以减少洪水灾害。此外，建城选址注意防洪的经验还有：河床稳定，城址方可临河；在河流的凸岸建城，城址可少受洪水冲刷；以天然岩石作为城址的屏障；迁城以避水患，等等。❷

（3）规划建设好城墙堤防系统，防止洪水侵入城内

城墙用以防洪，这是中国古代建筑防灾文化的重要特色之一。世界其他国家的古城墙，很少具有防洪的功用。❸

据载："帝尧六十有一载，洪水。""帝尧求能平治洪水者，四岳举鲧，帝乃封鲧为崇伯，使治之。鲧乃大兴徒役，作九仞之城，九年迄无成功。"（《通鉴纲目》）河南淮阳平粮台古城，距今年代为 4355±175 年。其城墙有很好的防洪作用。湖南澧县城头山古城，年代距今约 6000 年，已有城墙和环城濠池，具有防敌和防洪的双重功用。它可以印证"鲧筑城"防洪的历史记载是有根据的。

中国的古城经春秋战国的"水攻"以及历代洪水的考验，在城墙、门闸、涵洞的规划建设和防洪的科学技术上积累了丰富的经验，是古代城市防洪学的宝贵遗产。❹

---

❶ 严文明. 龙山文化和龙山时代. 文物，1981（6）：43。
❷ 吴庆洲. 中国古城的选址与防御洪灾. 自然科学史研究，1991，10（2）：195~200。
❸ 新巴比伦王国的首都巴比伦城墙也有防洪功用。见阿甫基耶夫著. 古代东方史：547~548，王以铸译，三联书店，1956。
❹ 贺维周. 从考古发掘探索远古水利工程. 中国水利，1984（10）
湖南文物考古研究所. 澧县城头山古城址 1997~1998 年度发掘简报. 文物，1999（6）：4~17
吴庆洲. 试论我国古城抗洪防涝的经验和成就. 城市规划，1984（3）：28~34。

(4) 规划建设好古城的水系，以蓄洪排涝

《管子·度地》提出了建立城市水系的学说："故圣人之处国者，必于不倾之地，而择地形之肥饶者，乡山左右，经水若泽，内为落渠之写，因大川而注焉。"

城市水系有供水、交通运输等十大功用[1]，蓄洪和排涝为其中两个功用。

城市水系的高度发展，即出现"水城"。中国历史上最早的两座规划完备的"水城"，为春秋时吴国都城阖闾大城和越国都城越小城越大城，两座水城均为楚人所规划设计，是当时先进的楚文化与吴越文化相结合的产物，[2] 具有鲜明的吴越文化特色。水城的出现，是中国古代城市建设史上的一座里程碑，也是中国古代建筑防灾文化的一朵艳丽的奇花。由于它适于江南水乡的环境，因此竞放于江南各地。

(5) 设计建造适洪建筑

在古代的长江流域及整个南中国，都流行过干栏建筑。干栏建筑是一种下部架空的建筑形式，楼板离地，人居其上，可以避水，是平原、湖沼地区的一种适洪建筑形式。距今六七千年的浙江余姚河姆渡遗址和距今四五千年的广东高要茅岗遗址都发现有干栏式建筑。至今，西江一带和广西、云南一带，仍可见到许多干栏建筑。

一些古建筑因地处于洪水线下，设计建筑时采取了一些适洪措施，可防洪水冲击泡浸而不毁。元大德元年（1297年）所建的广东德庆学宫大成殿即为一例。原殿为洪水所毁，重建时采取了加高台基、设置花岗石门槛等措施，前檐柱用花岗石柱，殿左、右、后三面围以高砖墙，殿内木柱采用高石础等措施，重建至今近七百年，历经约 90 次洪水冲击泡浸，至今完好无损，现为省级文物保护单位。[3]

德庆悦城龙母祖庙是古建筑适洪不毁的另一典型代表。因其庙址低洼，坐落在滨西江的台地上，在汛期常受洪水冲淹。由于

---

[1] 吴庆洲. 中国古代的城市水系. 华中建筑, 1991 (2): 55~61.
[2] 同上.
[3] 吴庆洲、谭永业. 粤西宋元木构之瑰宝——德庆学宫大成殿. 古建园林技术 (34~35).

建筑群采用铺石护基址,大量用瓯石材料,用高石柱础、高门枕石、高石台基和设计良好的排水系统等措施,历受洪水冲浸而无损。庙内建筑多为清光绪三十一年(1905年)重建。现为省文物保护单位。❶

两广一批沿河而建的明清风水塔,如肇庆崇禧塔、潮州凤凰塔、崇左归龙塔、高州宝光塔、靖西旧州文昌塔、清远鳌头塔,等等,在汛期常受洪水冲击而安然无恙,这与它们横截面小而高,在水中稳定性好,塔基坚实,塔下部筑石台基等有关。❷

开封铁塔(祐国寺塔)建于北宋庆历年间(1041—1048年),建成900多年来,历地震37次,大风18次,水患15次,雨患9次,历经灾患,依然挺立。❸ 清道光二十一年(1841年),黄河泛滥,水漫开封,千年古寺沉于水中,但巍巍铁塔仍耸立云天。❹ 除自然灾害外,铁塔还经受了刀兵之灾。1938年,日本帝国主义攻打开封时,曾对准塔身打了几百发炮弹,古塔虽伤痕累累,在侵略者面前仍昂首屹立。❺ 开封铁塔不愧为我国古代建筑防灾文化的杰出代表。

2. 防火防雷

火灾是威胁人类生存的主要灾害之一。由于我国古建筑多属木结构,极易起火成灾,因此建筑防火乃古代建筑防灾的重要内容之一。

纵观中国古代建筑史,不知有多少城市村镇受过火灾的洗劫,多少雄伟的建筑和美丽的园林化为灰烬,成为焦土,只剩下断壁残垣。号称楚国第一台的章华台毁于火❻,宏大无匹的秦阿房宫毁于火,闻名世界、被誉为"人间天堂"、"一切造园艺术的典范"的圆明园亦毁于火。火灾对人类文明的破坏可谓大矣!

中国古代记载火灾的史料十分丰富。西周共和十四年(公元前828年)"大旱既久,庐舍俱焚"(《竹书纪年·卷八》),大约

---

❶ 吴庆洲、谭永业. 德庆悦城龙母祖庙. 古建园林技术(13~15)。
❷ 吴庆洲. 两广建筑避水灾之调查研究. 华南工学院学报,1983,11(2):127~140。
❸ 龙庆忠. 中国建筑与中华民族:61, 华南理工大学出版社,1990。
❹ 罗哲文. 中国古塔:234、235,中国青年出版社,1985。
❺ 单远慕. 古都开封的故事:48,河南人民出版社,1980。
❻ 高介华. 楚国第一台——章华台. 华中建筑,1989(3):51。

是有记载的最早的一次火灾。《古今图书集成·庶徵典·火灾部》记载了数千起典型的火灾，其灾害之惨烈、频繁，令人触目惊心！

晋明帝太宁元年（323年）三月，"饶安、东光、安陵三县灾，烧七千余家，死者万五千人。"（《晋书·明帝本纪》）

东晋元兴三年（404年）十月，广州灾，"府舍焚荡，烧死者万余人。"（《晋书·五行志》）

唐贞元二十年（804年）七月，"洪州火燔民舍万七千家。"（《新唐书·五行志》）

南宋嘉熙元年（1237年）六月，"临安府火燔三万家。"（《宋史·五行志》）

历代因雷电起火致灾的也不乏其例，如：

唐开元十八年（730年）"二月丙戌，大雨，雷震，左飞龙厩灾。"（《新唐书·玄宗本纪》）

宋元丰四年（1081年）六月，"钦州大雷震，火焚城屋。"（《宋史·五行志》）

在与火患的长期斗争中，中国古人创造了独树一帜的中国古代建筑防火文化。

（1）以法治火，严"火政"

由于火灾的成因有自然和人为两种，因此防火具有社会性。基于这种认识，中国自古实行"火政"，即以法治火。

据记载，楚人的先祖重黎为五帝之一的帝喾的火正，"甚有功，能光融天下，帝喾命曰祝融。"（《史记·楚世家》）

周代由司烜氏等作火官："司烜氏掌以夫遂取明火于日"，"仲春以木铎修火禁于国中。"（《周礼·秋官·司烜氏》）

《墨子》提出："诸灶必为屏，火突高出屋四尺，慎无敢失火，失火者斩，纵火者车裂。"（《墨子·号令》）对引起火灾的失火者斩，纵火者车裂，惩罚极重。

自春秋、战国、秦汉，直至明清，历代设火政，以法治火[1]，是古代建筑防火的重要措施。

---

[1] 肖大威. 中国古代建筑防火研究. 华南理工大学博士学位论文，1990。

(2) 单体建筑的防火措施

① 尽量用非燃材料取代易燃材料

商以前都是以茅茨作屋盖,易致火灾。瓦的出现是建筑防火文化的一个里程碑。近年在陕西岐山凤雏村西周建筑基址(C14测定年代为公元前 1095±100 年)出土了原始屋瓦❶,说明我国古人至少在距今三千年前已发明了瓦。

砖在我国出现得较早,铺地砖西周已产生,空心砖和条砖出现于战国。❷ 以石为建筑材料则更早得多,二里头早商宫殿已用大块石作为柱的暗础。❸

虽然砖石和瓦都出现较早,但在建筑中普遍应用却经过了一个相当长的过程。早期的砖石用于建筑陵墓(阴宅)而不是生人的住宅(阳宅)。战国的空心砖墓和汉代的石阙、石墓祠、画像石墓、砖墓都是例子。佛教自印度传入中国后,中国出现了木构楼阁式塔。北魏洛阳永宁寺塔是当时最宏伟的建筑之一。由于永宁寺塔等许多木塔相继毁于火,砖石塔逐渐取代了木塔。宋代砖石用于建筑更为普遍,《营造法式》把砖石制作列为制度,砖木混合结构已经出现,潮州宋许驸马府即为例子,山墙已用于承重。这说明砖石已逐渐用于阳宅中。岭南在唐以前还未用瓦,茅草屋顶易为火患。杨于陵"出为岭南节度使","教民陶瓦易蒲屋,以绝火患。"(《新唐书·杨于陵传》)到明代,出现了全砖石的建筑——无梁殿,如南京灵谷寺和北京皇史宬等,它们主要是满足防火要求而建筑的。尤其是皇史宬,大殿为纯砖石建筑,不用寸木,两山排气窗为汉白玉透雕小孔密格,可防止球雷滚入,大殿门扇也用整石雕成。皇史宬为我国古代防火建筑的典型代表。

② 采用封火山墙和封护檐墙

北方多采用封护檐墙,南方则用封火山墙,以保护木屋架。南方的封火山墙有多种形式,在建筑艺术上颇有特色。

③ 土涂(木构件涂泥)以防火

---

❶ 陕西周原考古队. 陕西岐山凤雏村西周建筑基址发掘简报. 文物, 1979 (10).
❷ 张驭寰主编. "中国古代建筑技术史: 167, 科学出版社, 1985.
❸ 河南偃师二里头早商宫殿遗址发掘简报. 考古, 1974 (4).

涂泥以防火,最早见于我国的原始建筑。仰韶文化时期的半穴居内部多数已采用了这一措施。❶ 恩格斯指出:"可以证明,在许多地方,也许是在一切地方,陶器的制造都是由于在编织的或木制的容器上涂上黏土使之能够耐火而产生的。"❷

土涂的方法直至现代仍在四川成都有些地方采用。❸

④ 灶和烟囱的防火设计

由于灶和烟囱易引起火灾,历代重视其防火设计。如前述,《墨子》中已规定"诸灶必为屏,火突高出屋四尺。"由此可知,为防灶火烧及灶旁的东西,灶一边设屏,灶屏又称陉,又称山华子❹,形式如后世之封火山墙(图4-6-1,图4-6-2),或封火山墙乃仿灶屏(山华子)而作,古建山墙仍有山花之名。山华子先秦已有。封火山墙的出现则晚得多,但至迟明代已出现。

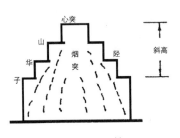

图4-6-1 灶屏

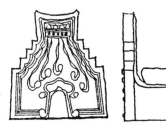

图4-6-2 北齐陶灶图

宋《营造法式》规定:"凡灶突,高视屋身,出屋外三尺。"

《韩非子》云:"千丈之堤,以蝼蚁之穴溃;百尺之室,以突隙之烟焚。故白圭之行堤也,塞其穴;丈人之慎火也,涂其隙。是以白圭无水难,丈人无火患。"(《韩非子·喻老》)可见,"涂突隙"是古代防火措施之一。

(3) 建筑组群的防火措施

中国古代建筑防火文化的产生和发展,经过了极其漫长的历程,许多防火措施的产生,往往是在付出了惨重的代价后,总结

---

❶ 杨鸿勋. 中国早期建筑的发展. 建筑历史与理论,第一辑: 120。
❷ 恩格斯. 家庭、私有制和国家的起源: 21. 人民出版社,1972。
❸ 龙庆忠. 古代建筑的防火. 中国古代建筑技术史: 323,科学出版社,1985。
❹ 龙庆忠. 中国建筑与中华民族: 178~180. 华南理工大学出版社,1990。

火灾的经验教训而得。

春秋战国直至秦、西汉曾兴盛一时的高台建筑，是当时最华美、最壮丽的建筑。新石器时代古人类为避水而居的墩台或为其雏形，平粮台古城内有高 0.72m 的台基的建筑或为其滥觞。据载，黄帝时"有轩辕之台"（《山海经·大荒西经》）。其后有"帝尧台、帝喾台、帝丹朱台、帝舜台、各二台、台四方，在昆仑东北。"（《山海经·海内北经》）夏启有钧台、璿台，夏桀有南单之台、瑶台，商纣有鹿台，周文王作灵台。春秋战国之时，筑台之风更盛，有记载的台有 70 余座。❶ 秦代高台建筑之兴建达到顶峰，其代表作为阿房宫。到西汉，高台建筑仍在兴建，计有柏梁台、渐台、神明台、通天台、凉风台、著室台、斗鸡台、走狗台、坛台、汉韩信射台、果台、东山台、西山台、钓台、通灵台、望鹄台、眺蟾台、桂台、商台、避风台，共 20 余座。❷ 这与汉武帝好大喜功、向往成仙有密切的关系。

为什么东汉之后高台建筑走向衰落？原因是多方面的。其一是其宏大奢侈，劳民伤财。秦不顾百姓死活，大兴土木，是秦二世而亡的重要原因。"昔孔子作《春秋》，筑一台，新一门，必书于经，谨其废农时夺民力也。"❸ 其二是未能解决防火问题。往往筑台千日，而焚于一旦。阿房宫"五步一楼，十步一阁；廊腰缦回，檐牙高啄；各抱地势，钩心斗角。""复道行空"，建筑间用阁道相连。木构密度大，又相连属，致使"项羽入关，烧秦宫阙，三月火不灭。"这是毁于兵火之灾。在古代，火灾有人火、天火成灾之分，"凡火，人火曰火，天火曰灾。"❹ 高台建筑因其高，易有雷火之灾。一旦起火，古代又无高压水龙救火，水源在下，建筑高高在上，极难救火。高处风大，火势难以控制。加上防火措施不力，木构互相连属，往往一炬而成焦土。汉高后元年（前 187 年）"赵丛台灾"（《汉书·五行志》），汉太初元年（前 104 年）冬十一月"柏梁台灾"（《汉书·武帝本纪》）。故《易

---

❶ 高介华. 楚国第一台——章华台. 华中建筑, 1989 (4)。
❷ 三辅黄图, 卷五, 台榭。
❸ 三辅黄图·序。
❹ 春秋左传·宣公十六年。

传》曰："君高其台，天火为灾。"❶ 实为古人经验之总结。其三是西汉末年到东汉初年的大动荡、大破坏，使整个社会经济陷于全面崩溃。如果说汉武帝尚可"恃邦国阜繁之资，土木之役，倍秦越旧，斤斧之声，畚锸之劳，岁月不息，盖骋其邪心以夸天下也。"❷ 这时西汉一代二百年来在经济上所取得的成就都化为灰烬，关中成为一片废墟。光武帝重建汉王朝时，不得不放弃故都，改营洛邑。❸ 在这种情况下，兴建高台建筑已不可能。以上三点，是高台建筑在东汉以后衰落的主要原因。楼阁式建筑代之而起，平面展开的四合院建筑成为建筑组群的主要形式，并出现了许多防火措施。明清紫禁城在这方面有宝贵的经验。❹

① 前三殿、后三宫等主要建筑都独立成院，而有一定的防火距离，利于防火。

② 廊屋每隔一定距离设一全砖石构筑的防火间以隔火。

③ 各独立建筑群组间以高墙分隔。

④ 各宫区都有火道、火巷分开，利于防火隔断，也利于救火和安全疏散。

⑤ 宫内有水沟、水池、水井，主要建筑前面和主要宫院内多放置有蓄水缸，以备水防火。

⑥ 外有城池保护，可防火攻。

（4）城市防火措施

① 城市规划措施

a. 规划建设城市水系，利于防火。❺

b. 拓宽街道，使建筑有足够的防火间距。杜佑当岭南节度使时，"开大衢，疏析廛闬，以息火灾。"（《新唐书·杜佑传》）

c. 城墙和壕池可以防火攻以及隔断城外火源。城内各建筑的围墙也有隔火作用。

d. 在城内高处砌望火楼等防火建筑。

北宋东京和南宋临安都建有望火楼，上有人眺望火情。一有

---

❶ 转引自：三国志·魏书·高堂隆传。
❷ 三辅黄图·序。
❸ 傅筑夫. 从上古到隋唐重大历史变革的地理因素和经济条件. 中国科学院经济研究所集刊, 第2辑。
❹ 龙庆忠. 古代建筑的防火. 中国古代建筑技术史；323, 科学出版社, 1985。
❺ 吴庆洲. 中国古代的城市水系. 华中建筑, 1991（2）: 55~61。

火灾，立即组织救火。

② 组织城市消防队伍，建立防火奖惩制度

我国古代名城中，以杭州火灾最多。"杭州火患之多且烈，自昔著名。延烧十数里，焚毁百千家者，亦不止一次。……自唐代宗广德元年起，至民国二十五年灵隐罗汉堂毁止，凡二百数十次。其间火之烈者，所遗或无几。"[1] 南宋定都临安后，因人口剧增，建筑密度高，民居兵营均有许多茅屋、板壁，加上法治不严，火灾频繁。为此，采取了如下措施：[2]

a. 增设军巡捕，加强夜间巡警烟火。

b. 城内各坊巷设立固定的防隅官屋或望楼，实行"分隅任责"的制度。

c. 建立城外诸隅的防范制度。

d. 建立"水军队"、"搭材队"、"亲兵队"三支专业化的救火队。

e. 对救火有功或迟误者分别给予奖惩。

f. 成立临安府节制司，统一指挥与领导救火。

采取以上措施后，火患有所减少、减弱，说明措施是有效的。

(5) 建筑防雷措施[3]

① 用石砌室，可避雷防火

据孟奥《北征记》："凌云台南角一百步，有白石室，名避雷室。"又据《荆州记》："重母畏雷，为母立石室以避之，悉以文石为阶砌。至今犹存。"这是古代砌石室避雷的例子。

② 金属塔刹有防雷作用

以广州花塔为例，其金属塔刹连千佛铜柱及下垂铁链重5吨，如受雷击，一次雷电能量只能使其升温1℃左右[4]，不致引起火灾。

③ 古代所建铜殿铁塔等金属建筑可避雷电，为屏蔽式防雷。[5]

---

[1] 钟毓龙. 说杭州·说大患. 浙江人民出版社，1983。
[2] 林正秋. 南宋都城临安：220~227. 西泠印社，1986。
[3] 龙庆忠. 中国古代建筑的避雷措施及雷电学说. 中国建筑与中华民族. 华南理工大学出版社，1990。
[4] 肖大威. 中国古代建筑防火研究. 华南理工大学博士学位论文，1990。
[5] 同上。

3. 防震抗震

中国是一个地震灾害较为频繁的国家。在中国历史上十大自然灾害中，震灾占其二：1556年1月23日陕西华县地震，死亡83万人；1303年9月17日山东洪洞赵城地震，死亡47.58万人。在我国1949—1985年的十大灾害中，震灾占其三：1966年3月8日，邢台地震；1970年1月5日，通海地震；1976年7月28日，唐山地震。❶ 唐山发生的7.8级地震，使市区71.2%的房屋建筑荡然无存，死亡24.2万人，重伤16.4万人，直接经济损失超过50亿元。❷ 靠近唐山的蓟县，震动较大，独乐寺内的矮小建筑墙倒屋塌，大部分被震坏，可是山门与高达20多米的观音阁却无恙。观音阁重建于辽统和二年（984年），一千多年来，曾多次受强烈地震而依然完好。在清康熙十八年（1679年）的地震中，蓟州"官廨民舍无一存"，惟观音阁"独不圮"，事实说明独乐寺观音阁建筑有卓越的抗震能力。此外，山西应县木塔，义县奉国寺大殿，大同上、下华严寺、善化寺的辽金建筑，平遥镇国寺大殿，太原晋祠圣母殿、献殿，赵州桥，卢沟桥，登封嵩岳寺塔，开封铁塔等中国古建筑都经受过多次地震灾害的考验而依然完好。为什么这些建筑能抵抗地震？下面试分析之。

（1）单体建筑体形简单，利于抗震

国内外抗震建筑的研究表明，最理想的抗震建筑的类型是形体简单、中心对称，使质量中心与刚度中心重合，以免产生扭矩。众所周知，我国古代建筑单体平面多为矩形、方形、八角形或圆形，复杂的建筑多由这些单体建筑以合院形式组合而成群体，地震时，各单体建筑间有一定距离可避免相互碰撞，这是极利于抗震的。

（2）中国传统木结构体系为最佳柔性抗震结构体系

① 斗栱乃仿人体而创造的有机抗震构件

中国建筑斗栱构件产生甚早。西周初制作的青铜器令簋，四足做成方形短柱，柱上置栌斗。其制作年代上距商灭仅二十多

---

❶ 高建国. 灾害学概说. 农业考古，1986（1）：292~293。
❷ 王公学等. 唐山地震. 国际地震动态，1985（10）。

年，可推测商末柱上已出现栌斗。❶ 由《礼记·礼器》："管仲镂簋朱纮，山节藻棁，君子以为滥矣。"这是批评管仲僭礼，用了镂簋朱纮（天子之饰）和山节藻棁（天子庙饰）。唐孔颖达疏："山节谓柱头为斗栱，形如山也；藻棁者，谓环梁上短柱为藻文也。"管仲（？—前645年）为春秋时政治家。说明春秋时已出现栱，斗栱作为较高等级的建筑（天子庙堂）的构件和饰物。

距今六七千年前，中国木构已出现榫卯。最初的栌斗是作为柱子和其上枋木之间的过渡构件，用榫卯连接，其形如人之直立以头顶重物。栱出现后，最初是插于柱身上的插栱，与栌斗共承上面的枋木，其形象与直立之人以头手共同顶托重物无异。这种早期的斗栱可在后世的斗栱中看到其大致的雏形（图1-3-7）。后来，随着斗栱的发展，插栱演变为栌斗上的一斗二升、一斗三升的斗栱（图1-3-8），原来仿人体的柱上的栌斗，由人的头的位置下降到人的胸的位置，原来头的位置由一斗三升的中间的小斗所代替（后世称为"齐心斗"）。斗栱的这一演变极为重要，增加了一个柔性节点。众所周知，胸以下是腰，头、腰、手均可运动，其柔性可想而知。至此，斗栱对人体的模仿并未止步，十六国晚期和北朝的一些斗栱❷形态各异，其中有两个如人叉开腿用头和手顶托重物者。为什么一人为二腿，另一人为三腿呢？远古先民以鸟象征男根，以三足鸟作为男性的象征，并进而演化出日即三足鸟，日中有三足鸟的神话。❸ 据此可知，二腿者为模仿女性，三腿者为模仿男性。

除了模仿人的体形和功能外，斗栱还模仿人体的骨骼结构和机能。潮州开元寺天王殿有层层相叠的铰打叠斗，明间金柱上竟达十二层，叠斗之高与其下柱高相近。❹ 这种叠斗与人体的脊柱骨的结构十分相似，是模仿人体骨骼结构和机能的一种形式。❺ 东汉王延寿《鲁灵光殿赋》有："层栌磥佹以岌峨，曲枅要绍而环句"之句，古建筑学家龙庆忠教授认为"层栌"正是天王殿这

---

❶ 刘敦桢主编. 中国古代建筑史：37、38. 中国建筑工业出版社，1980.
❷ 肖默. 敦煌建筑研究：221. 文物出版社，1989.
❸ 赵国华. 生殖崇拜文化论：265~267. 中国社会科学出版社，1990.
❹ 吴国智. 开元寺天王殿建筑构造. 古建园林技术（16~17）.
❺ 程建军. 中国古代建筑的仿生柔构技术. 华中建筑，1991（3）.

种铰打叠斗，这种叠斗汉已有之。潮州不仅天王殿存此古制，而且在其他一些古建筑中也可见到类似做法。潮州历代多台风地震等自然灾害，这种仿生柔性结构对抗震是十分有利的。

斗栱发展到唐宋，达到其顶峰，出现了各种铺作，遍布于木构各个部位，使整座建筑成为仿生有机抗震建筑。地震时，处于梁柱节点位置的一朵朵铺作，通过用榫卯方式结合的构件间的相互摩擦产生阻力以消耗地震能量，由于木材具有一定的弹性，在外力消除后又恢复了原位。这就是有斗栱的古建筑能抗震的重要原因之一。

② 内外槽两圈柱子的套框式梁柱结构有利于防震

这种结构中，有内柱所组成的框架及外檐柱组成的框架，两套框架又用梁枋、斗栱联结，成为一个坚强的整体，正所谓"柔中有刚"，可以抗地震水平推力和扭曲应力。独乐寺观音阁和应县木塔都属这一种结构。《营造法式》规定的双槽和金箱斗底槽也属这一结构类型。

③ 柱子的侧脚有稳定结构的作用

《营造法式》中规定了柱子侧脚的制度，这是利于结构稳定和抗震的。

④ 殿阁式结构的每两层间有一平座层，是一暗层，在这一层的内外柱间加斜向支撑——斜戗柱，增加其刚度利于结构抗震。

观音阁和应县木塔都采用了这一措施。

⑤ 楼阁内槽金柱使用通柱到顶利于抗震

云南通海县聚奎阁、天津宁河县丰台镇天尊阁都是三层大阁，都经强震而只有微损，共同的特点是内槽金柱使用通柱三层到顶。[1]

⑥ 屋盖抗震庑殿最优，歇山其次，悬山再次，硬山最差

庑殿和歇山屋顶梁架中有一些斜向戗角梁之类的构件，可以增强屋顶的侧向稳定，减轻水平晃动，悬山、硬山则没有，而硬山山墙又有一个山尖高起来，最容易震倒。悬山山墙顶端有伸出墙外的檩头制约着山墙，比硬山防震性能好些。[2]

---

[1] 曹汛. 古代建筑的防震. 中国古代建筑技术史. 科学出版社，1985。
[2] 同上。

⑦ 在同类木构中，楼阁一般比单层构架抗震性能好

调查表明，穿斗架民居二层的比单层的抗震性能好，多层楼阁式木构比单层的好，因为楼板及楼板梁起横向加劲作用，大大增强了抵抗水平力的能力。❶

⑧ 传统木构的额枋、普拍枋、雀替、地栿、穿插枋、抹角梁、递角梁、攀间等等，都能加强结构的整体性，从而增强结构抗震能力。

（3）砖石砌体和结构的抗震

① 圆形的平面最利于抗震

唐以前的砖塔，多为正方形。唐以后，正八角形、六角形的塔逐渐增多，因其平面较正方形更接近圆形，因而是利于抗震的。北魏正光元年（520年）建的嵩岳寺塔，历史上曾经数次强震而至今完好，其平面为正十二角形，更接近圆形，应是原因之一。

② 塔身逐层向上收分，层高则向上逐层缩小，这种体形利于抗震。

如嵩岳寺塔就是这样，不仅因外轮廓呈状若炮弹的抛物线形而在造型上别具一格，也利于防震和防风。

③ 有的砖塔除外圈砖筒外又加砌了砖塔心，两者用砖回廊相连，形成双砖筒结构，利于抗震。❷ 如开封佑国寺塔（铁塔）然。

④ 为增强结构的整体性，砖塔尽量少开门窗，各层门窗或上下错位，或实砌为假窗，或每层只有一边开门（如开封铁塔），都利于抗震。实心塔对抗震更为有利。

⑤ 赵州安济桥的石拱，均用纵向并列式砌筑法，共有28道拱圈并列。除用铁梁拉连等措施外，还采用拱脚比拱顶宽0.6米的少量"收分"来防止拱圈倾斜❸，加强其整体性，以利抗震。

⑥ 为防止山尖的坠落，硬悬山的建筑的厚墙只砌到大梁以下，其上则减薄或改用编巴软山墙以减轻上部自重，而减少水平惯力。有的山尖部砌筑时略向外倾，以防内倒。❹

---

❶ 曹汛. 古代建筑的防震. 中国古代建筑技术史. 科学出版社，1985。
❷ 萧岚. 试谈中国古代建筑的抗震措施. 建筑历史与理论，第三、四辑。
❸ 闻悟. 安济桥. 文物，1976（5）：81。
❹ 谢毓寿. 一些有关地震对建筑物影响的问题. 地球物理学报，1955, 4（2）。

(4) 地基防震措施

良好的场地地基条件与建筑物抗震关系极为密切。地震通过场地因素对建筑物的影响主要表现在三个方面：a. 破坏场地的完整和稳固而危及建筑物；b. 造成地基失效，给建筑物带来非自身结构原因的破坏；c. 地基与建筑物组成复杂的动力系统，在地震力作用下，两者相互影响、相互制约，在一定条件下产生不良后果。因此，稳固安全的场地地基是防震抗震和减少震灾的积极因素。[1] 中国古代在地基工程防震上有如下积极的措施：

① 相地选址

相地选址乃是中国古代城市建设和土木工程不可缺少的关键环节。伍子胥"相土尝水"，选址建阖闾大城，周公建成周城前，也曾仔细相地选址。[2] 相地有多项内容："必知地理形势之便，川源通塞之由，功徒多少之限，土壤疏厚之性。"（《河防通议》）《营造法式》也规定了筑基的制度，并指出："凡开基址，须相视地脉虚实。"[3]

② 坚硬地基利于砖塔抗震

其中原因在于：砖塔为高柔结构，其自振周期较长，而坚硬地基的振幅小，周期短，不易和塔的长周期相接近，因此在地震时不易发生共振破坏。

嵩岳寺塔建于岩石坦露的天然地基上，大理千寻塔建于稳定高强度的基岩和以石块、卵石、红胶土相间夯实（台基以下夯土层总厚度不足一米）而共同组成的地基上，这是它们经强震而无损的原因之一。[4]

③ 用人工方法改良地基

假如天然地基性能达不到抗震要求，就必须采用人工方法改良地基，旨在使土结构高密度化，以降低其压缩性；增强土体骨架的强度以产生足够的承载力；减小渗透性，以防止土中含水量过大而产生的润滑及浮力作用降低颗粒间的咬合或内聚力。人工改良地基的方法有：

---

[1] 邹洪灿. 我国古代地基工程技术与砖塔抗震. 古建园林技术（19）。
[2] 吴庆洲. 中国古城选址的实践和科学思想. 新建筑，1987（3）：66~69。
[3] 营造法式，卷三，壕寨制度·筑基。
[4] 邹洪灿. 我国古代地基工程技术与砖塔抗震. 古建园林技术（19）。

a. 夯实

夯土法的基本原理是通过外力作用来改变疏松地基的应力状态和工程性质。

这种人工改良地基的方法已有六千年以上的历史，经历了若干发展阶段。到明代后夯土中加入石灰成灰土地基，其强度随时间的延长而提高，极其坚固。

b. 打桩

这种技术主要应用于砂土或软弱的淤泥质地基。桩基有两种方式：一是将密排桩加入软土层中以挤压土体使之密实，提高承载力，或将上部荷载经桩传至下卧基层；二是在群桩上承石板或木板，上部荷载经板均匀分布于群桩上，再传于下部硬土层。

c. 加筋

在松软土层中埋置纵横相错的木梁，以提高夯土地基的承重能力及抵抗变形的能力。西安小雁塔地基处理即为例子。[1]

④ 建筑"搁置"在基础上，地震时起消能作用

中国古建筑与基础的连接，不是铰接，更不是刚接，而是把柱子搁置在基石上。地震时，浮搁在地面上的柱子所受的地震力，只通过柱底与基石之间的摩擦力和墙对柱子的挤压来传递，摩擦和挤压将消耗一部分地震能量，如同在柱脚设置了地震消能装置，利于抗震。[2]

4. 防风

风灾是我国三大气象灾害之一，其中又以台风之灾为甚。关于风灾，史籍有许多记载。据《博物志》："夏桀之时为长夜宫于深谷中，男女杂处，三旬不出听政。其后大风飘沙，一夕填此宫谷。"这大约是有记载的最早的一次风沙之灾。汉文帝二年（前178年）"六月，淮南王都寿春，大风毁民室，杀人。"[3]汉文帝五年（前175年）春二月，"吴暴风雨，坏城官府民室。"[4]中国古人在与风灾的长期斗争中，积累了许多建筑防风的经验，产生

---

[1] 邹洪灿. 我国古代地基工程技术与砖塔抗震. 古建园林技术（19）。
[2] 萧岚. 试谈中国古代建筑的抗震措施. 建筑历史与理论，第三、四辑。
[3] 高建国. 纪元前世界灾害简明参考年表. 灾害学（创刊号）：96。
[4] 同上。

了许多有效的防风措施。下面择其要述之:❶

（1）规划布局的防风措施

① 藏风聚气、高下适中的选址原则

地理环境是对建筑和城市造成风灾的主要因素。"藏风聚气"乃选址的一项原则，而"左青龙，右白虎，前朱雀，后玄武"的四神贵地则为其理想模式：北有高山（玄武），西有小山（白虎）、南有平地（朱雀），东有河流或大道（青龙）环绕而过，则冬可屏朔风，夏可纳东南风，沿海地区还能衰减旋转而来的台风，其蔽风性和导风性均合理想。

《管子》的城市选址"高毋近旱而水用足，下毋近水而沟防省"的原则，也适用于防风。选址过高于防风不利："高而多风理固然也。"❷ 过低则易受洪涝之灾。因此，高下适中乃选址的另一项原则。这两项原则对城市、村镇都是适用的，也适用于宅址的选择。

选址忌在风口地带。宋熙宁年间（1068—1077年）恩州武城县（今山东武城县一带）一次龙卷风，造成严重灾害，"民间死亡失者不可胜计。县城悉为丘墟。遂移今县。"❸ 在龙卷风多发地带，龙卷风往往重复以往的路径。因此，迁城实为上策。

② 墙为防风屏障

中国古代的城墙，是防风的屏障。明代为防倭，在东南沿海筑了许多卫城，这些卫城有不少保留至今，原因是可以防风防沙。民居的围墙也有防风作用。

③ 树林和竹林有明显的防风作用

植树以防风是古人防风的重要措施之一。古代在城市、村镇、大道两边和河堤上植树，形成绿色的防风屏障。

④ 低层高密度的群体布局利于防风

中国古代建筑单体一般体量不大，木构重量又较小，这两者均不利于防风。但中国古代建筑的院落式组合平面展开，低层而高密度，这种群体布局，连单体为整体，建筑相互遮挡，是极利

---

❶ 郑力鹏. 中国古代建筑防风的经验与措施. 古建园林技术（32~34）。
❷ 古今图书集成·风部。
❸ 梦溪笔谈，卷21，旋风。

于防风的。

(2) 民居的防风措施

① 建筑形体与平面组合

各地的民居类型不一，体形各异，在防风上各有特色：毡包和蒙古包土房为草原理想的建筑防风体形，客家圆形土楼兼有防盗防风等优点，海南黎族的"船形屋"的低矮、弧形的体形可减轻台风的压力。大理白族民居坐西朝东，背向大风主导风向，平面用"三房一照壁"等四面围合的形式，有良好的防风效果。

南方沿海的台风，风向一般初为北，后转南，风力一般以南北向为最大，民居则采用南北向多进排列的院落式平面组合，有良好的整体防风性能。

② 民居结构

a. 加强木结构自身的刚度和稳定性。

这方面的办法有：将柱子插入地下以求稳固；海南黎族在台风将至时临时用绳桩拉紧梁柱；福建沿海民居在台风来临时设斜撑；广州汉代明器陶屋有穿斗架柱间加斜撑，以增加整体刚度；设地栿、门槛、柱间木框，等等。

b. 降低房屋高度。

这是东南沿海民居防台风的重要措施。

c. 木结构与土、砖、石结构相结合。

为防台风，东南沿海民居外墙多为土、砖、石墙，兼结构承重和围护二重功能，檐柱等木构件多以石构件代替，从而增强了防风性能。

③ 屋顶

房屋为风毁一般先自屋顶始，故屋顶的防风措施不可掉以轻心。

a. 采用合理的防风屋顶形式。

悬山顶利于防雨遮阳，硬山则利于防火防风。风灾严重地区的民居多以硬山为主。

b. 屋顶平缓较利于防风。

沿海地区民居屋顶较平缓，其高跨比因地而异，浙江沿海为

1:3.5，广东为 1:4，福建为 1:5。

　　c. 重点保护檐口屋顶。

　　屋顶的破坏往往从屋檐被揭开始，继而一高速气流从檐下冲入室内，使瓦面甚至整个屋顶在室内正压推力和室外负压吸力的共同作用下被掀翻揭走。因此，保护屋檐至关重要，措施有少出檐、不出檐、檐下设土壤檐板、檐下设"风火檐"等。

　　d. 增加屋面重量与整体性。

　　做法有：用砖、瓦叠砌屋脊，起镇压作用；屋面散压砖、石；瓦面下满铺阶砖；以灰浆粘结瓦片；用筒瓦；在盖瓦上抹灰做成整条瓦垅等等。

　　e. 加固门窗及设照壁、屏门、屏风。

　　f. 设防风避难室。

　（3）其余建筑的防风措施

　① 殿堂与城楼

　a. 采用穿斗式与抬梁式相结合的木结构。

　　东南沿海地区的大型建筑木构，一般明、次间用抬梁式，而梢、尽间用穿斗式构架，从而兼有室内空间宽敞和刚度大、抗风性能好的优点。

　b. 木构架上刚下柔，头重脚轻。

　　这种木构在大风或地震中可左摇右摆，甚至整体位移，以其外柔克大风地震之刚，以其内刚保持构架的整体性。

　c. 控制建筑平面的面阔与进深之比小于或等于 2。

　　这可使平面更接近方形，而相对增加结构的横向抗风抗震能力。

　　外围的墙体可以承受部分风压力，其中山墙对建筑防风起很大的作用。

　② 塔、桥和牌坊

　　塔的防风措施如下：

　a. 塔平面由方趋圆有增加面积、节省材料和减少风压等好处。

　b. 塔身逐层收分对减少风压效果明显。

　c. 用石建塔以增加自重，利于防风。

d. 塔身上下错位开洞，以加强其整体性。

e. 塔身设若干不开孔洞的暗层，以分隔开洞塔体，增加稳定性。

f. 造斜塔以防风。

在风力大、风向稳定的地区，建塔先倾向来风的方向，让风力长期作用将塔吹正。这建塔之法很特殊，为五代建筑师喻皓所创。左江斜塔和武冈斜塔均为现存实例。

桥梁防风的措施是：加大自重，减小受风面积和有合理可靠的抗侧力构造。

牌坊防风措施有二：一是"透"，立面通透，以减小风压；二是"固"，柱子深埋，以抱鼓石、戗木夹持，柱下施横枕石，等等。

③ 临灾防患措施

a. 临时加固。

如前述海南黎族民居在台风前用绳索拉紧梁柱，即为例子。

b. 临时拆迁。

如风来之前拆卸门窗，可使房屋前后通敞，减少风压。

c. 及时修缮，使建筑坚固完好以抗风。

建筑防风之措施，不外乎减损风力，加强建筑，两者相辅相成，以达到防风减灾的目的。

以上只是对古代建筑防水、火、地震、风灾的经验和措施扼要作个介绍。事实上，使古代建筑受损的灾害还有许多，如气象灾害的暴雨和雹灾，地表灾害的海啸、雪崩、泥石流、滑坡，地质构造灾害的火山爆发，生物灾害的白蚁为患等等，但最常见、多发，而给予建筑破坏并制约建筑发展的则是水、火、地震和风四种灾害，防御这四种灾害的成果构成了中国古代城市和建筑防灾文化的主体。

（四）防灾与中国古代城市和建筑文化的关系

1. 木构为主的建筑体系与抗震

为何中国古代建筑木构长期居于主要地位？近年来学术界发表了各种见解，发人深思。归结起来有以下几种说法：

自然条件说:"中原等黄土地区,多木材而少佳石,"❶ 条件使然。

木构优点说:木构便于备料、施工、扩建,适应性强,等等。❷

农业国情说:中国以农立国,营造在冬令农闲之时,木构省时易建,适合国情。❸

木构抗震说:中原自古多震灾,木构以柔克刚,具有极好的抗震的性能。❹

哲学信仰说:中国自古多自然灾害,社会动乱周而复始,中国人重现实人生,并实践阴阳五行的哲学思想,"斫木以为阳宅,垒土以为阴宅"。砖石结构在中国没占主导地位,"非不能也,乃不为也。"❺

以上五说都有其道理,是促使中国古建筑木构居主导地位的自然和社会的、物质和精神的各种原因。但我认为,地震灾害的威胁和木构极好的抗震作用是最重要的原因。

截至1976年止,中国共发生≥4.75震级的地震3100多次,其中,震级≥6级的地震有660次。❻河北、河南、山西、陕西、甘肃五省,共发生震级≥6级的强震94次。纪元前,我国有记载的地震约50多次,其中,汉代有30多次❼,由汉惠帝二年(前193年)至汉成帝绥和二年(前7年)止共187年间,共有地震32次,平均不到六年有一次地震之灾。汉宣帝本始四年(前70年)"四月壬寅,地震河南以东四十九郡,北海、琅邪坏祖宗庙城郭,或山崩,杀六千余人。"汉成帝绥和二年(前7年)"九月丙辰,地震,自京师至北边郡国三十余坏城郭,凡杀四百一十五人。"可见,西汉时地震灾害是相当频繁而严重的。经过地震的考验和筛选,不利于抗震的结构被淘汰,木结构利于抗震而被保留。有斗栱的木构在抗震上更有优势,本来已用于宫廷建筑中,

---

❶ 刘致平. 中国建筑类型及结构: 2, 中国建筑工业出版社, 1987。
❷ 陈明达. 木结构建筑技术·概说. 中国古代建筑技术史, 第五章. 科学出版社, 1985。
❸ 古建筑学家龙庆忠教授认为这是中国古建以木构为主的重要原因之一。
❹ 龙庆忠教授以研究建筑防灾为己任, 这是他一直坚持的观点。
❺ 程建军. 中国古代建筑与周易哲学: 32. 吉林教育出版社, 1991。徐伯安教授为该书写的序。
❻ 中华人民共和国地图集: 8. 地图出版社, 1984。
❼ 高建国. 纪元前世界灾害简明参考年表. 灾害学(创刊号): 88。

为了抗震，则进一步得到重视和发展，终于在唐宋发展到顶峰，并形成定制。

中国的建筑文化东传日本，木构和斗栱被完全接受并有所发展，原因是日本的地震灾害更频繁、更严重，故木构和斗栱能在异国他乡生根、开花和结果，成为日本建筑文化的一个有机的组成部分。

2. 平面式合院布局与防震、防火、防风

以合院为基本单元进行组合，建筑群沿纵横轴线水平展开，是中国建筑规划布局的基本方法。建筑群中虽有数层楼阁，但不会太高，整个建筑群具有明显的"平面式"的特色，与西方建筑的"立体式"的构图形成强烈对比。这种平面式合院布局是中国古代建筑文化的重要特点。

为什么中国古人会选择这样一种建筑布局的形式呢？为什么高台建筑的形式被古人抛弃呢？为什么东汉以后，与居住有关的楼房建筑走向衰落呢？

合院式布局适合中国古代社会的宗法和礼教制度，这是中国古建筑以合院为基本单元进行组合布局的原因之一。那么古人为何不用高台建筑和发展多层用于居住的楼房呢？

对高台建筑之衰亡，一种解释是，东汉时"地震频繁，给建筑造成很大的灾害，迫使秦代首创的高台云阁，就此绝迹。"❶ 东汉后用于居住的楼房走向衰落，也有"地震影响说"。❷

高台建筑在西汉以后的衰亡，笔者认为火灾和西汉末东汉初的动乱和经济崩毁为主要原因。据载，王莽地皇元年（公元20年）"坏彻城西苑中建章、承光、包阳、大台、储元宫及平乐、当路、阳禄馆，凡十余所，取其瓦材，以起九庙。"❸ 人为地破坏了许多宫室台阁。至东汉末年，董卓之乱，这些建筑更遭惨重破坏。据《后汉书·董卓列传》记载："初，长安遭赤眉之乱，宫室营寺焚灭无余……于是尽徙洛阳人数百万口于长安，步骑驱蹙，更相蹈藉，饥饿寇掠，积尸盈路。卓……悉烧宫庙官府居

---

❶ 赵正之. 秦汉的建筑. 中国古代建筑史初稿. 1958（讨论稿）.
❷ 王西京. 试论汉代楼房建筑衰落原因——地震影响说. 建筑师（41）.
❸ 汉书·王莽传.

家，二百里内无复孑遗。""天子东归后，长安城空四十余日，强者四散，羸者相食，二三年间，关中无复人迹。"洛阳也已惨遭战乱兵火之灾，"宫室烧尽，百官披荆棘"❶。曹操以洛阳残荒，遂移帝幸许。秦汉的高台建筑，如柏梁台、鸿台、丛台等，先后毁于火灾。地震对这些建筑可能会造成损害，但按理史书对这些有名的建筑毁于地震应有记载，却查无实据。可见，除天火之灾外，高台建筑主要毁于战乱兵火，应属无疑。

事实上，高台建筑在东汉末仍有兴建，只是建得少罢了。曹操于210年在邺建铜雀、金虎、冰井三台即为例子。但这三台被北周建德六年（577年）周武帝下诏拆毁。❷

西晋永嘉之乱后，中国进入十六国和南北朝共270年分裂战乱的时期。自然灾害和战乱的痛苦，促进了佛教的广泛流行。高台建筑衰落后，东汉楼阁式建筑兴起。东汉的地震对楼房造成破坏是必然的，可作为居住式楼房建筑衰落的原因之一，但不属主要原因。主要原因一是东汉末的战乱以及永嘉之乱至隋统一前的数百年的动乱，民生凋蔽，百姓涂炭，一般百姓无余力建筑楼房居住。二是佛教流行后，建楼阁的技术已为造佛塔服务。三是宫廷、士大夫及各地仍兴建楼阁以供游乐观赏风景之用。四是寺庙中也多有楼阁式建筑。应该说，汉以后楼阁式建筑经受了地震的考验和筛选，进一步发展了抗震能力，但其建造主要用于寺庙、宫廷和游乐赏景，较少用于居住罢了。

平面式合院布局利于防震、防火，又利于防风，这是中国古人采用它的另一个原因。

3. 墙的文化与城市和建筑防灾

中国的建筑文化，有一个很明显的特点，到处都有墙。院有围墙，城有城墙，国有大墙——长城。城墙有内城、外郭之分，京城内有皇城、宫城。宫城内有前朝后寝（即外朝、内廷），外朝和内廷又各由若干宫、殿组成，每个宫殿各有自己的围墙。就这样，大墙套小墙，一层又一层，外国人称之为"墙的文化"，认为是中国建筑文化的特色之一。

---

❶ 后汉书·献帝纪。
❷ 周书·武帝本纪。

这种"墙的文化"已有五千年的历史。

《墨子·辞过》云:"古之民未知为宫室时,就陵阜而居,穴而处。下润湿伤民,故圣王作为宫室。为宫室之法,曰高足以辟润湿,边足以圉风寒,上足以待雪霜雨露,宫墙之高足以别男女之礼。"

由此可知,住宅的墙为礼制所需。

对于礼,孔夫子有详细的论述:"民之所以生者礼为大。非礼则无以节事天地之神,非礼则无以辨君臣、上下、长幼之位焉,非礼则无以别男女、父子、兄弟、婚姻亲族疏数之交焉。"❶

中国古代建筑以合乎礼制为其准则,建筑按其主人地位为等级。城墙和围墙也有等级之别。因此,"墙的文化"是以礼制为其社会背景的。

"墙的文化"也是建筑防灾文化的重要组成部分。墙具防灾功用,可以防卫、防火、防风、防沙,城墙可以防洪。"墙的文化"是中国建筑文化的重要特色。

4. 屋顶的等级与建筑防灾

中国古代建筑屋顶的形式主要有四种:庑殿、歇山、悬山和硬山。在等级上,庑殿顶是最高等级,歇山次之,悬山又次之,硬山再次之。

庑殿又称为四阿或五脊殿,外形庄严稳重,常用于宫殿、坛庙一类皇家建筑中轴线的主要建筑上,如故宫午门、太和殿、乾清宫、明长陵祾恩殿都用庑殿顶。

歇山又称为九脊殿或厦两头造,其外形是庑殿和悬山的有机结合,雄浑端庄,又华美俏丽,似比庑殿更有动人的艺术魅力。由于它没庑殿这么高贵,从皇家宫殿、寺庙、园林,到商埠铺面,都可见到歇山建筑,歇山在通风上较庑殿好,是南方建筑文化的产物。❷ 悬山又称挑山,与硬山同为最普通的屋顶形式,大量用于寺庙、园林、住宅中。与硬山相比,悬山在遮阳避雨上较好,形象也较动人。悬山等级高于硬山,一般人认为合理。

对于庑殿居最尊贵的地位,人们常为歇山愤愤不平:歇山比

---

❶ 孔子家语·问礼篇。
❷ 王其亨. 歇山沿革试析. 古建园林技术 (30)。

庑殿好看，又有通风上的优点，为何不把歇山置于最高等级？如果综合比较四种屋顶防火、防震、防风的性能，我们就会发现：

庑殿：防震的性能为第一，防火、防风性能也较好。

歇山：防火不及庑殿、硬山；防震性能次于庑殿，居第二；防风也不及庑殿、硬山。

悬山：防火不及庑殿、硬山；防震性能较硬山好，居第三；防风不及庑殿、硬山。

硬山：防火性能好；防震最差；防风性能好。

如果把四种屋顶的防灾性能结合其艺术形象综合考虑，庑殿居于最尊贵的地位，歇山、悬山、硬山依次次之，这种等级排列应是公平合理的。

5. 建筑装饰艺术与建筑防灾

建筑的装饰艺术与建筑防灾也有不解之缘。

宫殿建筑上的大吻，原是为镇压火患而设，起源于汉代。

据《汉纪》："柏梁殿灾后，越巫言海中有鱼虬，尾似鸱，激浪即降雨。遂作其象于屋，以厌火祥。"[1]

《汉纪》为东汉荀悦撰，成书于建安五年（200年）。汉武帝笃信鬼神，听信越巫之言，作鸱尾以镇压火灾是可能的。当然，以这种厌胜之术是不可能奏效的，达不到防火的目的。

虬是无角的龙。龙生于水，为鳞虫之长，故生于泽国的古代民族以龙为图腾。水中最大的鱼类鲸，以及龟蛇，则为其演生图腾。由"尾似鸱，激流即降雨"，对照鲸鱼呼气喷出水柱，可知这"鱼虬"实为鲸鱼。

据《山海经·海外北经》："北方禺强，人面鸟身，珥两青蛇，践两青蛇。"郭璞注："字玄冥，水神也。庄周曰：'禺强立于北极。'一曰禺京。"依郭璞，禺强即禺京。禺京是生活在北海地区的民族首领，以鲸鱼为图腾，鲸即《庄子·逍遥游》中所说的大鱼"鲲"。故禺京被称为水神。据考证，禺京即夏禹之父鲧，其后代一支夏族到河南嵩山一带，另一支番禺族南迁至越，广东番禺即为番禺族活动留下的地名。[2]

---

[1] 营造法式·卷第二，总释下引《汉纪》。
[2] 陈久金. 华夏族群的图腾崇拜与四象概念的形成. 自然科学史研究, 1992, 11 (1).

由上可知，鱼虬乃南越番禺族的图腾，也是水神的化身鲸鱼，越巫向汉武帝上言以鲸的形象厌火，是顺理成章之事。

柏梁台灾为汉武帝太初元年（前104年）之事。事经两千年，鸱尾经历代演变，演变为龙吻，它是中国古建筑脊饰的有机构件之一，它为中国古代建筑艺术增添了异彩。面对龙吻，人们首先想到的是古人防范火灾的苦心，不同凡响的奇思异想，由鸱尾变为龙吻的悠久历史及其丰富的民族学、民俗学内涵，欣赏其生动的艺术形象，而不是讥笑古人的无知和迷信。

随着佛教喇嘛教的传播，原流行印度的摩羯鱼装饰来到中国。摩羯是印度神话中一种长鼻利齿、鱼身鱼尾的动物，被认为是河水之精，其形象，可能出于鲸鱼、象、鳄鱼三种动物形象的结合。在西藏布达拉宫金顶垂脊、承德须弥福寿庙妙高庄严殿金顶垂脊上可以见到其脊饰，而妙高庄严殿之博脊有摩羯鱼吻饰，它是摩羯与龙吻相结合的产物，是中印建筑文化交融的结果。

南方一带的建筑，其脊饰有许多为鱼形、鱼龙形，其原先也用以厌火，但在长期的发展中，形成千姿百态的鱼形饰或鱼龙饰。这种鱼形饰还东传日本。

与鸱尾类似的还有在藻井图以荷花水草，据《风俗通义》："殿堂象东井形，刻作荷菱，菱，水物也，所以厌火。"

在桥梁建筑中，则往往做犀牛石雕，或铸铁犀牛，"以镇江水，以压水怪"，目的是保护桥梁建筑免为水毁。《异物志》云："犀角可以破水。"因此，桥梁建筑上或其旁，常可见到石、铜、铁的犀或牛，成为中国古代桥梁建筑的特色之一。

至于宫廷、衙署、府第等建筑前威武的石狮、大门的门神、陵墓前的石神兽等，目的均是为了驱除鬼怪和象征吉祥。它们也是中国古代建筑艺术的组成部分。

（五）中国古代城市与建筑防灾文化的特点

中国古代建筑防灾文化不论在指导的哲学思想、防灾的体系、与自然万物的关系、防灾方法论等方面，均有其特点，其中，既有优点，也有缺点和局限性。下面试分析之：

1. 居安思危的忧患意识，祸福相因的辩证思想中国古代建筑防灾文化的精髓是《周易》的居安思危的忧患意识和《老子》的祸福相因的辩证思想。

《周易》是中国古代一部奇书，相传为"伏羲画卦，文王做辞。"此书成于周文王时代似无疑义。书分"经"、"传"两部分，"经"传为周文王作。由卦、爻两种符号重叠演成六十四卦、三百八十四爻和卦辞、爻辞构成，依据卦象推测吉凶祸福。书中充满忧患意识，这或许与文王一生历经大灾大难有关。《易》云："君子安而不忘危，存而不忘亡，治而不忘乱。是以身安而国家可保也。"❶

老子为春秋时期的思想家，道家学派创始人。《老子》一书包含丰富的朴素辩证法因素，提出"反者道之动"❷，一切事物都有正反两面的对立，对立面相互转化。提出"祸兮福之所倚，福兮祸之所伏"❸。提出"为之于未有，治之于未乱"❹的防患于未然的思想。

2. 天、地、人为一体的大系统

中国古代，以天、地、人为一个包罗万象的宇宙大系统，防灾也是如此。

"《易》之为书也，广大悉备，有天道焉，有人道焉，有地道焉，兼三材而两之，故六。六者非它也，三材之道也。道有变动，故曰爻。爻有等，故曰物。物相杂，故曰文。文不当，故吉凶生焉。"❺

"其道甚大，百物不废，惧以始终，其要无咎。此之谓易之道也。"❻古人早已注意到天文现象与自然灾害有一定的关系。如《后汉书·五行志》记载：东汉中平四年（187年）"三月丙申，黑气大如瓜，在日中。"（《春秋感精符》曰："日黑则水淫溢"）对太阳黑子峰期与我国出现洪水的关系进行记载。

故《易》有"天垂象，见凶吉"❼之说。这是我国古代盛行

---

❶ 易·系辞下。
❷ 老子，四十章。
❸ 老子，五十八章。
❹ 老子，六十四章。
❺ 易·系辞下。
❻ 同上。
❼ 同上。

黄道吉日黑道凶日说法的由来。

据《汉书·天文志》:"日有中道,中道者黄道,一曰光道。"《书经·洪范》:"日有中道,月有九行。中道者黄道。九行者,黑道二,出黄道北;赤道二,出黄道南;白道二,出黄道西;青道二,出黄道东;并黄道,为九行也。"

通过现代研究,证明中国古人在两三千年前已成功地解决了黑道凶日的观测和预报。从而提出现代黑道理论及《三象年历》以预报"天文事故日"❶。

3. 与宇宙万物协调共处的思想

在天、地、人这个宇宙大系统中,古人主张与宇宙万物协调相处。

《易传·文字传》云:"夫大人者,与天地合其德,与日月合其明,与四时合其序,与鬼神合其凶吉。先天而天不违,后天而奉天时。天且不违,而况乎人乎?"

道家则追求"万物与我为一"❷的境界。"夫天下也者,万物之所一也,得其所一,而同焉。"❸"天地有大美而不言,四时有明法而不议,万物有成理而不说。圣人者,原天地之美,而达万物之理。是故圣人无为,大圣不作,观于天地之谓也。""圣人处物不伤物,不伤物者,物亦不能伤也。"❹

《管子》则对保护生死存亡环境及防灾方面有详细论述:"故明主有六务四禁。……四禁者何也?春无杀伐,无割大陵、倮大衍、伐大木、斩大山、行大火、诛大臣、收谷赋;夏无遏水达名川、塞大谷、动土功、射鸟兽;秋毋赦过、释罪、缓刑;冬无赋爵赏禄、伤伐五谷。故春政不禁,则百长不生;夏政不禁,则五谷不成;秋政不禁,则奸邪不胜;冬政不禁,则地气不藏。"《管子》指出,环境破坏,将导致多种自然灾害:"四者俱犯,则阴阳不和,风雨不时,大水漂州流邑,大风漂屋折树,火曝焚地燋草,天冬雷,地冬霆,草木夏落而冬荣,蛰虫不藏。宜死者生,宜蛰者鸣,苴多膡蕃,山多虫螟,六畜不蕃,民多夭死。国贫法

---

❶ 张巨湘. 中国古代黑道凶日之谜的破译, 灾害学, 1991 (2).
❷ 庄子·齐物论.
❸ 庄子·田子方.
❹ 庄子·知北游.

乱，逆气下生。"❶

由现代环境破坏、灾害频繁来看，《管子》所云是有根有据的，并非信口开河，骇人听闻。

4. 法天、法地、法人的方法论

中国古代的城市规划、建筑设计都采用法天、法地、法人的方法。

《老子》云："人法地，地法天，天法道，道法自然。"❷ 晋王弼注："法，谓法则也。人不违地，乃得全安，法地也。"法，指取法，仿效，不违背之意。

关于法天、法地，《易·系辞》有多处论述：

> "与天地相似，故不违。"
> "成象之谓乾，效法之谓坤。"
> "崇效天，卑法地。天地设位，而易行乎其中矣。"
> "古者包牺氏之王天下也，仰则观象于天，俯则观法于地，观鸟兽之文，与地之宜。"
> "阴阳合德，而刚柔有体，以体天地之撰。"

在伍子胥规划阖闾大城时，就用了象天法地的方法："乃使相土尝水，象天法地。筑大城，周回四十七里。陆门八，以象天之八风。水门八，以法地之八卦。"❸

范蠡筑越城也用了同样的方法："蠡乃观天文，拟法象于紫宫，筑作小城，周千一百二十步，一圆三方。西北立龙飞翼之楼，以象天门。东南伏漏石窦，以象地户。陆门四达，以象八风。"❹

城池作为军事防御的建筑，乃是象天法地的结果。

《易·习坎》："天险不可升也。地险山川丘陵也。王公设险以守其国。"疏："《正义》曰：言王公法象天地，固其城池，严其法令，以保其国也。"

---

❶ 管子·七臣七主。
❷ 老子·二十五章。
❸ 范成大．吴郡志·卷三·城郭。
❹ 吴越春秋 [89] 管子·七臣七主。

人们设险，筑起高大的城墙，以法高山峻岭难以逾越；挖宽阔的壕池，以效河川天堑。高城深池，固若金汤，才能在军事防御上取得主动。

由"崇效天，卑法地"，故陆门在上（崇），象天之八风，水门处下（卑），法地之八卦。

《吕氏春秋》云："天地万物，一人之身也，此之谓大同。"❶这与道家"万物与我为一"的思想是一脉相通的。事实上是"天地万物与人同构"的思想。

《管子·水地》云："水者，地之血气，如筋脉之通流者也。"把江河水系比作大地的血脉。

中国的古城，在修城挖池时效法天地，在建设城市水系时则效仿人体的血脉系统。人体的血脉循环不息，不断新陈代谢，使人的生命得以维持。城市水系有军事防卫、排洪、防火等十大功用，是古城的血脉。可见，中国的古城，乃是法天、法地、法人的产物，是与自然完全协调的可以抵抗和防御各种灾害（天灾人祸）的有机体。这是中国古代建筑文化的一大特点。

法天、法地、法人的思想乃中国古代城市和建筑规划设计的指导思想和方法论。法人也就是仿生。前述木构斗栱乃仿生法人而得。斗栱为中国古建筑所独创，是中国古代建筑文化一大特点。

5. 防灾的科学技术与巫术迷信并举

这是中国古代建筑防灾文化的不足和局限性。

前面已讲过，建筑防火有许多科学技术上的措施，但又采用鸱尾、水草荷花等厌胜之巫术，可谓在防火上，科学和迷信同时并举。

五代吴越王钱镠筑防海大塘以御潮患，先祷于胥山祠，再命强弩三千，迎潮头而射之，遂筑塘定基。钱氏捍海塘的修筑表现了高度的技术水平，而强弩射潮又何等可笑。

古代，城市因久雨致涝灾，除采用防涝措施外，往往同时用迷信祈晴的办法。如："闭坊市北门，盖井，禁妇人入街市。"

---

❶ 吕氏春秋·有始。

"置土台，台上置坛，立黄幡以祈晴。"(《新唐书·五行志》）因雨多乃阴气太重，北为阴，井水为阴，妇人为阴性，故有以上迷信做法。

以上这种矛盾的现象，在中国建筑防灾文化中多不胜举。

如果从另一角度看，古人一些迷信的举措，却使建筑相应地出现了许多丰富多彩的艺术形象，如鸱尾、龙吻、藻井、吉利图案，等等。实际上，这些艺术形象表达了古人对太平、幸福、吉祥、安康的理想和追求，是古人心理和精神上的寄托，是防灾文化的艺术体现，这些内容已成为中国古代城市和建筑艺术的宝贵遗产，不能以"迷信"之名一概抹杀。当然，现代人相信科学，古人用迷信方法祈晴、祈雨的事是不会效仿的。

（六）结语

人类进入21世纪，面对当今全球性生态破坏，环境恶化，水土流失，灾害频繁，作为一个科学技术工作者，深感责任之重大。总结中国古代建筑防灾文化，取其精华，去其糟粕，以古为今用，作为当今的建筑和城市防灾的参考和借鉴，是很有价值的。